21世纪高等学校规划教材｜软件工程

数据库原理、应用与实践（SQL Server）

王岩　贡正仙　编著

U0363739

清华大学出版社
北京

内 容 简 介

本书围绕数据库的原理、应用和实施，系统、全面地介绍数据库的基本概念、方法和核心技术。全书分三部分进行阐述，第一部分侧重数据库理论基础，内容包括数据库的基本概念、数据模型、关系数据库、关系代数和 SQL 语句、数据库规范化理论、数据库设计和数据库保护技术；第二部分侧重 SQL Server 的数据库应用，内容包括 Transact-SQL 语言、SQL Server 数据对象（表、视图、索引、存储过程和函数、触发器）、安全性管理和并发机制；第三部分侧重数据库应用系统的实施，内容包括. NET 开发环境、一个学分制财务管理系统的总体设计、数据库设计和核心模块的实现。

本书可作为高等学校计算机专业数据库课程的教材，也可作为其他相关专业本科生数据库课程的教材，还可作为从事数据库研制、开发和应用的有关人员的参考书。

图书在版编目（CIP）数据

数据库原理、应用与实践：SQL Server/王岩等编著. —北京：清华大学出版社，2016
　21 世纪高等学校规划教材·软件工程
　ISBN 978-7-302-40011-0

Ⅰ. ①数…　Ⅱ. ①王…　Ⅲ. ①关系数据库系统　Ⅳ. ①TP311.138

中国版本图书馆 CIP 数据核字（2015）第 086738 号

责任编辑：魏江江　赵晓宁
封面设计：傅瑞学
责任校对：梁　毅
责任印制：沈　露

出版发行：清华大学出版社
　　　　　网　　　址：http://www.tup.com.cn，http://www.wqbook.com
　　　　　地　　　址：北京清华大学学研大厦 A 座　　　邮　　编：100084
　　　　　社 总 机：010-62770175　　　　　　　　　　邮　　购：010-62786544
　　　　　投稿与读者服务：010-62776969，c-service@tup.tsinghua.edu.cn
　　　　　质 量 反 馈：010-62772015，zhiliang@tup.tsinghua.edu.cn
　　　　　课 件 下 载：http://www.tup.com.cn,010-62795954
印 刷 者：北京季蜂印刷有限公司
装 订 者：三河市溧源装订厂
经　　销：全国新华书店
开　　本：185mm×260mm　　　印　张：30.75　　　字　　数：768 千字
版　　次：2016 年 2 月第 1 版　　　　　　　　　　印　　次：2016 年 2 第 1 次印刷
印　　数：1～2000
定　　价：49.50 元

产品编号：039619-01

出 版 说 明

　　随着我国改革开放的进一步深化,高等教育也得到了快速发展,各地高校紧密结合地方经济建设发展需要,科学运用市场调节机制,加大了使用信息科学等现代科学技术提升、改造传统学科专业的投入力度,通过教育改革合理调整和配置了教育资源,优化了传统学科专业,积极为地方经济建设输送人才,为我国经济社会的快速、健康和可持续发展以及高等教育自身的改革发展做出了巨大贡献。但是,高等教育质量还需要进一步提高以适应经济社会发展的需要,不少高校的专业设置和结构不尽合理,教师队伍整体素质亟待提高,人才培养模式、教学内容和方法需要进一步转变,学生的实践能力和创新精神亟待加强。

　　教育部一直十分重视高等教育质量工作。2007 年 1 月,教育部下发了《关于实施高等学校本科教学质量与教学改革工程的意见》,计划实施"高等学校本科教学质量与教学改革工程(简称'质量工程')",通过专业结构调整、课程教材建设、实践教学改革、教学团队建设等多项内容,进一步深化高等学校教学改革,提高人才培养的能力和水平,更好地满足经济社会发展对高素质人才的需要。在贯彻和落实教育部"质量工程"的过程中,各地高校发挥师资力量强、办学经验丰富、教学资源充裕等优势,对其特色专业及特色课程(群)加以规划、整理和总结,更新教学内容、改革课程体系,建设了一大批内容新、体系新、方法新、手段新的特色课程。在此基础上,经教育部相关教学指导委员会专家的指导和建议,清华大学出版社在多个领域精选各高校的特色课程,分别规划出版系列教材,以配合"质量工程"的实施,满足各高校教学质量和教学改革的需要。

　　为了深入贯彻落实教育部《关于加强高等学校本科教学工作,提高教学质量的若干意见》精神,紧密配合教育部已经启动的"高等学校教学质量与教学改革工程精品课程建设工作",在有关专家、教授的倡议和有关部门的大力支持下,我们组织并成立了"清华大学出版社教材编审委员会"(以下简称"编委会"),旨在配合教育部制定精品课程教材的出版规划,讨论并实施精品课程教材的编写与出版工作。"编委会"成员皆来自全国各类高等学校教学与科研第一线的骨干教师,其中许多教师为各校相关院、系主管教学的院长或系主任。

　　按照教育部的要求,"编委会"一致认为,精品课程的建设工作从开始就要坚持高标准、严要求,处于一个比较高的起点上;精品课程教材应该能够反映各高校教学改革与课程建设的需要,要有特色风格、有创新性(新体系、新内容、新手段、新思路,教材的内容体系有较高的科学创新、技术创新和理念创新的含量)、先进性(对原有的学科体系有实质性的改革和发展,顺应并符合 21 世纪教学发展的规律,代表并引领课程发展的趋势和方向)、示范性(教材所体现的课程体系具有较广泛的辐射性和示范性)和一定的前瞻性。教材由个人申报或各校推荐(通过所在高校的"编委会"成员推荐),经"编委会"认真评审,最后由清华大学出版社审定出版。

目前,针对计算机类和电子信息类相关专业成立了两个"编委会",即"清华大学出版社计算机教材编审委员会"和"清华大学出版社电子信息教材编审委员会"。推出的特色精品教材包括:

(1) 21 世纪高等学校规划教材·计算机应用——高等学校各类专业,特别是非计算机专业的计算机应用类教材。

(2) 21 世纪高等学校规划教材·计算机科学与技术——高等学校计算机相关专业的教材。

(3) 21 世纪高等学校规划教材·电子信息——高等学校电子信息相关专业的教材。

(4) 21 世纪高等学校规划教材·软件工程——高等学校软件工程相关专业的教材。

(5) 21 世纪高等学校规划教材·信息管理与信息系统。

(6) 21 世纪高等学校规划教材·财经管理与应用。

(7) 21 世纪高等学校规划教材·电子商务。

(8) 21 世纪高等学校规划教材·物联网。

清华大学出版社经过三十多年的努力,在教材尤其是计算机和电子信息类专业教材出版方面树立了权威品牌,为我国的高等教育事业做出了重要贡献。清华版教材形成了技术准确、内容严谨的独特风格,这种风格将延续并反映在特色精品教材的建设中。

清华大学出版社教材编审委员会
联系人:魏江江
E-mail:weijj@tup.tsinghua.edu.cn

前　言

　　数据库是普通高校计算机专业、信息管理、软件工程等专业的专业基础课,其主要任务是研究如何存储、使用和管理数据,目前,已成功地应用于经济、教育、情报、科研、人工智能等各个领域。因此,数据库是国内外计算机专业的一门重要的课程。

　　开设数据库课程的目的是使学生在掌握数据库的基本原理、方法和技术的基础上,能根据应用需求灵活设计适合的数据库,并能联合现有的数据库管理系统和软件开发工具进行数据库的建立和数据库应用系统的开发。本书以关系数据库为核心,按照"原理—应用—实施"循序渐进的模式,全面、系统地阐述了数据库系统的理论和实践知识。其中,原理部分的目标是帮助读者掌握数据库的重要概念,最终能进行关系数据库的设计;应用部分的目标是帮助读者熟练使用某种商品型数据库,通过比较,我们选用了 SQL Server 2008,其是 Microsoft 公司具有里程碑性质的企业级数据库产品,和以往的数据解决方案相比,它给用户带来了更为强大的数据管理和业务处理功能;实施部分的目标帮助读者按照软件工程和数据库设计的步骤来进行数据库信息管理系统的开发。

　　本书分为三大部分:数据库原理部分、应用部分及实施部分,共 18 章。

　　第一部分:数据库原理(第 1～第 7 章)。第 1 和第 2 章介绍了数据库的基本概念和数据模型;第 3 和第 4 章着重介绍了关系模型、关系数据库以及关系数据库的操作语言(关系代数和 SQL 语句);第 5 章介绍数据库规范化理论;第 6 和第 7 章分别介绍数据库设计和数据库保护的理论和方法。

　　第二部分:数据库应用(第 8～第 14 章)。第 8 章介绍了 SQL Server 的基本概念;第 9 章介绍了 Transact-SQL 语言,包括标识符、变量、函数、流程控制语句及游标等。第 10 和第 11 章分别介绍了数据库、表、视图、索引的概念及基本操作;第 12 和第 13 章分别介绍了存储过程和函数、触发器的管理和使用;第 14 章介绍 SQL Server 数据库的保护,含安全性管理、备份和恢复、并发机制等。

　　第三部分:数据库实施(第 15～第 18 章)。第 15 章介绍了 .NET 开发环境;第 16 和第 17 章分别介绍了学分制财务管理系统的总体设计和对应的数据库设计。第 18 章针对数据查询、存储过程、触发器和事务等核心技术,设计了专门的系统模块来描述它们的应用场景和实现过程。

　　本书强化以下特色:

　　(1) 内容全面:本书不仅包括数据库理论部分,还有具体的 SQL Server 2008 的介绍和使用,另外还以学分制财务管理系统为例详细介绍数据库的设计和实施。

　　(2) 适用于多种层次的学生:本书可适用于计算机及相关专业的数据库课程,无论从理论和实践都符合教学大纲的要求;对于高职高专类院校,可把难度较大的部分作为选讲内容。

　　(3) 本书内容主要来源于课程教学的讲义和教案,将编者多年教学实践取得的丰富经验和操作技巧融合入教材,更有利于教师的授课和学生的学习。

(4) 强化实例教学:对于每个知识点,本书设计了针对性强的教学案例。读者可以在清华大学出版社网页下载配套的教学资源。

(5) 在内容方面,既强调实用性,又注重理论的完整性,主要体现在:

① 数据库理论方面,突出关系数据库技术的主要内容,减少并弱化层次、网络模型的内容。

② 在关系模型操作语言方面,强化关系代数和 SQL 语句,并增加两者之间语句的对应关系,弱化常规数据库理论书中的关系演算部分内容。

③ 在 SQL 语句方面,除了常规的交互式 SQL 语句,增加嵌入式 SQL 部分。

④ 数据库规范化部分,弱化实际中应用较少的多值依赖和 4NF。

⑤ 强化了数据库设计的内容,常规的数据库设计部分通常以概念居多,本书采用在数据库设计中应用最广的设计工具 PowerDesigner 来介绍具体的数据库设计过程。

⑥ 加入了商品型数据库 SQL Server 2008 的介绍和使用。

⑦ 比一般的数据库理论书增加了实践中应用较多的存储过程、触发器、游标等部分的内容,实践性更强。

⑧ 围绕数据库应用中的核心技术,增加采用.NET 进行数据库应用系统开发的介绍。

本书在编写过程中,参考了大量的相关技术资料和程序开发文档,在此向资料的作者深表谢意;还得到很多同事的关心和帮助,在此表示深深的感谢。

由于数据库技术发展迅速,加上编者水平有限,难免顾此失彼。对于书中存在的错误和不妥之处,敬请读者批评指正。

编　者

2015 年 5 月

目 录

第一部分 数据库原理

第三部分　数据库实施

第一部分 数据库原理

本部分主要介绍数据库的基础理论知识，内容包括数据库相关概念、关系数据库的数学基础——关系代数、关系数据库的标准语言SQL、关系数据库的规范化方法、数据库的保护机制等。在此基础上介绍如何分析和设计性能良好的数据库应用系统，并详细介绍Powerdesigner的用法。

第 1 章

数据库系统概述

数据库技术产生于 20 世纪 60 年代末,它的诞生和发展给计算机信息管理带来了一场巨大的革命,在不到半个世纪的时间里,形成了坚实的理论基础、成熟的商业产品和广泛的应用领域。

数据库技术是信息系统的核心和基础,是计算机科学的重要分支。它的出现极大地促进了计算机应用向各行各业的渗透。因此,数据库课程是计算机科学与技术专业、信息管理等专业的重要课程。

本章的学习要点:

- 数据库的特点;
- 数据库系统的概念、结构和组成;
- 数据库的发展趋势。

1.1 数据库概述

1.1.1 初识数据库

数据库的首要功能是帮助人们记录一些相关的数据。数据是数据库中存储的基本对象,数据的种类繁多,不仅包括数字,还包括文字、图形、图像、声音等,它们经过数字化处理后都可以存入到计算机里。在数据库中,这些数据不是孤立存在的,相关的数据会通过某种结构组织在一起用来表示一些具体的事物或事件。目前最为通用的数据库是关系数据库,关系数据库使用"表"来储存数据。本章将通过一个简单的关系数据库实例来介绍数据库。

图 1-1 展示了两张表,如果读者对流行歌曲很熟悉,那么从表中存储的数据内容(行的角度),读者就可以猜出这两张表存储了关于歌曲("歌曲表")和歌手("歌手表")的信息。进一步观察每一行的数据和列的名字(列的角度),读者可以大致猜出每一列所具有的特殊含义。

由行到列的次序是用户对表中现有数据及其构成的观察和分析次序,但建立这些表时却是按照从列到行的次序,即先定制有几列、列名和列中内容类型,然后才插入每一行的数据。关系数据库每张表可以包含多个列,每列都对应一个特定的数据项;每张表又可以包

图 1-1　歌曲表和歌手表

括很多行,每行都是一条特殊的记录,这些记录都共享定制好的数据项,可以表示各个独立的实体或者事件。终端用户可能关心的是表中存储的数据内容,而数据库设计者更加关心的是如何把这些数据组织起来,即如何设计列(对应数据项)。

　　图 1-1 展示了关系数据库是如何来存储数据的。值得注意的是,如果关系数据库不能存储数据之间的关系,那么这个数据库将是一个不完整的数据库。图 1-2 描述了这种状况。"曲目表(Track)"原来的意图是要展示歌手与歌曲的关系,即它要记录某个歌手在某个专辑里唱了某首歌曲,这个专辑的发行量和日期等的信息的。但是,图 1-2 中的"曲目表"只有Circulation(发行量)和 PubYear(发行日期)两列数据项,用户从这两列数据项根本无法获取原来需要传达的信息。造成这个状况的主要原因是图 1-2 中的 3 张表看起来都是"孤立"的,没有任何的关联。

表 - dbo.Songs　　　　　　　　　　　　　　　　　　　　　歌曲表

SongID	Name	Lyricist	Composer	Language
S00001	传奇	左右	李健	Chinese
S00002	后来	施人诚	玉城干春	Chinese
S01001	Take me home	John Denver	John Denver	English
S01002	Beat it	Michael Jackson	Michael Jackson	English

歌手表

曲目表——哪位歌手唱了哪首歌

表 - dbo.Singers

SingerID	Name	Gender	BirthYear	Nation
GA001	Michael_Jackson	男	1958-07-01...	American
GA002	John_Denver	男	1943-07-01...	American
GC001	王菲	女	1969-07-01...	China
GC002	李健	男	1974-06-01...	China
GC003	李小东	男	1969-07-01...	China

表 - dbo.Track

Circulation	PubYear
8	2003
8	2010
NULL	1975
10	1971
20	1983

图 1-2　歌曲表、歌手表和曲目表

　　与图 1-2 不同,图 1-3 中的"曲目表"又增加了两列数据:SongID 和 SingerID。根据这新增的这两列数据,再联合图中的"歌曲表"和"歌手表",就可以很清楚地获知哪些歌手唱了哪些歌曲,以及这些歌曲所在专辑的发行信息。以"曲目表"中的第一行为例,其第一列数据S00001 对应"歌曲表"中的歌曲名称是"传奇",其第二列数据 GC001 对应"歌手表"中的歌手名字是"王菲",所以可以获知王菲版的"传奇"所在专辑发行量是 5 万张,发布年份是 2003 年。

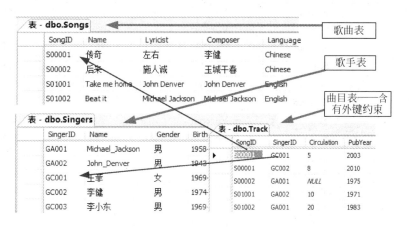

图 1-3 有关联的表

由以上例子可知,孤立的数据能传递的信息量是有限的,或者说数据和信息是两个不同的概念。数据仅记录了原始的实体和数字,而信息则是相关联的数据的集合,在不同的场景下具有不同的语义。数据库不仅需要存储数据,还需要存储这些数据间的关系,从而可以传递一定的信息量。

1.1.2 数据库概念

关于数据库的定义很多,一般认为:

> 数据库(Database,DB)是长期存储在计算机内的、有组织的、可共享的数据集合。

数据库是一个组织机构赖以生存的数据集合。例如,客户信息、客户存取款记录、借贷信息等数据就构成了银行数据库;产品信息、进货、销售、库存信息等数据形成的数据库是物流系统的基础。

数据库除了存储组织机构中的数据,也存储数据的描述。图 1-3 主要展示了表中存储的数据,下面两张表描述了数据库存储数据时需要的一些关键信息。表 1-1 表示这个关系数据库包含了三张表,表的全局信息包括表名、所含列数、设置的主键等;表 1-2 描述了每张表中的各个列的信息,包括列名、从属表、数据类型和长度等。

表 1-1 库中表信息

表 名	列 数	主 键	备 注
Songs	5	SongID	歌曲表
Singers	5	SingerID	歌手表
Track	4	SongID+SingerID	曲目表

表 1-2   表中列信息

列　　名	表　　名	数 据 类 型	长　　度	备　　注
SongID	Songs	Nchar	10	歌曲编号
Name	Songs	Varchar	100	歌曲名称
Lyricist	Songs	Varchar	20	词作者
Composer	Songs	Varchar	20	曲作者
Lang	Songs	Varchar	10	语言类别
SingerID	Singers	Nchar	10	歌手编号
Name	Singers	Varchar	50	歌手姓名
Gender	Singers	Nchar	2	性别
BirthYear	Singers	DateTime	8	出生日期
Nation	Singers	Varchar	20	籍贯
SongID	Track	Nchar	10	歌曲编号
SingerID	Track	Nchar	10	歌手编号
Circulation	Track	Int	4	发行量
PubYear	Track	Int	4	发行时间

数据的描述也称为**元数据**(Metadata),也被称为系统目录或数据字典。数据字典使得数据库有一定的独立性(**逻辑独立性**)。例如,如果要在数据库中加入新列(即改变了数据结构),如果上层应用程序不依赖新加入的列,那么这个修改并不会影响应用程序的执行。

最后,数据库会使用若干个文件长期存储数据,文件中的数据由操作系统的文件系统进行统一管理,文件系统屏蔽了数据在磁盘或其他存储介质中的存储细节。

1.2 数据库系统组成

首先给出数据库系统的一般定义:

> **数据库系统**(**Database System**,**DBS**)是指在计算机系统中引入数据库后的系统,一般由数据库、数据库管理系统、应用程序 和用户 4 部分组成。

图 1-4 展示了数据库系统的 4 个组成部分,下面按照从右到左的次序先做一个大概的介绍。

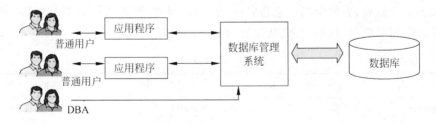

图 1-4   数据库系统的组成

位于图 1-4 最右端的“数据库”是数据库系统的基石。数据库按一定的数据模型组织、描述和存储数据,具有较小的冗余度、较高的数据独立性和易扩展性,并可被多个用户共享使用。

　　数据库本身并不关心如何科学地组织、存储和共享这些数据，把这些任务交给另一个重要的软件——"数据库管理系统"来处理。

　　普通用户主要利用应用程序来与数据库管理系统交互，以存取数据库内的数据。

　　数据库管理人员可以直接操纵数据库管理系统。数据库的实施、管理、维护一般都由数据库管理人员完成。

　　前文已经介绍了数据库的概念，本节将重点介绍数据库管理系统、数据库应用程序和用户。

1.2.1　数据库管理系统

　　数据库系统的目的之一，是尽可能降低用户程序在数据的管理、维护和使用上的复杂性，在保证数据安全可靠的同时，提高数据库应用的简明性和方便性。作为数据库系统的重要组成部分，数据库管理系统是实现这个目的的重要手段。

> 　　数据库管理系统(Database Management System，**DBMS**)是一套能够让用户定义、创建和维护数据库并能对数据库的访问进行合理控制的<u>软件系统</u>。

　　如同有了高级编译程序之后，程序员就可以不使用机器指令而使用高级语言编写程序一样，有了 DBMS，用户就可以在抽象意义下处理数据，无须顾及这些数据是如何存储的。DBMS 介于应用程序和操作系统之间，是与用户、应用程序和数控进行相互作用的软件。DBMS 不仅具有最基本的数据管理功能，还能保证数据的完整性、安全性，提供多用户的并发控制、当数据库出现故障时对系统进行恢复。

　　目前市场上主流的 DBMS 产品有 Microsoft SQL Server、SYBASE、DB2、Oracle 等。不同的 DBMS 产品具有的功能也有差异，如面向个人机(Personal Computer，PC)的 DBMS(如 Access 和 Visual FoxPro)只提供了有限的安全性、完整性和恢复控制，不支持复杂的并发共享访问。但是，一般的 DBMS 都应该包括以下功能模块：

1．数据定义

　　DBMS 提供数据定义语言(Data Definition Language，DDL)，用户通过它可以方便地定义数据库中的数据对象(在关系数据库管理系统中就是指定义数据库、表、视图、索引等)，还包括定义完整性约束和保密限制等。

2．数据操纵

　　DBMS 提供数据操作语言(Data Manipulation Language，DML)，用户可以使用 DML 实现对数据的追加、删除、更新、查询等操作。

3．数据库的运行管理

　　数据库的运行管理功能是 DBMS 的运行控制、管理功能，包括多用户环境下的并发控制、安全性检查和存取限制控制、完整性检查和执行、运行日志的组织管理、事务的管理和自动恢复等。这些功能保证了数据库系统的正常运行。

4. 数据组织、存储与管理

DBMS要分类组织、存储和管理各种数据,包括数据字典、用户数据、存取路径等;它还需确定以何种文件结构和存取方式在存储级上组织这些数据,如何实现数据之间的联系。数据组织和存储的基本目标是提高存储空间利用率,选择合适的存取方法提高存取效率。

5. 数据库的建立和维护

这一部分包括数据库初始数据的输入、转换功能,数据库的转储、恢复功能,数据库的重组和重构以及性能监控等功能。

数据库管理系统的这些组成模块互相联系、相互依赖,共同完成数据库管理系统的复杂功能。

1.2.2 数据库应用程序

数据库应用程序是连接用户和数据库管理系统的纽带,普通用户需要通过它才能操纵数据库中的数据。

> 数据库应用程序(Database Application Program)是一套向数据库管理系统发出请求并与数据库进行交互的满足特定需求的程序集合。

随着计算机的普及和相应信息量的不断增加,在众多的计算机应用中,数据密集型应用的发展非常迅速。数据密集型的应用也就是我们所说的以数据为中心的应用,这种应用具有如下三个特点。

1. 存储的数据量大

以银行为例,它要求的应用系统需要包括客户、账户、贷款和银行事务等诸多信息,如果要将全部信息保存起来,那么数据量是很大的,不可能将这些信息全部保留在内存中。内存只能暂时存放其中的很小一部分信息,而其余的大量数据则要存放在辅助存储设备上。

2. 数据不随程序的结束而消失

需要长期保留在计算机中的数据称为持久性数据。持久保存的数据是有价值的,人们可以通过分析积累的数据,制定出合适的方针和决策。例如,通过分析一段时间内哪些图书借出的次数比较多、可以帮助图书管理人员决定下次要多采购哪些书。这就是我们经常说的辅助决策支持。

3. 数据被多个应用程序共享

数据不是某个用户专有的,而是可被许多用户使用,而且还必须允许多个用户同时使用这些数据。以飞机订票系统为例,一个地区有成百上千个订票点,在一个订票点工作时,其他的订票点也必须能同时工作,否则设立这么多个订票点就没有意义了。

数据库应用程序开发人员往往要根据将要开发的应用程序的特点,选择合适的开发语言(一般是高级语言,如 C++、C#、Java 等)、开发工具(如采用什么样的数据库管理系统、数据库连接技术和开发平台等)和系统架构(桌面版的客户/服务器模式还是浏览器/服务器模式)来实现某类特殊的应用需求。所以说数据库应用程序的开发是一个复杂的过程,它的开发包括多个步骤,包括功能分析、总体设计、模块设计、编码和测试等。最后,不管开发人员选择的语言多高级,系统架构多流行,他们最终需要达到一个目的——满足用户的需求。

1.2.3 用户

数据库系统还包括人的因素,即用户。在一个数据库系统中,通常有多种不同身份的用户与系统打交道,一般将他们分成以下 4 类。

1. 终端用户(普通用户)

这类用户不必熟悉程序语言和数据处理技术。终端用户是发起开发数据库系统和直接使用系统的人员,数据库系统的所有设计开发都是围绕他们的需求进行的。终端用户往往通过各类用户接口方便快捷地使用数据库,常用的用户接口方式有浏览器、表单、报表等。

2. 系统分析员和数据库设计人员

系统分析员负责应用系统的需求分析和规范说明,他们和终端用户及数据库管理员一起确定系统的硬件配置,并参与数据库系统的概要设计。数据库设计人员按照分析阶段产生的数据流图确定数据库中数据的组织,负责数据库各级模式的设计。数据库设计人员必须参加用户需求调查和系统分析,然后才进行数据库设计。

3. 应用程序开发人员

应用程序开发人员根据详细设计说明书负责设计、编写、调试和安装应用程序,这些应用程序能帮助终端用户对数据库中的数据进行检索、建立、删除或修改。

4. 数据库管理员

数据库系统除了有一个集中管理数据的 DBMS 之外,还要有一个负责整个数据库系统的建立、管理、维护、协调工作的专门人员,称为数据库管理员(Database Administrator,DBA)。DBA 的具体职责如下:

(1) 参与数据库系统的设计和建立。

在设计和建立数据库时,DBA 参与系统分析和系统设计,决定整个数据库要存储的数据及数据结构。

(2) 对系统的运行实行监控。

在数据库运行期间为了保证有效地使用 DBMS,要对用户的存取权限进行监督控制,并收集、统计数据库运行的有关状态信息,记录数据库数据的变化,改善系统的"时空"性能。

(3) 定义数据库的安全性和完整性约束。

DBA 负责确定用户对数据库的存取权限、数据的保密级别和完整性约束条件,以保证数据库数据的安全性和完整性。

(4) 数据库的重组和重构,以提高系统的性能。

在数据库运行过程中,由于数据的不断插入、删除和修改,时间一长将影响系统的性能。因此,DBA 要定期对数据库进行重组,以提高数据库的运行性能。

当用户对数据库的需求增加或修改时,数据库的模式也要进行一些必要的修改,即对数据库进行重构。

数据库在运行过程中,由于软、硬件故障会受到破坏,所以 DBA 还要决定数据库的备份和恢复策略,负责恢复数据库的数据。

1.3   数据库系统的三级模式结构

经过上面介绍之后,这里给出数据库系统的整体结构是十分必要的。数据库系统的结构比较复杂,可以从不同的角度进行分析。

从 DBMS 角度看,数据库系统通常采用三级模式结构(如图 1-5 所示)。

1.3.1   三级模式

数据库系统的三级模式结构包括三个抽象概念:外(子)模式、模式和内模式。此外,它还包括特殊的部分——两个"映像",它们使得这三个相互关联,模式不再孤立存在。下面从模式开始介绍数据库系统的三级模式。

1. 模式(Schema)

在图 1-5 中,中间位置的"模式"也称为概念模式。模式既不涉及数据的物理存储细节和硬件环境,也与具体应用程序开发工具无关,但它与用户的需求密切相关。模式以某种数据模型为基础,统一综合地考虑所有用户的需求,并将这些需求有机地整理成一个逻辑整体。

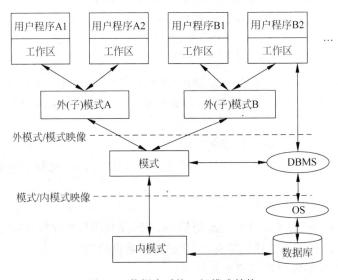

图 1-5   数据库系统三级模式结构

> **模式**是对数据库中全部数据的逻辑结构和特征的描述,是数据库所有用户的公共数据视图。

一个数据库只有一个模式。模式是对数据库结构的一种描述,而不是指数据库本身。

模式不仅定义数据的逻辑结构,如数据记录由哪些数据项组成,数据项的名字、类型、取值范围等,而且要定义数据之间的联系,定义与数据有关的安全性、完整性要求。一个图书出版公司关系数据库(Pubs)所具有的模式,如图 1-6 所示。

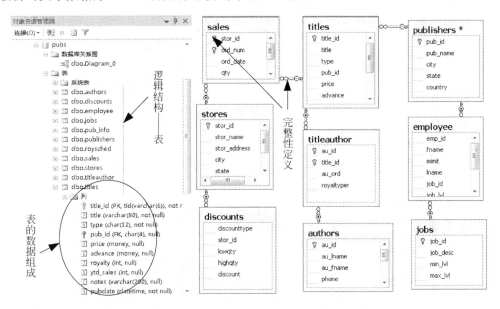

图 1-6 Pubs 的模式

2. 外模式

外模式(External Schema)通常是模式的子集。一个数据库可以有多个外模式。外模式是各个用户的数据视图,不同的用户在应用需求、看待数据的方式等方面会存在差异,因此其对应的外模式也会有所不同。

> **外模式**也称为子模式或用户模式,描述了用户所理解的实体、实体的属性和实体间的关系。外模式是与某一应用有关的数据逻辑表示。

例如,前面的 Pubs 数据库,其模式涵盖了书籍、作者、书籍销售、出版社、出版社员工等多个方面。假设这个公司包括多个职能部门,如人力资源、出版、销售、编辑等。在这个公司里,平日只有总监需要负责整个公司的业务运营,因此只有他需要看到整个模式;但是,对于每个职能部门,他们只会涉及整个模式中的一部分。不必把数据库的整个模式分别呈现给各个部门,这不符合管理的需求;但也不必为每个部门分别建立一个独自的模式,因为这样很容易造成数据之间的冗余和不一致等问题。这时,子模式就发挥了作用。可以把整个模式按照需求划分成多个逻辑子模块,让每个子模式对应于一个职能部门。例如,可以将 Pubs 数据库的整个模式按照职能部门划分成如图 1-7 所示的三个子模式,让它们分别对应于销售部门、编辑部门和人力资源部门,而让总监可以看到这三个部分的合集。

因为每个用户只能看见和访问自己所对应的子模式中的数据,数据库中的其他数据是不可见的,所以外模式也是保证数据安全性的一个有力措施。

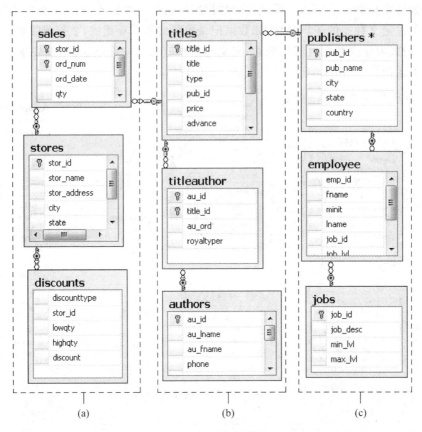

图 1-7   Pubs 的子模式

数据库系统提供外模式描述语言(外模式 DDL)来描述用户不同的数据视图。用外模式 DDL 写出的一个用户数据视图的逻辑定义的全部语句叫作此用户的外模式。

3. 内模式

一个数据库只有一个内模式(Internal Schema)。

> **内模式**也称为存储模式,描述了整个数据库的物理结构和存储方式。

内模式是对数据的底层描述。例如,数据是按 B+树结构存储还是按 Hash 方法存储,是否压缩存储,是否加密,是否建立索引等。

需要注意的是,内模式与物理层是不一样的,内模式不涉及物理记录的形式(即系统块或是页),也不考虑具体设备的柱面或磁道大小。

1.3.2   模式映像与数据独立性

数据库系统的三级模式是对应了数据的三个抽象级别。它把数据的具体组织留给 DBMS 去做,用户只需抽象地处理逻辑数据,而不必关心数据在计算机中的存储,减少了用户使用系统时的复杂性。

事实上,在数据库系统中用户看到的数据和计算机存放的数据是两回事(当然这中间存在关联),它们之间经过了两次转变。第一次是系统为了减少冗余,实现数据共享,把所有用户的数据进行综合,抽象成一个统一的数据视图(外模式→模式)。第二次是为了提高存取效率,改善系统性能,把全局视图的数据按照物理组织的最优形式来存放(模式→内模式)。当计算机向用户提供数据时,则做相反地转变。以上转换机制是依赖于数据库系统提供的两个层次的映像:

- 外模式/模式映像;
- 模式/内模式映像。

正是这两层映像保证了数据库系统具有较高的数据独立性:**物理数据独立性**和**逻辑数据独立性**。

1．外模式/模式映像

对应于同一个模式可以有任意多个外模式,对于每一个外模式,数据库系统都有一个外模式/模式映像,它定义了该外模式与模式之间的对应关系。当模式改变时,由数据库管理员对各个外模式/模式做相应的改变,可以使外模式保持不变。应用程序是依据数据的外模式编写的,从而应用程序可以不必修改,保证了数据与程序的逻辑独立性。

2．模式/内模式映像

数据库中只有一个模式,也只有一个内模式,所以模式/内模式映像是唯一的,它定义了数据库的全局逻辑结构与存储结构之间的对应关系。当数据库的存储结构改变时,由数据库管理员对模式/内模式映射做相应的改变,可以使模式保持不变,从而应用程序也不必修改,保证了数据与程序的物理独立性。

1.4　数据库系统的软件体系结构

从数据库最终用户角度看,数据库系统结构还可以分为集中式结构、分布式结构、客户/服务器结构等。

1．集中式数据库系统

集中式数据库系统的数据库管理系统、数据库和应用程序都在一台计算机上,其运行模式如图 1-8 所示。

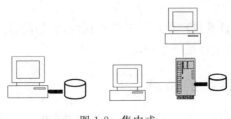

图 1-8　集中式

在用户较少、数量不大的情况下,可以使用本地小型数据库,一般是由个人建立的个人数据库,常用有 Access 和 Visual FoxPro 等。

在数据量大的情况下,可以使用性能很强的计算机来处理庞大的数据。用户通过终端机与大型主机相连,数据库系统在主机上,所有处理由主机完成,各用户通过终端并发地存取数据库共享资源。因此,如果终端用户很多,主机会非常忙碌,使得反应比较慢。另外,大型主机的性能虽然很强,但价格都很贵,一般只有大型机构才会使用。

2. 分布式数据库系统

分布式数据库是为了解决大型数据库反应缓慢的问题而提出的,由多台数据库服务器组成,分布式数据库的数据物理上分布在计算机网络的不同节点上,逻辑上属于同一个系统,如图 1-9 所示。

网络中的每个节点都具有独立处理的能力,可以执行局部应用;同时,它通过网络通信子系统来访问多个节点上的数据,实现全局应用。

3. 客户机/服务器数据库系统

随着微型计算机的发展,其运算速度越来越快,而且价格越来越低廉。在客户机/服务器(如图 1-10 所示)数据库系统中,数据库管理系统和数据库驻留在服务器上,而应用程序放置在客户机上(微型计算机)。在利用网络将客户机和数据库服务器连接后,就可以从数据库服务中存取数据;此外,由于客户机应用程序可以完成部分工作,数据库服务器的负担就可以被分散,因此数据库服务器就不必是价格昂贵的大型主机了。

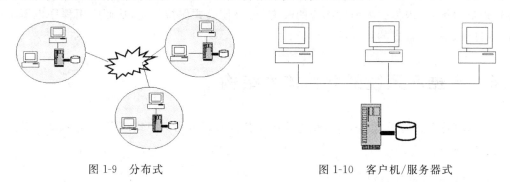

图 1-9　分布式　　　　　　　　图 1-10　客户机/服务器式

1.5　数据库系统发展历程

数据库系统并不是在计算机产生的同时就出现的,而是随着计算机技术的不断发展,在特定的历史时期、特定的需求环境下出现的。

1.5.1　数据库系统的特点

人类在 1946 年发明了世界上的第一台计算机到 20 世纪 60 年代这漫长的 20 年中,计算机操作系统还主要局限于文件的操作,同样对数据的管理也主要是通过文件系统来实现。

在这一阶段,文件中存放着计算所需的各类数据。当应用程序要使用这些数据的时候,将文件打开,读取文件中的数据到内存中。当计算完毕后,将计算结果仍旧写入到文件中去。

由于基于文件系统的数据管理缺乏整体性、统一性,在数据的结构、编码、表示格式等诸多方面不能做到标准化、规范化,不同的操作系统有风格迥异的表示方式,因此在一定程度上造成了数据管理的混乱。另外,基于文件系统的数据管理在数据的安全性和保密性发面难以采取有效的措施,在一些对安全性要求比较高的场合,这种安全上的缺陷是完全不允许的。

针对文件系统的这些重要缺点,人们逐步发展了以统一管理数据和共享数据为主要特征的系统,这就是数据库系统。与文件系统相比,数据库系统有以下特点。

1．数据的结构化

允许用户使用专门的数据定义语言来创建新的数据库并指定其数据结构。

2．共享数据

共享是数据库系统的目的,也是其重要的特点。一个数据库中的数据不仅可以被组织内部的各部门共享,还可以被不同国家、地区的用户所共享。

3．数据独立性好

在文件系统中,文件和应用程序相互依赖,一方的改变总要影响另一方的改变。数据库系统则力求使这种依赖性变小,以实现数据的独立性。

4．可控冗余度

数据专用后,每个用户拥有并使用自己的数据,许多数据就会出现重复,这就是数据冗余。实现共享后,同一个数据库中的数据集中存储,共同使用,因而有助于避免重复,减少和控制数据的冗余。

1.5.2 数据库系统的发展

数据库管理系统发展到了今天,可以说已经到了极致。多年来,人们一直在追求数据库系统与程序设计语言的完美结合,其大致的发展脉络如图 1-11 所示。

图 1-11 数据库系统发展

1．第一代：层次和网状数据库系统

1964 年世界上的第一个数据库系统 IDS(Integrated Data Store)是由美国通用电气公司开发成功的。IDS 奠定了网状数据库的基础，并且得到了广泛的发行和应用，成为数据库系统发展史上的一座丰碑。

1969 年，美国国际商用机器公司(IBM)也推出世界上第一个层次数据库系统 IMS (Information Management System)，同样在数据库系统发展史上占有重要的地位。

2．第二代：关系数据库系统

1970 年，E．F．Codd 在总结前面的层次、网状数据库优缺点的基础上，提出了关系数据模型。在整个 20 世纪 70 年代，关系数据库系统无论从理论上还是实践上都取得了丰硕的成果。在理论上，确立了完整的关系模型理论、数据依赖理论和关系数据库的设计理论；在实践上，世界上出现了很多著名的关系数据库系统，比较著名的如 System R，INGRES，Oracle，DB2，SQL Server 等。直到今天，E．F．Codd 的这些基本理论还在左右着数据库系统的发展，也依然是高校计算机专业课堂上所要讲述的重要内容。

用户操作关系数据库的通用语言是结构化查询语言(Structured Query Language，SQL)，这是一种非过程化的面向集合的语言，虽然用起来非常简单，但由于是解释执行，运行效率并不如人意。因此许多应用仍然由高级程序设计语言来实现，但是高级程序设计语言是过程化、面向单个数据的，这使得 SQL 与过程化的程序设计语言之间存在着不匹配。

3．新一代数据库系统

第二代数据库系统的数据模型虽然描述了现实世界数据的结构和一些重要的相互联系，但是仍然不能捕捉和表达数据对象所具有的丰富的语义。1990 年以 Michael Stonebraker 为首的高级 DBMS 功能委员会发表了"第三代数据库系统宣言"的文章，按照文章的思想，第三代数据库系统必须满足两个条件：

- 支持核心的面向对象数据模型；
- 支持传统数据库系统所有的数据库特征。

也就是说，第三代数据库系统必须保持第二代数据库系统的非过程化数据存取方式和数据独立性，即应继承第二代数据库系统已有的技术，不仅能很好地支持对象管理和规则管理，而且能更好地支持原有的数据管理。

尽管许多学者认为现在提出第三代数据库系统尚未成熟，但与上面"宣言"的思想相一致的相关研究却正在不断推陈出新，首先表现在数据库中引入面向对象数据模型的相关研究上。

1985 年正式出现了面向对象数据库(Object Oriented Database，OODB)系统，它强调高级程序设计语言与数据库的无缝连接，能够解决关系数据库的 SQL 与过程化程序之间的不匹配问题。面向对象数据库支持非常复杂的数据模型，从而特别适用于工程设计领域。例如，计算机辅助设计(Computer Aided Design，CAD)中的一个复杂部件，可能由成千上万个不同的零件组成，如果用关系模型中的表来表示，那么库中表的数量将相当惊人，而描述这

种复杂的部件,正好是某些面向对象高级程序设计语言的强项。此外,面向对象数据库还吸收了面向对象程序设计语言的思想,如支持类、方法、继承等概念。

面向对象数据库也有缺点,由于模型较为复杂(而且缺乏数学基础),使得很多系统管理功能难以实现(如权限管理),也不具备 SQL 处理集合数据的强大能力。它的这些缺点正好是关系数据库的强项,所以目前另一种模型——对象关系型数据库(Object Relational Database,ORDB)也日益受到重视。ORDB 是关系数据库在吸收面向对象数据库的优点后的创新产物,像 Oracle8i、DB2-5 以上都是这种系统。ORDB 本质上还是关系模型,但是它能支持更为复杂的数据类型、方法、继承和引用(使得对象间可以直接引用,原来的关系数据库需要靠连接来实现引用)。

除了 OODB 和 ORDB,新一代的数据库系统还包括另一些特殊的数据库,如与分布式技术相结合的分布式数据库、建立在 SMP 和 MPP 并行机上的并行数据库、还有一些用于特定领域的工程数据库、统计数据库、空间数据库等。这些新的数据库系统对经典的关系数据库的冲击是巨大的,前面已经提到 SQL 是操作关系数据库的通用语言,但新一代的数据库却非常不满意 SQL 在处理大数据时的低性能,所以提出了 NoSQL 的新概念。NoSQL 不是 Not SQL,而是 Not Only SQL 的缩写。NoSQL 是非关系型数据存储的广义定义,它打破了长久以来关系型数据库大一统的局面。NoSQL 数据存储不需要固定的表结构,通常也不存在连接操作,在大数据存取上具备关系型数据库无法比拟的性能优势。该术语已经在 2009 年年初得到了广泛认同。

1.5.3 数据库系统的发展趋势

数据库系统的发展应该与人类的需求密切相关,图 1-11 也体现了数据库系统的发展趋势。

1. 越来越小的系统

最初 DBMS 是庞大、昂贵、在大型计算机运行的软件系统。因为保存吉字节(GB)的数据需要大的计算机系统,所以大容量是必需的。今天几百吉字节的数据都可以放在单个磁盘上,在个人计算机上运行 DBMS 已经没有任何问题。所以,基于关系模型的数据库系统甚至可以在非常小的机器上运行,而且它们也开始作为一种计算机应用的常见工具出现,如同电子表格和文字处理软件一样。

另一个重要的趋势是 XML 文档的使用。大量 XML 文档的集合可以作为一个数据库,而查询和操作它们的方法与关系数据库系统不同。2003 年出现了 XML 数据库的正式定义,XML 数据库是一个能够在应用中管理 XML 数据和文档集合的数据库系统。XML 数据库不仅是结构化数据和半结构化数据的存储库,像管理其他数据一样,持久的 XML 数据管理还可以包括数据的独立性、集成性、访问权限、视图、完备性、冗余性、一致性以及数据恢复等。

2. 数据量越来越大

随着互联网 Web2.0 网站的兴起,大交易和大交互带来的海量数据需要数据库支持"大数据"。大数据的特征可以用 3V 来表示:海量(Volume)、多样(Variety)和实时

(Velocity)。

一些需要存储大数据的重要应用如下：

(1) 多媒体数据的管理。像一些能够进行在线相片管理和分享的网站,如 Flickr,它们内部的信息库存储了数以百万计的图片,并且还能够提供对这些图片的搜索。甚至像 Amazon 这样的数据库也存有百万计的产品图片。如果静态的图片耗费空间,电影则耗费更多,一小时的视频需要至少 1GB。但像 YouTube 这样的网站拥有数十万或是上百万的电影却能很轻易地提供它们。

(2) P2P 文件共享系统使用普通计算机构成大的网络来存储和发布各种各样的数据。虽然网络中每个节点可能只存储几百吉字节的数据,但它们所存储的数据合集非常巨大。

(3) 轨迹数据。随着卫星、无线网络,以及定位设备的发展,大量移动物体的轨迹数据呈急速增长的趋势,如交通轨迹数据、动物迁徙数据、气候气流数据、人员移动数据等。轨迹数据是基于时间和空间的位置序列和采样点语义标注,对轨迹数据的研究,获取物体有关运动的未知知识,将成为未来的研究热点和应用增长点。

随着大数据的出现,数据库存储大数据的需求也越来越迫切,图 1-11 中的网格数据库(GridDB)和基于云技术的数据库(Cloud DB)等都是目前实现存储和管理大数据的流行数据库。

3. 信息集成

在很大程度上,建立和维护数据这个老问题已经变成了信息集成的问题：把许多相关的数据库所包含的信息连接成一个整体。一种常用的方法是建立数据仓库(Data Warehousing),将众多的遗留数据库中的信息进行适当的翻译,周期性地复制到一个中心数据库；另一种方法是实现一个 Mediator 或“中间件”,它的功能是支持各个不同数据库中数据的一个集成的模型,并在这个模型和每个数据库所使用的实际模型之间进行翻译。

习题 1

1. 试述数据库系统的特点和组成。
2. 什么是数据字典? 数据字典包含哪些基本内容?
3. 试述数据库管理系统的主要功能。
4. 什么是数据库系统的三级模式和二级映像? 什么是物理独立性和逻辑独立性?
5. 使用 DBS 的用户有哪几类?
6. 试述数据库系统的软件体系结构。
7. 什么是 DBA? DBA 应具有什么素质? DBA 的职责是什么?
8. 解释下述名词

数据库,数据库管理系统,数据库系统,外(子)模式,概念模式,内模式,外模式/模式映像,模式/内模式映像,数据独立性,物理数据独立性,逻辑数据独立性。

第2章

数据模型

数据库中存储的是数据,这些数据反映了现实世界中有意义、有价值的信息,不仅反映数据本身的内容,而且反映数据之间的联系。那么如何抽象表示、处理现实世界中的数据和信息呢? 这就是本章的核心内容——数据模型。

本章的学习要点:

- 数据模型的三要素;
- E-R 模型;
- 传统模型的优缺点;
- 面向对象数据模型。

2.1 数据模型简介

对用户来说,数据库是模拟现实世界中某企业、组织或部门所涉及数据的综合。数据库中所存储的数据都是用来描述现实世界中事物某些方面的特征和相互关系的,不仅要反映数据本身的内容,而且要反映数据之间的联系。由于计算机不可能直接处理现实世界中的具体事物,所以人们必须事先把具体事物转换成计算机能够处理的数据。这个转换过程如图 2-1 所示。

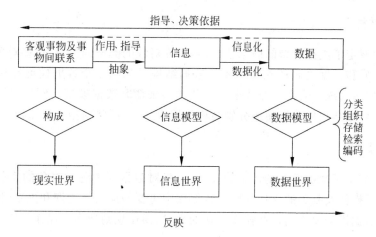

图 2-1 三个世界的转换

现实世界是指存在于人脑之外的客观世界,泛指客观存在的事物及其相互间的联系。一个实际存在并可以识别的事物称为个体,每个个体都有自己的特征,用以区别其他个体,例如,学生有姓名、性别、班级、专业等许多特征来标识自己。

现实世界中的事物反映到人们的头脑中,经过认识、选择、命名、分类等综合分析而形成了概念和认识,就是信息,即进入了信息世界。在信息世界中,每一个被认识的个体称为实体,个体的特征在头脑中形成的知识称为属性。一个实体是由它所有的属性来表示的。例如,一本书是一个实体,可以由书号、书名、作者、出版社、价格 5 个属性来表示。在信息世界中,主要研究的不是个别的实体,而是它们的共性。

信息要能在计算机中表示出来,则需要进一步的转换。在信息世界里,有些信息可以直接用数字表示,有些需要由符号、文字等来表示;但在机器世界里,所有的信息只能用二进制数来表示。所以,一切信息进入计算机时,必须是数据化的。可以说数据是信息的具体表现形式。

为了把现实世界中的具体事物抽象、组织成某个 DBMS 支持的数据模型,通常人们首先把现实世界中的客观对象抽象为概念模型(不依赖于具体计算机系统和 DBMS 的一种信息结构),这是一种面向客观世界、面向用户的模型,主要用于数据库设计,如 E-R 模型、扩充的(也称增强的)E-R 模型等属于概念模型;然后,再把概念模型转换为某个 DBMS 支持的逻辑数据模型,简称为数据模型,它是一种面向数据库系统的模型,主要用于 DBMS 的实现,如层次模型、网状模型、关系模型均属于这类数据模型。

> **数据模型**就是数据库中用来抽象、表示和处理现实世界中的数据和信息的工具。

2.1.1 数据模型的组成要素

数据库专家 E. F. Codd 认为,一个基本的数据模型是一组向用户提供的规则,这些规则规定数据结构如何组织以及允许进行何种操作。一个数据库的数据模型通常包含三个要素:数据结构、数据操作和数据的完整性约束条件。

1. 数据结构

数据结构规定了数据模型的静态特性,是研究对象的类型的集合,这些对象包括数据的类型、内容、性质和数据之间的相互关系。数据结构是刻画一个数据模型性质最重要的方面,因此在数据库系统中通常按照数据结构的类型来命名数据模型。例如,采用层次型、网状型和关系型数据结构的数据模型分别被称为层次模型、网状模型和关系模型。

2. 数据操作

数据操作规定了数据模型的动态特性,它是指对数据库中各种对象的实例允许执行操作的集合,包括操作及有关的操作规则。数据库中主要的操作有查询和更新(插入、删除、修改)两大类。数据模型要给出这些操作确切的含义、操作规则和实现操作的语言。

3. 数据的完整性约束条件

数据的约束条件是一组完整性规则的集合,定义了给定数据模型中数据及其联系所具有的制约和依存规则,用以限定相容的数据库状态的集合和可允许的状态改变,以保证数据库中数据的正确性、有效性和相容性。

完整性约束的定义对数据模型的动态特性做了进一步的描述与限定。因为在某些情况下,若只限定数据结构以及可执行的相应操作,仍然不能确保数据准确。为了尽可能避免这一情况的发生,通常把具有普遍性的问题归纳成一组通用的约束规则。例如,层次模型中的每个结点有且仅有一个双亲结点、关系模型中的实体完整性和参照完整性等都属于约束之列。

此外,数据约束还应包括能够反映某一应用所涉及的数据必须遵守的特定的语义约束条件。例如,女教授的退休年龄是 60 岁而男教授的退休年龄是 65 岁。

2.1.2　数据模型的发展

20 世纪 60 年代后期发展起来的层次、网状和关系数据模型,通常称为传统数据模型。传统数据模型是在文件系统基础上发展起来的,它们都在记录的基础上定义了各自数据的基本结构、操作和完整性约束及不同类型记录间的联系。传统数据模型提供了描述数据库逻辑结构的有效手段,因而自数据库产生以来,传统数据模型获得广泛应用。随着数据库应用系统使用范围的不断扩大,传统数据模型的过于面向机器实现、模拟现实世界能力不足、语义贫乏等弱点日益突出,导致了人们发展抽象级别更高、表达能力更强的新型数据模型,即非传统数据模型。

非传统数据模型是在传统数据模型基础上,根据新的应用需求,克服传统数据模型的弱点而发展起来的。例如,20 世纪 70 年代后期产生的 E-R 数据模型提供了丰富的语义和直接模拟现实世界的能力,且具有直观、自然、易于用户理解等优点。E-R 数据模型与传统数据模型的主要区别在于,它不是面向机器实现,而是面向现实世界的。

数据库新的应用领域在不断扩大,对数据模型的要求也越来越多。由于建立通用的概念模型过于复杂和烦琐,近年来人们开始将概念数据模型应用于特定的环境,如 CAD、CASE 等,导致了专用概念数据模型的产生。随着新一代数据库研究工作的不断深入,20 世纪 80 年代以来又相继推出面向对象数据模型、面向对象关系数据模型等新的数据模型。下面对概念模型、传统数据模型、面向对象数据模型逐一进行介绍。

2.2　概念模型

概念模型实际上是现实世界到机器世界的一个中间层次。概念模型用于信息世界的建模,是现实世界到信息世界的第一层抽象,是数据库设计人员进行数据库设计的有力工具,也是数据库设计人员和用户之间进行交流的语言,因此概念模型一方面应该具有较强的语义表达能力,能够方便、直接地表达应用中的各种语义知识;另一方面它还应该简单、清晰、易于用户理解。长期以来在数据库设计中广泛使用的概念模型当属 E-R 数据模型。

E-R 数据模型(Entity-Relationship Data Model),即实体联系数据模型,是 P. P. S. Chen 于 1976 年提出的一种语义数据模型。当时层次、网状和关系三种传统数据模型都已

提出,并获得应用,但是对它们的优点还有不同的争论。当初提出 E-R 模型的主要目的如下:

- 建立一个统一的数据模型,可以概括三种传统数据模型;
- 作为三种传统数据模型互相转换的中间模型;
- 作为超脱 DBMS 的一种概念数据模型,以比较自然的方式模拟现实世界。

E-R 数据模型用得最成功和最广泛的是作为数据库设计过程中的概念数据模型,如今它几乎成了概念模型的代名词。

E-R 数据模型描述现实世界,不必考虑信息的存储结构、存取路径、存取效率以及如何在计算机中实现。它与传统数据模型相比,更便于直接描述现实世界,且具有直观、自然、语义丰富、易于向传统数据模型转换等优点。

2.2.1　E-R 数据模型的基本概念

设计 E-R 数据模型的目标是有效、自然地模拟现实世界,而不是它在机器中如何实现,因此 E-R 数据模型只应包含那些对描述现实世界有普遍意义的抽象概念。下面介绍 E-R 数据模型的三个基本的抽象概念:实体、属性和联系。

1. 实体

实体是客观存在并且可相互区别的事物。实体可以是具体的人、事、物,也可以是抽象的概念或联系,例如,一个职工、一个学生、一个部门、一门课、学生的一次选课、部门的一次订货等都是实体。

在数据库设计中,常常关心具有相同性质的实体的集合。这种具有相同性质的一类实体的集合称为实体集(Entity Sets),如全校学生的集合组成学生实体集。同一实体集中的实体必然具有一些共同的特征,这些特征也称为属性。例如,学生一般会具有学号、姓名、入学时间、专业等属性。每一类实体集可以用称之为"实体型"的结构来抽象表示。实体型由实体名和属性名的集合组成。学生(学号,姓名,入学时间,专业)就是一个代表学生实体集的实体型。

2. 联系

在现实世界中,事物内部以及事物之间是有联系的,这些联系在信息世界中反映为实体(型)内部的联系和实体(型)之间的联系。实体内部的联系通常是指组成实体的各属性之间的联系。实体之间的联系通常是指不同实体集之间的联系,如教师实体集与学生实体集间的"讲授"联系,公司实体集与职工实体集之间的"聘任"联系等。

如果参与联系的实体集的数目为 n,则称这种联系数为 n 元联系。根据联系的元数不同,可以分成二元联系、多元联系和自反联系,如图 2-2 所示。

1) 二元联系

只有两个实体集参与的联系称为二元联系,它是现实世界中大量存在的联系。E-R 数据模型中为了给联系提供更多的语义,二元联系可进一步细分为以下三种联系:

(1) 一对一(1:1)联系。

如图 2-3(a)所示,若两个实体集 A 和 B,B 中的每一个实体至多和 A 中的一个实体有联系,则称 A 和 B 有 1:1 的联系。

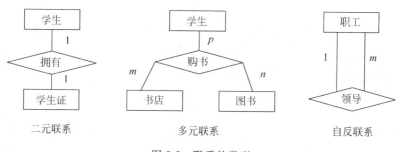

图 2-2 联系的类型

例如,工厂实体集与厂长实体集间的联系是 1:1 的。

(2) 一对多(1:n)的联系。

如图 2-3(b)所示,设有两个实体集 A 和 B,若 A 中每个实体与 B 中任意个实体(包括零个)发生关联,但 B 中每个实体至多和 A 中一个实体有联系、则称 A 和 B 是一对多的联系,记为 1:n。

例如,设集合 D 表示宿舍,集合 S 表示学生,则对于 D 中的一个宿舍,S 中就会有一组学生(设 n 人)在宿舍住宿工作,并且每个学生只能对应一个宿舍。所以 D 与 S 之间是 1,n 的联系。再如,经理与职员、班长与同学、教练与运动员等往往都是 1:n 的联系。

把 1:n 联系倒转过来便成为 n:1 的联系。如学生实体集与宿舍房间实体集(S:D)之间的联系是 n:1 的。

(3) 多对多(m:n)联系。

如图 2-3(c)所示,若两个实体集 A 和 B,每个实体集中的每一个实体都和另一个实体集中任意多个(包括 0 个)实体有联系,则称 A 和 B 是多对多的联系,记为 m:n。

例如,设 T 和 C 分别代表教师集合和课程集合,则 T,C 之间的联系是 m:n 的。因为 T 中的某个教师可能讲一门课或几门课,也可能不讲课;而 C 中的一门课可能由一个教师或几个教师讲,或目前尚缺少教师讲该门课。再如,图书与读者、商店与商品……均是 m:n 的联系。

1:1 联系是 1:n 联系的特例,而 1:n 联系又是 m:n 联系的特例。

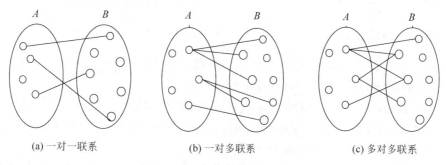

图 2-3 二元联系的函数示意图

2) 多元联系

参与联系的实体集的个数大于 2 个时,称为多元联系。例如,用来描述学生、书店和图书实体集之间的"购书"联系是三元联系。

3) 自反联系

自反联系描述了同一实体集内两部分实体之间的联系,是一种特殊的二元联系。例如在职工实体集中为了描述领导与被领导关系,可用 $1:n$ 的联系描述;在课程实体集中存在一门课程与另外一门(或几门)课程之间的预选课联系。

3. 属性

实体由特征来表征和区分,实体或联系所具有的特征称为属性。通常一个实体可以由多个属性来描述,即实体可用属性集表示。例如,学生实体可用学号、姓名、性别、年龄、系、籍贯等属性来描述。不仅实体可以用属性来描述,联系也可以用属性来描述使其语义更加丰富。例如学生实体集和课程实体集间存在 $m:n$ 的"选课"联系,这种联系可以有"成绩"、"选修时间"等属性。有关属性的几点说明如下:

(1) 一个实体可以有若干个属性,但在数据库设计中通常只选择那些数据管理需要的属性,而不是全部属性。

(2) 不能再细分的属性称为原子属性,如性别、民族等。

(3) 属性有型与值的区别。如学生实体中的学号、姓名等属性名是属性型,而0000001、"刘强"等具体数据称为属性值。

(4) 每个属性值都有一定的变化范围,通常称属性取值的变化范围为属性值的域(Domain)。例如,性别属性域是男、女,年龄属性域是 $1 \sim 200$ 岁。

(5) 能唯一标识实体集中某一实体的属性或属性组称为实体集的关键字(Key)。

与传统数据模型相比,E-R 数据模型对属性提出的限制较少,有丰富的语义,有利于比较自然地模拟现实世界。

2.2.2 E-R 图

E-R 图是 E-R 数据模型的图形表示法,是一种直观表示现实世界的有力工具。目前,数据库的概念设计都广泛使用 E-R 图进行相应设计。E-R 图通常称为"实体-关系"图,但严格来说,应该称为"实体型-关系"图,因为 E-R 图讨论的实体不是个体,而是同类实体的集合,即实体集。

1. E-R 图的表示方法

(1) 用矩形框表示实体集,并在矩形框中标明实体集名。例如,实体集歌曲(Songs)、歌手(Singers),如图 2-4 所示。

图 2-4 实体的矩形表示

(2) 用椭圆表示属性,并用无向边连接与其相关的实体集或联系。例如,歌手有属性歌手编号(SingerID)、歌手姓名(Name)、性别(Gender)、出生日期(Birth)和籍贯(Nation),如图 2-5 所示。

(3) 用菱形框表示联系,菱形框内标明联系名,与其相关的实体集之间用无向边连接,且连线边上标明联系类型,如歌手与歌曲间联系 Track,如图 2-6 所示。

图 2-5 属性的椭圆表示　　　　　　　图 2-6 联系的菱形表示

2．E-R图的构成规则

由矩形、椭圆形、菱形以及按一定要求相互间连接的线段可以构成一个完整的 E-R 图。

1）实体/联系与属性的连接

属性依附于实体集。在 E-R 图中,这种关系可用连接这两种图形的无向线段表示(一般情况下可用直线)。如实体集 Student 包括属性 S#(学号)、SN(学生姓名)及 SA(学生年龄);实体集 Course 有属性 C#(课程号)、CN(课程名)及 P#(先修课号),实体与属性的连接如图 2-7 所示。

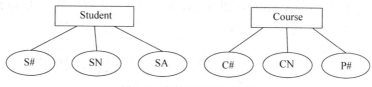

图 2-7 实体与属性的连接

属性也可以依附于联系,所以属性也可以与联系相连接。例如,学生与课程的联系 SC 表示了学生的选课关系,在选课过程可以产生诸如 G(成绩)之类的属性。这种连接如图 2-8 所示。

2）实体集与联系的连接

在 E-R 图中,联系是实体集之间(或者内部)发生关联的纽带。例如,实体集 Student、实体集 Course 需要通过它们的联系 SC 才关联在一起,如图 2-9 所示。

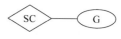

图 2-8 联系与属性间的连接

因为 Student 与 Course 间存在多对多的联系,所以要把图 2-9 进一步改造成如图 2-10 所示的形式。

图 2-9 实体与联系间的连接

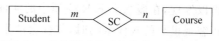

图 2-10 标注联系类型的实体和联系的连接

上面所举的例子均是两个实体集间的联系,也可以是多个实体集间的联系,如供应商、项目与零件的联系是一种三元联系,即一个供应商可以供给若干项目多种零件,每个项目可以使用不同供应商供应的零件,每种零件可由不同供应商供给。此种连接关系可用图 2-11(a)所示,但是不能用图 2-11(b)来表示,因为后者只是体现了供应商、项目和零件的两两之间的联系,并不符合前面同时关联三个实体的语义定义。

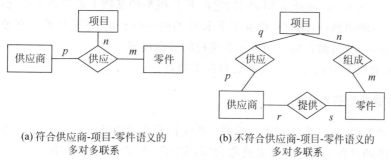

(a) 符合供应商-项目-零件语义的
多对多联系

(b) 不符合供应商-项目-零件语义的
多对多联系

图 2-11 多个实体集间的连接方法

【例 2-1】 图 2-12 所示是实体集 Student、Course 以及它们的联系 SC 构成的一个有关学生、课程以及学生选课联系的 E-R 图。

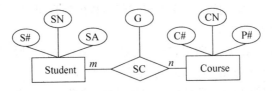

图 2-12 E-R 图的一个实例

【例 2-2】 实体集 Songs、Singers 以及 Track 构成了一个有关歌手、歌曲和曲目的信息(参见第 4 章中曲库例子)的概念模型,可用如图 2-13 所示的 E-R 图来表示。

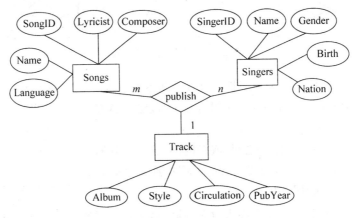

图 2-13 E-R 图的一个实例

可以发现,在概念上 E-R 模型中的实体、属性与联系是三个有明显区别的不同概念,但在分析客观世界的具体事物时,往往会产生混淆甚至区别不清。例如,对于某个具体数据对象,究竟算它是实体、属性还是联系,这或多或少决定于应用背景和用户的观点甚至偏爱,这也是构造 E-R 模型时的最困难的问题。

2.2.3 EE-R 图

应当承认,E-R 模型在表示概念世界中使用较为普遍与广泛,但是它在表示上尚有一定的不足,如表示的语义不够丰富等。因此,Teorey 等人提出了扩充 E-R 模型称为 EE-R 模型(Extend Entity-Relationship Model),它在 E-R 模型的基础上适当作了扩充,保持了 E-R 模型的简明、清晰的特点,同时又弥补了 E-R 模型的一些不足。EE-R 模型在使用过程中又不断被修改和扩充,目前它也是一种较为流行的概念模型。

EE-R 模型对 E-R 模型的扩充主要有如下两点:

1. 依赖联系和弱实体集

在现实世界中,有时某些实体对于另一些实体有很强的依赖关系,即一个实体的存在必须以另一实体的存在为前提。前者就称为“弱实体”;后者称为“强实体”。

【例 2-3】　例如,在人事管理系统中,职工子女的信息就是以职工的存在为前提的,子女实体是弱实体,子女与职工的联系是一种依赖联系,要唯一标识某个子女可以通过职工的 ID 和子女的 Child-Name 的属性组合来实现。

【例 2-4】　一个制片厂可能会有几个剧组,对于一个特定的制片厂可能会用剧组 1、剧组 2 这样的称呼来代表这些剧组。但是其他制片厂也会用同样的方法来称呼其剧组,所以剧组的编号的属性不足以构成剧组的唯一标识,它必须联合制片厂的属性,如制片厂的 Name,才能区别开来,所以剧组实体要依赖于制片厂实体,它是一个弱实体。

在 EE-R 图中,用双线矩形框表示弱实体集,用指向弱实体集的箭头表示依赖联系。上述两个例子的 EE-R 图如图 2-14 所示(加下划线的属性是关键字)。

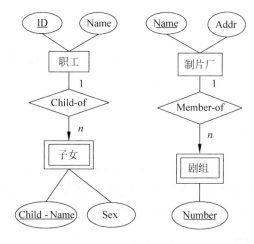

图 2-14　弱实体和依赖

2．子类实体和超类实体

子类和超类的概念最先出现在面向对象技术中,概念模型设计中也已采用了子类和超类的概念。

在使用 E-R 方法构建概念模型时,经常会碰到某些实体型是其他实体型的子类型的状况。例如,研究生和本科生都是学生的子类型,子类型联系又叫做 IS-a 联系。IS-a 联系建立了两个实体集间的继承(Inheritance)关系,也就是说如假设有实体集 A 和 B,B 是 A 的一个子集且具有比 A 更多的属性,此时,通过 IS-a 联系,B 中实体可以“继承”A 中所有属性,同时 B 还可有自己的属性,此时 A 称为 B 的超类(实体)而 B 称为 A 的子类(实体)。

【例 2-5】　设有学生(Student)、研究生(GraduateStudent)实体集。学生实体集有属性学号(S#)、姓名(SN)、系别(SD)及年龄(SA),而研究生也是学生,具有学生的所有属性,同时还有导师姓名(Adviser-Name)以及研究方向(Research-Field)属性。此时,“学生”与“研究生”间可建立起 IS-a 联系,该联系一旦建立,“研究生”即可继承“学生”的所有属性,所以此时“研究生”将具有 S#,SN,SN,SA,Adviser-Name 及 Research-Field 6 个属性。

在 EE-R 图中两实体集间 IS-a 联系可用直线相连并用三角形表示联系,而超类(实体)用两端双线的矩形表示,例 2-5 中的 EE-R 图如图 2-15 所示。

EE-R 模型比 E-R 模型有更丰富的语义与更强的表达力,同时仍保持 E-R 简明性,此

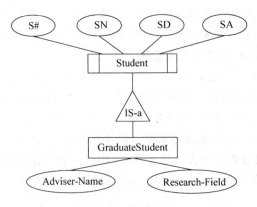

图 2-15　超类和子类的 EE-R 示例

外，EE-R 图基本上继承了 E-R 图的直观、明了的特点。因此，这种模型在表示概念世界时
比 E-R 模型更为有效。

2.3　传统数据模型

20 世纪 60 年代后期发展起来的层次、网状和关系数据模型，通常称为传统数据模型。
传统数据模型是在文件系统基础上发展起来的，它们都在记录的基础上定义了各自数据的
基本结构、操作和完整性约束及不同类型记录间的联系。

2.3.1　层次模型

在现实世界中许多实体集之间的联系呈现出一种自然层次联系。例如家族关系、行政
机构、军队编制、计算机组成、生物或非生物的类别归属等。图 2-16 给出了一个学校行政机
构的层次模型的例子。

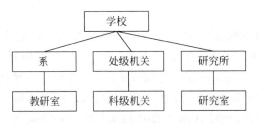

图 2-16　学校部门构成的层次模型

1. 层次数据模型的数据结构

层次模型是按照层次结构的形式组织数据库数据的，即用树型结构表示实体集与实体
集之间的联系。层次模型中用结点表示实体集，结点之间联系的基本方式是 $1:n$。通常
1 方的实体集表示双亲结点，n 方的实体集代表子女结点。层次模型数据结构的特点具体
如下：

- 每棵树有且仅有一个结点无双亲，该结点称为树的根（Root）结点；

- 除根外的任何一个结点有且仅有一个双亲结点；
- 在树结构中无子女结点的结点称为叶(Leaf)结点，除叶结点外任何一个结点可有任意多个子女结点，同一个双亲的子女结点称为兄弟结点。

在层次模型中的每个结点表示一个记录类型，它由若干个命名的字段组成。层次模型结构的值是型的一个实例，即每个记录的值表示实体集中的一个实体。图 2-17 显示了层次模型的数据结构。

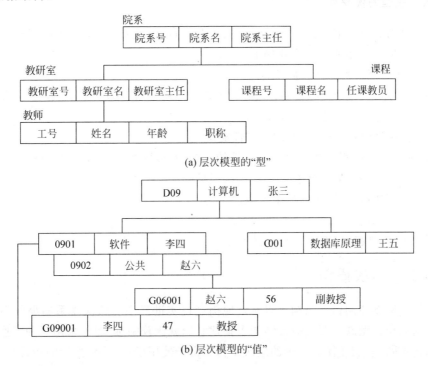

(a) 层次模型的"型"

(b) 层次模型的"值"

图 2-17 层次模型数据结构

层次模型是数据库中较早使用的一种数据模型。IMS 系统是 IBM 公司推出的最有影响的一种典型的层次模型数据管理系统，也是一个曾经被广泛使用的数据库系统。除 IMS 系统之外，还有许多采用层次模型的系统，如系统 SYSTEM2000。

2. 层次模型的数据操纵与约束

层次模型的数据操纵主要有查询、插入、删除和更新。进行插入、删除、更新操作时要满足层次模型的完整性约束条件：

(1) 层次结构规定除根结点外，任何其他结点不能离开其双亲结点而孤立存在。

这条约束表明在插入一个子女记录时，必须与一个双亲记录相联系，否则不能插入。例如，在图 2-10 的层次数据库中，若新调入一名教师，但尚未分配到某个教研室，这时就不能将新教员插入到数据库中；在删除一个记录时，其子女记录也将被自动地删除。若删除网络教研室，则该教研室所有老师的数据将全部丢失。这一约束为数据操作造成了不便。

(2) 层次模型所体现的记录之间的联系只限于二元 $1:n$ 或 $1:1$ 的联系。

这种约束限制了用层次模型描述现实世界的能力。层次数据模型只能直接表示一对多

（包括一对一）的联系。但现实世界中存在大量的多对多(m：n)联系，这些复杂关系是不能用层次模型直接表达的。层次模型通常采用分解的方法，把一个 m：n 联系分解成两个二元 1：n 的联系，但这样又会导致存储数据的冗余。为了减少分解带来的数据冗余，IMS 系统中引入一种虚拟记录，即如果一个记录 x 要在多处被引用，则只存储一份这样的记录，其他需要引用的地方用其指针代替。

3. 层次模型的优缺点

层次模型对具有一对多的层次关系的描述非常自然、直观、容易理解，这是层次数据库的突出优点。层次模型的优点主要如下：

- 层次数据模型本身比较简单；
- 对于实体间联系是固定的且预先定义好的应用系统，采用层次模型来实现，其性能优于关系模型，不低于网状模型；
- 层次数据模型提供了良好的完整性支持。

然而，现实世界中很多联系是非层次性的，如多对多联系、一个结点具有多个双亲等，层次模型表示这类联系的方法比较笨拙。层次模型的缺点主要如下：

- 对插入和删除操作的限制比较多；
- 查询子女结点必须通过双亲结点；
- 由于结构严密，层次命令趋于程序化。

2.3.2　网状模型

层次数据模型使用树形结构可以有效地描述现实世界中有层次联系的那些事物，但对广泛存在的非层次型联系要用树形结构来描述它们就比较困难，通常采用某种转换方法（如使用虚拟记录）把它们变换成等价的层次结构。由于使用虚拟记录，大量的指针会使系统效率下降。为了克服层次模型结构在描述非层次型联系事物的局限，20 世纪 60 年代末美国 CODASYL 委员会提出了 DBTG 报告。DBTG 报告论述了网状数据模型和网状数据库系统的规范，成为网状数据库系统的典型代表。该报告对于网状数据库系统的研究和发展产生了重要影响，不少系统采用 DBTG 模型或简化的 DBTG 模型，如 HONEYWELL 公司的 IDS2、HP 公司的 Image 等。

1. 网状模型的数据结构

用网状数据结构表示实体集和实体集之间联系的模型称为网状数据模型。网状数据模型反映了实体集间普遍存在的更为复杂的联系，是一种比层次数据模型更具普遍性的结构，而层次结构实际上是网状结构的一个特例。在网状数据模型中，每个结点表示一个实体集，称之为记录型。记录型之间的联系是用有向线段表示，箭头指向 1：n 联系的 n 方。"1"方的记录称为首记录，n 方的记录称为从属记录。图 2-18 是简单的网状结构的例子。

网状数据模型的特点具体如下：

（1）允许一个以上的结点无双亲，且至少有一个结点有多于一个的双亲。在网状模型中，从子女到双亲的联系不是唯一的，因而不能像层次模型那样只用双亲来描述记录间的联系，而必须为每一种联系命名。

（2）网状模型允许有复合链。它允许两个结点间可以有 2 种或以上的联系。例如，有教师记录类型和计算机记录类型，两结点间可以有"使用"和"维修"两种不同类型的联系。图 2-19 给出了复合链和复合链实例的示意图。

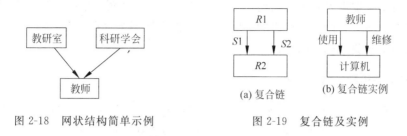

图 2-18　网状结构简单示例　　　　图 2-19　复合链及实例

2. 网状模型的数据操纵和约束

网状数据模型定义了对数据项、记录的操作，操作类型仍是查询和更新两大部分。DBTG 在模式 DDL 中提供了定义 DBTG 数据库完整性的若干概念和语句，主要有：

（1）支持记录码的概念，码即唯一标识记录的数据项的集合。例如，学生记录中学号是码，因此数据库中不允许学生记录中学号出现重复值。

（2）保证一个联系中双亲记录和子女记录之间是一对多的联系。

（3）可以支持双亲记录和子女记录之间某些约束条件。例如，有些子女记录要求双亲记录存在才能插入，双亲记录删除时也连同删除。DBTG 提供了"属籍类别"的概念来描述这类约束条件。

3. 网状模型的优缺点

网状数据模型的优点主要如下：

- 能够更为直接地描述现实世界；
- 具有存取效率高等良好性能。

网状数据模型的缺点主要如下：

- 数据结构比较复杂，而且随着应用环境的扩大，数据库结构会变得更加复杂，不便于终端用户掌握；
- 其数据定义语言（DDL）、数据操作语言（DML）较为复杂，用户掌握使用较为困难；
- 数据独立性较差。因为应用程序存取数据库的数据时必须选择适当的存取路径，不但加重了编程人员的负担，而且也影响到数据独立性。

综上所述，网状数据模型消除了层次数据模型的某些限制，在模拟非层次数据时，网状模型具有更高的灵活性和效率。因此，至今仍有一些大型网状数据库系统在运行。

2.3.3　关系模型

层次模型和网状模型的数据库系统被开发出来之后，在继续开发新型数据库系统的工作中，人们发现层次模型和网状模型缺乏充实的理论基础，难以开展深入的理论研究。1970 年美国 IBM 公司 San Jose 研究室的研究员 E. F. Codd 首次提出了数据库系统的关系模型，开创了数据库关系方法和关系数据理论的研究,为数据库技术奠定了理论基础。由于 E. F. Codd 的杰出工作,他于 1981 年获得 ACM 图灵奖。

关系数据模型是以集合论中的关系(Relation)概念为基础发展起来的一种数据模型,用二维表格表示现实世界实体集及实体集间的联系。目前关系数据模型是最常用的数据模型,自 20 世纪 80 年代以来,新推出的 DBMS 几乎都支持关系数据模型,大部分非关系系统的产品也增加了与关系模型的接口。

1. 关系数据模型的数据结构

在用户观点下,关系模型由一组关系组成。每个关系的数据结构是一张规范化的二维表,它由行和列组成。表中的列称为属性,列中的值取自相应的域(Domain),域是属性所有可能取值的集合。表中的一行称为一个元组(Tuple),元组用关键字标识。

1) 关系数据模型的功能描述

关系数据模型主要用来表示实体集及其包含的属性,还用来表示实体集之间的关联。

(1) 用二维表格表示实体集及其属性。

假设实体集 R 有属性 $A_1, A_2, \cdots, A_n$,实体集的型可用一个二维表结构来表示,如图 2-20(a)所示。表中每个元组表示实体集中的一个具体的实体,如图 2-20(b)所示。

A_1	A_2	...	A_n

(a) 型

A_1	A_2	...	A_n
a_{11}	a_{11}	...	a_{1n}
⋮	⋮	⋮	⋮
a_{n1}	a_{n2}	...	a_{nn}

(b) 实体集

图 2-20　二维表格表示的实体

(2) 用二维表格表示实体集间的联系。

关系模型中不仅实体集可用二维表表示,而且实体集之间的联系也可以用二维表来表示。例如,在学生选课管理中需要用到学生表和课程表,如图 2-21(a)和图 2-21(b)所示。由于学生和课程之间是 $m:n$ 的联系,因此用层次模型或网状模型表示将是一项复杂的任务,但关系模型用如图 2-21(c)所示的一张简单二维表就可以表示学生和课程两个实体集之间的联系。

由此可见,关系模型在本质上是不同于层次模型和网状模型的。其本质的差异就在于:关系模型是通过关系中的数据而不是通过指针连接来表示实体间的联系的。

2) 关系的性质

关系是一种简单的二维表,表的每一行对应一个元组,表的每一列对应一个属性(也称字段)。关系是元组的集合。如果关系有 N 列,则称该关系为 N 元关系。

关系模型中的关系应具有如下性质:

- 关系中的每一列对应一个属性,并且每一个属性是不可分解的基本单元;
- 列是同质的,即每一列的值来自同一个域。不同列的数据可以出自同一域,为了区分需对每一个列加以命名,即每列的属性名是不同的;
- 关系中任意两个元组不能完全相同;

学号	姓名	班级	…
S01	赵军	信息 1	…
S02	邓超	计科 2	…
⋮	⋮	⋮	⋮

(a) 学生表

课程代码	课程名称	作者	…
K0001	数据结构		…
K0002	数据库原理		…
⋮	⋮	⋮	⋮

(b) 课程表

学号	课程	成绩	学期
S01	K0002	98	2012-1
S02	K0001	70	2012-2

(c) 选课表

图 2-21 二维表格表示的实体联系

- 关系中行的排列顺序、列的排列顺序是无关紧要的。

3) 关系模式

关系模式是关系中信息内容结构的描述,包括关系名、属性名、每个属性列的取值集合、数据完整性约束条件以及各属性间固有的数据依赖关系等。因此,关系模式可表示为 $R(U,D,\mathrm{DOM},I,\sum)$。其中 R 是关系名;U 是组成关系 R 的全部属性的集合;D 是 U 中属性取值的值域;DOM 是属性列到域的映射,即 $\mathrm{DOM}:U \rightarrow D$,并且每个属性 A_i 所有可能的取值集合构成 $D_i(i=1,2,\cdots,n)$,并允许 $D_i=D_j,i \neq j$;I 是一组完整性约束条件;$\sum$ 是属性集间的一组数据依赖。

通常,在不涉及完整性约束及数据依赖情况下,可用 $R(U)$ 来简化表示关系模式。例如,教师的关系模式可表示为:教师(工号,姓名,性别,年龄,职称,院系,入职年份)。

2. 关系数据模型的数据操作和约束

关系数据模型的操作主要包括查询、插入、删除和更新数据。关系模型中的数据操作是集合操作,操作对象和操作结果都是关系,即若干元组的集合,而不像非关系模型中那样是单记录的操作方式。这些操作必须满足关系的完整性约束条件,关系的完整性约束条件包括三大类:实体完整性、参照完整性和用户定义的完整性。其具体含义将在第 3 章关系数据库中会详细介绍。

3. 关系数据模型的优缺点

1) 优点

关系数据模型具有下列优点:

(1) 关系模型有坚实的理论基础。与非关系模型不同,关系的数学基础是关系理论,对二维表进行的数据操作相当于在关系理论中对关系进行运算,所以它是建立在严格的数学概念的基础上的。

(2) 关系模型的概念单一。无论实体还是实体之间的联系都用关系表示,对数据的检索结果也是关系(即表),所以其数据结构简单、清晰,用户易懂易用。

(3) 数据独立性高。关系模型把存取路径向用户隐藏起来,用户只要指出"干什么"或"找什么",不必详细说明"怎么干"或"怎么找",从而具有更高的数据独立性、更好的安全保密性,也简化了程序员的工作和数据库开发建立的工作。所以关系数据模型诞生以后发展迅速,深受用户的喜爱。

2) 缺点

关系数据模型也有缺点,其中最主要的缺点是:由于存取路径对用户透明,查询效率往往不如非关系数据模型。为了提高性能,必须对用户的查询请求进行优化,优化工作会增加开发数据库应用系统的难度。因此自20世纪80年代后期以来,陆续出现了以面向对象数据模型为代表的新的数据模型。

2.4　面向对象数据模型

面向对象数据模型(Object-Oriented Data Model,简称 OO 数据模型)是面向对象程序设计方法与数据库技术相结合的产物,对现实世界中复杂事物具有较强描述能力,同时也具有高效开发应用系统和实现软件重用的功能。OO 数据模型的基本目标是以更接近人类思维的方式描述客观世界的事物及其联系且使描述问题的问题空间和解决问题的方法空间在结构上尽可能一致,以便对客观实体进行结构模拟和行为模拟。在 OO 数据模型中,基本结构是对象而不是记录,一切事物、概念都可以看作对象。一个对象不仅包括描述它的数据,而且还包括对它进行操作方法的定义。另外,OO 数据模型是一种可扩充的数据模型,用户根据应用需要定义新的数据类型及相应的约束和操作。

1989 年 1 月美国 ANSI(American National Standards Institute)所属的 ASC/X3/SPARC/DBSSG,成立了面向对象数据库任务组(Object-Oriented Databases Task Group, OODBTG),开展了有关面向对象数据库标准化调查研究工作,定义了用于对象数据管理的参照数据模型。1991 年完成的 OODBTG 的最终报告对面向对象数据库管理系统的研制有重要的影响。下面介绍面向对象数据模型的一些基本概念。

2.4.1　面向对象基本概念

对象是面向对象技术中最基本的概念。具有动态和静态特征的对象就组成了面向对象方法中的另一个基本概念——类(Class)。

1. 对象

现实世界的任一实体都被统一地模型化为一个对象,对象是客观存在并能互相区分的事物,它是现实世界中客观实体的基本描述。在计算机世界中,从一般数据元素到海量数据文件,从简单数据描述到复杂数据结构,从可执行程序模块到巨型应用系统都可以看作对象。从动态角度看,对象及其操作就是对象的行为。

一般而言,对象可以描述为下述三个集合的封装体。

1) 变量集合

E-R 模型中实体的每个属性对应于一个变量,用以描述对象的状态、组成和特征等静态性质。对象的属性可以有比较复杂的结构,因此变量可以取单个值、多个值组成的集合。变量可取值为另外一个对象,即变量可以递归定义,此时相应的对象称为复杂对象。如果变量取值为基本数据类型（数值型、字符型），则称其为简单对象。

2）方法集合

方法描述了对象的行为特征，是对对象的操作，用以改变对象的状态。方法可以是施加于对象上的实现数据操作的一段代码，也可以是对象上的完整性约束，并且返回一个值作为对消息的响应。

3）消息集合

由于对象是封装的，只能通过消息实现对象间的相互通信。消息由对象相应的方法响应，是对象提供给外界的界面。消息作为发送给某个对象的动作标识符，对象的每个方法都对应一个消息。消息的意义在于对象修改变量和方法时可以不影响系统其余部分，这是面向对象方法的优势体现。

由此可知，在面向对象数据模型中，对象由一个变量集合和一组方法进行描述，而对外的界面是一组消息。

2. 对象标识符

在 OO 数据模型中，每个对象都具有一个系统内唯一不可更改的标识符，也称为对象标识符（OID）。OID 由系统创建并在对象整个生命周期中都不可改变。如果两个对象属性值和方法一样，但 OID 不同，则认为这是两个"相等"而不同的对象。一个对象的属性值修改了，只要其标识符不变，则仍认为是同一个对象。

3. 类

同类对象在数据结构和操作性质方面具有共性。例如，本科生、硕士生、博士生都具有学号、姓名、院系、专业等；也可以有共同的方法，如选课等。从一组共性的对象中抽出它们的共同属性和方法，归入一个类中，以统一的方式构造现实世界的模型，是 OO 数据模型的重要特征。

类是对具有共同属性和方法的对象全体的抽象和概括的描述。类可以看成是一个模板，可用来生成给定类型的对象。定义了一个类就意味着把可重用的程序代码放在一个公用库中，而不必反复对类中每个对象的共性进行描述。因此，引入类的概念可以减少信息冗余，并使结构清晰。

以下从数据结构、数据操作和完整性约束三方面来介绍面向对象数据模型。

2.4.2　数据结构

面向对象的数据结构主要表现在类之间的继承关系上。

类之间的继承联系是一种"A is B"联系。此时，A 称为子类、B 称为超类。超类是子类的抽象或概括，子类是超类的特殊化或具体化。超类和子类之间具有共享特征，子类可以共享超类中的数据和程序代码。另外，子类和超类也存在着数据和功能上的差异，即子类可以定义新的特征和方法，也可屏蔽超类中的某些方法。超类与子类之间的关系体现了概念模型中 IS-a 联系。

通过继承，类层次可以动态扩展，一个新的子类能从一个或多个超类中导出。如果一个子类只能继承一个超类的特性（包括属性和方法），这种继承称为单继承。例如，可以把全体师生设计成超类,该类包括身份证、姓名、年龄、性别等属性;然后再设计两个子类——教师类和学生类,教师类有工号、职称等属性,学生类具有学号、成绩等属性。同理可以把学生类进一步扩展成研究生类和本科生类。其继承结构图如图 2-22(a)所示。一个子类也可以同时继承多个超类,这种继承称为多重继承。例如,在学校中存在一些教师,他们在工作期间还同时在职攻读研究生,为了表示这类人员,可以添加一个类别"在职研究生",该类同时继承了教师类和研究生类,因此同时具有教师和学生的属性,如图 2-22(b)所示。

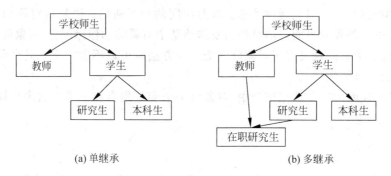

图 2-22 继承结构图

单继承的层次结构图是一棵树,多继承的层次结构图是一个带根的有向无回路的图。

2.4.3 数据操作和约束

在面向对象数据模型中,数据操作分为两个部分,一部分封装在类之中称为方法;另一部分是类之间相互沟通的操作称之为消息。因此,面向对象数据模型上的数据操作就是方法和消息。

面向对象数据模型中一般使用消息或方法表示完整性约束条件,它们称为完整性约束方法与完整性约束消息,并标有特殊标识。

2.4.4 对象数据模型的实施

目前有关面向对象数据模型和面向对象数据库系统的研究人数据库研究领域是沿着三条路线展开:

(1) 以关系数据库和 SQL 为基础的扩展关系模型。目前,Informix、DB2、Oracle、Sybase 等关系数据库厂商都不同程度地扩展了关系模型,推出了面向对象关系数据库产品。

(2) 以面向对象的程序设计语言为基础,研究持久的程序设计语言,支持 OO 模型。例如,美国 Ontologic 公司的 Ontos 是以面向对象程序设计语言 C++ 为基础的。

(3) 建立新的面向对象数据库系统,支持 OO 数据模型,如法国 O2 Technology 公司的 O2 等。

这里简单介绍相对容易实现的对象关系数据模型。对象关系数据模型的核心概念仍然是关系,关系数据库是关系的集合,但是作了一些扩充:

- 引入了类型系统。在单纯的关系模型中,属性的域只能是原子类型,因此其描述能

力和处理效率都不够好。支持对象的 SQL 标准里引入了数组、向量、矩阵、集合等
数据类型以及这些数据类型上的操作,使得属性不再局限于基本的原子类型。

- 引入了对象。在关系模型中,关系是元组的集合。支持对象的 SQL 标准允许关系
  是元组的集合或是对象的集合,它引入了对象的概念。

说明: SQL-2003 标准中还没有引入类的概念,类的概念在一定程度上由类型系统
实现。

习题 2

1. 试区别数据模型与数据模式。
2. 试介绍 E-R 模型、EE-R 模型及面向对象模型,并请各举一例说明。
3. 层次、网络模型有什么特点? 并请各举一例说明。
4. 试比较层次、网状、关系模型之优缺点。
5. 试说明关系模型的基本结构与操作。
6. "数据模型"在整个数据库领域中是否有重要作用和地位,试详细说明。
7. 试详细解释并举例说明实体间的各种联系。
8. 层次模型、网状模型和关系模型三种基本数据模型是根据什么来划分的?

第 3 章

关系数据库系统

关系数据库系统是支持关系数据模型的数据库系统。关系数据模型是目前最重要的一种数据模型,它由关系数据结构、数据操作和完整性约束三部分组成。本章主要介绍关系数据库的基本概念和基本操作。

本章的学习要点:

- 关系的数据结构;
- 关系的完整性约束;
- 关系代数的操作。

3.1 关系数据库系统的特点

关系数据库系统是基于关系模型的数据库系统,由 E. F. Codd 于 1970 年提出。在 1976 年以后相继出现了实验性及商品化系统如 SYSTEM-R、INGRES、QBE 等。20 世纪 70 年代末以后所问世的产品 90% 以上为关系模型,这些数据库系统逐渐替代了网络、层次模型数据库而成为主流数据库系统。因此,关系数据模型的原理、技术和应用十分重要,是本书的重点。

关系数据库系统的特点如下所述。

1. 可移植性

目前,大量的产品都能同时适应多个机种与多个操作系统,如 Oracle 能适应 70 多种操作系统。

2. 标准化

经过多年在关系数据库系统的数据语言方面的大量工作,目前,以结构化查询语言 (Structured Query Language,SQL)为代表的操作语言已陆续被美国国家标准局 ANSI、国际标准化组织 ISO 以及一些有影响的机构(包括我国标准化组织)确定为数据库使用的标准化语言,从而完成了它的使用的统一性,这被称为是一次关系数据库领域的革命。

3. 开发工具

正是由于数据库在各个应用领域的大量使用,用户对它的直接操作不仅要求有数据定义、操纵与控制等功能,还需要有大量的用户界面生成以及开发工具软件。因此,自 20 世纪

80 年代以来,关系数据库所提供的软件还包括有大量的用户界面生成软件以及开发工具,这些大都属于第四代语言范围,所提供的功能包括菜单(输入)、窗口(输入/出)、表格(输出)、图形(输出)等多种界面生成以及其他开发工具软件。

4. 分布式功能

由于数据库在计算机网络上的大量应用以及数据共享的要求,数据库的分布式功能已在应用中成为急需。因此,目前多数关系数据库系统都提供此类功能,它们的方式有多种,如数据库远程访问;客户/服务器方式等。

5. 开放性

现代关系数据库系统大多具有较好的开放性,能与不同的数据、不同的软件接口,并不断的扩充与发展,其中 Sybase、Informix 等数据库此方面功能较强。

6. 其他方面的扩展

随着计算机应用的发展以及数据库研究的进展,很多扩展功能目前已出现在关系数据库系统内,比如多媒体管理功能、知识管理功能等。

第 2 章中已初步介绍了关系模型以及相关的一些基本术语,这一章将深入地研究关系模型。以下几节对关系模型的介绍将按照数据模型的三个要素展开(如图 3-1 所示)。其中,3.2 节介绍关系数据结构;3.3 节介绍一种关系操作语言——关系代数;3.4 节介绍关系完整性约束。

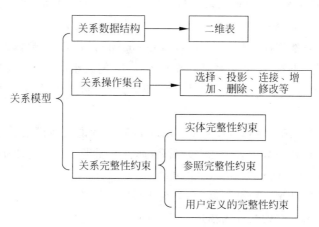

图 3-1 关系模型的三要素

3.2 关系模型的数据结构

3.2.1 基本术语

关系的数据结构非常简单,在关系数据模型中,现实世界的实体以及实体间的各种联系均用关系来表示。从用户角度来看,关系模型中数据的逻辑结构是一张二维表。在关系数据库中，表是逻辑结构而不是物理结构。实际上，系统在物理层可以使用任何有效的存储结构来存储数据，比如顺序文件、索引、指针等。因此，表是对物理存储数据的一种抽象表示。

关系模型使我们能以单一的方式来表示数据：即以称为关系（Relation）的二维表来表示数据。表 3-1 所示是一个关系的实例，关系名为 Course。

表 3-1 Course 关系

Cno	Cname	Credit
01	数据库	4
02	数据结构	4
03	编译	4
04	PASCAL	2

关系的首行称为**属性**（Attribute），也就是二维表中各列的名字，通常描述了所在列各项的含义。表 3-1 的 Course 关系中有三个属性 Cno、Cname 和 Credit，分别表示课程号、课程名和学分。关系中属性的个数称为是关系的元数，如 Course 关系是三元的。

每个属性有一组允许值，称为该属性的**域**（Domain）。例如，属性 Cno 的域是所有课程号的集合，可以用 D_1 来表示，即 $D_1=\{01,02,03,04\}$；同样，用 $D_2=\{$数据库，数据结构，编译，PASCAL$\}$ 表示所有课程名称的集合；$D_3=\{4,2\}$ 表示所有学分的集合。

二维表中的每一行称为是一个元组（Tuple），相当于一个记录值。Course 关系中共有 4 个元组，描述了 4 门课程的信息。其中每门课程都是一个三元组 $(v_1,v_2 v_3)$，其中 v_1 是课程号，在域 D_1 中；v_2 是课程名称，在 D_2 域中；v_3 是学分，在 D_3 域中。

元组中的一个属性值称为是一个**分量**（Component），如"02"、"数据库"这些都是分量。

从集合论的观点来看，K 元关系是一个元数为 K 的元组集合，即这个关系有若干个元组，每个元组有 K 个属性值。如果用 t 表示元组，可以用数学上的表示法 $t\in R$ 表示元组 t 在关系 R 中。

二维表的结构称为**关系模式**（Relation Schema），或者说关系模式就是二维表的表框架或表头结构。关系模式一般可表示为：关系名（属性 1，属性 2，…，属性 n）。例如，关系模式 Course 可表示为 Course(Cno,Cname,Credit)。

如果将关系模式理解为数据类型，则关系就是该数据类型的一个值。因此，关系模式是对关系的"型"或元组的结构共性的描述。

表 3-2 所示为关系术语与一般表格术语的对比。

表 3-2 术语对比

关系术语	一般表格的术语	关系术语	一般表格的术语
关系名	表名	关系模式	表头（表格的描述）
关系	（一张）二维表	元组	记录或行
属性	列	属性名	列名
属性值	列值	分量	一条记录中的一个列值

3.2.2 规范化的关系

关系模型要求关系必须是规范化（Normalization）的，即要求关系必须满足一定的规范条件。这些规范条件中最基本的一条就是，关系的每一个分量必须是一个不可分的数据项，或者说所有属性值都是原子的，是一个确定的值，而不是值的集合，即不可"表中有表"。满足此条件的关系称为规范化关系，否则称为非规范化关系。图 3-2(a)给出了一个非规范化的关系，因为籍贯属性取了两个值，可以将其规范化为如图 3-2(b)所示的格式。

姓名	籍贯	
	省	市/县
张强	吉林	长春
王丽	山西	大同

(a) 非规范化关系

姓名	省	市/县
张强	吉林	长春
王丽	山西	大同

(b) 规范化关系

图 3-2 非规范化关系示例

3.2.3 关系的键（码）

1. 候选键（Candidate Key）

下面给出候选键的形式化定义：

定义 3.1 设关系 R 有属性 $A_1, A_2, \cdots, A_n$，其属性集 $K = (A_i, A_j, \cdots, A_k)$ 当且仅当满足下列条件时，K 被称为候选键：

(1) 唯一性（Uniqueness）：关系 R 的任意两个不同元组，其属性集 K 的值是不同的。

(2) 最小性（Minimally）：组成关系键的属性集 $(A_i, A_j, \cdots, A_k)$ 中，任一属性都不能从属性集 K 中删掉，否则将破坏唯一性的性质。

在最简单的情况下，候选码只包含一个属性。例如，关系模式学生（学号，姓名，性别，年龄）中的"学号"属性能唯一标识每一个学生，则学号是学生关系的候选键。

但是在有些关系中，单个属性不能唯一标识一个元组，如关系模式选课（学号，课程号，成绩）中，只有属性的组合"学号＋课程号"才能唯一区分每一条选课记录；并且因为一个学生可以选修多门课，一门课程又可以多个学生选修，所以"学号＋课程号"中任一属性删除都不能唯一标识一条选课记录。由定义 3.1 可知，属性集（学号，课程号）是选课关系的候选键。

2. 主键（Primary Key）

定义 3.2 如果一个关系中有多个候选键，可以从中选择一个作为查询、插入或删除元组的操作变量，被选用的候选键称为主关系键，或简称为**主键**、主码、关系键、关键字。

例如，假设在学生关系中没有重名的学生，则"学号"和"姓名"都可作为学生关系的候选键。如果选定"学号"作为数据操作的依据，则"学号"为主键。

在关系模式中可在主键属性下加下划线表示主键，如

学生（<u>学号</u>，姓名，性别，年龄，系别）。

3. 主属性(Prime Attribute)和非主属性(Non-prime Attribute)

定义 3.3　关系中包含在任何一个候选键中的属性称为主属性;不包含在任何候选键中的属性称为非主属性。

例如,选课(学号,课程号,成绩)关系中,"学号"和"课程号"为主属性,"成绩"为非主属性。

学生关系中,如果没有重名的条件下,因为"学号"和"姓名"都可作为候选键,因此在没有重名的前提下,"学号"和"姓名"都是主属性。

4. 外键(Foreign Key)

定义 3.4　关系模式 R 中属性或属性组 X 并非 R 的键,但 X 是另一个关系模式的键,则称 X 是 R 的外部键,简称**外键**。

例如,有如下两个关系模式:

教师信息(教师编号,姓名,性别,院系编号)

院系信息(院系编号,院系名)

其中,"院系编号"不是教师信息关系的键,但它是院系信息关系的键,所以"院系编号"是教师信息的外键。

主键和外键一起提供了表示关系间联系的手段。例如,要查询教师所在的院系信息,可以将教师信息和院系信息两个关系通过"院系编号"的相等值进行连接,从而可以得到教师以及对应院系的信息。

3.3　关系代数

3.3.1　基本的关系操作

关系操作采用集合操作方式,即操作的对象和结果都是集合。这种操作方式也称为"一次一集合(Set-at-a-time)"的方式。

常用的关系操作如下:

- 查询:包括选择、投影、连接、除、并、交、差。
- 数据更新:包括插入、删除、修改。

其中,查询的表达能力最强,是其中最主要的部分。

3.3.2　关系数据语言

关系数据语言分为三类:

- 关系代数(Relational Algebra)语言:用对关系的运算来表达查询要求。
- 关系演算(Relational Calculus)语言:用谓词来表达查询要求。关系演算又可按谓词变元的基本对象是元组变量还是域变量分为元组关系演算和域关系演算。
- 具有关系代数和关系演算双重特点的语言:代表语言是 SQL。SQL 不仅具有丰富的查询功能,而且具有数据定义和数据控制功能。它充分体现了关系数据语言的特点和优点,是关系数据库的标准语言。

本章中重点介绍关系代数语言,对于关系演算部分,读者可参阅相关文献。SQL 语言的介绍见第 4 章。为加深读者对关系代数和 SQL 语句间对应关系的理解,本章在介绍关系表达式的同时会给出其对应的 SQL 语句。

3.3.3 关系代数

关系代数是对关系进行集合代数运算,运算对象是关系,运算结果也是关系。它是由 IBM 公司在一个实验性的系统上实现的,称为 ISBL(Information System Base Language) 语言。ISBL 的每个语句都类似于一个关系代数表达式。

关系代数可从两个角度来分类:

(1) 从传统的集合运算角度看,关系代数分为:

- 传统的集合运算:把关系看成元组的集合,以元组作为集合中元素来进行运算,其运算是从关系的"水平"方向即行的角度进行的。包括并、差、交和笛卡儿积等运算。
- 专门的关系运算:不仅涉及行运算,也涉及列运算,这种运算是为数据库的应用而引进的特殊运算。包括选取、投影、连接和除法等运算。

(2) 从关系代数完备性角度看,关系代数分为:

- 5 种基本操作:并、差、笛卡儿积、选择和投影。
- 其他非基本操作:可用 5 种基本操作合成或导出的所有其他操作。

关系操作用到的运算符包括 4 类:集合运算符、比较运算符、专门的关系运算符和逻辑运算符,如表 3-3 所示。

表 3-3 关系代数运算符

集合运算符		比较运算符		专门的关系运算符		逻辑运算符	
运算符	含义	运算符	含义	运算符	含义	运算符	含义
∪	并	>	大于	σ	选择	¬	非
∩	交	≥	大于等于	π	投影	∧	与
−	差	<	小于	⋈	连接	∨	或
×	笛卡儿积	≤	小于等于	÷	除法		
		=	等于				
		<>	不等于				

1. 并(Union)、交(Intersection)、差(Except)

集合的三个最普通的运算是并、交和差,这些都是二目运算,即是在两个关系中进行的。但是并不是任意的两个关系都能进行这种集合运算,而是要在满足一定条件的两个关系中进行并、交、差运算。

设给定两个关系 R 和 S,能够进行并、交和差运算,需要满足以下两个条件:

(1) R 和 S 必须具有相同属性集。

(2) 在进行并、交和差运算以前,R 和 S 的列需要排序,以使两个关系中列的顺序相同。

R 和 S 的并、交和差操作描述如下:

① $R \cup S$。

关系 R 和关系 S 的并由属于 R 或属于 S 的元组组成,即将 R 和 S 的所有元组合并,删去重复元组,组成一个新关系。对于关系数据库,记录的插入和添加可通过并运算实现。

② $R \cap S$。

关系 R 与关系 S 的交是由既属于 R 又属于 S 的元组组成,即 R 与 S 中相同的元组,组成一个新关系。如果两个关系没有相同的元组,那么它们的交为空。由于 $R \cap S = R - (R - S)$,或 $R \cap S = S - (R - S)$,所以 $R \cap S$ 运算是一个复合运算。

③ $R - S$。

关系 R 与关系 S 的差由属于 R 而不属于 S 的所有元组组成,即 R 中删去与 S 中相同的元组,组成一个新关系。通过差运算,可实现关系数据库记录的删除。

注意: $R - S$ 不等于 $S - R$。

【例 3-1】 关系 R 和 S 如图 3-3 所示, R 和 S 的并、交和差的结果如图 3-4 所示。

R

A	B	C
a_1	b_1	c_1
a_1	b_2	c_2
a_2	b_2	c_1

S

A	B	C
a_1	b_2	c_2
a_1	b_3	c_2
a_2	b_2	c_1

图 3-3　关系 R 和 S

$R \cup S$

A	B	C
a_1	b_1	c_1
a_1	b_2	c_2
a_2	b_2	c_1
a_1	b_3	c_2

$R \cap S$

A	B	C
a_1	b_2	c_2
a_2	b_2	c_1

$R - S$

A	B	C
a_1	b_1	c_1

图 3-4　$R \cup S$、$R \cap S$ 和 $R - S$

注意: 关系 R 和 S 中的重复元组在 $R \cup S$ 中只出现一次。

【例 3-2】 关系 R 中记录的是喜欢跳舞的学生,S 中记录喜欢唱歌的学生,如图 3-5 所示。

喜欢跳舞的学生关系 R

Sname	Sex
李敬	女
高全英	女
吴秋娟	女
穆金华	男
王婷	女

喜欢唱歌的学生关系 S

Sname	Sex
赵成刚	男
张峰	男
吴秋娟	女
穆金华	男
王婷	女

图 3-5　关系 R 和 S

如果需要查询既喜欢跳舞又喜欢唱歌的学生可以用 $R \cap S$；查询喜欢跳舞但是不喜欢唱歌的学生，可以使用 $R-S$，结果如图 3-6 所示。

既喜欢跳舞也喜欢唱歌的学生 $R \cap S$

Sname	Sex
吴秋娟	女
穆金华	男
王婷	女

喜欢跳舞但是不喜欢唱歌的学生 $R-S$

Sname	Sex
李敬	女
高全英	女

图 3-6 $R \cap S$ 和 $R-S$

交操作对应的 SQL 语句：

```
Select * from R INTERSECT Select * from S
```

或

```
Select * from R where sname in(select sname from S)
```

差操作对应的 SQL 语句：

```
Select * from R EXCEPT select * from S
```

或

```
Select * from R where sname not in(select sname from S)
```

如果需要得到喜欢跳舞或喜欢唱歌的学生，可以使用 $R \cup S$，结果如图 3-7 所示。

Sname	Sex
李敬	女
高全英	女
吴秋娟	女
穆金华	男
王婷	女
赵成刚	男
张峰	男

图 3-7 $R \cup S$

以上的并操作对应的 SQL 语句如下:

```
Select * from R Union Select * from S
```

注意：不能用 UNION ALL,因为 $R \cup S$ 的结果是去除重复值的。

UNION：将多个查询结果合并起来时,系统自动去掉重复元组。

UNION ALL：将多个查询结果合并起来时,保留重复元组。

2. 笛卡儿积(Cartesian product)

两个集合 R 和 S 的笛卡儿积是元素对的集合,该元素对是通过选择 R 的任何元素作为第一个元素, S 的任何元素作为第二个元素构成的。例如, $R=\{a,b\}$, $S=\{0,1,2\}$, $R \times S = \{(a,0),(a,1),(a,2),(b,0),(b,1),(b,2)\}$。

当 R 和 S 是关系时,它们的笛卡儿乘积本质上与集合的笛卡儿积相同。然而,因为 R 和 S 的成员是元组,通常包含多个分量,因此由 R 的元组与 S 的元组构成的元组对是一个更长的元组,其中每个分量都对应于组成元组的分量,且 R 的分量在 S 的分量之前。

具体来说, r 元关系 R 和 s 元关系 S 的笛卡儿积是一个 $r+s$ 元的元组集合,每一个元组的前 r 个分量来自 R 的一个元组,后 s 个分量来自 S 的一个元组。由此可知, $R \times S$ 是 R 和 S 的所有元组以可能的方式组合起来,因此, $R \times S$ 的元组数是 R 的元组数和 S 的元组数的乘积。

如果 R 和 S 有同名的属性,例如属性 A,通常用 $R.A$ 和 $S.A$ 来区分来自 R 的属性 A 和来自 S 的属性 A。

【例 3-3】 对于图 3-8 的关系 R 和 S, $R \times S$ 的结果如图 3-9 所示。

R

R_1	R_2	R_3
A	B	C
D	E	F
G	H	I

S

S_1	S_2	S_3
J	K	L
M	N	O
P	Q	R

图 3-8   关系 R 和 S

$R \times S$

R_1	R_2	R_3	S_1	S_2	S_3
A	B	C	J	K	L
A	B	C	M	N	O
A	B	C	P	Q	R
D	E	F	J	K	L
D	E	F	M	N	O
D	E	F	P	Q	R
G	H	I	J	K	L
G	H	I	M	N	O
G	H	I	P	Q	R

图 3-9 $R \times S$ 的结果

R 和 S 的笛卡儿积对应的 SQL 语句为：

```
Select * from R , S
```

或

```
Select * from R CROSS JOIN S
```

3. 投影（Projection）

投影运算是单目运算，投影运算符为 π，该运算作用于关系 R 将产生一个只有 R 的某些列的新关系。投影运算的一般表达式如下：$\pi_{A_1,A_2,\cdots,A_n}(R)$。

投影运算的结果是一个新关系，该关系只有 R 的属性 $A_1,A_2,\cdots,A_n$ 所对应的列。

【例 3-4】 考虑 Singer 关系，它的当前实例在图 3-10 中给出。

SingerID	Name	Gender	Birth	Nation
GA001	Michael_Jackson	男	1958-08-29	美国
GA002	John_Denver	男	1943-12-31	美国
GC001	王菲	女	1969-08-08	中国
GC002	李健	男	1974-09-23	中国
GC003	李小东	男	1970-09-18	中国
GC004	刘欢	男	NULL	中国

图 3-10 Singer 关系

假如想查询所有歌手的编号 SingerID 和姓名 Name，可以用以下的表达式：

$$\pi_{SingerID,name}(Singer) \text{ 或 } \pi_{1,2}(Singer)$$

其中 1,2 代表 Singer 关系中的第 1 和第 2 个属性，即 SingerID 和 Name，结果如图 3-11 所示。

SingerID	Name
GA001	Michael_Jackson
GA002	John_Denver
GC001	王菲
GC002	李健
GC003	李小东
GC004	刘欢

图 3-11 例 3-4 中投影运算的结果

以上投影运算对应的 SQL 语句为：

```
Select SingerID,Name from Singer
```

注意：投影之后不仅取消了原关系中的某些列，而且还可能取消某些元组，因为取消了某些属性列后，就有可能出现重复行，应取消这些完全相同的行。

【**例 3-5**】 如果想查询所有歌手的国家有哪些，可以将 Singer 投影到 Nation 属性上，表达式为 π_{Nation}(Singer)。

结果如图 3-12 所示。Singer 关系原来有 6 个元组，因为 Nation 列有重复值，对 Nation 列投影后的关系中取消了重复元组，因此只有 2 个元组。

Nation
美国
中国

图 3-12　投影运算的结果

本例中对应的 SQL 语句为：

```
Select distinct Nation from Singer
```

4. 选择(Selection)

选择是单目运算，运算符为 σ。该运算符作用于关系 R 将产生一个新关系，令 S 表示这一新关系，那么 S 的元组集合是 R 的一个满足条件 F 的子集，S 的模式与 R 的模式完全相同。选择运算一般表达式为 $\sigma_F(R)$。F 是条件表达式，取逻辑值"真"或"假"。F 的基本形式为 $X_1\theta Y_1$，其中 θ 表示比较运算符，可以是 $>$、$\geqslant$、$<$、$\leqslant$、$=$ 或 $<>$。X_1，Y_1 可以是属性名，常量或简单函数，属性名也可以用它的序号代替。在基本的选择条件上还可以进行逻辑运算，即进行求非($\neg$)、与($\wedge$)、或($\vee$)运算。

【**例 3-6**】 在 Singer 关系中查询性别为男的歌手。

关系代数表达式为 $\sigma_{Gender='男'}$(Singer)或 $\sigma_{3='男'}$(Singer)。

其中 3 为属性 Gender 在关系 Singer 中的序号，结果如图 3-13 所示。

SingerID	Name	Gender	Birth	Nation
GA001	Michael_Jackson	男	1958-08-29	美国
GA002	John_Denver	男	1943-12-31	美国
GC002	李健	男	1974-09-23	中国
GC003	李小东	男	1970-09-18	中国
GC004	刘欢	男	NULL	中国

图 3-13　选择运算的结果

对应的 SQL 语句为：

```
Select * from Singer where Gender = '男'
```

【**例 3-7**】 在 Singer 关系中查询性别为男的中国歌手。

关系代数表达式为：

$$\sigma_{Gender='男' \wedge Nation='中国'}(Singer)。$$

结果如图 3-14 所示。

SingerID	Name	Gender	Birth	Nation
GC002	李健	男	1974-09-23	中国
GC003	李小东	男	1970-09-18	中国
GC004	刘欢	男	NULL	中国

图 3-14 选择运算的结果

对应的 SQL 语句为：

```
Select * from Singer where Gender = '男' and Nation = '中国'
```

关系代数中也可以进行复合运算，即一个运算的结果作为另一个运算的运算对象。

【例 3-8】 在 Singer 关系中查询性别为男的中国歌手的编号和姓名。

本例既需要用到选择运算，又有投影运算。因此，可以先选出"性别为男的中国歌手"，再将选择的结果投影到 SingerID 和 Name 两列上。关系代数表达式为：

$$\pi_{SingerID, Name}(\sigma_{Gender='男' \wedge Nation='中国'}(Singer))$$

注意：不可以先进行投影运算，再进行选择运算。因为投影后的结果只有 SingerID 和 Name 两列，而选择条件中需要的 Gender 和 Nation 属性将会找不到。

以上查询对应的 SQL 语句为：

```
Select SingerID, Name from Singer where Gender = '男' and Nation = '中国'
```

结果如图 3-15 所示。

SingerID	Name
GC002	李健
GC003	李小东
GC004	刘欢

图 3-15 选择和投影运算的结果

5. 自然连接（Natural join）

两个关系 R 和 S 的笛卡儿积的元组数是 R 和 S 的元组数的乘积，因此元组数量庞大且有些元组没有实际意义。在实际应用中，常常需要对笛卡儿积的结果进行简化。通常情况下，涉及笛卡儿积的查询中总会包含一个对笛卡儿积结果进行选择的运算。因此，可以将某些选择和笛卡儿积运算合并为一个自然连接运算，用符号⋈来表示。

$R \bowtie S$ 运算首先形成 R 和 S 的笛卡儿积，然后基于两个关系模式中都出现的公共属性上的相等值进行选择，最后去除重复属性。

【例 3-9】 R 和 S 及 $R \bowtie S$ 如图 3-16 所示。

对本例的过程说明如下：R 和 S 的公共属性是 B，因此自然连接运算只需考虑在 B 上值相同的元组对。因为自然连接中要去除重复属性，所以 $R \bowtie S$ 的属性有：A（来自 R）、B

R		
A	B	C
a_1	b_1	5
a_1	b_2	6
a_2	b_3	8
a_2	b_4	12

S	
B	E
b_1	3
b_2	7
b_3	10
b_3	2
b_5	2

$R \bowtie S$			
A	B	C	E
a_1	b_1	5	3
a_1	b_1	6	7
a_2	b_3	8	10
a_2	b_3	8	2

图 3-16　R 和 S 的自然连接

(来自 R 或 S)、C(来自 S)和 E(来自 S)。本例中,R 的第一个元组在公共属性 B 上的值为 b_1,S 中只有第一个元组在公共属性 B 上有相同值 b_1,因此,产生了 $R \bowtie S$ 的第一个元组 $(a_1,b_1,5,3)$。同理,R 的第二个元组与 S 中的第二个元组在公共属性 B 上有相同值 b_2,就形成了 $R \bowtie S$ 的第二个元组 $(a_1,b_2,6,7)$。以此类推,可以得到 $R \bowtie S$ 的所有元组。

以上的自然连接对应的 SQL 语句为:

```
Select A, R.B, C, E from R, S where R.B = S.B
```

或

```
Select A, R.B, C, E from R join S on R.B = S.B
```

两个关系 R 和 S 在做自然连接时,选择两个关系在公共属性上值相等的元组构成了新的关系。此时,关系 R 中某些元组有可能在 S 中不存在公共属性上值相等的元组,从而造成了 R 中这些元组在操作中被舍弃了,同样,S 中某些元组也可能被舍弃。例如图 3-16 中 R 的第 4 个元组和 S 的第 5 个元组。

如果把舍弃的元组也保留在结果关系中,而在其他属性上填空值(NULL),那么这种连接就叫**外连接**(Outer Join)。如果只把左边关系 R 中要舍弃的元组保留就叫**左外连接**(Left Outer Join 或 Left Join)。如果只把右边关系 S 中要舍弃的元组保留就叫**右外连接**(Right Outer Join 或 Right Join)。

图 3-17(a)所示是图 3-16 中的 R 和 S 的外连接,图 3-17(b)是左外连接,图 3-17(c)是右外连接。

A	B	C	E
a_1	b_1	5	3
a_1	b_2	6	7
a_2	b_3	8	10
a_2	b_3	8	2
a_2	b_4	12	NULL
NULL	b_5	NULL	2

(a) 外连接

A	B	C	E
a_1	b_1	5	3
a_1	b_2	6	7
a_2	b_3	8	10
a_2	b_3	8	2
a_2	b_4	12	NULL

(b) 左外连接

A	B	C	E
a_1	b_1	5	3
a_1	b_2	6	7
a_2	b_3	8	10
a_2	b_3	8	2
NULL	b_5	NULL	2

(c) 右外连接

图 3-17　外连接运算举例

以上关系代数操作对应的 SQL 语句为：

```
--外连接
Select A, R.B, C, E from R outer join S on R.B = S.B
--左外连接
Select A, R.B, C, E from R left outer join S on R.B = S.B
--右外连接
Select A, R.B, C, E from R right outer join S on R.B = S.B
```

自然连接在关系数据库理论和实践中有重要的地位。因为自然连接允许组合有外键联系的两个关系，所以它是经常使用的连接之一。

如以下的雇员关系和部门关系，外键属性 DeptName 是两个关系的公共属性。雇员表和部门表的自然连接就可以得到所有雇员和他们的部门信息，如图 3-18 所示。

雇员关系

Name	EmpId	DeptName
Harry	3415	财务
Sally	2241	销售
George	3401	财务
Harriet	2202	销售

部门关系

DeptName	Manager
财务	George
销售	Harriet
生产	Charles

雇员 ⋈ 部门

Name	EmpId	DeptName	Manager
Harry	3415	财务	George
Sally	2241	销售	Harriet
George	3401	财务	George
Harriet	2202	销售	Harriet

图 3-18 雇员关系和部门关系自然连接的结果

【例 3-10】 设有学生表 S、选课表 SC、课程表 C（图 3-19），对 S、SC 和 C 作自然连接，可得到学生的选课情况，见图 3-20。

本例中 S、SC 和 C 自然连接对应的 SQL 语句如下：

```
Select S.SID, Sname, C.CID, Cname, Grade from S, C, SC
where S.SID = SC.SID and C.CID = SC.CID
```

【例 3-11】 写出检索成绩高于 70 分的学生的姓名和课程名。

可在例 3-10 的自然连接结果上再进行选择和投影操作，关系代数表达式如下：

$$\pi_{Sname,Cname}(\sigma_{Grade>70}(S \bowtie SC \bowtie C))$$

学生表 S		课程表 C		选课表 SC		
SID	Sname	CID	Cname	SID	CID	Grade
2005216111	吴秋娟	16020010	C语言程序设计	2005216111	16020010	60
2005216112	穆金华	16020011	图像处理	2005216111	16020013	70
2005216115	张欣欣	16020013	数据结构	2005216112	16020014	80
		16020014	数据库原理与应用	2005216115	16020011	89

图 3-19 学生表 S、选课表 SC、课程表 C

学生的选课情况 $S \bowtie SC \bowtie C$

SID	Sname	CID	Cname	Grade
2005216111	吴秋娟	16020010	C语言程序设计	60
2005216111	吴秋娟	16020013	数据结构	70
2005216112	穆金华	16020014	数据库原理与应用	80
2005216115	张欣欣	16020011	图像处理	89

图 3-20 $S \bowtie SC \bowtie C$

对应的 SQL 语句为:

```
Select Sname, Cname from S, C, SC where S.SID = SC.SID and C.CID = SC.CID and Grade > 70
```

6. θ 连接(Join)

自然连接是按照公共属性的相等值进行的连接,虽然这种方式是关系相连的最普通的基础,但有时希望把两个关系按照其他的条件进行连接。因此,需要有更一般的连接,这就是 θ 连接(或 theta 连接),可以表示为

$$R \underset{A\theta B}{\bowtie} S$$

其中,A 和 B 是可以进行比较的属性,B 也可以是常量,θ 是比较操作符。

该 θ 连接的结果按照如下步骤建立:

(1) 获得 $R \times S$。

(2) 从 $R \times S$ 中选择满足条件 $A\theta B$ 的元组。

显然,R 和 S 的 θ 连接的关系模式与 $R \times S$ 相同,即结果的属性个数是 R 和 S 属性个数的和。

【例 3-12】 R 和 S 以及 $R \underset{C<E}{\bowtie} S$ 的结果如图 3-21 所示。

以上关系表达式对应的 SQL 语句如下:

```
Select R. * , S. * from R, S where C < E
```

R		
A	B	C
a_1	b_1	5
a_1	b_2	6
a_2	b_3	8
a_2	b_4	12

S	
B	E
b_1	3
b_2	7
b_3	10
b_3	2
b_5	2

$R \bowtie S$
$C<E$

A	R.B	C	S.B	E
a_1	b_1	5	b_2	7
a_1	b_1	5	b_3	10
a_1	b_2	6	b_2	7
a_1	b_2	6	b_3	10
a_2	b_3	8	b_3	10

图 3-21　R 和 S 以及 θ 连接结果

θ 运算符为"＝"的 θ 连接运算称为等值连接(Equi-Join)。上例中的 R 和 S 的等值连接 $R\underset{R.B=S.B}{\bowtie}S$,如图 3-22 所示。

A	R.B	C	S.B	E
a_1	b_1	5	b_1	3
a_1	b_2	6	b_2	7
a_2	b_3	8	b_3	10
a_2	b_3	8	b_3	2

图 3-22　等值连接结果

该等值连接对应的 SQL 语句为:

```
Select R. * , S. * from R, S where R.B = S.B
```

由以上介绍,可以总结出等值连接和自然连接的区别:
- 等值连接中不要求相等属性值的属性名相同,而自然连接要求相等属性值的属性名必须相同,即两关系只有在同名属性才能进行自然连接;
- 等值连接不将重复属性去掉,而自然连接去掉重复属性。

7. 除法(Division)

设有关系 $R(X,Y)$ 和 $S(Y,Z)$,其中 X,Y,Z 可以是单个属性或属性集。R 中 Y 与 S 中的 Y 可以有不同的属性名,但必须出自相同的域。

$R÷S$ 得到一个新关系 $T(X)$,对于任何一个元组 $t\in T(X)$,有 $t\in \pi_X(R)$,并且 $\{t\}\times \pi_Y(S)\subseteq R$。即如果能在 $\pi_X(R)$ 中能找到某一行 t,使得这一行和 $\pi_Y(S)$ 的笛卡儿积含在 R 中,则 T 中有 t。

【例 3-13】 设关系 R 和 S 如图 3-23 所示,求 $R÷S$ 的结果。

首先,R 和 S 的公共属性组为 $\{B,C\}$,因此 $R÷S$ 的属性为 A。$\pi_A(R)$ 中有 4 个值 $\{a_1, a_2,a_3,a_4\}$。可以看到,只有 $\{a_1\}$ 与 $\pi_{B,C}(S)$ 的笛卡儿积 $\{(a_1,b_1,c_2),(a_1,b_2,c_3),(a_1,b_2,c_1)\}$ 包含在 R 中。所以,$R÷S$ 的结果为 $\{a_1\}$。

除法运算适合于"至少包括……"和"所有的"这类查询。例如,图 3-24 中的关系 R 描述了学生姓名和选修的课程,关系 S 中记录了所有的课程,那么 $R÷S$ 得到的是"选修所有课程的学生姓名"。

	R		
A	B	C
a_1	b_1	c_2
a_2	b_3	c_7
a_3	b_4	c_6
a_1	b_2	c_3
a_4	b_6	c_6
a_2	b_2	c_3
a_1	b_2	c_1

S	
B	C
b_1	c_2
b_2	c_1
b_2	c_3

$R \div S$
A
a_1

图 3-23 除运算举例

关系 R:

Sname	Cname
张军	物理
王红	数学
张军	数学
王红	物理
李俊	物理

关系 S:

Crame
数学
物理

$R \div S$:

Sname
张军
王红

图 3-24 关系 R 和 S 以及 R÷S

该除法操作对应的 SQL 语句为:

```
SELECT distinct Sname   FROM R AS X
WHERE NOT EXISTS (SELECT  *  FROM S
WHERE NOT EXISTS (SELECT    *   FROM R AS Y WHERE Y. Cname = S. Cname and Y. Sname = X. Sname))
```

3.3.4 关系代数运算实例

可以用关系代数表达式表示检索、插入、删除及修改等要求,下面用几个例子来说明。在此之前先建立一个关系数据库,它由三个关系组成,模式分别如下:

S(Sno,SN,SD,SA);

C(Cno,CN,PCno);

SC(Sno,Cno,Grade)。

其中 S、C 和 SC 分别表示学生关系、课程关系和选课关系;Sno,Cno,SN,SD,SA,CN,PCno,Grade 分别表示为"学号、课程号、学生姓名、学生系别、学生年龄、课程名、预修课程号、成绩"。

下面用关系代数表达式来表示在该数据库上的操作。

【例 3-14】 检索学生所有情况:

S

【**例 3-15**】 检索学生年龄大于等于 20 岁的学生姓名：

$$\pi_{SN}(\sigma_{SA \geqslant 20}(S))$$

【**例 3-16**】 检索预修课号为 C_2 的课程的课程号：

$$\pi_{Cno}(\sigma_{PCno='C_2'}(C))$$

【**例 3-17**】 检索课程号为 C，且成绩为 A 的所有学生姓名；

$$\pi_{SN}(\sigma_{Cno='C'\wedge Grade='A'}(S \bowtie SC))$$

注意：这是一个涉及两个关系的检索，此时需用自然连接运算。

【**例 3-18**】 检索 S_1 所修读的所有课程名及其预修课号：

$$\pi_{CN, PCno}(\sigma_{Sno='S_1'}(C \bowtie SC))$$

【**例 3-19**】 检索年龄为 23 岁的学生所修读的课程名：

$$\pi_{CN}(\sigma_{SA=23}(S \bowtie SC \bowtie C))$$

注意：这是涉及三个关系的检索。

【**例 3-20**】 检索至少修读为 S5 所修读的一门课的学生姓名：

这个例子比较复杂，我们需作一些分析，可以将问题分三步解决：

（1）取得 S_5 修读的课程号，它可以表示为

$$R = \pi_{Cno}(\sigma_{Sno='S_5'}(SC))$$

（2）取得至少修读为 S_5 修读的一门课的学号：

$$W = \pi_{Sno}(SC \bowtie R)$$

（3）得到结果为

$$\pi_{SN}(S \bowtie W)$$

分别将 R, W 代入后即得检索要求的表达式：

$$\pi_{SN}(S \bowtie (\pi_{Sno}(SC \bowtie (\pi_{Cno}(\sigma_{Sno='S_5'}(SC))))))$$

【**例 3-21**】 检索修读 S_4 所修读的所有课程的学生姓名：

这个检索要求也可分为三步解决：

（1）取得 S_4 所修读的课程号，它可表示为

$$R = \pi_{Cno}(\sigma_{Sno='S_4'}(SC))$$

（2）取得修读 S_4 所修读的所有课程的学号，它可以表示为

$$W = \pi_{Sno, Cno}(SC) \div R$$

（3）得到结果为

$$\pi_{SN}(S \bowtie W)$$

将 R, W 作代入后即得检索要求的表达式为

$$\pi_{SN}(S \bowtie (\pi_{Sno, Cno}(SC) \div (\pi_{Cno}(\sigma_{Sno='S_4'}(SC)))))$$

【**例 3-22**】 检索选读所有课程的学生学号：

$$\pi_{Sno, Cno}(SC) \div \pi_{Cno}(C)$$

【**例 3-23**】 检索不选读任何课程的学生学号：

$$\pi_{Sno}(S) - \pi_{Sno}(SC)$$

【**例 3-24**】 在关系 C 中增添一门新课程：(C_{13}, ML, C_3)

令此新课程元组所构成的关系为 R，即有：

$$R = \{(C_{13}, ML, C_3)\}, 此时有结果：C \cup R$$

【例 3-25】 学号为 S_{17} 的学生因故退学,请在 S 及 SC 中将其除名:

$$S-(\sigma_{Sno='S_{17}'}(S))$$

$$SC-(\sigma_{Sno='S_{17}'}(SC))$$

【例 3-26】 将关系 S 中学生 S_6 的年龄改为 22 岁:

$(S-(\sigma_{Sno='S_6'}(S)))\bigcup W$,$W$ 为修改后的学生元组所组成的关系。

3.4 关系的完整性

为了维护数据库中数据与现实世界的一致性,对关系数据库的插入、删除和修改操作必须有一定的约束条件,这就是关系模型的三类完整性:实体完整性(Entity Integrity)、参照完整性(Referential Integrity)和用户定义的完整性(User-defined Integrity)。

3.4.1 实体完整性

> **规则 3.1 实体完整性规则**   若属性 A 是关系 R 的主属性,则属性 A 不能取空值。

按照实体完整性规则,主键的值不能为空或部分为空。例如,在关系 S(Sno,sname,age)中,Sno 是主键,因此 Sno 不能为空。如果主键是由若干属性组成,则所有这些属性都不能取空值。例如选修关系中,(学号,课程号)是主键,则这两个属性都不能为空。

对实体完整性的说明如下:

(1) 现实世界中的实体是可区分的,即它们具有某种唯一性标识。相应地,关系模型中以主键来唯一标识元组。例如,学生关系中的属性"学号"可以唯一标识一个元组,也可以唯一标识学生实体。

(2) 如果主键中的属性为空或部分为空,则不符合关系键的定义条件,不能唯一标识元组及与其相对应的实体。

3.4.2 参照完整性

参照完整性也称为引用完整性。现实世界中的实体之间往往存在某种联系,在关系模型中,实体及其实体间的联系是用关系来描述的,比如选课关系——选课(学号,课程号,成绩)就体现了学生关系和课程关系的多对多联系。因此,在关系模型中,就存在着关系与关系之间的引用。参照完整性就是描述实体与实体之间的联系的。

> **规则 3.2 参照完整性规则**   如果属性集 K 是关系模式 R_1 的主键,K 也是关系模式 R_2 的外键,那么在 R_2 的关系中,K 的取值只允许两种可能,或者为空值,或者等于 R_1 关系中某个主键值。

参照完整性规则的实质是"不允许引用不存在的实体"。关系 R_1 被称为"被参照关系"(Referenced Relation),关系 R_2 被称为"参照关系"(Referencing Relation)。有时称 R_1 为主表,R_2 为子表。

下面来举例说明参照完整性规则。

【例 3-27】 设有"学生"和"专业"两个关系模式,其中主键用下划线标识:

学生(<u>学号</u>,姓名,性别,专业号,年龄)

专业(<u>专业号</u>,专业名)

这两个关系模式中存在着属性引用关系,即"学生"关系中的"专业号"引用了"专业"关系中的"专业号"属性。显然,"学生"中的"专业号"的取值要么是空值,表示目前不清楚该学生属于哪一个系;要么取一个存在的专业号,也就是等于"专业"中的"专业号"的某个值。图 3-25 所示是两个关系的示例。

学生关系

学号	姓名	性别	专业号	年龄
801	张三	女	01	19
802	李四	男	01	20
803	王五	男	01	20
804	赵六	女	02	20
805	钱七	男	02	19

专业关系

专业号	专业名
01	信息
02	数学
03	计算机

图 3-25 学生关系和专业关系实例

【例 3-28】 学生、课程、学生与课程之间的多对多联系。三个模式如下:

学生(<u>学号</u>,姓名,性别,专业号,年龄)

课程(<u>课程号</u>,课程名,学分)

选修(<u>学号</u>,<u>课程号</u>,成绩)

在这三个关系模式中,"选修"关系中的"学号"是一个外键,它引用"学生"中的"学号","选修"关系中的"课程号"也是一个外键,它引用"课程"中的"课程号"。这三个关系的实例分别如图 3-26 所示。

学生关系

学号	姓名	性别	专业号	年龄
801	张三	女	01	19
802	李四	男	01	20
803	王五	男	01	20
804	赵六	女	02	20
805	钱七	男	02	19

课程关系

课程号	课程名	学分
01	数据库	4
02	数据结构	4
03	编译	4
04	PASCAL	2

选修关系

学号	课程号	成绩
801	04	92
801	03	78
801	02	85
802	03	82
802	04	90
803	04	88

图 3-26 学生、课程和选修关系实例

不仅两个或两个以上实体间可以存在引用关系,同一关系内部也可能存在引用关系。

【例 3-29】 在学生(<u>学号</u>,姓名,性别,专业号,年龄,班长)中,"学号"是主键,"班长"属性表示该学生所在班级的班长的学号。在该关系中,"班长"是外键,参照本关系中的"学号"属性。该关系的实例如图 3-27 所示。

说明:外码并不一定要与相应的主码同名;但当外码与相应的主码属于不同关系时,往往取相同的名字,以便于识别。

学生关系

学号	姓名	性别	专业号	年龄	班长
801	张三	女	01	19	802
802	李四	男	01	20	
803	王五	男	01	20	802
804	赵六	女	02	20	805

图 3-27　学生关系实例

3.4.3　用户定义的完整性

用户定义完整性是针对某一具体关系数据库的约束条件,它反映某一具体应用所涉及的数据必须满足的语义要求。

用户定义的完整性实际上就是指明关系中属性的取值范围,也就是属性的域。通过限制关系的属性的取值类型及取值范围来防止属性的值与应用语义矛盾。例如,选课关系中成绩不能为负数;某些数据的输入格式要有一些限制等。

关系模型应该提供定义和检验这类完整性的机制,以便用统一的、系统的方法处理它们,而不要由应用程序承担这一功能。

习题 3

1. 关系数据库管理系统应能实现的专门关系运算包括_____。
   A. 排序、索引、统计　　　　　　　　B. 选择、投影、连接
   C. 关联、更新、排序　　　　　　　　D. 显示、打印、制表
2. 关系模型中,一个关键字是_____。
   A. 可由多个任意属性组成
   B. 至多由一个属性组成
   C. 可由一个或多个其值能唯一标识该关系模式中任何元组的属性组成
   D. 以上都不是
3. 在一个关系中如果有这样一个属性存在,它的值能唯一地标识关系中的每一个元组,称这个属性为_____。
   A. 关键字　　　　B. 数据项　　　　C. 主属性　　　　D. 主属性值
4. 在关系代数的传统集合运算中,假定有关系 R 和 S,运算结果为 W。如果 W 中的元组属于 R,或者属于 S,则 W 为 ___①___ 运算的结果。如果 W 中的元组属于 R 而不属于 S,则 W 为 ___②___ 运算的结果。如果 W 中的元组既属于 R 又属于 S,则 W 为 ___③___ 运算的结果。
   A. 笛卡儿积　　　　B. 并　　　　　C. 差　　　　　D. 交
5. 在关系代数的专门关系运算中,从表中取出满足条件的属性的操作称为 ___①___ ;从表中选出满足某种条件的元组的操作称为 ___②___ ;将两个关系中具有共同属性值的元组连

接到一起构成新表的操作称为　③　。

  A. 选择   B. 投影   C. 连接   D. 扫描

  6. 自然连接是构成新关系的有效方法。一般情况下,当对关系 R 和 S 使用自然连接时,要求 R 和 S 含有一个或多个共有的_____。

  A. 元组   B. 行   C. 记录   D. 属性

  7. 关系模式的任何属性_____。

  A. 不可再分   B. 可再分

  C. 命名在该关系模式中可以不唯一   D. 以上都不是

  8. 在关系代数运算中,五种基本运算为_____。

  A. 并、差、选择、投影、自然连接   B. 并、差、交、选择、投影

  C. 并、差、选择、投影、笛卡儿积   D. 并、差、交、选择、乘积

  9. 叙述等值连接与自然连接的区别和联系。

  10. 举例说明关系的实体完整性、参照完整性和用户定义完整性的含义。

  11. 设有关系 R、S 如图 3-28 所示。

关系R:

A	B	C
a	b	c
b	a	d
c	d	e
d	f	g

关系S:

A	B	C
b	a	d
d	f	g
f	h	k

图 3-28　R 和 S

求出 $R \cup S$、$R-S$、$R \cap S$、$R \times S$、$\sigma_{A>B}(S)$ 和 $\pi_{A,C}(R)$。

  12. 设有如图 3-29 所示的关系 R、S,计算:

(1) $R_1 = R \bowtie S$

(2) $R_2 = R \underset{B<D}{\bowtie} S$

(3) $R_3 = \sigma_{B=D}(R \times S)$

关系R:

A	B	C
3	6	7
4	5	7
7	2	3
4	4	3

关系S:

C	D	E
3	4	5
7	2	3

图 3-29　R 和 S

  13. 设有关系 R、S 如图 3-30 所示。

求 $R \div S$。

关系R:

A	B	C	D
a	b	c	d
a	b	e	f
a	b	h	k
b	d	e	f
b	e	d	f
b	d	d	l
c	k	c	d
c	k	e	f

关系S:

C	D
c	d
e	f

图 3-30   R 和 S

14. 设有关系 S、SC 和 C 如图 3-31 所示,试用关系代数表达式表示下列查询语句:

S

S#	SNAME	AGE	SEX
1	李强	23	男
2	刘丽	22	女
5	张友	22	男

C

C#	CNAME	Teacher
k1	C语言	王华
k5	数据库原理	程军
k8	编译原理	程军

SC

S#	C#	Grade
1	k1	83
2	k1	85
5	k1	92
2	k5	90
5	k5	84
5	k8	80

图 3-31   S、C 和 SC 表

(1) 检索"程军"老师所授课程的课程号(C#)和课程名(CNAME)。

(2) 检索年龄大于 21 的男学生学号(S#)和姓名(SNAME)。

(3) 检索至少选修"程军"老师所授全部课程的学生姓名(SNAME)。

(4) 检索"李强"同学不学课程的课程号(C#)。

(5) 检索至少选修两门课程的学生学号(S#)。

(6) 检索全部学生都选修的课程的课程号(C#)和课程名(CNAME)。

(7) 检索选修课程包含"程军"老师所授课程之一的学生学号(S#)。

(8) 检索选修课程号为 k1 和 k5 的学生学号(S#)。

(9) 检索选修全部课程的学生姓名(SNAME)。

(10) 检索选修课程包含学号为 2 的学生所修课程的学生学号(S#)。

(11) 检索选修课程名为"C 语言"的学生学号(S#)和姓名(SNAME)。

第 4 章

关系数据库标准语言SQL

关系代数从数学表达的角度描述了选择、投影、连接等运算,这些运算的本质是对关系中的数据进行查询,因此,关系代数是抽象的关系查询语言。SQL 简单易学,功能丰富,是用户操作关系数据库的通用语言。它虽然叫结构化查询语言,但并不是说 SQL 只支持查询操作,它实际包含了数据定义、数据操纵和数据控制等与数据库有关的全部功能。本章在介绍 SQL 的某些查询功能时,会联合关系代数进行描述,以帮助初学者更好地融会贯通。

另外,各个数据库厂商都有各自的 SQL 软件产品,尽管绝大多数产品对 SQL 语言的支持很相似,但它们之间也存在着一定的差异,这些差异不利于初学者的学习。因此,本章主要介绍标准的 SQL 语言。

本章的学习要点:

- SQL 特点;
- SQL 查询语句;
- SQL 更新语句;
- SQL 定义语句。

本章的学习难点:相关子查询。

4.1　SQL 概述

4.1.1　SQL 的产生与发展

最早的 SQL 原型是 IBM 公司的研究人员于 20 世纪 70 年代开发的,其原型被命名为 SEQUEL(Structured English Query Language),因此很多人把在这个原型之后推出的 SQL 读成 sequel,但根据 ANSI SQL 委员会的规定,其正式发音应该是 ess cue ell。

1986 年 10 月,美国 ANSI(American National Standard Institute,美国国家标准学会)采用 SQL 作为关系数据库管理系统的标准语言(ANSI X3. 135-1986),后为 ISO(International Organization for Standardization,国际标准化组织)采纳为国际标准。此后 ANSI 不断修改和完善 SQL 标准,其扩充过程经历了 SQL/86、SQL/89、SQL/92、SQL99、SQL2003、SQL2006、SQL2008。可以发现 SQL 标准的内容越来越多,包括了 SQL 框架、SQL 基础部分、SQL 宿主语言绑定、SQL 调用接口、SQL 永久存储模块、SQL 外部数据管理、SQL 对象语言绑定、SQL 信息定义模式和 XML 相关规范等多个部分。

SQL 是由 ANSI 制定的用来访问和操作数据库系统的标准语言。不幸的是,存在着很多不同版本的 SQL 语言,但是为了与 ANSI 标准相兼容,它们必须以相似的方式共同地来支持一些主要的关键词(如 SELECT、UPDATE、DELETE、INSERT、WHERE 等)。

说明:除了标准 SQL 之外,大部分 SQL 数据库程序都拥有它们自己的私有扩展。

4.1.2　SQL 语言功能概述

SQL 语言从功能角度来看主要包括数据定义、数据操纵和数据控制,表 4-1 列出了对应这几个部分的命令。

表 4-1　SQL 语言包含的主要动词

SQL 功能	命　　令
数据定义	CREATE,DROP,ALTER
数据操纵	SELECT,INSERT,UPDATE,DELETE
数据控制	GRANT,REVOKE

1. 数据定义语言(Data Definition Language,DDL)

数据定义语言用来定义数据库的逻辑结构,包括定义表、视图和索引。数据定义仅定义结构,不涉及具体的数据。

2. 数据操纵语言(Data Manipulation Language,DML)

数据操纵语言包括数据查询和数据更新两大类操作。数据查询是其核心部分,可以按照一定的条件来获取特定的数据部分呈现给用户;数据更新包括插入、删除和修改操作。数据操纵就是对数据库中的具体数据进行存取操作。

3. 数据控制语言(Data Control Language,DCL)

数据控制主要包括数据库的安全性和完整性的控制,以及对事务控制的描述。

本章重点介绍数据定义、操纵语言,数据控制语言详见第 7 章。

4.1.3　SQL 的特点

SQL 之所以能够被用户和业界所接受并成为国际标准,是因为它是一个综合的、功能强大的且又简捷易学的语言,其特点主要体现在下面 5 个方面。

1. 一体化

数据库系统的主要功能是通过数据库支持的数据语言来实现的。

非关系型的数据语言一般分为数据定义语言和数据操纵语言。它们分别用于定义数据库模式、外模式、内模式和进行数据的存取与处置,这些语言各有各的语法。当用户数据库投入使用后,如果需要修改模式,必须停止现有的数据库的运行,转储数据,修改模式并编译后再重装数据库,十分麻烦。

SQL 语言则集数据定义、操纵和控制功能于一体,语言风格统一,可以独立完成数据库生命周期中的全部活动。

2．高度非过程化

SQL 是一种第四代语言(4GL),用户只需要提出"做什么",不需要具体指明"怎么做",像存取路径的选择和具体处理操作过程均由系统自动完成,不但大大减轻了用户负担,而且有利于提高数据独立性。

3．面向集合

SQL 的数据查询功能涵盖了关系代数的选择、投影、连接等基本运算,这些运算包含传统的集合运算。SQL 语言也采用集合操作方式,不仅操作对象和查找结果可以是元组的集合,而且一次插入、删除、更新操作的对象也可以是元组的集合。

4．能以多种方式使用

SQL 语言可以直接以命令方式交互使用,也可以嵌入到某种高级程序设计语言(如 C、C++、C#、Java)中去使用。前一种方式适合于非计算机专业人员使用;后一种方式适合于专业计算机人员使用。尽管使用方式不同,但 SQL 语言的语法基本上是一致的。

5．语言简洁,易学易用

尽管 SQL 的功能很强,但语言十分简洁,核心功能只用了 9 个命令(见表 4-1)。SQL 的语法接近英语口语,所以用户很容易学习和使用。

4.2 数据准备——曲库

本章用一个曲库例子来讲解 SQL 的具体应用。曲库主要包括以下如下三个表。

1．歌曲表(如表 4-2 所示)

它描述了歌曲的词曲作者信息,包括歌曲编号、歌曲名称、词作者、曲作者、语言类别,对应的关系模式表示为 Songs(SongID,Name,Lyricist,Composer,Lang)。

2．歌手表(如表 4-3 所示)

它描述了歌手的信息,包括歌手编号、歌手姓名、性别、出生日期和籍贯,对应的关系模式表示为 Singers(SingerID,Name,Gender,Birth,Nation)。

3．曲目表(如表 4-4 所示)

它描述了歌手演唱歌曲的信息,包括歌曲编号、歌手编号、专辑名称、曲风类别、发行量和时间,对应的关系模式为 Track(SongID,SingerID,Album,Style,Circulation,PubYear)。

表 4-2   Songs

SongID	Name	Lyricist	Composer	Lang
S0001	传奇	左右	李健	中文
S0002	后来	施人诚	玉城干春	中文
S0101	Take Me Home，Country Roads	John Denver	John Denver	英文
S0102	Beat it	Michael Jackson	Michael Jackson	英文
S0103	Take a bow	Madonna	Madonna	英文

表 4-3   Singers

SingerID	Name	Gender	Birth	Nation
GC001	王菲	女	1969-07-01	中国
GA001	Michael_Jackson	男	1958-06-11	美国
GC002	李健	男	1974-10-02	中国
GC003	李小东	男	1970-08-12	中国
GA002	John_Denver	男	1943-02-16	美国

表 4-4   Track

SongID	SingerID	Album	Style	Circulation	PubYear
S0102	GA001	SPIRIT	摇滚	20	1983
S0101	GA002	MEMORY	乡村	10	1971
S0001	GC001	流金岁月	流行	12	2003
S0001	GC002	想念你	流行	8	2010
S0002	GA001	GOD BLESS	爵士	NULL	1975

4.3 数据定义

数据库中存在多种数据对象,以 SQL Server 为例,它包含表、视图、索引、存储过程、函数等。表 4-5 列出了 SQL 的数据定义语句,可以定义几乎所有关系数据库管理系统都支持的三类主体对象——表、视图和索引。

表 4-5   SQL 的数据定义语句

操 作 对 象	操作方式		
	创建	删除	修改
表	CREATE TABLE	DROP TABLE	ALTER TABLE
视图	CREATE VIEW	DROP VIEW	
索引	CREATE INDEX	DROP INDEX	

表是关系数据库中的基本对象,关系数据库中的数据都存储在表中。视图是一个虚表,在数据库中只存储视图的定义,而不存放视图的数据,这些数据仍存放在基本表中。索引不是关系模型中的概念,它属于物理实现的范畴,主要是为了能够加快查找速度。视图和索引都要依赖于表才能够存在。

说明：SQL 标准通常不提供修改视图和索引的语句,用户如果要修改这些对象,只能将它们先删除,然后重新建立。

本节主要介绍表的定义,视图和索引的相关定义参见第 11 章。

1. 定义表

1）定义格式

SQL 语言使用 CREATE TABLE 定义表,其一般格式如下：

```
CREATE TABLE  <表名>  (
<列名> <数据类型> [列级完整性约束条件]
[,<列名> <数据类型> [列级完整性约束条件] ]…
[, <表级完整性约束条件>]
)
```

其中：

- <表名>,是所定义的基本表的名字,这个名字最好能表达表的应用语义。例如,歌曲表的表名可以是 Songs。
- <列名>是表中所包含的列的名字,<数据类型>指明列的数据类型,一个表可以包含多个列,也就包含多个列定义。
- 在定义表的同时还可以定义与表有关的完整性约束条件,这些完整性约束条件都会存储在系统的数据字典中。如果完整性约束涉及表中的多个列,则这些约束条件必须在表级处定义,否则既可以定义在列级也可以定义在表级。

说明：SQL 不区分大小写。

注意,考虑到编码问题,最好表名和列名都不要用中文命名。

上述格式中的()是定义的一部分,表示定义的作用范围,必须书写；<>和[]不是定义语句的一部分,只表示特定含义：<>表示括在里面的内容必须包括,[]表示括在里面的内容可以省略。

2）数据类型

关系数据库的表由列组成,列指明了要存储数据的含义,同时也要指明存储数据的类型。因此,在定义表结构时,必然要指明每个列的数据类型。

每种数据库产品所支持的数据类型并不完全相同,而且与标准的 SQL 也有差异。标准 SQL 中一些常用的数据类型如表 4-6 所示。

表 4-6　常用数据类型

数 据 类 型	描　　述
INT	长整数
SMALLINT	短整数
NUMERIC(size,d)	定点数,由 size 位数字组成,d 规定小数点右侧的最大位数
REAL	取决于机器精度的浮点数
DOUBLE	取决于机器精度的双精度浮点数
FLOAT(size)	浮点数,精度至少为 size 位数字

数 据 类 型	描　　述
CHAR(size)	容纳固定长度的字符串(可容纳字母、数字以及特殊字符)。size 规定字符串的最大长度。
VARCHAR(size)	容纳可变长度的字符串(可容纳字母、数字以及特殊的字符)
DATE	日期,包含年、月、日,其格式一般为 yyyy-mm-dd
TIME	时间,包含时、分、秒

3) 示例

【例 4-1】 建立歌手表 Singers。

```
CREATE TABLE Singers
(SingerID CHAR(10) PRIMARY KEY,              /*定义主键,列级完整性约束*/
Name VARCHAR(8) NOT NULL,                    /*定义列值不能为空*/
Gender VARCHAR(2) CHECK(Gender IN ('男','女')),
Birth DATE,
Nation VARCHAR(20)
)
```

【例 4-2】 建立曲目表 Track。

```
CREATE TABLE Track
(SongID CHAR(10),
SingerID CHAR(10),
Album VARCHAR(50),
Style VARCHAR(20),
Circulation INT,
PubYear INT,
PRIMARY KEY(SongID,SingerID)                        /*定义主键,表级完整性约束*/
FOREIGN KEY(SongID) REFERENCES Songs(SongID),       /*定义外键*/
FOREIGN KEY(SingerID) REFERENCES Singers(SingerID)) /*定义外键*/
```

说明:完整性约束条件在第 7 章有进一步的描述,上述例子包含的约束主要包括 PRIMARY KEY 定义主键(码);FOREIGN KEY 定义外键;NOT NULL 定义列值不为空。

2. 修改表

建立表后,一般不会再修改,但随着应用环境和需求的变化,偶尔也要修改已建立好的表,SQL 语言用 ALTER TABLE 语句修改表,其一般格式如下:

```
ALTER TABLE <表名>
[ADD   <新列名>  <数据类型>  <完整性约束>]    /*增加新列*/
[DROP COLUMN <列名>]                          /*删除列*/
[ALTER COLUMN <列名>  <数据类型>]            /*修改列定义*/
[ADD   <完整性约束>]                          /*添加约束*/
[DROP   <完整性约束名>]                       /*删除约束*/
```

其中,<表名>是要修改的表,ADD 子句用于增加新列和新的完整性约束条件;DROP 子句可以紧跟一个完整性约束的名字,用于删除指定的完整性约束;DROP COLUMN 子句可以删除某个指定的列;ALTER COLUMN 子句用于修改原有的列定义,包括修改列名和数据类型。

【例 4-3】　建立歌曲表 Songs 增加一列"翻唱歌曲编号"(DupSongID),其数据类型是字符型。

```
ALTER TABLE Songs
ADD DupSongID CHAR(10)
```

说明：不论表中原来是否有数据,新增加的一列值全部为空(NULL)。

【例 4-4】　删除例 4-3 中刚增加的"翻唱歌曲编号"(DupSongID)列。

```
ALTER TABLE Songs
DROP COLUMN DupSongID
```

【例 4-5】　将歌手表中出生日期修改成只存放出生年份的整型。

```
ALTER TABLE Singers
ALTER COLUMN Birth INT
```

【例 4-6】　增加歌曲名称必须唯一的约束。

```
ALTER TABLE Songs
ADD UNIQUE(Name)
```

【例 4-7】　删除歌手表中的主建约束,假设该约束的名字为 PK_SingerID。

```
ALTER TABLE Singers
DROP PK_SingerID
```

3. 删除表

当某个表不再需要时,可以使用 DROP TABLE 语句删除它。其一般格式为：

```
DROP TABLE <表名>
```

说明：表一旦被删除,表中的数据及在表上建立的索引和视图都将被自动删除。因此执行删除表的操作时要格外小心。

【例 4-8】　删除曲目表。

```
DROP TABLE Track;
```

4.4　数据查询

4.4.1　查询语句的基本结构

数据查询是数据库的核心操作,SQL 使用 SELECT 语句进行数据库的查询,其一般格式为:

```
SELECT  [ ALL|DISTINCT ]<目标列表达式>[,<目标列表达式  >…]
FROM<表名或视图名>[,<表名或视图名>… ]
[  WHERE  <条件表达式> ]
[ GROUP BY <列名列表> [ HAVING <条件表达式> ]  ]
[ ORDER BY <列名> [ ASC |DESC ] ];
```

上述基本格式里使用了一些特殊符号来表达"实际需要",这些符号的含义如下。

(1)[ ]:表示[ ]中的内容是可选的,例如[WHERE <条件表达式>],表示可以使用 WHERE 也可以不使用。

(2)<>:表示<>中的内容必须出现。例如,<表名或视图名>,这个部分表示从哪个地方获取数据,是不可或缺的。

(3)|:表示选择其一。例如<列名 2>[ASC |DESC]],表示列名 2 后只能用 ASC 或 DESC 其中之一来进行结果的排序,前者代表升序,后者代表降序。

(4)[,…]:表示括号中的内容可以重复出现 1 至多次。

在上述结构中,SELECT 子句用于指定输出的目标列;FROM 子句用于指定数据所依赖的表或者视图;WHERE 子句用于指定数据的选择条件;GROUP BY 子句用于对检索到的记录进行分组;HAVING 子句用于指定组的选择条件;ORDER BY 子句用于对查询的结果进行排序。在这些句子中,SELECT 子句和 FROM 子句是必须出现的,其他子句都是可选的。

一个典型的 SQL 语句有如下的形式:

```
SELECT A₁,A₂,…,Aₙ
FROM R₁,R₂,…,Rₘ
WHERE P
```

这里 A_i 表示一个属性,R_i 表示一个关系,P 表示一个条件表达式。这个 SQL 语句表示的含义是,根据 WHERE 子句定义的条件表达式 P,从 FROM 子句指定的表或者视图 R_i 中找出满足条件的元组,再按照 SELECT 子句指定的属性选出元组中的对应值形成结果表。

需要注意的是,关系代数的操作结果最终还是关系,因此关系代数的运算结果需要满足"元组不能重复"的特性;但是 SELECT 查询结果里是允许重复元组出现的。所以我们说:

SELECT 子句所完成的功能类似于关系代数中的投影运算,而 WHERE 子句的功能类似于关系代数中的选择运算。因此上面的 SQL 语句可以对应于下面的关系代数式：

$$\pi_{A_1, A_2, \cdots, A_n}(\sigma_p(R_1 \times R_2 \times \cdots \times R_m))$$

SELECT 语句既可以完成简单的单表查询，也可以完成复杂的连接查询和嵌套查询。下面将以 4.2 节中的曲库为例来说明它的各种用法。

4.4.2　单表查询

单表查询是指查询仅涉及一张表。

1．对列的操作

选择表中的全部列或部分列，这个操作类似于关系代数的投影运算。

1）查询指定列

在很多情况下，用户只对表中的一部分列感兴趣，这时可以在 SELECT 子句的＜目标列表达式＞中指定要查询的列。

【例 4-9】　查询曲库中所有歌手的姓名和籍贯。

分析：歌手的信息存放在表 Singers 中，所以本题要在关系 Singers 中投影出姓名和籍贯，对应的关系代数式为：

$$\pi_{Name, Nation}(Singers)$$

在 SQL 语句中，用 FROM 子句指定要操纵的表，SELECT 子句给出要投影的列，本例对应的 SQL 语句如下：

```
SELECT Name, Nation FROM Singers
```

SELECT 语句的执行结果是一个新表，这个表没有名字，是个临时表，它的关系模式由 SELECT 子句里的属性列（这里是 Name、Nation）构成，查询结果如表 4-7 所示。

表 4-7　例 4-9 的查询结果

Name	Nation
王菲	中国
李健	中国
刘若英	中国
Michael Jackson	美国
John Denver	美国

注意，SELECT 子句后的目标列的次序可以与实际表的次序不一致，如本例中如果要先显示籍贯再显示歌手姓名，其对应的 SQL 语句就改成如下形式：

```
SELECT Nation, Name FROM Singers
```

其查询结果也同时变化，如表 4-8 所示。

表 4-8　例 4-9 列调换后的查询结果

Nation	Name
中国	王菲
中国	李健
中国	刘若英
美国	Michael Jackson
美国	John Denver

说明：从关系的性质角度来讲，这两个查询结果是等价的。但从编程角度来讲，这里存在差别。例如，程序员要访问查询结果的第一条元组（Rows[0]）的 Nation 列，对于前一种情况（Nation 列处在第 2 列），程序员需要访问的是 Rows[0][1]；但是对于后一种情况（Nation 列处在第 1 列），程序员却要访问 Rows[0][0]。

2）查询全部列

如果要显示表中的所有属性列，可以有两种方式，一种是在 SELECT 子句中列出所有列；另一种是用符号"＊"表示所有的列。第一种方式可以按照需要改变显示次序。

【例 4-10】　查询曲库里的所有歌曲的详细信息。

所有的歌曲信息都存放在表 Songs 中，所以 From 子句后要跟 Songs。

方法一：

```
SELECT SongID, Name, Lyricist, Composer, Lang FROM Songs
```

方法二：

```
SELECT ＊ FROM Songs
```

其查询结果如表 4-9 所示。

表 4-9　例 4-10 的查询结果

SongID	Name	Lyricist	Composer	Language
S0001	传奇	左右	李健	中文
S0002	后来	施人诚	玉城千春	中文
S0101	Take Me Home，Country Roads	John Denver	John Denver	英文
S0102	Beat it	Michael Jackson	Michael Jackson	英文
S0103	Take a bow	Madonna	Madonna	英文

3）列别名

有时，希望查询结果中的某些列名不同于基本表中的列名，这时可以在 SELECT 子句中增加列别名。

SQL 语句使用 AS 关键词对列设置"别名"。AS 使用格式如下：

```
旧名 AS 别名
```

【例 4-11】 查询曲库里的所有歌曲的详细信息，请把表中的各个列名 SongID，Name，Lyricist，Composer，Lang 分别替换成"歌曲编号、歌曲名称、词作者、曲作者、语言类别"。

```
SELECT SongID AS 歌曲编号, Name AS 歌曲名称, Lyricist AS 词作者,
Composer AS 曲作者, Lang AS 语言类别 FROM Songs
```

执行结果如表 4-10 所示。

表 4-10　例 4-11 的查询结果

歌曲编号	歌曲名称	词作者	曲作者	语言类别
S0001	传奇	左右	李健	中文
S0002	后来	施人诚	玉城千春	中文
S0101	Take Me Home，Country Roads	John Denver	John Denver	英文
S0102	Beat it	Michael Jackson	Michael Jackson	英文
S0103	Take a bow	Madonna	Madonna	英文

可以看到，与例 4-10 的查询结果不同，查询后的列名具有一定的语义，可读性增强。同时，列别名还隐藏了真正的表结构的列名，有利于提高数据的安全性。列别名还有一个频繁使用的场所——跟计算列的联合使用。

4）查询经过计算的列

SELECT 子句的<目标列表达式>不仅可以是表中真实存在的列，也可以是一个表达式。表达式是由运算符将常量、列、函数连接而成的有意义的式子。表达式列也可称为"计算列"，计算列在表中并不存在，是一个虚拟的列，它没有对应的列名，所以"计算列"往往要跟"列别名"联合起来使用。

（1）常量和计算表达式。

【例 4-12】 查询曲目表中歌曲编号、歌手编号和发行量，发行量的计量单位是万。

方法一：

```
SELECT SongID, SingerID, Circulation * 10000 as NewCirculation FROM Track
```

方法二：

```
SELECT SongID, SingerID, Circulation, '万' as Unit FROM Track
```

方法一的执行结果如表 4-11 所示，方法二的执行结果如表 4-12 所示。

分析：曲目表中的"发行量"列没有体现计量单位，为了体现"万"，方法一用了一个计算表达式 volume * 10000，因此它的查询结果中第 3 列不再对应原来列的值，而是在原来列的值的基础上都乘以 10000。

方法二的查询结果中 NewCirculation 列中的数据跟原来的 Circulation 列的内容相同，但是比原表多了一个 Unit 列，这一列的值是一个字符串常量，所有元组对应此列的值都将用这个常量"万"去填充。

表 4-11　例 4-12 方法一的查询结果

SongID	SingerID	NewCirculation
S0102	GA001	200000
S0101	GA002	100000
S0001	GC001	120000
S0001	GC002	80000

表 4-12　例 4-12 方法二的查询结果

SongID	SingerID	NewCirculation	Unit
S0102	GA001	20	万
S0101	GA002	10	万
S0001	GC001	12	万
S0001	GC002	8	万

说明：在 SELECT 语句中字符串常量一般都要用单引号括起来,如前面的‘万’。

(2) 函数。

【例 4-13】 查询歌手表中歌手的名字、出生日期和年龄,假设现在的年度是 2012 年。

分析：歌手表中并没有年龄这个字段,但是有出生日期字段,为了得到每个歌手的年龄,需要用现在年度减去他的出生年份。

```
SELECT Name as 姓名, Birth 出生日期, 2012 - Year(Birth) as 年龄
FROM Singers
```

这里 Year 是一个日期函数,可以把一个日期型变量的年份解析出来,所以其执行结果如表 4-13 所示。

表 4-13　例 4-13 的查询结果

姓　　名	出 生 日 期	年　　龄
王菲	1969-07-01	43
Michael_Jackson	1958-06-11	54
李健	1974-10-02	38
李小东	1970-08-12	42
John_Denver	1943-02-16	69

5) 过滤选择列中的重复元组

两条本来并不完全相同的元组,投影到某些列上后,可能变成相同的行了,可以用 DISTINCT 关键字过滤它们。

【例 4-14】 列出曲目表 Track 中的所有的曲风类别。

```
SELECT Style FROM Track
```

查询结果是如表 4-14 所示。

可以看到"流行"style 出现了 2 次。若要去掉结果表中的重复行,必须指定 DISTINCT
关键词:

```
SELECT DISTINCT Style
FROM Track
```

执行结果如表 4-15 所示,每种 style 只出现 1 次。

表 4-14 例 4-14 未去重的查询结果

Style
摇滚
乡村
流行
流行

表 4-15 例 4-14 去除重后的查询结果

Style
摇滚
乡村
流行

2. 对元组的操作——WHERE 子句

WHERE 子句用于表达关系代数中选择运算的选择条件。WHERE 子句常用的运算
符如表 4-16 所示。

表 4-16 常用查询条件的运算符

查 询 条 件	谓 词
比较	$=,>,<,>=,<=,!=,<>$
确定范围	BETWEEN AND,NOT BETWEEN AND
字符匹配	LIKE,NOT LIKE
确定集合	IN,NOT IN
空值	IS NULL,IS NOT NULL
逻辑运算符	AND,OR,NOT

1) 比较大小

比较运算符包括＝(等于)、＞(大于)、＜(小于)、＞＝(大于等于)、＜＝(小于等于)、
!＝或者＜＞(不等于)。

【例 4-15】 查询中国歌手的详细信息。

歌手的详细信息都在表 Singer 中,Nation 列表示歌手的国籍,歌手表中既有中国歌手
又有美国歌手,题目只需要查询中国歌手的信息,因此需要对表里的元组进行选择操作,选
择条件是 Nation＝'中国',因为需要歌手的详细信息,即需要投影所有列,所以对应的关系
代数为

$$\sigma_{Nation='中国'}(Singers)$$

对应的 SQL 语句如下:

```
SELECT * FROM Singers
WHERE Nation = '中国'
```

【例 4-16】 查询发行量大于等于 10 的专辑名称和曲风类别。

分析:专辑名称、曲风类别和发行量的信息都在 Track 表中,并且设定了查询结果中元组必须满足的条件和需要析出的相应列,因此关系代数为:

$$\pi_{Album,Style}(\sigma_{Circulation \geqslant 10}(Track))$$

对应的 SQL 语句如下:

```
SELECT Album, Style
FROM   Track Where Circulation > = 10
```

2)确定范围

谓词 BETWEEN…AND 用于查询列值在指定范围内的元组,其中 BETWEEN 后面跟的是范围下限,AND 后跟的是范围的上限,其查询结果包括下限和上限。

【例 4-17】 查询发行量在 5~10(包括 5 和 10)的专辑名称、曲风类别和发行年。

关系代数:

$$\pi_{Album,Style,PubYear}(\sigma_{Circulation \geqslant 5 \wedge Circulation \leqslant 10}(Track))$$

SQL 语句如下:

```
SELECT Album, Style, PubYear
FROM Track
WHERE Circulation BETWEEN 5 AND 10
```

与 BETWEEN…AND 相对的谓词表达式是 NOT BETWEEN…AND。如果要求查询发行量不在 5~10 的专辑名称、曲风类别和发行年,则对应的关系代数和 SQL 分别如下所示:

$$\pi_{Album,Style,PubYear}(\sigma_{Circulation < 5 \vee Circulation > 10}(Track))$$

```
SELECT Album, Style, PubYear
FROM Track
WHERE Circulation NOT BETWEEN 5 AND 10
```

3)字符匹配

谓词 LIKE 可以用来进行字符串的匹配。其一般语法格式如下:

```
列名 [NOT] LIKE '<匹配串>' [ESCAPE '<换码字符>']
```

其含义是查找列值与<匹配串>相匹配的元组。通常,<匹配串>中可以使用通配符%(百分号)和_(下横线)。其中:

%:代表任意长度(长度可以为 0)的字符串。例如,a%b 表示以 a 开头、以 b 结尾的任意长度的字符串。字符串 ab、axb、agxb 都满足该匹配串。

_:代表任意单个字符。例如,a_b 表示以 a 开头,以 b 结尾,中间夹一个字符的任意字符串,如 axb、a! b 等都满足要求。

【例 4-18】 查询歌手编号以 GC 开头的歌手姓名、性别。

```
SELECT Name, Gender
FROM Singers
WHERE SingerID like 'GC%'
```

【例 4-19】 查询姓"李"且全名为 2 个汉字的歌手姓名。

```
SELECT Name
FROM Singers
WHERE Name like '李_'
```

因为这里查询的是李姓歌手且全名只能为 2 个汉字的歌手,所以本例用的是'李_',所以只会筛选出表 4-3 中的名字列是"李健"的元组;而如果用的是'李%',则"李健"和"李小东"两个歌手会全部查询出来。

如果用户要查询的字符串本身就含有"%"或"_",这时就要使用'ESCAPE<换码字符>'对通配符进行转义了。

【例 4-20】 查询以"John_"开头的歌手的详细信息。

```
SELECT *
FROM Singers
WHERE Name like 'John\_%' ESCAPE '\'
```

这样的匹配串中紧跟在"\"后面的字符_不再具有通配符的含义,转义为普通的_。

4)确定集合

谓词 IN 用来查找某个列值属于指定集合的元组,格式如下:

```
列名 IN 集合
```

如果一个元组在指定列上的值出现在集合中,则该元组满足选择条件。在 SQL 中,集合用括号表示,里面的元素用","分隔。

【例 4-21】 查询曲目表中属于"乡村","爵士"和"摇滚"曲风的专辑详细信息。

```
SELECT * FROM Track WHERE Style IN ('乡村', '爵士', '摇滚')
```

其查询结果如表 4-17 所示。

表 4-17 例 4-21 的查询结果

SongID	SingerID	Album	Style	Circulation	PubYear
S0102	GA001	SPIRIT	摇滚	20	1983
S0101	GA002	MEMORY	乡村	10	1971
S0002	GA001	GOD BLESS	爵士	NULL	1975

与 IN 相对的谓词是 NOT IN,用于查找属性值不属于指定集合的元组。

【例 4-22】 查询曲目表中既不属于"乡村"、"爵士"也不是"摇滚"曲风的专辑详细信息。

```
SELECT SongID, SingerID FROM Track
WHERE Style NOT IN ('乡村', '爵士', '摇滚')
```

其查询结果如表 4-18 所示。

表 4-18　例 4-22 的查询结果

SongID	SingerID	Album	Style	Circulation	PubYear
S0001	GC001	流金岁月	流行	12	2003
S0001	GC002	想念你	流行	8	2010

5)空值的判断

谓词 IS NULL 用于判断某列的值是否为空值,格式如下:

列名 IS NULL

【例 4-23】 查询曲目表中缺少发行量信息的记录。

```
SELECT * FROM Track
WHERE Circulation IS NULL
```

其查询结果如表 4-19 所示。

表 4-19　例 4-23 的查询结果

SongID	SingerID	Album	Style	Circulation	PubYear
S0002	GA001	GOD BLESS	爵士	NULL	1975

说明："IS NULL"不能用"=NULL"代替。

6)逻辑运算

逻辑运算符 AND 和 OR 可以用来联结多个查询条件。AND 的优先级高于 OR,但用户可以用括号来改变优先级。

【例 4-24】 查询曲目表中曲风为"摇滚"或发行量大于 10,并且发布时间早于 1980 年的曲目信息。

$$\pi_{SongID, SingerID, Album, Style, Circulation, PubYear}$$
$$\left(\sigma_{(Style='摇滚' \lor Circulation>10 \land PubYear<1980)}(Singers)\right)$$

```
SELECT * FROM Track
WHERE Style = '摇滚' OR (Circulation>10  and  PubYear<1980)
```

3. 排序——ORDER BY 子句

由 SELECT-FROM-WHERE 构成的 SELECT 查询语句完成对表的选择和投影操作,

得到一个新的结果表,还可以对得到的新表做进一步的操作。

ORDER BY 子句用于对查询结果进行排序。可以按照一个或者多个属性列进行升序(ASC)或降序(DESC)排列,默认将按照升序排列。

注意：ORDER BY 子句往往处在 SELECT 语句的最下方。

【例 4-25】 查询曲目表中的歌手编号、歌曲编号和曲风类别,将查询结果按照发行时间降序排列。

```
SELECT SongID, SingerID, Style
FROM Track
ORDER BY PubYear DESC
```

【例 4-26】 查询曲目表中的歌手编号、歌曲编号和曲风类别,将查询结果按照曲风类别和发行时间降序排列。

```
SELECT SongID, SingerID, Style
FROM Track
ORDER BY Style DESC, PubYear DESC
```

例 4-25 和例 4-26 的查询结果分别如表 4-20 和表 4-21 所示。

表 4-20 中的结果仅按 PubYear 列降序排列；表 4-21 中的结果首先要按照 Style 字段降序排列(拼音次序),在 Style 等同的情况下再按 PubYear 降序排列,参见 Style＝"流行"的元组。

表 4-20　例 4-25 的查询结果

SongID	SingerID	Style	PubYear
S0001	GC002	流行	2010
S0001	GC001	流行	2003
S0102	GA001	摇滚	1983
S0002	GA001	爵士	1975
S0101	GA002	乡村	1971

表 4-21　例 4-26 的查询结果

SongID	SingerID	Style	PubYear
S0102	GA001	摇滚	1983
S0101	GA002	乡村	1971
S0001	GC002	流行	2010
S0001	GC001	流行	2003
S0002	GA001	爵士	1975

4. 汇总——聚集函数

有时要对查询结果做一些简单的统计工作,SQL 提供了如表 4-22 所示的若干聚集函数来完成此项任务。

表 4-22　聚集函数

函　　数	描　　述
COUNT([DISTINCT|ALL]*)	计算元组的个数
COUNT([DISTINCT|ALL]<列名>)	对一列中的值计算个数
SUM([DISTINCT|ALL]<列名>)	求某一列值的总和(此列的值必须是数值)
AVG([DISTINCT|ALL] <列名>)	求某一列值的平均值(此列的值必须是数值)
MAX([DISTINCT|ALL] <列名>)	求某一列值中的最大值
MIN([DISTINCT|ALL] <列名>)	求某一列值中的最小值

如果指定 DISTINCT 标识符,则表示计算时要取消指定列中的重复值。如果不指定 DISTINCT 或指定 ALL(ALL 为默认值),则表示不取消重复值。

【例 4-27】　查询 Track 表中的记录总数,最早发行时间、最近发行时间和整个发行量的总和。

```
SELECT Count( * ) as 记录总数, MIN(PubYear) as '最早发行量',
MAX(PubYear) as '最近发行时间', SUM(Circulation) as '发行量总和'
FROM Track
```

对表 4-3 的执行结果如表 4-23 所示。

表 4-23　例 4-27 的查询结果

记 录 总 数	最早发行时间	最近发行时间	发行量总和
5	1971	2010	50

此例出现了 4 个聚集函数,但每个聚集函数只返回一个值,所以执行结果只有 1 行但是有 4 个统计数字。

说明:表 4-4 中 Circulation 字段的值有 NULL 值,在聚集函数遇到空值时,除 COUNT(*)外,都跳过空值而只处理非空值。

注意:聚集函数不能直接出现在 WHERE 子句中。

例如,查询年龄最小的歌手姓名,如下写法是错误的:

SELECT Name FROM Singers WHERE Birth = MAX(Birth)

正确的写法要使用子查询,请参见例 4-37。

5. 分组——GROUP BY 子句

聚合函数是对查询结果(一个元组集)中的值进行统计。在有的查询中,要把具有相同特征的元组分成若干子集,然后需要再对每个子集中的值进行统计,此时就要用到 SELECT 句型中的分组子句 GROUP BY,格式如下:

GROUP BY <列名列表>

列名列表描述了分组的依据,同一组元组在这些列上的值一定相同。列名列表又称为分组列。

【例4-28】 统计歌曲表(表4-2)中各个语种的歌曲数量。

```
SELECT Lang 语种, COUNT( * ) as 数量
FROM Songs
GROUP BY Lang
```

执行结果如表4-24所示。

表4-24　例4-28的查询结果

语　　　种	数　　　量
英文	3
中文	2

此例执行时,先根据 Language 属性值进行分组,获得"中文"和"英文"两组值,然后再分别对每组统计个数。

需要注意的是,下列查询语句是错误的:

```
SELECT SongID, COUNT( * ) as 数量
FROM Songs
GROUP BY Language
```

在用分组语句时,SELECT 后跟的列只能是聚集函数或是出现在 GROUP BY 之后的分组列。因为 SongID 既不是聚集函数,也没有在 GROUP BY 之后出现,以上语句就不能正确执行。

6. HAVING 子句

对分组进行选择操作由 HAVING 子句完成。虽然也具有选择作用,但是应当要把 HAVING 子句与 WHERE 子句区别开来,WHERE 子句对 SELECT-FROM 语句查询的元组进行选择,从中选出满足条件的元组。HAVING 子句作用与 SELECT-FROM-GROUP BY 语句后得到的分组,再进一步进行选择满足条件的元组。它们的作用对象不同。

HAVING 子句的格式同 WHERE 子句:

HAVING <条件表达式>

但其条件表达式是由分组列、聚集函数和常数构成有意义的式子。

【例4-29】 统计歌曲表中歌曲数量超出2个的各个语种的歌曲数量。

与例4-28不同,按照语种分组后,本例不显示所有语种对应的歌曲数量,只显示这样的分组:包含的歌曲数量大于2。

```
SELECT  Lang 语种, COUNT( * ) as 数量  FROM Songs
GROUP BY Lang
HAVING COUNT( * )>2
```

其执行结果如表 4-25 所示。

表 4-25　例 4-29 的查询结果

语　　种	数　　量
英文	3

4.4.3　连接查询

前面章节的内容介绍了单表查询,单表查询的特点是 FROM 子句后面只出现一个表名。进行数据库设计时,由于规范化、数据的一致性和完整性的要求,每个表中的数据都是有限的,所以数据库中的各个表都不是孤立的,存在一定的关系。这时,需要将多个表连接在一起,进行组合查询数据。

1. SQL 中的笛卡儿积和连接

SQL 在一个查询中建立几个表的联系的方法非常简单,只要在 FROM 子句中列出所有涉及的表就可以了。从概念上讲,FROM 子句先对这些表做笛卡儿积操作,得到一个临时表,以后的选择、投影等操作都是针对这个临时表,从而将多表查询转换为单表查询。

连接查询中的 WHERE 子句中用来指定连接两个表的条件称为连接条件或者连接谓词,其一般格式为:

```
WHERE [<表名 1>.]<列名 1>　<比较运算符>　[<表名 2>.]<列名 2>
```

其中比较运算符主要有 =、>、<、>=、<=、!=或<>等。当比较运算符为"="时为等值连接,若在目标列中去掉相同的属性,则为自然连接。

连接谓词中的列名称为连接属性,连接属性必须是可以比较的,但不必相同。当连接表具有相同的列名时,为了不引起混淆,引用时采用下面的方式:

<表名>.<列名或 *>

连接查询是关系数据库中最主要的查询,主要包括内连接、外连接和交叉连接等。由于交叉连接使用得很少,并且其查询结果也没有太大的实际意义,所以不作介绍。本书重点介绍内连接和外连接。

2. 内连接

使用内连接时,如果两个表的相关字段满足连接条件,则从这两个表中提取数据并组合成新的元组。在非 ANSI 标准的实现中,连接是在 WHERE 子句中执行的(即在 WHERE 子句中指定表间的连接条件);在 ANSI SQL-92 中,连接是在 JOIN 子句中执行的。前者称为 Theta 连接;后者称为 ANSI 连接。

ANSI 内连接的语法格式如下:

```
FROM 表 1 [INNER] JOIN 表 2 ON <连接条件>
```

【例4-30】 列出曲库中所有演唱过歌曲的歌手名,歌曲名和发行量。

分析:歌手名、歌曲名和发行量分别存放在歌曲表、歌手表和曲目表中,所以此例涉及三个表,其中歌曲表和曲目表以公共字段 SongID 相关联,歌手表和曲目表以公共字段 SingerID 字段相关联。根据各属性语义可以写出下列关系代数:

$$\pi_{Songs.\,Name,\,Singers.\,Name,\,Circulation}(Songs \bowtie Track \bowtie Singers)$$

其 Theta 方式的 SQL 语句非常简单:

```
SELECT Songs.Name AS 歌曲名, Singers.Name AS 歌手名,Circulation AS 发行量
FROM Songs,Track,Singers
WHERE Songs.SongID = Track.SongID AND Track.SingerID = Singers.SingerID
```

其 ANSI 方式的 SQL 语句如下:

```
SELECT Songs.Name AS 歌曲名, Singers.Name AS 歌手名,Circulation AS 发行量
FROM Songs JOIN Track ON Songs.SongID = Track.SongID
JOIN Singers ON Track.SingerID = Singers.SingerID
```

两种方式的查询结果相同,如表 4-26 所示:

表 4-26 例 4-30 的查询结果

歌 曲 名	歌 手 名	发 行 量
Beat it	Michael_Jackson	20
Take Me Home,Country Roads	John_Denver	10
传奇	王菲	12
传奇	李健	8
后来	Michael_Jackson	NULL

说明:本例出现了2个Name列,在写SQL语句时必须通过添加表名前缀来区分这些列。

3.自身连接

连接操作不仅可以在两个表之间进行,也可以与其自身进行连接,称为表的自身连接。

【例4-31】 列出所有互为翻唱的歌曲。假设互为翻唱歌曲的条件是:歌曲编号相同,歌手编号不同。

分析:歌手演唱歌曲的信息都储存在 Track 表中,要对比两首歌曲是否互为翻唱,可以通过 Track 表与其自身连接。因为相连接的 2 张表相同,为了区分它们,需要用到表别名的概念。

可以为表提供别名,其格式如下:

```
FROM <源表名> [AS] <表别名>
```

为参加连接的两个 Track 表分别取名为 First 和 Second 如图 4-1 所示(为了便于对比,省略了表 4-3 所示的部分字段)。

First表		
SongID	SingerID	Album
S0102	GA001	SPIRIT
S0101	GA002	MEMORY
S0001	GC001	流金岁月
S0001	GC002	想念你
S0002	GA001	GOD BLESS

Second表		
SongID	SingerID	Album
S0102	GA001	SPIRIT
S0101	GA002	MEMORY
S0001	GC001	流金岁月
S0001	GC002	想念你
S0002	GA001	GOD BLESS

图 4-1　自身连接图示

完成该查询的 Theta 形式的 SQL 语句为：

```
SELECT  distinct First.SongID, First.SingerID, First.Album
FROM  Track AS First, Track AS Second
WHERE  First.SongID = Second.SongID AND
First.SingerID <> Second.SingerID
```

ANSI 形式的 SQL 语句为：

```
SELECT distinct First.SongID, First.SingerID, First.Album
FROM Track AS First JOIN  Track AS Second
ON First. SongID = Second.SongID
WHERE First.SingerID <> Second.SingerID
```

查询结果如表 4-27 所示。

表 4-27　例 4-31 的查询结果

SongID	SingerID	Album
S0001	GC001	流金岁月
S0001	GC002	想念你

这两条记录，歌曲编号相同但是演唱者不同，所以是互为翻唱歌曲。

4. 外连接

在内连接操作中，只有满足连接条件的元组才能作为结果输出，但有时希望输出那些不满足连接条件的元组信息，如查看所有歌曲被演唱的情况，包括曲目表中有歌手演唱过的歌曲，还有那些暂时没人演唱的歌曲。如果用内连接实现(通过 Songs 表和 Track 表的内连接)，则只能查询到有歌手演唱过的歌曲，因为内连接的结果要满足连接条件：Songs.SongID＝Track.SongID。对于在 Songs 表中存在，但是没有在 Track 表中出现的歌曲，由于不满足该条件，则查询不出。这种情况就需要使用外连接来实现。

外连接只限制一张表中的数据必须满足连接条件，而另一张表中的数据可以不满足连接条件。

Theta 方式的外连接语法格式如下：

左外连接：FROM 表 1,表 2 WHERE [表 1.]列名(+) = [表 2.]列名
右外连接：FROM 表 1,表 2 WHERE [表 1.]列名 = [表 2.]列名(+)

ANSI 方式的外连接语法格式如下：

FROM 表 1 LEFT | RIGHT [OUTER JOIN] 表 2 ON <连接条件>

SQL Server 支持 ANSI 方式的外连接,但 Oracle 支持的是 Theta 方式的外连接。外连接的概念已经在第 3 章中讲解过,请参见相关内容。LEFT 表示以左边的表(表 1)为依据来选择元组;RIGHT 则按照右边的表(表 2)为依据来选择元组。

【例 4-32】 查询歌曲被演唱的情况,包括被演唱的和没有被演唱的,最终投影出歌曲编号、歌曲名称、所在专辑名称、发行时间。

Theta 方式：

```
SELECT Songs.SongID AS Song1, Name,
       Track.SongID as Song2, Album, PubYear
FROM Songs, Track
WHERE Songs.SongID( + ) = Track.SongID
```

ANSI 方式：

```
SELECT Songs.SongID AS Song1, Name,
       Track.SongID as Song2, Album, PubYear
FROM Songs
LEFT JOIN Track
ON Songs.SongID = Track.SongID
```

查询结果如表 4-28 所示。

表 4-28 例 4-32 的查询结果

Song1	Name	Song2	Album	PubYear
S0001	传奇	S0001	流金岁月	2003
S0001	传奇	S0001	想念你	2010
S0002	后来	S0002	GOD BLESS	1975
S0101	Take Me Home, Country Roads	S0101	MEMORY	1971
S0102	Beat it	S0102	SPIRIT	1983
S0103	Take a bow	NULL	NULL	NULL

此例如果只用 JOIN,因为要满足等值连接所以只能获得上面 5 条记录,而最后一条记录不会出现;但使用了 LEFT JOIN 之后,按照左边的表 Songs 为依据来选择元组,因此获得结果与仅用 JOIN 语句的执行结果不同,多出了第 6 条记录。第 6 条记录的歌曲在 Track 表中并没有出现,所以它在 Song2、Album 和 PubYear 列的值就用 NULL 去替代。

此查询也可以用右外连接去实现,如下：

```
SELECT Songs .SongID, Name, Album, PubYear
FROM Track
RIGHT JOIN Songs
ON Songs. SongID = Track. SongID
```

该语句执行结果与左外连接相同。

4.4.4　集合查询

SELECT 查询操作的对象是集合,结果也是集合。集合操作主要包括并操作 UNION,交操作 INTERSECT 和差操作 EXCEPT。

注意:参加集合操作的各查询结果的列数必须相同;对应项的数据类型也要相同。

【例 4-33】　查询中国歌手或出生日期晚于 1960 年的歌手。

```
SELECT *
FROM Singers
WHERE Nation = '中国'
UNION
SELECT *
FROM Singers
WHERE Year(Birth)> = 1960
```

使用 UNION 将多个查询合并起来时,系统会自动过滤掉重复元组。

【例 4-34】　查询中国歌手和出生日期晚于 1960 年的歌手的交集。

```
SELECT * FROM Singers
WHERE Nation = '中国'
INTERSECT
SELECT * FROM Singers
WHERE Year(Birth)> = 1960
```

这实际就是查询出生日期晚于 1960 年的中国歌手信息,等同于下面语句:

```
SELECT *
FROM Singers
WHERE Nation = '中国' AND Year(Birth)> = 1960
```

【例 4-35】　查询中国歌手和出生日期晚于 1960 年的歌手的差集。

```
SELECT * FROM Singers WHERE Nation = '中国'
EXCEPT
SELECT * FROM Singers WHERE Year(Birth)> = 1960
```

也就是查询早于 1960 年出生的中国歌手:

```
SELECT * FROM Singers
WHERE Nation = '中国' AND Year(Birth)<1960
```

4.4.5 子查询

在实际应用中,经常有一些 SELECT 语句需要使用其他 SELECT 语句的查询结果,此时就要用到子查询。

子查询就是嵌套在另一个查询语句(SELECT)中的查询语句(SELECT),因此,子查询也称为嵌套查询。外部的 SELECT 语句称为外围查询(父查询),内部的 SELECT 语句称为子查询。子查询的结果将作为外围查询的参数,这种关系就好像是函数调用嵌套,将嵌套函数的返回值作为调用函数的参数。

虽然子查询和连接可能都要查询多个表,但子查询和连接不一样。因为它们的语法格式不一样,使用子查询最符合自然的表达查询方式,书写更容易。

根据子查询的执行是否依赖父查询,可以把子查询分为无关子查询和相关子查询。

1. 无关子查询

无关子查询是子查询的查询条件不依赖于父查询。它的执行过程是由里向外逐层处理。即每个子查询都会在它的上一级父查询处理之前求解。子查询的结果用于建立其父查询的查找条件。

1) 语法格式

```
SELECT <列名> [,<列名>] … FROM <表名>
WHERE <表达式> <[NOT] IN│其他比较运算符>
(   SELECT <列名>
    FROM <表名>
    WHERE <条件>
)
```

在无关子查询中,[NOT] IN 表示进行的是集合运算,而"其他运算符"进行的是比较运算。

2) 无关子查询的集合运算

通过运算符 IN 或 NOT IN,子查询可以进行集合运算。这种形式的子查询是分步骤实现的,即先执行子查询,然后根据子查询返回的结果构造某个集合,再执行外层父查询。

使用 IN 运算时,如果表达式的值与集合中的某个值相等,则此运算结果为真;如果表达式的值与集合中的所有值均不相等,则运算结果为假。

【例 4-36】 查询歌唱风格是"摇滚"的歌手信息。

```
SELECT * FROM Singers
WHERE SingerID IN
(SELECT DISTINCT SingerID FROM Track WHERE Style = '摇滚')
```

说明：由关键字 IN 引入的子查询的 SELECT 后的列名只允许有 1 项内容，即只能是一个列名或是表达式。

3) 无关子查询的比较运算

带有比较运算符的子查询是指父查询与子查询之间用比较运算符进行连接。

① 返回单值的比较运算

当用户确切知道内层查询返回的是单个值时，可以使用比较运算符(=、<>、<、>、<=、>=)。如果比较运算的结果为真，则比较运算返回 **TRUE**。

【例 4-37】 查询年龄最小的歌手的信息。

```
SELECT *
FROM Singers
WHERE Birth = (
    SELECT MAX(Birth) FROM Singers
)
```

上面的例子先执行内部的子查询，把最大 Birth 的值取到后，再返回给父查询进行查询。

【例 4-38】 查询发行量超出平均发行量的专辑名称。

```
SELECT Album
FROM Track
WHERE Circulation >(
    SELECT AVG(Circulation) FROM Track
)
```

② 返回多个值的比较运算

子查询返回单个值时可以用比较运算符，但返回多个值时，比较运算符需要同 ANY 或 ALL 谓词修饰符联合使用，其语义如表 4-29 所示。

表 4-29　ANY 和 ALL 在 SQL 中的语义

>(>=,<,<=)ANY	大于(大于等于，小于或小于等于)子查询结果中的某个值
>(>=,<,<=)ALL	大于(大于等于，小于或小于等于)子查询结果中的所有值
=ANY	等于子查询中的某个值
!=(或<>)ANY	不等于子查询中的某个值
!=(或<>)ALL	不等于子查询结果中的任何一个值

【例 4-39】 查询发行量比某一"流行"曲风的发行量高的其他曲风的专辑信息。

```
SELECT *
FROM Track
WHERE Circulation > ANY(
    SELECT Circulation
    FROM Track
    WHERE style = '流行'
) and style <>'流行'
```

结果如表 4-30 所示。

表 4-30 例 4-39 的查询结果

SongID	SingerID	Album	Style	Circulation	PubYear
S0102	GA001	SPIRIT	摇滚	20	1983
S0101	GA002	MEMORY	乡村	10	1971

查询分析器在执行此语句时,首先处理子查询,找出"流行"曲风的发行量是(12,8)。然后处理父查询,找不是"流行"曲风并且发行量大于 12 或是 8 的专辑信息。

【例 4-40】 查询发行量比所有"流行"曲风的发行量都要高的其他曲风的专辑信息。

```
SELECT *
FROM Track
WHERE Circulation > ALL(
    SELECT Circulation
    FROM Track
    WHERE style = '流行'
) and style <> '流行'
```

结果如表 4-31 所示。

表 4-31 例 4-40 的查询结果

SongID	SingerID	Album	Style	Circulation	PubYear
S0102	GA001	SPIRIT	摇滚	20	1983

查询分析器在执行此语句时,首先处理子查询,找出"流行"曲风的发行量是(12,8)。然后处理父查询,找不是流行曲风并且发行量既要大于 12 又要大于 8 的专辑信息。

实际上,上面两个例子都能通过聚集函数进一步改写。

例 4-39 可以改写成:

```
SELECT *
FROM Track
WHERE Circulation > (
    SELECT MIN(Circulation)
    FROM Track WHERE style = '流行'
) and style <> '流行'
```

例 4-40 可以改写成:

```
SELECT *
FROM Track
WHERE Circulation > (
    SELECT MAX(Circulation)
    FROM Track WHERE style = '流行'
) and style <> '流行'
```

事实上，用聚集函数实现子查询通常比 ANY 或 ALL 查询效率要高。

2. 相关子查询

相关子查询要使用到父查询的数据。通过一个例子来描述什么是相关子查询。

【例 4-41】 找出每个歌手的发行量超出他所演唱歌曲的平均发行量的歌手号和歌曲号。

```
SELECT SingerID, SongID
FROM Track AS x
WHERE Circulation >(
    SELECT AVG(Circulation)
    FROM Track AS y
    WHERE y.SingerID = x.SingerID
)
```

x 是表 Track 的别名，又可称为元组变量，可以用来表示 Track 的一个元组。内层查询是求一位歌手所有演唱歌曲的平均发行量，至于是哪个歌手的平均发行量需要根据参数 x.SingerID 的值来定，而该值是与父查询相关的，所以这类查询称为相关子查询。

1) 相关子查询执行过程

相关子查询的执行过程比较复杂，总体执行过程如下：首先取外层父查询中的第一个元组，根据它与内层子查询的相关属性值处理内层子查询，若 WHERE 子句返回值为真，则取此元组放入结果表；然后，再取外层父查询的下一个元组；重复这一过程，直至外层表全部检查完为止。

例 4-41 的一种可能的执行过程是：

① 从外层查询中取出 Track 的第一个元组 x，将元组 x 的 SingerID 的值（GA001）传送给内层查询。

```
SELECT AVG(Circulation) FROM Track as y WHERE y.SingerID = 'GA001'
```

② 执行内层查询，得到 x 的平均发行量是 20（注意 NULL 值不参加 AVG 运算），用该值代替内层查询，得到外层查询：

```
SELECT SingerID,SongID FROM Track as x WHERE Circulation > 20 and x.SingerID = 'GA001'
```

③ 执行这个查询，得到空。

④ 然后外层查询取出下一个元组重复上述①～③的步骤，直到外层 Track 元组全部处理完毕。

2) 带 EXISTS 的相关子查询的基本语法

与例 4-41 不同，一般的相关子查询经常会使用 EXISTS 谓词，其形式为：

```
SELECT <列名> [,<列名>] …
FROM <表名>
WHERE [NOT] EXISTS
(  SELECT  *  FROM <表名>  WHERE <条件>  )
```

带有 EXISTS 谓词的子查询不返回任何数据,只产生逻辑真值 true 或逻辑假值 false:

◆ 若内层查询结果非空,则外层的 WHERE 子句返回真值

◆ 若内层查询结果为空,则外层的 WHERE 子句返回假值

由 EXISTS 引出的子查询,其目标列表达式通常都用"＊",因为带 EXISTS 的子查询只返回真值或假值,给出列名无实际意义。

带 NOT EXISTS 谓词的含义是:

◆ 若内层查询结果非空,则外层的 WHERE 子句返回假值

◆ 若内层查询结果为空,则外层的 WHERE 子句返回真值

再来看一个使用 EXISTS 谓语的复杂相关子查询实例:

【例 4-42】 查询至少演唱过 Michael_Jackson 演唱过的全部歌曲的其他歌手的歌手编号。

事实上,此例对应了第 3 章关系代数的除法运算。假设 K 表示 Michael_Jackson 演唱的所有歌曲,如表 4-32 所示 P 表示其他歌手演唱的歌曲,如表 4-33 所示。

根据 P÷K 将得到 GA003 是符合要求的歌手。对于这个除法运算,可以用下面三种方法来实现。

表 4-32 K
SongID
S0102
S0002

表 4-33 P	
SongID	SingerID
S0102	GA003
S0101	GA002
S0001	GC001
S0001	GC002
S0002	GA003

第一种方法:

用 R 表示 Michael_Jackson 演唱过的全部歌曲的集合,S 表示歌手 x 演唱的全部歌曲的集合,如果 R⊆S 成立,则 x 就是我们要找的歌手。

由于 SQL 不提供⊆运算符,因此需要进行逻辑变换:如果 R⊆S 成立,则 R-S 为空集。如果把 EXISTS 理解为存在量词,而 NOT EXISTS 是不存在量词,那么 R-S 就是表示"不存在",即 NOT EXISTS(R-S)为真。所以对应的 SQL 语句如下:

```
SELECT SingerID
FROM   Singers  x
WHERE NOT EXISTS
(
    (                        -- 集合 R(无关子查询)
        SELECT SongID
        FROM Track, Singers
        WHERE Track.SingerID = Singers.SingerID
                    AND Singers.Name = 'Michael_Jackson'
    )
    EXCEPT
    (                        -- 集合 S(相关子查询)
```

```
    SELECT SongID
    FROM Track
     WHERE Track.SingerID = x.SingerID
    )
)   AND  x.Name <>' Michael_Jackson'
```

第二种方法：

上面的 SQL 语句还可以进一步精简，R⊆S 的逻辑如下：

$$(\forall t)(t \in R \rightarrow t \in S) = (\nexists t)(t \in R \wedge t \notin S)$$

它所表达的语义为，不存在这样的歌曲 t，Michael_Jackson 唱了，而其他歌手没有唱。
可以写出与上述 SQL 语句不同但执行结果相同的 SQL 语句：

```
SELECT SingerID
FROM   Singers  x
WHERE NOT EXISTS
(
    SELECT SongID                              -- 集合 R(无关子查询)
    FROM Track AS y, Singers
    WHERE y.SingerID = Singers.SingerID
                    AND Singers.Name = ' Michael_Jackson'
                    AND NOT EXISTS
                    (
                        SELECT SongID           -- 集合 S(相关子查询)
                        FROM Track AS Z
                        WHERE Z.SingerID = x.SingerID
                            AND Z.SongID = y.SongID
                    )
)   AND  x.Name <>' Michael_Jackson'
```

其查询流程为三重循环的嵌套结构，假设 Singers 有 m 条记录，R 的记录(Michael_Jackson 唱过的歌)有 n 条，S 的记录(x 歌手唱过的歌)有 q 条，则上面的过程可以如下伪代码的表示：

```
boolean flag1, flag2;
FOR  i = 1  TO  m                 //遍历每一个歌手
{
x = Singers[i][SingerID];        //表示 Singers 表的第 i 条记录的 SingerID 字段
flag1 = false;                   //假设不存在没有唱过的歌曲
FOR  j = 1  TO  n                // 遍历每一条 Michael_Jackson 唱的歌曲
{
    y = R[j][SongID];            //表示 R 表的第 j 条记录 SongID 字段
    flag2 = false;               //假设这个歌没有被唱过
    FOR  k = 1  TO  q            // 遍历歌手 x 唱的所有歌曲,看看歌曲 y 有没有被 x 唱过
    {
        If (S[k][SongID] == y && S[k][SingerID] == x)
        {   flag2 = true;break;  //说明被唱过,假设失败   }
```

```
        }
        If (!flag2) {                //说明这个歌的确没有被唱过
            flag1 = true; break;     // 说明的确存在没有唱过的歌,Flag1 的假设不成立
        }}
    if (!flag1)
        保留 x;                       //假设成立
    else
        丢弃 x;                       //假设失败
    }
```

第三种方法：

如果对否定之否定方法不习惯的话,也可以通过统计的方式来实现。首先,把唱过 Michael_Jackson 歌曲的歌手筛选出来,然后进一步考察这些歌手唱的歌曲数量是否与 Michael_Jackson 唱的歌曲数量相等。

```
select SingerID   From Track   x
where SongID in (
        //保证这些歌是 Michael_Jackson 唱过的,无关子查询
        SELECT SongID   FROM Track AS y ,Singers
        WHERE   y.SingerID = Singers.SingerID and Singers.Name = 'Michael_Jackson'
)
and x.SingerID <> (
        //把 Michael_Jackson 本人筛选出去,无关子查询
        SELECT SingerID FROM Singers where Name = 'Michael_Jackson'
)
group by SingerID          //按照歌手分组
having count(distinct SongID) = (
        //保证数量上与 Michael_Jackson 的保持一致,无关子查询
        SELECT count(distinct SongID)
        FROM Track AS z,Singers
        WHERE   z.SingerID = Singers.SingerID and Singers.Name = 'Michael_Jackson'
)
```

第 3 种方法只使用了无关子查询,应该更好理解和掌握。注意,如果 Track 表定义的是联合主键(SingerID,SongID),即每个歌手只能演唱某首歌曲一次,则 distinct 可以省略,否则不可以省。因为如果 Michael_Jackson 唱了两首不同的歌曲,而有一个歌手只把他其中一首歌唱了 2 次的话,那么这个歌手也会被查询出来,这是不符合语义的。

3. 不同形式的查询间的替换

一些带 EXISTS 或 NOT EXISTS 谓词的相关子查询不能被其他形式的子查询等价替换；但所有带 IN 谓词、比较运算符的无关子查询都能用带 EXISTS 谓词的子查询等价替换,并且用 EXISTS 的方式往往要比使用 IN 谓词的方式执行效率高。

对于例 4-36,我们也能用下列相关子查询来实现：

```
SELECT *
FROM Singers X
WHERE EXISTS
(
    SELECT *
    FROM Track
    WHERE Track.SingerID = X.SingerID and   Style = '摇滚'
)
```

【例 4-43】　查询与"王菲"同一个国籍的歌手的详细信息。

```
SELECT   *
FROM Singers X
WHERE Nation IN
(
    SELECT   Nation
    FROM   Singers   Y
    WHERE Name = '王菲'
)
```

可以把上例用 EXISTS 改写成:

```
SELECT *
FROM Singers X
WHERE EXISTS(
    SELECT *
    FROM   Singers   Y
    WHERE Y.Name = '王菲'   AND   Y.Nation = X.Nation
)
```

4.5　数据更新

SQL 提供的数据修改操作主要有元组插入、删除和修改,通称为数据库更新。

4.5.1　插入操作

元组插入语句的一般格式:

```
INSERT INTO <表名>(<列名 1> [ ，  <列名 2>] …)
VALUES (<常量 1> [, <常量 2> ]…)
```

或

```
INSERT INTO <表名>
(<列名 1> [ ，  <列名 2>] …)
<子查询>
```

第一种格式是单元组的插入,第二种是多元组的插入。写 INSERT 语句时要注意下面几点:

◆ 在第一种格式中,VALUES 子句中列出的常量的次序要与列出的列名的次序相一致。

◆ 若表中的某些属性在插入语句中没有出现,则这些属性最常见的设置是为空值,也可以用默认值填入。但是,对于在表的定义中说明为 NOT NULL 的属性,则不能用 NULL 值。

◆ 若插入的语句中没有列出<列名>,则新元组必须在每个分量上均有值,且这些值的排列次序要与表中定义的列的次序严格一致。

下面分别举例说明。

【例 4-44】 将歌手"杨坤"的信息插入到歌手表中。

```
INSERT INTO Singers(SingerID, Name, Gender, Nation, Birth)
VALUES('GA003', '杨坤', '男', '中国', '1972 - 12 - 18')
```

【例 4-45】 假设另有一张歌手表 S,表结构与 Singers 一致,现在要求把 S 表中所有没有在 Singer 表里出现过的男歌星加入到 Singers 表中。

```
INSERT INTO Singers (SingerID, Name, Gender, Nation, Birth)
SELECT  SingerID, Name, Gender, Nation, Birth
FROM S
WHERE S.Gender = '男' and  NOT EXISTS (
    SELECT * FROM Singers WHERE Singers.SingerID = S.SingerID
)
```

4.5.2 删除操作

SQL 的删除操作是指从关系中删除元组,而不是从元组中删除某些属性值,也不是删除表结构。SQL 删除语句的格式:

```
DELETE FROM <表名>
[WHERE <条件>]
```

注意:如果没有 WHERE 子句,将会删除表中所有数据,所以执行 DELETE 语句要非常小心。

【例 4-46】 删除歌手表中不是中国国籍的歌手。

```
DELETE  FROM  Singers
WHERE  Nation <>'中国'
```

【例 4-47】 删除所有非中国歌手的曲目信息。

```
DELETE  FROM  Track
WHERE  SingerID  IN (
SELECT SingerID FROM Singers WHERE Nation <>'中国')
```

4.5.3 修改操作

当需要修改关系中元组的某些值时,可以用 UPDATE 语句实现。SQL 的 UPDATE 语句的格式:

```
UPDATE <表名>
SET   <列名>=<值表达式>[,<列名>=<值表达式>]…
[WHERE <条件>]
```

该语句的功能是修改表中满足条件表达式的元组中的指定属性值,SET 子句指出元组中要修改哪些列,修改一个列就要给出一个相应的"<列名>=<值表达式>",其含义是使列的新值等于<值表达式>的值。值表达式中可以出现常数、列名、系统支持的函数及运算符。

注意:如果省略 WHERE 子句,将会修改表中所有的元组,所以进行此操作的时候也要非常小心。

【例 4-48】 将 Singers 表中歌手编号为 GC002 的 Birth 属性值修改为 1978-3-10。

```
UPDATE Singers
SET Birth = '1978 - 3 - 10'
WHERE SingerID = 'GC002'
```

【例 4-49】 把 Track 表中所有流行歌曲的发行量(Circulation)提高 10%。

```
UPDATE Track
SET Circulation = Circulation * 1.1 WHERE Style = '流行'
```

【例 4-50】 当 Track 表中的发行量(Circulation)低于平均发行量时,设置为 NULL。

```
UPDATE Track
SET Circulation = NULL
WHERE Circulation <(SELECT AVG(Circulation)
FROM Track)
```

习题 4

1. 试述 SQL 的特点与功能。
2. 试述 SQL 的定义功能。
3. 试述无关子查询的执行过程。
4. 试述相关子查询的执行过程。
5. 试述分组语句的执行过程。
6. 试述内连接和外连接的区别。

7. SQL 语言集数据查询、数据操作、数据定义和数据控制功能于一体,语句 INSERT、DELETE、UPDATE 实现下列哪类功能_____。

　　A. 数据查询　　　　B. 数据操纵　　　　C. 数据定义　　　　D. 数据控制

8. 在 SQL 语言的 SELECT 语句中,能实现投影操作的是_____。

　　A. SELECT　　　　B. FROM　　　　C. WHERE　　　　D. GROUP BY

9. SQL 语言集数据查询、数据操作、数据定义、和数据控制功能于一体,语句 ALTER TABLE 实现哪类功能_____。

　　A. 数据查询　　　　B. 数据操纵　　　　C. 数据定义　　　　D. 数据控制

10. SQL 语言判断某个字段的值是否是空的语句是_____。

　　A. ＝NULL　　　　B. ＝'　　　　C. IS NULL　　　　D. is '

11. 设有教程中举出的关系 S、SC 和 C,它们的模式是:

$S(S^{\#}, SN, SD, SA)$;

$C(C^{\#}, CN, PC^{\#})$;

$SC(S^{\#}, C^{\#}, G)$。

其中,

$S^{\#}, C^{\#}, SN, SD, SA, CN, PC^{\#}, G$ 分别表示为:学号、课程号、学生姓名、学生系别、学生年龄、课程名、预修课程号、成绩。

S,C,SC 则分别表示学生、课程、学生与课程联系。

试用关系代数表达式和 SQL 语言表示下列查询语句:

① 检索"张三"老师所授课程的课程号($C^{\#}$)和课程名(CNAME)。

② 检索年龄大于 21 的男学生学号(S#)和姓名(SNAME)。

③ 检索至少选修"张三"老师所授全部课程的学生姓名(SNAME)。

④ 检索"张强"同学不学课程的课程号($C^{\#}$)。

⑤ 检索至少选修两门课程的学生学号($S^{\#}$)。

⑥ 检索全部学生都选修的课程的课程号($C^{\#}$)和课程名(CNAME)。

⑦ 检索选修课程包含"张三"老师所授课程之一的学生学号(S#)。

⑧ 检索选修课程号为 c1 和 c5 的学生学号(S#)。

⑨ 检索选修全部课程的学生姓名(SNAME)。

⑩ 检索选修课程包含学号为 2 的学生所修课程的学生学号($S^{\#}$)。

⑪ 检索选修课程名为"数据库"的学生学号($S^{\#}$)和姓名(SNAME)。

12. SQL 语言实践练习(写出 SQL 的表述并上机验证之),设如表 4-34～表 4-37 所示。

表 4-34　Student（学生信息表）

sno	sname	sex	birthday	class
108	李明华	男	09/01/77	95033
105	王匡明	男	10/02/75	95031
107	王丽君	女	01/23/76	95033
101	赵军	男	02/20/76	95033
109	纪芳芳	女	02/10/75	95031
103	陆一军	男	06/03/74	95031

表 4-35　Teacher(老师信息表)

tno	tname	sex	birthday	prof	depart
804	李诚亮	男	12/02/58	副教授	计算机系
856	王旭	男	03/12/69	讲师	电子工程系
825	杜萍	女	05/05/72	助教	计算机系
831	刘冰冰	女	08/14/77	助教	电子工程系

表 4-36　Course(课程表)

cno	cname	tno
3-105	计算机导论	825
3-245	操作系统	804
6-166	数字电路	856
9-888	高等数学	825

表 4-37　Score(成绩表)

sno	cno	degree
103	3-245	86
109	3-245	68
105	3-245	75
103	3-105	92
105	3-105	88
109	3-105	76
101	3-105	64
107	3-105	91
108	3-105	78
101	6-166	85
107	6-166	79
108	6-166	81

依据以上情况请写出下列查询语句并给出结果

(1) 列出 student 表中所有记录的 sname、sex 和 class 列。

(2) 显示教师所有的单位,即不重复的 depart 列。

(3) 显示学生表的所有记录。

(4) 显示 score 表中成绩在 60 到 80 之间的所有记录。

(5) 显示 score 表中成绩为 85,86 或 88 的记录。

(6) 显示 student 表中 95031 班或性别为"女"的同学记录。

(7) 以 cno 升序、degree 降序显示 score 表的所有记录。

(8) 显示 98031 班的学生人数。

(9) 显示 score 表中的最高分的学生学号和课程号。

(10) 显示 score 表中至少有 5 名学生选修的并以 3 开头的课程号的平均分数。

(11) 显示最低分大于 70,最高分小于 90 的 sno 列。

(12) 显示选修 3-105 课程的成绩高于 109 号同学成绩的所有同学的记录。

（13）显示选修某课程的同学人数多于5人的老师姓名。

（14）显示选修编号为3-105课程且成绩至少高于3-245课程的同学的cno、sno和degree，并按degree从高到低次序排列。

（15）显示选修编号为3-105课程且成绩高于3-245课程的同学的cno、sno和degree。

（16）列出所有未讲课老师的tname和depart。

（17）检索所学课程包含学生"103"所学课程的学生学号。

（18）把选修了"操作系统"的所有学生的成绩设置为空。

（19）把成绩表中所有选修了3-105课程的纪录都删除掉。

（20）请为教师表添加一位新老师（844，张三，男，80/03/16，助教，计算机系）。

第 5 章

数据库规范化理论

数据库设计是数据库应用领域中的主要研究课题。数据库设计的任务是在给定的应用环境下,创建满足用户需求且性能良好的数据库模式、建立数据库及应用系统,使之能有效地存储和管理数据,满足各类业务的需求。

由于关系模型有较为严格的数学工具做支撑,所以数据库设计一般都以关系模型作为讨论的对象,从而形成了关系数据库设计理论。由于这种合适的数据模式是要符合一定的规范化要求,因而又可称为关系数据库的规范化理论。

关系数据库规范化理论是数据库设计的一个理论指南。规范化理论研究的是关系模式中各属性之间的依赖关系及其对关系模式性能的影响,探讨"好"的关系模式应该具备的性质,以及达到"好"的关系模式的方法。规范化理论提供了判断关系模式好坏的理论标准,帮助我们预测可能出现的问题,是数据库设计人员的有力工具,同时也使数据库设计工作有了严格的理论基础。

本章将介绍如何有效地设计数据库,减少或消除关系中存在的数据冗余和更新异常等现象,为此需要首先了解函数依赖,这有助于设计出优秀的数据库模式。

本章的学习要点:

- 函数依赖的基本概念;
- 范式的分类及各自的特点;
- 关系规范化。

5.1 函数依赖

5.1.1 研究函数依赖的意义

为了便于了解函数依赖的概念,先看一个具体的关系实例。

考虑 Project 关系,该关系中描述员工参加项目的情况,所涉及的属性包括项目编号、项目名称、员工编号、员工名称、工资级别和工资。项目关系实例的部分数据如表 5-1 所示。

规定语义如下:

(1) 一个项目可由多个员工参加,一个员工可参加多个项目。

(2) 每个员工只有一个工资级别。

(3) 每个工资级别的工资是唯一的。

表 5-1　**Project 表数据**

项目编号	项目名称	员工编号	员工姓名	工资级别	工资
1001	外贸管理系统	001	王明	A	2000
1001	外贸管理系统	002	Johnson	B	3000
1001	外贸管理系统	003	Kevin	C	4000
1002	财务管理系统	002	Johnson	B	3000
1002	财务管理系统	003	Kevin	C	4000
…	…	…	…	…	…

从这个实例中，可以看到属性之间存在某些内在的联系：由于一个员工编号对应一个员工，一个员工只有一个工资级别，因此，当"员工编号"确定以后，员工姓名以及其工资级别也就唯一确定了。

分析和掌握属性间的内在联系是设计一个好的数据库的基础。因此，我们先讨论属性间的这种联系——数据依赖。

关系模式中的各属性之间相互依赖、相互制约的联系称为**数据依赖**。数据依赖是通过属性间值的相等与否体现出来的数据间的相互联系。它是现实世界属性间相互联系的抽象，是数据内在的性质，是语义的体现。

按照属性间的对应情况可以将数据依赖分为三类：函数依赖（Functional Dependency，FD）、多值依赖（Multivalued Dependency，MVD）和连接依赖（Join Dependency，JD）。其中，函数依赖是最重要的数据依赖。

基于对这三种依赖关系在不同层面上的具体要求，人们又将属性之间的这些关联分为若干等级，这就形成了所谓的关系的规范化（Relation Normalization）。

观察 Project 关系，会发现该关系中存在数据的冗余，如项目名称、员工编号、员工姓名等都有冗余。在 5.2.1 节中，会详细分析该关系模式存在的问题。而在关系数据库设计中，解决冗余问题的基本方案就是分析研究属性之间的联系，按照每个关系中属性间满足某种内在语义条件，以及相应运算当中表现出来某些特定要求，也就是按照属性间联系所处的规范等级来构造关系。

首先了解属性间的依赖关系，着重介绍函数依赖。本章中把关系模式看出是一个三元组 $R(U,F)$，其中 U 是 R 的属性集，F 是 U 上的一组函数依赖。

5.1.2　函数依赖的定义

函数是非常熟悉的概念，对公式 $Y=f(X)$ 自然也不会陌生。但是熟悉的是 X 和 Y 在数量上的对应关系，即给定一个 X 值，都会有一个 Y 值和它对应，也可以说 X 函数决定 Y 或 Y 函数依赖于 X。

在关系数据库中，讨论函数或函数依赖注重的是语义上的关系，如属性"城市"和"省"之间的关系可以写成：省＝f（城市），代表只要给出一个具体的城市值，就会有一个省值和它对应。这里"城市"是自变量 X，"省"是因变量或函数值 Y。

下面给出函数依赖的定义：

定义 5.1　设关系模式 $R(U,F)$，U 是属性全集，F 是 U 上的函数依赖集，X 和 Y 是 U

的子集,如果对于 $R(U)$ 的任意一个可能的关系 r,对于 X 的每一个具体值,Y 都有唯一的具体值与之对应,则称 X **函数决定** Y,或 Y **函数依赖于** X,记作 $X \to Y$。我们称 X 为决定因素,Y 为依赖因素。当 Y 不函数依赖于 X 时,记作 $X \nrightarrow Y$。若 $X \to Y$ 且 $Y \to X$,记作:$X \leftrightarrow Y$。

【例 5-1】 表 5-2 所示是关系 R 的一个实例,判断 R 中属性间存在的函数依赖。

由关系 R 的各属性的取值情况,可以判断函数依赖 $A \to C$ 成立。因为当 A 取 a_1 值时,C 列中对应的是 c_1 值;同样,当 A 取 a_2 值时,C 列中对应的是 c_2 值。因此,符合函数依赖的定义,所以 $A \to C$ 成立。而函数依赖 $C \to A$ 不成立,因为当 C 取 c_2 值时,A 列中对应的值有 a_2 和 a_3 两个,这不符合函数依赖的定义。

表 5-2　关系 R

A	B	C	D
a_1	b_1	c_1	d_1
a_1	b_2	c_1	d_2
a_2	b_2	c_2	d_2
a_2	b_3	c_2	d_3
a_3	b_3	c_2	d_4

【例 5-2】 列出关系模式 Project(项目编号,项目名称,员工编号,员工名称,工资级别,工资)中的函数依赖。

根据对 Project 模式的语义分析,可以得出以下函数依赖:项目编号 $\to$ 项目名称,员工编号 $\to$ 员工姓名,员工编号 $\to$ 工资级别,工资级别 $\to$ 工资。

【例 5-3】 考虑关系模式 SCD 如下:SCD(学号,姓名,年龄,系名,系主任,课程号,成绩)。根据实际情况,有如下语义规定:

(1) 一个系有若干个学生,但一个学生只属于一个系。

(2) 一个系只有一名系主任,但一个系主任可以同时兼几个系的系主任。

(3) 一个学生可以选修多门功课,每门课程可有若干学生选修。

(4) 每个学生学习课程有一个成绩。

根据以上描述,写出 SCD 的函数依赖集。

F＝{学号 $\to$ 姓名,学号 $\to$ 年龄,学号 $\to$ 系名,系名 $\to$ 系主任,(学号,课程号) $\to$ 成绩}

有关函数依赖的几点说明:

(1) 函数依赖是语义范畴的概念。

只能根据语义来确定一个函数依赖,而不能按照其形式定义来证明一个函数依赖是否成立。例如,当学生不存在重名的情况下,可以得到:姓名 $\to$ 系名。这种函数依赖关系,必须是在没有重名的学生条件下才成立的,否则就不存在函数依赖了。所以函数依赖反映了一种语义完整性约束。

(2) 函数依赖与属性之间的联系类型有关,可从属性间的联系类型来分析属性间的函数依赖。

① 在一个关系模式中,如果属性 X 与 Y 有 1:1 联系时,则存在函数依赖 $X \to Y$,$Y \to X$,即 $X \leftrightarrow Y$。

例如,当学生无重名时,学号 $\leftrightarrow$ 姓名。

② 如果属性 X 与 Y 有 $m:1$ 的联系时,则只存在函数依赖 $X \rightarrow Y$。

例如,学号与年龄,系名之间均为 $m:1$ 联系,所以有学号→年龄,学号→系名。

③ 如果属性 X 与 Y 有 $m:n$ 的联系时,则 X 与 Y 之间不存在任何函数依赖关系。

例如,一个学生可以选修多门课程,一门课程又可以为多个学生选修,所以学号与课程号之间不存在函数依赖关系,即学号 $\nrightarrow$ 课程号。

(3) 函数依赖关系的存在与时间无关。

因为函数依赖是指关系中的所有元组应该满足的约束条件,而不是指关系中某个或某些元组所满足的约束条件。当关系中的元组增加、删除或更新后都不能破坏这种函数依赖。因此,必须根据语义来确定属性之间的函数依赖,而不能单凭某一时刻关系中的实际数据值来判断。

例如,对于"学生"关系模式,假设没有给出无重名的学生这种语义规定,则即使当前关系中没有重名的记录,也只能存在函数依赖:学号→姓名,而不能存在函数依赖:姓名→学号,因为如果新增加一个重名的学生,姓名→学号必然不成立。

定义 5.2　对于函数依赖 X,Y,

(1) 如果 Y 是 X 的子集,则称该依赖是**平凡的函数依赖**(Trivial Function Dependency)。

(2) 若 Y 中至少有一个属性不在 X 中,则称该依赖是**非平凡的函数依赖**(Nontrivial Function Dependency)。

例如,在关系 SC(Sno, Cno, Grade)中,(Sno, Cno)→Grade 是非平凡函数依赖;(Sno, Cno)→Sno 和(Sno, Cno)→Cno 是平凡函数依赖。

说明:对于任一关系模式,平凡函数依赖都是必然成立的,它不反映新的语义,因此若不特别声明,总是讨论非平凡函数依赖。

5.1.3　关系的键(码)

在第3章中,已经了解了键(码)的概念,下面从函数依赖的角度给出严格的定义。

定义 5.3　设 K 为关系模式 $R(U,F)$ 中的属性或属性组合,若 K 满足以下条件,则称 K 为 R 的一个**候选键**(**Candidate Key**):

(1) $K \rightarrow U$。

(2) K 的任意真子集都不能函数决定 R 的其他属性,即 K 满足最小化条件。

若关系模式 R 有多个候选码,则选定其中的一个作为**主键**(Primary Key)。

【例 5-4】　在 SCD(学号,姓名,年龄,系名,系主任,课程号,成绩)关系中,候选键是属性集{学号,课程号}。

首先,应该证明{学号,课程号}函数决定其他的属性。由例 5-3 可以得到,函数依赖集 F={学号→姓名,学号→年龄,学号→系名,系名→系主任,(学号,课程号)→成绩}。因此,可以得知,属性集{学号,课程号}函数决定 SCD 的所有属性。

其次,必须证明{学号,课程号}的任何真子集都不能函数决定所有其他的属性。因为一个学生可以同时选几门课并取得不同的成绩,所以,学号不能函数决定成绩;同样,课程号也不能函数决定成绩。

可以得出结论:属性集{学号,课程号}是关系 SCD 的候选键。

【例 5-5】　确定关系模式 Project(项目编号,项目名称,员工编号,员工姓名,工资级别,工资)的候选键。

由例 5-2 得到的函数依赖：项目编号→项目名称，员工编号→员工姓名，员工编号→工资级别，工资级别→工资，可以得到属性集{项目编号,员工编号}可以函数决定所有属性，且{项目编号,员工编号}的真子集都不能函数决定所有其他的属性，如项目编号不能函数决定员工名称。因此，{项目编号,员工编号}满足最小化条件。根据以上所述，Project 关系的候选键为属性集{项目编号,员工编号}。

说明：有时，一个关系中可以有多个候选键。例如，在不重名的条件下，SCD 关系可以有两个候选键：{学号,课程号}和{姓名,课程号}。

定义 5.4　包含在任何一个候选键中的属性，称为**主属性**(Prime Attribute)；不包含在任何候选键中的属性称为非主属性(Non-prime Attribute)或非码属性(Non-key Attribute)。

例如，在不重名的条件下，SCD 关系可以有两个候选键{学号,课程号}和{姓名,课程号}，那么，学号、课程号、姓名都是主属性，其余属性是非主属性。

【例 5-6】　关系模式 R(P,W,A)，其中，P 表示演奏者；W 表示作品；A 表示听众。假设一个演奏者可以演奏多个作品；某一作品可被多个演奏者演奏；听众可以欣赏不同演奏者的不同作品。在该语义下，码为(P,W,A)。

如例 5-6 的情况，整个属性组是码，称为全码(All-key)。

5.1.4　函数依赖的公理系统

研究函数依赖是解决数据冗余的重要课题，因此首要的问题是在一个给定的关系模式中，找出其上的各种函数依赖。对于一个关系模式来说，在理论上总有函数依赖存在，如平凡函数依赖和候选键确定的函数依赖；在实际应用中，人们通常也会制定一些语义明显的函数依赖。这样，一般总有一个作为问题展开的初始基础的函数依赖集 F。本节主要讨论如何通过已知的函数依赖集 F 得到其他大量的未知函数依赖。

函数依赖的公理系统是规范化和模式分解的理论基础。对于满足函数依赖集 F 的关系模式 $R(U,F)$，只考虑给定的函数依赖集 F 是不够的，可以证明有其他的某些函数依赖也是成立的，这些函数依赖被称为是 F 所"逻辑蕴含"(Logically Implied)。

定义 5.5　对于满足一组函数依赖 F 的关系模式 $R(U,F)$，其任何一个关系 r，若函数依赖 $X{\rightarrow}Y$ 都成立，则称 F **逻辑蕴含** $X{\rightarrow}Y$。

为了从一组函数依赖求得蕴含的函数依赖，W. W. Armstrong 于 1974 年提出了一套推理规则。使用这套规则，可以由已有的函数依赖推导出新的函数依赖。后来又经过不断完善，形成了著名的"Armstrong 公理系统"。

Armstrong 公理(**Armstrong's Axiom**)对于关系模式 $R(U,F)$，U 是属性集，F 是 U 上的一组函数依赖。有以下的推理规则：

设 X,Y,Z 是 U 的子集，

- A1. **自反律**(Reflexivity Rule)：若 $Y{\subseteq}X$，则 $X{\rightarrow}Y$ 为 F 所逻辑蕴含。
- A2. **增广律**(Augmentation Rule)：若 $X{\rightarrow}Y$ 为 F 所逻辑蕴含，则 $XZ{\rightarrow}YZ$ 为 F 所逻辑蕴含。
- A3. **传递律**(Transitivity Rule)：若 $X{\rightarrow}Y$ 及 $Y{\rightarrow}Z$ 为 F 所逻辑蕴含，则 $X{\rightarrow}Z$ 为 F 所逻辑蕴含。

说明：公理由自反律所得到的函数依赖均是平凡函数依赖，自反律的使用并不依赖于 F。为了简单起见，用 XZ 代表 $X\cup Z$。

从上述 Armstrong 公理还可得出下面三条很有用的推理规则：

- **合并律**（Union Rule）：若 $X\to Y$ 及 $X\to Z$ 成立，则 $X\to YZ$ 也成立。
- **伪传递律**（Pseudotransitivity Rule）：若 $X\to Y$ 和 $WX\to Z$ 成立，则 $WX\to Z$ 也成立。
- **分解律**（Decomposition Rule）：如果 $X\to Y$ 和 $Z\subseteq Y$，则 $X\to Z$ 也成立。

从合并规则和分解规则可得到一个重要的结论：

引理 5.1 $X\to A_1A_2\cdots A_n$ 成立的充分必要条件是 $X\to A_i$ 成立，$i=1,2,\cdots,n$。

【例 5-7】 已知 $R(U,F)$，$U=(A,B,C,G,H,I)$，$F=\{A\to B, A\to C, CG\to H, CG\to I, B\to H\}$，判断 $A\to H$，$CG\to HI$ 和 $AG\to I$ 是否可以由 F 逻辑蕴含？

分析如下：

- $A\to H$。因为 $A\to B$，$B\to H$，根据传递律，得出 $A\to H$。
- $CG\to HI$。因为有 $CG\to H$，$CG\to I$，根据合并律，可推出 $CG\to HI$。
- $AG\to I$。由于 $A\to C$，$CG\to I$，由伪传递律，可推出 $AG\to I$。

5.1.5 属性集的闭包

对于关系模式 $R(U,F)$，要根据已给函数依赖 F 利用推理规则求出其全部的函数依赖是非常困难的，为了方便地判断某属性（或属性组）能函数决定哪些属性，引入属性集闭包的概念。

定义 5.6 设 F 为属性集 U 上的一组函数依赖，$X\subseteq U$，$X^+=\{A\mid X\to A$ 能由 F 根据 Armstrong 公理系统导出$\}$，称 X^+ **为属性集 X 关于函数依赖集 F 的闭包**。

【例 5-8】 设有关系模式 $R(U,F)$，其中 $U=ABC$，$F=\{A\to B, B\to C\}$，按照属性集闭包的概念，则有 $A^+=ABC$，$B^+=BC$，$C^+=C$。

由引理 5.1 容易得出：

引理 5.2 设 F 为属性集 U 上的一组函数依赖，$X,Y\subseteq U$，$X\to Y$ 能由 F 根据 Armstrong 公理系统导出的充分必要条件是 $Y\subseteq X^+$。

因此，判定函数依赖 $X\to Y$ 是否能由 F 导出的问题，可转化为求 X^+ 并判定 Y 是否是 X^+ 子集的问题。这个问题可由算法 5.1 解决。

算法 5.1

输入：X,F

输出：X^+

步骤：

```
    X⁺ := X;
while (X⁺ 发生变化)do

    begin for each 函数依赖 A→B in F do
        begin
        if   A⊆X⁺
        then   X⁺ := X⁺ ∪ B
    end
end
```

下面来看一下算法 5.1 为什么正确。

(1) $X^+ := X$ 正确,因为由自反律,$X \to X$ 总是成立的。

(2) 开始 while 循环,因为 $X \to X^+$ 是正确的,对于函数依赖 $A \to B$ 且 $A \subseteq X^+$,由传递律可得出,$X^+ \to B$。因为 $X \to X^+$,$X^+ \to B$,再应用传递律就可以得到 $X \to B$。由合并律,可推出 $X \to X^+ \bigcup B$。所以 X 函数决定 while 循环中产生的所有新结果。也就是说,算法所返回的属性一定属于 X^+。

经证明,在最坏情况下,该算法的执行时间为 F 集合规模的二次方。

为解释算法 5.1 如何进行,使用它来计算关系模式 $R(U,F)$,$U=(A,B,C,G,H,I)$,函数依赖集 $F = \{A \to B, A \to C, CG \to H, CG \to I, B \to H\}$ 下的 $(AG)^+$。

所用依赖	$(AG)^+$
$A \to B$	AGB
$A \to C$	$AGBC$
$CG \to H$	$AGBCH$
$CG \to I$	$AGBCHI$

由算法 5.1,$(AG)^+$ 初值为 AG。对于 F 中的第一个函数依赖 $A \to B$,因为 $A \subseteq (AG)^+$,根据算法,可知 $(AG)^+ = (AG)^+ \bigcup B = AGB$。同理,对于 $A \to C$,因为 $A \subseteq (AG)^+$,所以 $(AG)^+ = (AG)^+ \bigcup C = AGBC$。类似地,对 $CG \to H$ 和 $CG \to I$ 进行判断,可得到 $(AG)^+ = AGBCHI$。因为 $AGBCHI$ 已包含了所有属性,算法结束。所以,$(AG)^+ = AGBCHI$,即 $= (AG)^+ = U$。

【例 5-9】 已知关系模式 $R(U,F)$,其中 $U = \{A,B,C,D,E\}$,$F = \{AB \to C, B \to D, C \to E, EC \to B, AC \to B\}$,求 $(AB)^+$。

由算法 5.1,可求出 $(AB)^+ = ABCDE = U$。

【例 5-10】 已知 $R(A,B,C,D,E,G)$,$F = \{AB \to C, D \to EG, C \to A, BE \to C, BC \to D, CG \to BD, ACD \to B, CE \to AG\}$,求 $(BD)^+$。

由算法 5.1 可求出,$(BD)^+ = BDEGCA = U$。

5.1.6 属性集闭包的应用

1. 可用来判定函数依赖 $X \to Y$ 是否成立

判定函数依赖 $X \to Y$ 是否能由 F 导出的问题,可转化为求 X^+ 并判定 Y 是否是 X^+ 子集的问题。

【例 5-11】 已知关系模式 R 中,$U = \{A,B,C,D,E,G\}$,$F = \{AB \to C, C \to A, BC \to D, ACD \to B, D \to EG, BE \to C, CG \to BD, CE \to AG\}$,判断 $BD \to AC$ 是否属于 F^+。

【解】 可以先求 $(BD)^+$,由算法 5.1 可得出 $(BD)^+ = ABCDEG$。所以,$BD \to AC$ 可由 F 导出,即 $BD \to AC$ 属于 F^+。

【例 5-12】 已知关系模式 R 中,$U = \{A,B,C,E,H,P,G\}$,$F = \{AC \to PE, PG \to A, B \to CE, A \to P, GA \to B, GC \to A, PAB \to G, AE \to GB, ABCP \to H\}$,证明 $BG \to HE$ 属于 F^+。

【证】 因为 $(BG)^+ = ABCEHPG$,所以 $BG \to HE$ 可由 F 导出,即 $BG \to HE$ 属于 F^+。

2．可用来求候选键

因为 $X \to X^+$，若 $U = X^+$，则 $X \to U$。如果 X 是最小集，那么 X 为候选键。

但是，给定一个关系模式时，首先要筛选求哪些属性集的闭包来判断其是否等于 U，为此，首先引入以下概念。

对于给定的关系 $R(A_1, A_2, \cdots, A_n)$ 和函数依赖集 F，可将属性分为 4 类：

- L 类：仅出现在 F 的函数依赖左部的属性。
- R 类：仅出现在 F 的函数依赖右部的属性。
- N 类：在 F 的函数依赖左右两边均未出现的属性。
- LR 类：在 F 的函数依赖左右两边均出现的属性。

下面给出几个用来快速求解候选键的充分条件。

定理 5.1　对于给定的关系模式 $R(U, F)$，若 $X(X \in U)$ 是 L 类属性，则 X 必为 R 的任一候选键的成员。

推论 5.1　对于给定的关系模式 $R(U, F)$，若 $X(X \in U)$ 是 L 类属性，且 X^+ 包含了 R 的全部属性，则 X 必为 R 的唯一候选键。

【例 5-13】　设有关系模式 R，$U = \{A, B, C, D\}$，其函数依赖集为 $F = \{D \to B, B \to D, AD \to B, AC \to D\}$，求 R 的候选关键字。

【解】　A, C 是 L 类属性。由定理 5.1 可知，AC 必是 R 的候选键的成员，又因为，$(AC)^+ = ACDB$ 所以 AC 是 R 的唯一候选键。

定理 5.2　对于给定的关系模式 $R(U, F)$，若 $X(X \in U)$ 是 R 类属性，则 X 不在任何候选键中。

定理 5.3　对于给定的关系模式 $R(U, F)$，若 $X(X \in U)$ 是 N 类属性，则 X 必包含在任何一个候选键中。

推论 5.2　对于给定的关系模式 $R(U, F)$，若 X 是 L 类属性和 N 类属性组成的属性集，且 X^+ 包含了 R 的全部属性，则 X 必为 R 的唯一候选键。

【例 5-14】　设有关系模式 R，$U = \{A, B, C, D, E, P\}$，$F = \{A \to D, E \to D, D \to B, BC \to D, DC \to A\}$，求 R 的候选键。

【解】　C, E 是 L 类属性。由定理 5.1 可知，C, E 必是 R 的任一候选键的成员，又 P 是 N 类属性，故 P 也必在 R 的任何候选键中。$(CEP)^+ = ABCDEP$，所以 CEP 是 R 的唯一候选键。

5.2　关系模式的规范化

本节首先介绍如果关系模式设计不当，可能会带来什么问题；其次，从函数依赖的角度分析产生这些问题的症结所在；然后，在此基础上探讨解决问题的途径以及模式分解的原则和方法。

5.2.1　问题的提出

首先通过一个例子说明"不好"的模式会有什么问题，分析它们产生的原因，从中找出设计一个"好"的关系模式的办法。

以 Project 关系为例来进行分析。

表 5-3 所示是某一时刻关系模式 Project 的一个实例。

表 5-3　Project 关系实例

项目编号	项目名称	员工编号	员工名称	工资级别	工资
1001	外贸管理系统	001	王明	A	2000
1001	外贸管理系统	002	Johnson	B	3000
1001	外贸管理系统	003	Kevin	C	4000
1001	外贸管理系统	004	陈刚	D	5000
1002	财务管理系统	002	Johnson	B	3000
1002	财务管理系统	003	Kevin	C	4000
1002	财务管理系统	004	陈刚	D	5000
1002	财务管理系统	005	占强	A	2000
1003	网上教学系统	003	Kevin	C	4000
1003	网上教学系统	004	陈刚	D	5000
1003	网上教学系统	005	占强	A	2000
1003	网上教学系统	006	王斌	B	3000

由 5.1 节中候选键的判断方法,容易得出,该关系的候选键是(项目编号,员工编号)。这个关系模式在进行数据库的操作时,会出现以下方面的问题:

1. 数据冗余(Redundancy)

从表中可以看出,每一列的数据都有冗余。其中,员工的编号、姓名、工资级别和工资重复出现的次数等于该员工参加项目的个数。项目编号和名称重复的次数等于该项目中的员工个数。这种数据冗余将浪费大量的存储空间。

2. 更新异常(Update Anomalies)

由于数据冗余,当更新数据库中的数据时,系统要付出很大的代价来维护数据库的完整性,否则会出现数据不一致的危险。例如,需要更改某项目的名称时,必须修改与该项目有关的每一个元组。

3. 插入异常(Insert Anomalies)

如果一个项目新成立,还没有员工加入,那么这个项目将无法插入。因为在这个关系模式中,(项目编号,员工编号)是主关系键。根据关系的实体完整性约束,主键的值不能为空,而这时没有该项目的员工,即员工编号为空值,因此无法插入。同样,如果新进一个员工,还没有参加任何一个项目,那么这个员工的信息也无法插入。

4. 删除异常(Deletion Anomalies)

如果一组属性的值变为空,带来的副作用可能是丢失一些其他信息。例如,删除陈刚的信息,在删除陈刚的数据同时,也删除了工资级别为 D 的工资的相关信息。另外,如果删除了一个项目的所有成员的信息,那么该项目的信息也会随之删除了。

基于以上的分析,可以得出结论:Project 关系模式不是一个好的模式。一个好的关系模式应该具备以下 4 个条件:

(1) 尽可能少的数据冗余。

(2) 没有插入异常。

(3) 没有删除异常。

(4) 没有更新异常。

5.2.2 问题的根源

下面从函数依赖和键(码)的角度来研究上述模式存在的问题。

由 5.1.3 节,可知一个关系的所有属性都函数依赖于该关系的键,包含在任何一个候选键中的属性是主属性,其余属性为非主属性。例如,对于 Project 关系,项目编号和员工编号为主属性,其余属性是非主属性。

如果再深入分析,会发现不同的属性对候选键依赖的性质和程度是有差别的,有的属于直接依赖,有的属于间接依赖(通常称为传递依赖)。当候选键由多个属性组成时,有的属性依赖于整个候选键,有的属性只依赖于候选键属性集中的一部分属性。

因此,有必要对函数依赖进行细化。

1. 完全依赖与部分依赖

定义 5.7 对于函数依赖 $X \to Y$,如果存在 X 的真子集 X' 且函数依赖 $X' \to Y$ 成立,则称 Y 对 X **部分依赖**(Partial Dependency),记作;否则 $X \xrightarrow{p} Y$;否则,若不存在这种 X',则称 Y 对 X **完全依赖**(Full Dependency),记作 $X \xrightarrow{f} Y$。

从上述定义可以得出一个结论:

- 若 X 为单属性,则不存在真子集 X',所以 Y 对 X 必然完全依赖。
- 只有当决定因素是组合属性时,讨论部分函数依赖才有意义。

【例 5-15】 分析关系模式 Project(项目编号,项目名称,员工编号,员工名称,工资级别,工资)中的完全依赖和部分依赖。

该关系的候选键为(项目编号,员工编号)。函数依赖集如下:

项目编号→项目名称;员工编号→员工名称,工资级别;工资级别→工资

因此,非主属性(项目名称,员工名称,工资级别,工资)对于候选键(项目编号,员工编号)的依赖关系为:

(项目编号,员工编号) $\xrightarrow{p}$ 项目名称,员工名称,工资级别,工资

【例 5-16】 结合 SCD(学号,姓名,年龄,系名,系主任,课程号,成绩)关系例子(如表 5-4 所示)来说明完全依赖和部分依赖对冗余或异常的影响。

表 5-4　SCD 表数据示例

学　号	姓　名	年　龄	系　名	系 主 任	课 程 号	成　绩
S1	赵亦	17	计算机	刘伟	C1	90
S1	赵亦	17	计算机	刘伟	C2	85
S2	钱而	18	信息	王平	C5	57
S2	钱而	18	信息	王平	C6	80
S2	钱而	18	信息	王平	C7	70
S2	钱而	18	信息	王平	C8	70
S3	孙珊	20	信息	王平	C1	0
S3	孙珊	20	信息	王平	C2	70
S3	孙珊	20	信息	王平	C4	84
S4	李斯	21	自动化	刘欣	C1	93

函数依赖集为

学号→姓名,年龄,系名;系名→系主任;(学号,课程号)→成绩。

因此,SCD 关系的候选键是(学号,课程号),学号,课程号是主属性,姓名,年龄,系名,系主任,成绩为非主属性。所以,非主属性对于候选键的依赖关系为

$$(学号,课程号)\xrightarrow{\ f\ }成绩$$

$$(学号,课程号)\xrightarrow{\ p\ }姓名,年龄,系名,系主任$$

观察表 5-4 的数据,就会注意到:

对候选键完全依赖的属性"成绩"没有任何冗余,因为每个学生每门课程都有特定的成绩(成绩相同并不属于数据冗余)。

对候选键部分依赖的属性"姓名","年龄","系名","系主任"因为只依赖于"学号",因此,当一个学生选修几门课时,这些数据就会重复几次,造成大量冗余;另一方面,当对这些属性进行更新时,就会出现 5.2.1 讨论过的异常。

从上述例子,可以得出结论:

> 在一个关系模式中,当存在非主属性对候选键的部分依赖时,就会产生数据冗余和更新异常。若非主属性对候选键完全函数依赖,不会出现以上问题。

2. 传递依赖

定义 5.8　对于函数依赖 $X \to Y$,如果 $Y \nrightarrow X$ 且函数依赖 $Y \to Z$ 成立,则称 Z 对 X **传递依赖**(transitive dependency),记作 $X \xrightarrow{\ t\ } Z$。

说明:如果 $X \to Y$ 且 $Y \to X$,则 X, Y 相互依赖,那么 Z 对 X 就不是传递依赖,而是直接依赖了。

【例 5-17】　在 Project(项目编号,项目名称,员工编号,员工名称,工资级别,工资)中,因为员工编号→工资级别,而一个工资级别有很多员工,所以,工资级别 $\nrightarrow$ 员工编号,又有工资级别→工资,所以,员工编号 $\xrightarrow{\ t\ }$ 工资。

同理,在关系模式 SCD 中,学号 $\xrightarrow{\ t\ }$ 系主任。在表 5-4 中可以看到,"系主任"属性重复的次数等于该系学生的个数,因此该列数据大量冗余且会出现更新异常。

以上分析可以看出,产生数据冗余和操作异常的主要原因是关系模式中非主属性对于候选键的部分依赖和传递依赖;在有的关系模式中,还存在主属性对候选键的部分依赖和传递依赖,这也是数据冗余和操作异常的另一个重要原因。

> 总而言之,从函数依赖的角度看,关系模式中存在各属性(包括非主属性和主属性)对候选键的部分依赖和传递依赖是产生数据冗余和更新异常的根源。

因此,解决数据冗余和更新异常的途径就是消除关系模式中各属性对候选键的部分依赖和传递依赖。解决问题的途径可以分为几个不同的级别,用属于不同的范式来区别。下面介绍范式的概念。

5.2.3　范式

范式(Normal Form)就是符合某一种级别的关系模式的集合。满足不同程度要求的模式属于不同范式。满足最基本要求的关系模式叫第一范式,简称为 1NF,在第一范式中进一步满足一些要求为第二范式,其余以此类推。

人们对规范化的认识是有一个过程的,在 1971～1972 年,E. F. Codd 系统地提出了1NF、2NF 和 3NF,1974 年,Codd 和 Boyce 又共同提出了 Boyce-Codd 范式,即 BC 范式。在1976 年 Fagin 提出了第四范式,后来又有人定义了第五范式。至此在关系数据库规范中建立了一个范式系列:1NF,2NF,3NF,BCNF,4NF,5NF,一级比一级有更严格的要求。

各范式之间存在如下联系:

$5NF \subset 4NF \subset BCNF \subset 3NF \subset 2NF \subset 1NF$

某一关系模式 R 为第 n 范式,可简记为 $R \in n\,NF$。一个低一级范式的关系模式,通过模式分解可以转换为若干个高一级范式的关系模式的集合,这种过程就叫规范化(Normalization)。

1. 第 1 范式(1NF)

第一范式(1NF)是最基本的规范形式,即关系中每个属性都是不可再分的简单项。

定义 5.9　如果关系模式 R,其所有的属性均为简单属性,即每个属性是不可再分的,则称 R 属于第一范式,记作 $R \in 1NF$。

每个规范化的关系都属于 1NF,这也是它之所以称为“第一”的原因。第一范式是对关系模式的最起码的要求,不满足 1NF 的数据库模式不能称为关系数据库。

例如图 5-1(a)中“工资”是一个组合数据项,因此是一个非规范化的关系,不属于 1NF。在非规范化的关系中去掉组合项就能化成规范化的关系。例如,将图 5-1(a)横向展开为如图 5-1(b)所示的关系即满足 1NF 的要求。

职工号	姓名	工资		
		基本工资	职务工资	工龄工资

(a) 非规范化关系

职工号	姓名	基本工资	职务工资	工龄工资

(b) 规范化关系

图 5-1　1NF 的规范化

但是满足第一范式的关系模式并不一定是一个好的关系模式,如前面讲的 Project 关系和 SCD 关系都属于 1NF,但它们存在数据冗余和更新异常,所以并不是好的关系模式。

2. 第 2 范式(2NF)

1) 2NF 介绍

定义 5.10　如果关系模式 $R \in 1NF$,且每个非主属性都完全函数依赖于 R 的每个关系键,则称 R 属于第二范式,记作 $R \in 2NF$。

2NF 不允许关系模式中的非主属性部分函数依赖于候选键。

【例 5-18】　分析 Project 关系和 SCD 关系是否属于 2NF?

从例 5-15 中的分析看出,在 Project 关系中存在

$$(\text{项目编号},\text{员工编号}) \xrightarrow{P} \text{项目名称},\text{员工名称},\text{工资级别},\text{工资}$$

所以 Project 关系模式不属于 2NF。

同样,由例 5-16 在 SCD 关系模式中,存在

$$(\text{学号},\text{课程号}) \xrightarrow{P} \text{姓名},\text{年龄},\text{系名},\text{系主任}$$

所以 SCD 关系模式也不属于 2NF。

【例 5-19】　分析关系模式 TCS(T,C,S)是否属于 2NF,其中 T 代表教师,C 代表课程,S 代表学生。一个教师可以讲授多门课程,一门课程可以为多个教师讲授,同样一个学生可以选听多门课程,一门课程可以为多个学生选听。

首先,TCS 关系模式的候选键是(T,C,S)三个属性的组合,所以 T,C,S 都是主属性,即全码,无非主属性,所以也就不可能存在非主属性对关系键的部分函数依赖,因此 TCS∈2NF(实际上,TCS 已属于后面要介绍的 BC 范式)。

说明:如果 R 的关系键为单属性,或 R 的全体属性均为主属性,则 R∈2NF。

2) 2NF 规范化

2NF 规范化是指把 1NF 关系模式通过投影分解转换成 2NF 关系模式的集合。

分解时遵循的基本原则就是"一事一地",让一个关系只描述一个实体或者实体间的联系。如果多于一个实体或联系,则进行投影分解。

投影分解的过程如下:

给定一个关系模式 R,属性集为 $\{A_1, A_2, \cdots, A_n\}$,可以把 R 分解为两个关系 S 和 T,属性集分别为 $\{B_1, B_2, \cdots, B_m\}$ 和 $\{C_1, C_2, \cdots, C_k\}$,使得:

① $\{A_1, A_2, \cdots, A_n\} = \{B_1, B_2, \cdots, B_m\} \bigcup \{C_1, C_2, \cdots, C_k\}$

② 关系 S 中的元组是 R 的所有元组在 $\{B_1, B_2, \cdots, B_m\}$ 上的投影

③ 关系 T 中的元组是 R 的所有元组在 $\{C_1, C_2, \cdots, C_k\}$ 上的投影。

2NF 规范化就是要消除非主属性对候选键的部分依赖,解决的方法就是对原有模式进行分解。分解的方法如下:

① 找出对候选键部分依赖的非主属性所依赖的候选键的真子集,然后把这个真子集与其函数决定的非主属性组成一个新的模式。

② 对候选键完全依赖的所有非主属性与候选键组成另一个关系模式。

以上过程的形式化描述如下：

设关系模式 $R(X,Y,Z)$，$R \in 1NF$，但 $R \notin 2NF$，其中，X 是主属性，Y,Z 是非主属性，且存在部分函数依赖 $X \xrightarrow{p} Y$。设 X 可表示为 X_1 和 X_2，其中 $X_1 \xrightarrow{f} Y$，则 $R(X,Y,Z)$ 可以分解为 $R(X_1,Y)$ 和 $R(X,Z)$。

下面以关系模式 Project 进行 2NF 规范化为例来加以说明。Project 中存在的部分依赖为

（项目编号，员工编号）$\xrightarrow{p}$ 项目名称，员工名称，工资级别，工资

非主属性的依赖为

项目编号→项目名称；员工编号→员工名称，工资级别，工资

可以看出非主属性"项目名称"完全依赖于"项目编号"，非主属性"员工名称，工资级别，工资"完全依赖于"员工编号"，没有完全依赖于候选键的非主属性。

因此，原来的模式将分为三个模式：

P(项目编号，项目名称)，如表 5-5 所示。

E_S(员工编号，员工名称，工资级别，工资)，如表 5-6 所示。

P_E(项目编号，员工编号)，如表 5-7 所示。分解后的三个模式的元组如下所示：

分解后，关系模式 P 的候选键是项目编号，因为是单属性，所以 P 属于 2NF(实际上，P 已属于即将介绍的 BC 范式)。

关系模式 P_E 的候选键为(项目编号，员工编号)，即全码，所以 P_E 属于 2NF(P_E 实际上已属于 BC 范式)。

关系模式 E_S 候选键为员工编号，函数依赖为：

员工编号→员工名称，工资级别，工资；工资级别→工资。

候选键是单属性，所以，E_S 也属于 2NF。

表 5-5 P 的元组

项 目 编 号	项 目 名 称
1001	外贸管理系统
1002	财务管理系统
1003	网上教学系统

表 5-6 E_S 的元组

员 工 编 号	员 工 名 称	工 资 级 别	工 资
001	王明	A	2000
002	Johnson	B	3000
003	Kevin	C	4000
004	陈刚	D	5000
005	占强	A	2000
006	王斌	B	3000

表 5-7   P_E 的元组

项 目 编 号	员 工 编 号	项 目 编 号	员 工 编 号
1001	001	1002	004
1001	002	1002	005
1001	003	1003	003
1001	004	1003	004
1002	002	1003	005
1002	003	1003	006

分解后的三个模式可以通过公共属性"项目编号"和"员工编号"实现自然连接。

但是因为在关系模式 E_S 中仍存在"工资级别"对候选键"员工编号"的传递依赖,因此仍有数据冗余和更新异常。

因为 2NF 只要求非主属性完全依赖于候选键,并未限定非主属性对候选键的传递依赖,因此只能在一定程度上减轻原关系中的更新异常和信息冗余,但并不能保证完全消除关系模式中的各种异常和冗余。

【例 5-20】   将 SCD(学号,姓名,年龄,系名,系主任,课程号,成绩)规范化到 2NF。

因为在 SCD 中,候选键为(学号,课程号),函数依赖为:

学号→姓名,年龄,系名,系主任;(学号,课程号)→成绩

因此可以将 SCD 分解为:

SD(学号,姓名,年龄,系名,系主任),候选键为学号,所以 SD 属于 2NF。

SC(学号,课程号,成绩),候选键为(学号,课程号),"成绩"完全依赖于候选键,因此,SC 也属于 2NF。

3. 第 3 范式(3NF)

1) 3NF 介绍

定义 5.11   如果关系模式 $R \in$ 2NF,且每个非主属性都不传递依赖于 R 的每个关系键,则称 R 属于第三范式,记作 $R \in$ 3NF。

对 3NF 的说明如下:

- 如果 $R \in$ 3NF,则 R 也是 2NF;
- 如果 $R \in$ 2NF,则 R 不一定是 3NF。

例如,Project 关系分解出的关系模式 E_S(员工编号,员工名称,工资级别,工资),因为存在"工资"对"员工编号"的传递依赖,因此不属于 3NF。同理,SCD 分解出的 SD(学号,姓名,年龄,系名,系主任),因为存在函数依赖:学号$\xrightarrow{t}$系主任,也不属于 3NF。

【例 5-21】   判断下列模式分别属于哪个范式(最高范式)并说明理由。

$R(\{S\#, SD, SL, SN\}, \{S\# \to SD, S\# \to SN, S\# \to SL, SD \to SL\})$。

不难看出,R 的候选键为 S#,因为存在非主属性 SL 对候选键的传递依赖,所以 R 不属于 3NF。因为候选键为单属性,不存在非主属性对候选键的部分依赖,所以 R 属于 2NF。

【例 5-22】   设有关系 $R(A, B, C, D, E)$,各属性函数依赖集合有 $F = \{A \to B, A \to C, C \to D, D \to E\}$,若把关系 R 分解为 $R_1(A, B, C)$ 和 $R_2(C, D, E)$,试确定 R_1 和 R_2 是否属于 3NF。

对于 $R_1(A,B,C)$，函数依赖集 $F_1=\{A\rightarrow B,A\rightarrow C\}$。因此，$R_1$ 的候选键为 A。非主属性 B 和 C 完全依赖于 A，因此 R_1 属于 3NF。

$R_2(C,D,E)$ 的含义依赖集 $F_2=\{C\rightarrow D,D\rightarrow E\}$。因此，$R_2$ 的候选键为 C。因为 R_2 中非主属性 E 传递依赖于主属性 C，因此 R_2 不属于 3NF。因为候选键为单属性，所以 R_2 属于 2NF。

2）3NF 规范化

3NF 规范化是指把 2NF 关系模式通过投影分解转换成 3NF 关系模式的集合，因此要消除非主属性对候选键的传递依赖。分解的方法很简单，即以构成传递链的两个基本依赖为基础形成两个新的模式。

以关系模式 E_S(员工编号，员工名称，工资级别，工资)的分解为例来说明。E_S 中的函数依赖：

员工编号→员工名称,工资级别；工资级别→工资

以上两个基本依赖构成了以"工资级别"为公共属性的传递链。因此，我们可以将 E_S 分为两个关系模式：

E(员工编号，员工名称，工资级别)，候选键是员工编号。E 属于 3NF。

S(工资级别，工资)，候选键为工资级别。S 属于 3NF。

实例如表 5-8，表 5-9 所示。

表 5-8　E 的元组

员 工 编 号	员 工 名 称	工 资 级 别
001	王明	A
002	Johnson	B
003	Kevin	C
004	陈刚	D
005	占强	A
006	王斌	B

表 5-9　S 的元组

工 资 级 别	工 资
A	2000
B	3000
C	4000
D	5000

把关系模式分解到 3NF，可以在相当程度上减轻原关系中的异常与信息冗余。因此，在关系数据库设计时，通常要求分解到 3NF 即可。

【例 5-23】　将例 5-20 中分解的 SD(学号，姓名，年龄，系名，系主任)关系分解为 3NF。

SD 的函数依赖如下：

学号→姓名,年龄,系名；系名→系主任。

因此，可以将 SD 分解为：

S(学号，姓名，年龄，系名)

D(系名,系主任)

【例 5-24】　设有图书借阅关系 BR：

BR(借书证号,读者姓名,单位,电话,书号,书名,出版社,出版社地址,借阅日期),对 BR 进行规范化至 3NF,给出各关系框架信息。

① BR 关系中属性间函数依赖如下所示：

F={(书名,借书证号)→借阅日期,借书证号→读者姓名,借书证号→单位,借书证号→电话,书号→书名,书号→出版社,出版社→出版社地址};因此,可判断其候选键是：{借书证号,书号}。

因为存在非主属性对候选键的部分依赖和传递依赖,BR 范式等级为 1NF。

② 规范化成 3NF 后的几个关系分别命名为 BR1、BR2、BR3 和 BR4：

BR1(借书证号,读者姓名,单位,电话)；

BR2(书号,书名,出版社)；

BR3(出版社,出版社地址)；

BR4(借书证号,书号,借阅日期)

4．BC 范式

1) BC 范式介绍

3NF 只限制了非主属性对键的依赖关系,而没有限制主属性对键的依赖关系。如果发生了这种依赖,仍有可能存在数据冗余、插入异常、删除异常和修改异常。因此需对 3NF 进一步规范化,消除主属性对键的依赖关系,为了解决这种问题,Boyce 与 Codd 共同提出了一个新范式的定义,这就是 Boyce-Codd 范式,通常简称 BCNF 或 BC 范式。它弥补了 3NF 的不足。

定义 5.12　如果关系模式 $R \in 1NF$,且所有的函数依赖 $X \rightarrow Y(Y \not\subseteq X)$,决定因素 X 都包含了 R 的一个候选键,则称 R 属于 BC 范式,记作 $R \in BCNF$。

BCNF 具有如下性质：

- 满足 BCNF 的关系将消除任何属性(主属性或非主属性)对键的部分函数依赖和传递函数依赖。也就是说,如果 $R \in BCNF$,则 R 也是 3NF。
- 如果 $R \in 3NF$,且 R 只有一个候选码,则 $R \in BCNF$。
- 如果 $R \in 3NF$,则 R 不一定是 BCNF。

例如,设关系模式 SNC(SNO,SN,CNO,SCORE),其中 SNO 代表学号,SN 代表学生姓名并假设没有重名,CNO 代表课程号,SCORE 代表成绩。可以判定,SNC 有两个候选键 (SNO,CNO)和(SN,CNO),其函数依赖如下：

SNO↔SN；(SNO,CNO)→SCORE；(SN,CNO)→SCORE。

SNC 中的非主属性"SCORE"对于候选键是完全依赖,因此,SNC 属于 3NF。

但是,SNC 中存在主属性对键的部分函数依赖：

$(SNO,CNO) \xrightarrow{p} SN$；$(SN,CNO) \xrightarrow{p} SNO$。

所以 SNC 不是 BCNF。

这种主属性对键的部分函数依赖关系,造成了关系 SNC 中存在着较大的数据冗余,学生姓名的存储次数等于该生所选的课程数,从而会引起修改异常。解决这一问题的办法仍然是通过投影分解进一步提高 SNC 的范式等级,将 SNC 规范到 BCNF。

【例 5-25】　关系模式 SJP(S,J,P)中,S 是学生,J 表示课程,P 表示名次。每一个学生选修每门课程有一定的名次,每门课程中每一名次只有一个学生(即没有并列名次)。

由语义可得到以下的函数依赖:

(S,J)→P；(J,P)→S。

所以(S,J)和(J,P)都可以作为候选键。函数依赖(S,J)→P 的决定因素包含候选键(S,J),函数依赖(J,P)→S 包含候选键(J,P)。因此,SJP 属于 BCNF。

【例 5-26】　关系模式 STJ(S,T,J)中,S 表示学生,T 表示教师,J 表示课程。每一教师只教一门课,每门课有若干老师,某一学生选定某门课,就对应一个固定老师。

由语义可得到如下的函数依赖:

T→J；(S, J)→T。

因此,(S,T)和(S,J)都可以做候选键。

由于函数依赖 T→J 的决定因素 T 不含候选键,因此,STJ 不属于 BCNF。

因为 S、T、J 都是主属性,该关系模式中不存在非主属性,因此,STJ 属于 3NF。

2) BC 范式规范化

要使关系模式属于 BC 范式,既要消除非主属性对于候选键的部分依赖和传递依赖,又要消除主属性对候选键的部分依赖和传递依赖。

由定义 5.13 可知,既然关系模式 R 不属于 BC 范式,那么至少能找到一个违背 BC 范式的函数依赖(这种依赖被称为违例)。那么分解就以违例为基础,方法如下:

(1) 把违例涉及的所有属性(即该违例的决定因素和可以加到该违例右边的所有属性)组合成一个新的模式;

(2) 从属性全集中去掉违例的右边属性,组成另一个新模式。

以 SNC 为例说明规范化到 BC 范式的过程。

在 SNC 中,违例为函数依赖 SNO→SN,因此,将 SNO 和 SN 组合成一个新的模式 S1(SNO,SN),另一个模式为 S2(SNO,CNO,SCORE)。

分解后的关系模式 S1,有两个候选键 SNO 和 SN；关系模式 S2,主键为(SNO,CNO)。在这两个关系中,无论主属性还是非主属性都不存在对键的部分依赖和传递依赖,因此,S1∈BCNF,S2∈BCNF。

说明:3NF 和 BCNF 都是以函数依赖为基础来衡量关系模式规范化的程度。一个关系模式如果属于 BCNF,那么在函数依赖畴内,已经实现了彻底的分离；3NF 由于可能存在主属性对键的部分依赖和传递依赖,因此关系模式的分解仍不够彻底。

5.2.4　规范化小结

一个关系只要其分量都是不可分的数据项,就可称作规范化的关系,但这只是最基本的规范化。这样的关系模式是合法的,但人们发现有些关系模式存在插入、删除、修改异常、数据冗余等弊病。

规范化的目的就是使关系结构合理,消除存储异常,使数据冗余尽量小,便于插入、删除和更新。规范化的基本原则就是遵从概念单一化"一事一地"的原则,即一个关系只描述一个实体或者实体间的联系。若多于一个实体，就把它"分离"出来。因此，所谓规范化，实质上是概念的单一化，即一个关系表示一个实体。

规范化就是对原关系进行投影，消除决定属性不是候选键的任何函数依赖。具体可以分为以下步骤（如图 5-2 所示）：

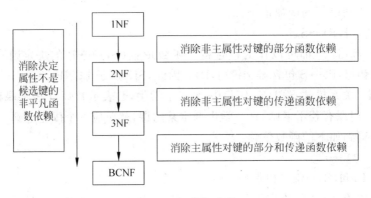

图 5-2　规范化过程

（1）对 1NF 关系进行投影，消除原关系中非主属性对键的部分函数依赖，将 1NF 关系转换成若干个 2NF 关系。

（2）对 2NF 关系进行投影，消除原关系中非主属性对键的传递函数依赖，将 2NF 关系转换成若干个 3NF 关系。

（3）对 3NF 关系进行投影，消除原关系中主属性对键的部分函数依赖和传递函数依赖，也就是说使决定因素都包含一个候选键，得到一组 BCNF 关系。

习题 5

1. 简述函数依赖、部分函数依赖、完全函数依赖、传递函数依赖、1NF、2NF、3NF、BCNF 的基本概念。

2. 现要建立关于系、学生、班级、学会等信息的一个关系数据库。语义为：一个系有若干专业，每个专业每年只招一个班，每个班有若干学生，一个系的学生住在同一个宿舍区，每个学生可参加若干学会，每个学会有若干学生。

描述学生的属性有学号、姓名、出生日期、系名、班号、宿舍区。

描述班级的属性有班号、专业名、系名、人数、入校年份。

描述系的属性有系名、系号、系办公室地点、人数。

描述学会的属性有学会名、成立年份、地点、人数、学生参加某会有一个入会年份。

（1）请写出关系模式。

（2）写出每个关系模式的函数依赖集，指出是否存在传递依赖，在函数依赖左部是多属性的情况下，讨论函数依赖是完全依赖，还是部分依赖。

（3）指出各个关系模式的候选键、外键。

3. 判断下面的关系模式是不是 BCNF，为什么？

（1）关系模式选课（学号，课程号，成绩），函数依赖集 F＝{（学号，课程号）→成绩}。

(2) 关系模式 R(A,B,C,D,E,F),函数依赖集 F={A→BC,BC→A,BCD→EF,E→C}。

4. 设关系模式 R(B,O,I,S,Q,D),函数依赖集 F={S→D,I→S,IS→Q,B→Q}。

(1) 求出 R 的候选键。　　　(2) 把 R 分解为 BCNF。

5. 指出下列关系模式是第几范式? 并说明理由。

(1) R(X,Y,Z),F={XY→Z}

(2) R(X,Y,Z),F={Y→Z,XZ→Y}

(3) R(X,Y,Z),F={Y→Z,Y→X,X→YZ}

(4) R(X,Y,Z),F={X→Y,X→Z}

6. 试问下列关系模式最高属于第几范式,并解释其原因。

(1) R(A,B,C,D),F={B→D,AB→C}

(2) R(A,B,C,D,E),F={AB→CE,E→AB,C→D}

(3) R(A,B,C,D),F={B→D,D→B,AB→C}

(4) R(A,B,C),F={A→B,B→A,A→C}

(5) R(A,B,C),F={A→B,B→A,C→A}

(6) R(A,B,C,D),F={A→C,D→B}

(7) R(A,B,C,D),F={A→C,CD→B}

7. 设有关系模式 R(U,F),其中,U={A,B,C,D,E},F={A→BC,CD→E,B→D,E→A}。

(1) 计算 B^+;

(2) 求出 R 的所有候选码;

(3) 判断关系模式最高达到第几范式。

8. 实例:假设某商业集团数据库库中有一关系模式 R(商店编号,商品编号,数量,部门编号,负责人),如果规定:

(1) 每个商店的每种商品只在一个部门销售;

(2) 每个商店的每个部门只有一个负责人;

(3) 每个商店的每种商品只有一个库存数量。

试回答下列问题:

(1) 根据上述规定,写出关系模式 R 的基本函数依赖;

(2) 找出关系模式 R 的候选关键字;

(3) 试问关系模式 R 最高已经达到第几范式? 为什么?

(4) 如果 R 已达 3NF,是否已达 BCNF? 若不是 BCNF,将其分解为 BCNF 模式集。

第6章

数据库设计

数据库设计是开发数据库应用系统的核心技术，一个健壮的数据库应用系统在很大程度上归功于一个性能良好的数据库设计。

本章的学习要点：

- 数据库设计的步骤；
- 概念结构设计；
- 逻辑结构设计；
- 物理设计与实施；
- 使用 Powerdesigner 设计数据库。

6.1 数据库设计概述

数据库设计(Database Design)是指对于一个给定的应用环境，构造最优的数据库模式，建立数据库及其应用系统，能够有效地存储数据，满足各种用户的信息要求和处理要求。它是把现实世界中的数据，根据各种应用要求，加以合理地组织，满足硬件和操作系统的特性，利用已有的 DBMS 来建立能够实现系统目标的数据库和应用系统。

数据库设计的任务如图 6-1 所示。

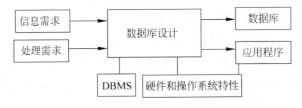

图 6-1 数据库设计的任务

6.1.1 数据库设计的特点

数据库设计应该和系统设计相结合，即整个设计过程要把结构（数据）设计和行为（处理）设计密切结合起来。数据库的结构设计是指根据给定的应用环境，进行数据库的模式或子模式等的设计，包括数据库的概念结构设计、逻辑结构设计和物理结构设计。行为（处理）设计，指用户对数据库的操作，这些要通过应用程序来实现，所以数据库的行为设计就是应用程序的设计。

数据库设计分为两种不同的方法：

（1）以信息需求为主，兼顾处理需求，这种方法称为面向数据的设计方法。

（2）以处理需求为主，兼顾信息需求，这种方法称为面向过程的设计方法。

数据库设计的特点：

（1）反复性（Iterative）。

一个性能优良的数据库不可能一次性地完成设计，需要经过多次的、反复的设计。

（2）试探性（Tentative）。

一个数据库设计完毕，并不意味着数据库设计工作完成，还需要经过多次实际使用的检测。通过试探性的试用，再进一步完善数据库设计。

（3）分步进行（Multistage）。

由于一个实际应用的数据库往往都非常庞大，而且涉及许多方面的知识，所以需要分步进行，最终达到用户的需要。

6.1.2　数据库设计的步骤

按照规范设计法，考虑数据库及其应用系统开发全过程，可将数据库设计分为以下 6 个阶段：

（1）需求分析阶段：分析用户数据需求与处理需求，加以规范和分析，确保用户目标的一致性。

（2）概念结构设计阶级：对用户需求进行综合、归纳与抽象，形成独立于具体 DBMS 的概念模型。

（3）逻辑结构设计阶段：首先将概念结构设计的结果转换成具体的 DBMS 支持的数据模型（如关系模型），形成数据库逻辑模式。然后根据用户处理的要求、安全性的考虑，在基本表的基础上再建立必要的视图，形成数据的外模式。

（4）物理结构设计阶段：为逻辑数据模型选取一个最适合应用环境的物理结构（包括存储结构和存取方法）。

（5）数据库实施阶段：设计人员运用 DBMS 提供的数据语言及宿主语言，根据逻辑设计和物理设计的结果，建立数据库，编制与调试应用程序，组织数据入库并进行试运行。

（6）数据库运行和维护阶段：数据库应用系统经过试运行后即可投入正式运行，在数据库系统运行过程中不断进行评价、调整、修改等维护工作。

说明：需求分析和概念设计独立于任何数据库管理系统。逻辑设计和物理设计与选用的 DBMS 密切相关。

数据库设计的过程如图 6-2 所示。

整个设计步骤既是数据库设计的过程，也包括数据库应用系统的设计过程。在设计过程中将数据设计与处理设计紧密结合起来，将这两个方面的需求分析、抽象、设计、实现在各个阶段同时进行，相互参照，相互补充。

按照这样的设计过程，数据库结构设计不同阶段形成了数据库的各级模式。

- 需求分析阶段，综合了各个用户的应用需求；
- 在概念设计阶段，形成了独立于机器特点和独立于 DBMS 的概念模式；

- 在逻辑设计阶段,形成了数据库的逻辑模式;然后根据用户处理的需求、安全性的考虑,在基本表的基础上再建立必要的视图,形成外模式;
- 在物理设计阶段,根据 DBMS 特点和处理的需要,进行物理存储安排,建立索引等,形成数据库内模式。

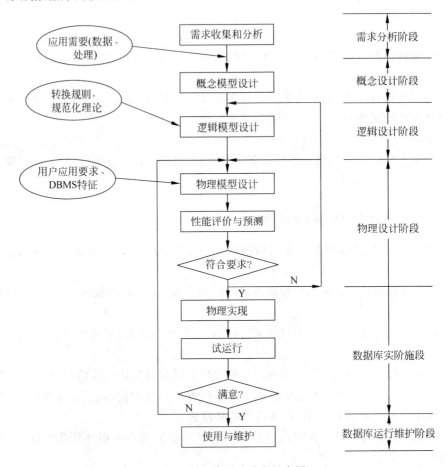

图 6-2　数据库设计阶段示意图

6.2　需求分析阶段

6.2.1　需求分析概述

　　需求分析就是分析用户的需要与要求。该阶段是设计数据库的起点,其结果是否准确地反映了用户的实际要求,将直接影响到后面各个阶段的设计,并影响到设计结果是否合理和实用。这一阶段是计算机人员(系统分析员)和用户双方共同收集数据库所需要的信息内容和用户对处理的要求,并以数据流图和数据字典等书面形式确定下来,作为以后验证系统的依据。

　　在进行需求分析时,首先需要详细调查现实世界要处理的对象(组织、部门、企业等),充分了解原系统(手工系统或计算机系统),进而明确用户的各种需求(处理需求和信息需求),确定新系统的功能,同时还要充分考虑今后可能的扩充和改变。其中,信息需求定义了未来系统用到的所有信息,描述数据间本质上和概念上的联系,描述实体、属性、组合、联系的性质。处理需求定义未来系统的数据处理的操作,描述操作的优先次序、操作执行的频率和场合、操作与数据之间的联系。在信息需求和处理需求的定义说明的同时也应定义数据的安全性和完整性约束。这一阶段的输出是"需求说明书",其主要内容是系统的数据流图和数据字典。

【例 6-1】　下面是一个简单的学生成绩管理系统的用户需求分析。

总的要求:能够记录所有学生的选课成绩、教师的授课情况以及学生、课程和老师的基本情况。具体如下:

(1) 教师个人信息的录入。录入信息包含教师的个人资料,如教师编号、姓名、性别、出生日期、职称、所在院系、办公电话、电子邮箱等。

(2) 教师个人信息的修改。要求系统可以对教师信息的各项内容进行修改并保存。

(3) 教师记录的删除。如果教师离开学校,要求能够删除数据库中的教师相应记录。

(4) 教师信息查询。由于教师较多,要求系统可以进行查询。

(5) 教师可以选择课程,并能对所授课程的成绩进行管理,如录入成绩、修改成绩等。

(6) 学生个人信息的录入:录入信息包含学生的个人资料,如学号、姓名、性别、出生日期、入学年份、所在院系、家庭住址、电子邮箱等。

(7) 学生信息的修改。

(8) 学生信息的删除:如果学生毕业或退学,要求系统能够删除数据库中的学生相应记录。

(9) 学生信息的查询。

(10) 学生可选择自己的课程,能查询自己某门课程的成绩,但不能修改。

(11) 课程信息的添加、修改和删除等。

(12) 院系信息的添加、修改和删除等。

(13) 登录系统时要进行密码和身份认证,认证通过后,才可以进入系统。

6.2.2　结构化分析建模

在了解了用户的需求后,需要进一步分析和表达用户的需求。自顶向下的结构化分析(Structured Analysis,SA)方法是最简单实用的方法。SA 方法从最上层的系统组织机构入手,采用逐层分解的方式分析系统,采用数据流图(Data Flow Diagram,DFD)和数据字典(Data Dictionary,DD)描述系统。

1. 数据流程图

数据流图是从"数据"和"处理"两方面表达数据处理的一种图形化表示方法。DFD 有4 种基本成分:数据流用箭头表示;加工或处理用圆圈表示;数据存储(文件或数据库)用双线段表示;数据流的源点或终点用方框表示。

任何一个系统都可以抽象成如图 6-3 所示的数据流图的形式。

数据流图中的"处理"抽象地表达了系统的功能需求,系统的整体功能要求可以分解为系统的若干子功能要求,通过逐层分解的方法,可以将系统的工作过程细分,直至表达清楚为止。

图6-3 数据处理流程图

数据流程图是分层次的,绘制时采取自顶向下逐层分解的办法。一个简单的系统可用一张数据流图来表示。当系统比较复杂时,为了便于理解,控制其复杂性,可以采用分层描述的方法。一般用第一层描述系统的全貌,第二层分别描述各子系统的结构。如果系统结构还比较复杂,那么可以继续细化,直到表达清楚为止。在处理功能逐步分解的同时,它们所用的数据也逐级分解,形成若干层次的数据流图。

【例6-2】 结合例6-1的需求,画出学生管理系统的数据流图。

图6-4所示是学生管理系统的顶层数据流程图。

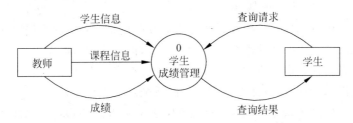

图6-4 学生管理系统顶层数据流程图

将顶层数据流图中的处理"学生成绩管理"分解,形成第一层数据流图,如图6-5所示。

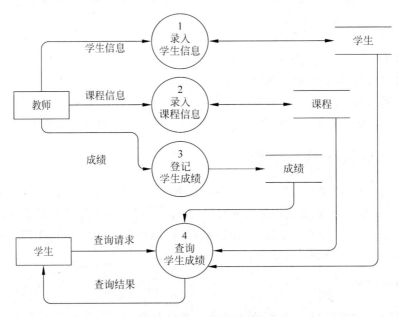

图6-5 第一层数据流图

将第一层的处理"查询学生成绩"继续分解,可以得到第二层数据流图,如图6-6所示。

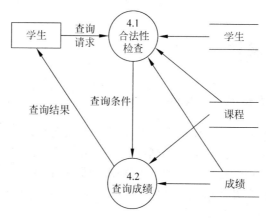

图 6-6　第二层数据流图

2．数据字典

仅仅有 DFD 并不能构成需求说明书，因为 DFD 只表示出系统由几部分组成和各部分之间的关系，并没有说明各个成分的含义。只有对每个成分都给出确切定义之后，才能较完整地描述系统。

数据字典是以特定格式记录下来的、对系统的数据流程图中各个基本要素(数据流、加工、存储和外部实体)的内容和特征所作的完整的定义和说明。数据流程图＋数据字典，形成"需求说明书"。

数据字典是关于数据库中数据的描述，是元数据，而不是数据本身。数据字典包括的项目有数据项、数据结构、数据流、数据存储、处理逻辑和外部实体。因此，数据字典是系统中各类数据描述的集合，是进行详细的数据收集和数据分析之后获得的主要成果。其在需求分析阶段建立，在数据库设计过程中不断修改、充实、完善。

图 6-7 给出了数据项、数据存储和处理逻辑定义示例。

数据项

```
数据项编号：1001
数据项名称：学生编号
数据类型：字符型
长度：11位
取值范围：00 000 000 000~99 999 999 999
说明：唯一标识每个学生、且不能重复
```

数据存储

```
数据文件的编号：F1
名称：学生信息表
组成：学号+姓名+性别+出生日期+入学年
份+所在院系+家庭住址+电子邮箱
关键字：学号
记录数：由学生的人数决定
说明：登记学生信息
```

数据处理

```
数据处理名：登记学生成绩
输入：学号、教师号、课程号、成绩、学年
处理逻辑：判断输入的学号、教师号、课程号是否有对应记录，如果有，则输入该成绩；
         如果没有，给出错误提示
输出：存入成绩文件
备注：用于教师录入学生成绩
```

图 6-7　数据字典示例

6.3　概念结构设计

6.3.1　概念结构设计概述

在早期的数据库设计中,概念结构设计并不是一个独立设计阶段。当时的设计方式是在需求分析之后,直接把用户信息需求得到的数据存储格式转换成 DBMS 能处理的数据库模型。这样,注意力往往被牵扯到更多的细节限制方面,而不能集中在最重要的信息组织结构和处理模型上。因此,在设计依赖于具体 DBMS 的模型后,当外界环境发生变化时,设计结果就难以适应这个变化。

为了改善这种状况,在需求分析和逻辑设计之间增加了概念结构设计阶段。此时,设计人员仅从用户角度看待数据及处理要求和约束,产生一个反映用户观点的概念模型。概念模型能充分反映现实世界中实体间的联系,又是各种基本数据模型的共同基础,易于向关系模型转换。这样做有三个优点:

(1) 数据库设计各阶段的任务相对单一化,设计复杂程度得到降低,便于组织管理。

(2) 概念模型不受特定 DBMS 限制,也独立于存储安排,因而比逻辑设计得到的模型更为稳定。

(3) 概念模型不含具体的 DBMS 所附加的技术细节,更容易为用户所理解,因而能准确反映用户的信息需求。

概念结构设计也称为概念模型设计。在第 2 章中讨论了概念模型,概念结构设计就是将需求分析阶段得到的用户需求抽象为信息结构即概念模型的过程。概念模型是各种数据模型的共同基础,比数据模型更独立于机器、更抽象,从而更加稳定。

概念模型能真实、充分地反映现实世界,易于理解和更改且易于向关系、网状、层次等各种数据模型转换。因此,概念结构设计是整个数据库设计的关键。

概念结构设计常用的工具是 E-R 图。这一阶段工作至少要包括以下内容:

(1) 确定实体。

(2) 确定实体的属性。

(3) 确定实体的键。

(4) 确定实体间的联系和联系类型。

(5) 画出表示概念模型的 E-R 图。

(6) 确定属性之间的依赖关系。

进行数据库设计常用的策略是自顶向下地进行需求分析,自底向上地设计概念结构,如图 6-8 所示。即设计概念结构的时候首先定义各局部应用的概念结构,然后将它们集成起来,得到全局概念结构。

6.3.2　采用 E-R 方法的概念结构设计

1. 设计步骤

自底向上设计概念结构的设计步骤如下:

(1) 根据需求分析的结果(数据流图、数据字典等)对现实世界的数据进行抽象,设计各

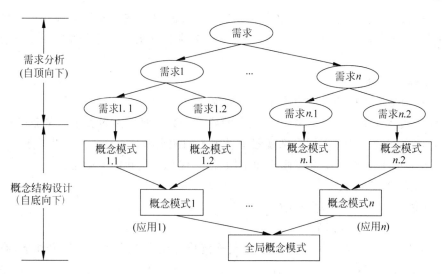

图 6-8 自顶向下分析需求和自底向上设计概念结构

个局部视图即局部 E-R 图。

（2）设计全局 E-R 模型。

（3）优化全局 E-R 模型：进行相关实体类型的合并，以减少实体类型的个数；尽可能消除实体中的冗余属性；尽可能消除冗余的联系类型。

2. 设计局部 E-R 图

设计局部 E-R 图首先要选择局部应用。一个局部应用实际上对应着应用系统中的一个子系统，也就是图 6-8 中的一个子需求。局部 E-R 图对应着应用系统中的一个局部应用。

如 6.1 节所述，一个局部应用一般对应着一组数据流图，局部应用中用到的数据可以从相应的数据字典中抽取出来。事实上，在需求分析阶段得到的数据字典和数据流图中的数据项就体现了实体、实体属性等的划分。

3. 设计全局 E-R 图

各个局部视图建立后，还需要对它们进行合并，集成为一个整体的数据概念结构即总 E-R 图，有两种方法：

（1）多个局部 E-R 图一次集成：即一次集成多个局部 E-R 图，通常用于局部视图比较简单时。

（2）逐步集成：用累加的方式一次集成两个局部 E-R 图。

无论哪种方法，在集成局部 E-R 图的时候，都需要首先合并 E-R 图，然后对合并后的 E-R 图进行修改与重构。

因为各个局部 E-R 图之间必定会存在许多不一致的地方，因此合理消除各局部 E-R 图的冲突是合并局部 E-R 图的主要工作与关键。局部 E-R 图之间的冲突主要有属性冲突、命名冲突和结构冲突三类。

（1）**属性冲突**包括属性域冲突和属性取值单位冲突。其中属性域冲突是指同一属性在不同的局部 E-R 图中的属性值的类型、取值范围和取值集合不同。

（2）**命名冲突**有两类：一是同名异义：不同意义的对象在不同的局部应用中具有相同的名字；另一个是异名同义(一义多名)：同一意义的对象在不同的局部应用中具有不同的名字。

（3）**结构冲突**分三类：

① 同一对象在不同应用中具有不同的抽象。

② 同一实体在不同分 E-R 图中所包含的属性个数和属性排列次序不完全相同。

③ 实体之间的联系在不同局部视图中呈现不同的类型。

对合并后的 E-R 图还要进行修改和重构,使其优化。优化的原则是：

（1）实体个数尽可能少。

（2）实体所包含的属性尽可能少。

（3）实体间联系没有冗余。

修改和重构主要可以采用分析方法以及规范化理论来消除冗余。但要注意,有时适当的冗余能够提高查询效率。

整体概念结构最终还应该提交给用户,征求用户和有关人员的意见,进行评审、修改和优化,然后确定下来,作为数据库的概念结构,作为进一步设计数据库的依据。

【例 6-3】 画出学生成绩管理系统的 E-R 图。

如图 6-9 所示,由于实体包含的属性较多,因此在画 E-R 图时,为使其简明清晰,将各实体所涉及的属性单独列出。学生成绩系统中涉及的各实体的属性如下(各实体的键用下划线列出)：

院系：<u>院系编号</u>,院系名

学生：<u>学号</u>,姓名,性别,出生日期,入学年份,家庭住址,电子邮箱

教师：<u>教师编号</u>,姓名,性别,出生日期,职称,办公电话,家庭住址,电子邮箱

课程：<u>课程编号</u>,课程名,学分,学时

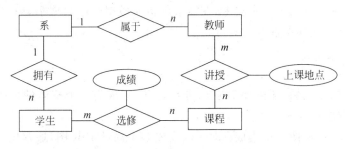

图 6-9 学生成绩系统全局 E-R 图

6.4 逻辑结构设计

逻辑设计的任务是把概念设计阶段得到的全局 ER 模型转换成与选用的具体计算机上 DBMS 产品所支持的数据模型相符合的逻辑结构。对于逻辑设计而言,应首先选择 DBMS,但往往数据库设计人员没有挑选的余地,都是在指定的 DBMS 上进行逻辑结构的设计。

6.4.1 关系数据库的逻辑设计

由于概念设计的结果是 E-R 图,DBMS 一般是采用关系型,因此数据库的逻辑设计过程就是把 E-R 图转换成关系模型的过程。E-R 图向关系模型的转换要解决的问题就是如何将实体型和实体间的联系转换为关系模式以及如何确定这些关系模式的属性和键。

1. 常规实体与联系的转换

将 E-R 图转换为关系模型就是将实体、实体的属性和实体之间的联系转换为关系模式。这种转换的规则包括以下方面:

(1) E-R 图中的每个实体转换为一个关系模式,实体的属性即关系模式的属性,实体键即关系模式的键。

(2) 联系的转换根据不同情况做不同的处理:

① 联系是 1:1 的,在任意一个关系模式的属性中加入另一个关系模式的键和联系的属性;

② 联系是 1:n 的,在 n 端实体类型转换的关系模式中加入 1 端的关系模式的键和联系类型的属性;

③ 联系是 $m:n$ 的,将联系类型也转换为关系模式,其属性为两端实体类型的键加上联系类型,键为两端实体键的组合。

(3) 三个或三个以上的实体间的多元联系转换成一个关系模式。与该多元联系相连的各实体的键以及联系本身的属性均转换为此关系的属性,而此关系的键为各实体键的组合。

(4) 具有相同键的关系模式可以合并。

【例 6-4】 将学生成绩管理系统的 E-R 图转换成关系模型。

根据 E-R 图向关系数据模型的转换规则,初步得出学生成绩管理系统的关系模型。其中关系模式的主键用下划线表示。

院系(院系编号,院系名);

学生(学号,姓名,性别,出生日期,入学年份,家庭住址,电子邮箱,院系编号),院系编号是外键;

教师(教师编号,姓名,性别,出生日期,职称,办公电话,家庭住址,电子邮箱,院系编号),院系编号是外键;

课程(课程编号,课程名,学分,学时);

选修(学号,课程编号,成绩),学号和课程编号是外键;

讲授(教师编号,课程编号,上课地点),教师编号和课程编号是外键。

其中关系模式选修是由学生和课程之间的 $m:n$ 的联系"选修"转换而来的;讲授是由教师和课程之间的 $m:n$ 的联系"讲授"转换而来的。

2. 弱实体的转换规则

如果 E-R 图中出现了弱实体,对应的转换规则为:弱实体对应的关系模式包含弱实体本身的属性,还包含对应的强实体的键。关系模式对应的键是弱实体的键和对应强实体键的组合。

【例 6-5】 将第 2 章中的图 2-14 转换为关系模式。

如图 6-10 所示(a),转换后的关系模式为:

职工(<u>ID</u>,Name)

子女(<u>ID</u>,Child-Name,Sex)。

如图 6-10 所示(b),转换后的关系模式为:

制片厂(<u>Name</u>,addr)

剧组(<u>Name</u>,Number)

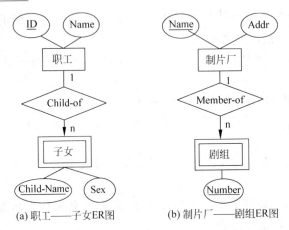

(a) 职工——子女ER图　　(b) 制片厂——剧组ER图

图 6-10　弱实体转换示例

6.4.2　关系模型的优化

得到初步关系模型后,还应该适当地修改、调整关系模型的结构,以进一步提高数据库应用系统的性能,这就是数据模型的优化。关系数据模型的优化通常以规范化理论为指导,方法如下:

(1) 确定数据依赖。

按需求分析阶段所得到的语义,分别写出每个关系模式内部各属性之间的数据依赖以及不同关系模式属性之间的数据依赖。

(2) 消除冗余的联系。

对于各个关系模式之间的数据依赖进行极小化处理,消除冗余的联系。

(3) 确定所属范式。

按照数据依赖的理论对关系模式逐一进行分析,考查是否存在部分函数依赖、传递函数依赖、多值依赖等,确定各关系模式分别属于第几范式。

(4) 按照需求分析阶段得到的各种应用对数据处理的要求,分析对于这样的应用环境这些模式是否合适,确定是否要对它们进行合并或分解。

注意:并不是规范化程度越高的关系就越优,一般说来,第三范式就足够了。

(5) 按照应用需求,对关系模式进行必要的分解,以提高数据操作的效率和存储空间的利用率。

例如,在关系模式学生成绩单(学号,英语,数学,语文,平均成绩)中存在下列函数依赖:

学号→英语,学号→数学,学号→语文,学号→平均成绩,(英语,数学,语文)→平均成绩

显然有:学号→(英语,数学,语文),因此该关系模式中存在传递函数信赖,是 2NF 关系。虽然平均成绩可以由其他属性推算出来,但如果应用中需要经常查询学生的平均成绩,为提高效率,仍然可保留该冗余数据,对关系模式不再做进一步分解。

6.4.3　设计外模式

将概念模型转换为逻辑模型后,还应结合具体的 DBMS 的特点和局部应用要求设计针对局部应用或不同用户的外模式。

外模式对应着数据库中的视图概念,目前常用的关系型数据库管理系统中一般都提供了视图机制。定义外模式时要考虑以下因素:

(1) 使用更符合用户习惯的别名。

在概念结构设计中,集成局部 E-R 图时做了消除命名冲突的工作,目的是为了使数据库中的同一个关系和属性具有唯一的名字,这对设计数据库的全局模式是很有必要的。但是修改后的名字可能不符合某些用户的习惯,这可以在定义视图的时候重新定义某些属性的别名,以便用户使用。

(2) 针对不同级别的用户定义不同的视图,以满足系统对安全性的要求。

不同权限的用户查询到的数据也不同,因此可以利用视图机制,为不同级别的用户定义不同的视图,以保证系统的安全性。

(3) 简化用户对系统的使用。

如果某些局部应用经常要使用某些比较复杂的查询,可以将这些查询定义为视图以方便用户使用。

6.5　物理结构设计

对于给定的基本数据模型选取一个最适合应用环境的物理结构的过程,称为物理设计。

数据库的物理结构主要指数据库的存储记录格式、存储记录安排和存取方法。显然,数据库的物理设计是完全依赖于给定的硬件环境和数据库产品的。在关系模型系统中,物理设计比较简单一些,因为文件形式是单记录类型文件,仅包含索引机制、空间大小、块的大小等内容。

物理设计可分 5 步完成,前 3 步涉及物理结构设计,后 2 步涉及约束和具体的程序设计。

(1) 存储记录结构设计:包括记录的组成、数据项的类型、长度,以及逻辑记录到存储记录的映射。

(2) 确定数据存放位置:可以把经常同时被访问的数据组合在一起,记录聚簇(Cluster)技术能满足这个要求。

(3) 存取方法的设计:存取路径分为主存取路径与辅存取路径,前者用于主键检索;后者用于辅助键检索。

(4) 完整性和安全性考虑:设计者应在完整性、安全性、有效性和效率方面进行分析,做出权衡。

(5)程序设计:在逻辑数据库结构确定后,应用程序设计就应当随之开始。物理数据独立性的目的是消除由于物理结构的改变而引起对应用程序的修改。当物理独立性未得到保证时,可能会发生对程序的修改。

6.6　数据库的实施和维护

6.6.1　数据库的实施

数据库的实施包括以下步骤:

1. 定义数据库结构

数据库的逻辑结构和物理结构确定后,就可以用确定的 RDBMS 提供的数据定义语言 DDL 来对数据库的结构进行描述了。

2. 编制与调试应用程序

数据库应用程序的设计应该与数据设计并行进行,在组织数据入库的同时还要调试应用程序。如果没有实际可用的数据,可以先使用模拟数据来进行。

3. 数据的载入

数据库结构建立后,就可以向数据库中装载数据了。组织数据入库是数据库实施阶段最主要的工作。装载数据可以用人工方法或计算机辅助数据入库。目前,很多大型的 DBMS 产品(如 SQL Server、Oracle)都提供了强大的数据导入和导出功能。

4. 数据库试运行

在原有系统的数据有一小部分已输入数据库后,就可以开始对数据库系统进行联合调试,称为数据库的试运行。

数据库试运行主要工作包括:

1)功能测试

实际运行数据库应用程序,执行对数据库的各种操作,测试应用程序的功能是否满足设计要求。如果不满足,对应用程序部分则要修改、调整,直到达到设计要求。

2)性能测试

测量系统的性能指标,分析是否达到设计目标。如果测试的结果与设计目标不符,则要返回物理设计阶段,重新调整物理结构,修改系统参数,某些情况下甚至要返回逻辑设计阶段,修改逻辑结构。

6.6.2　数据库的运行和维护

数据库系统正式运行,标志着数据库设计与应用开发工作的结束和维护阶段的开始。运行维护阶段的主要任务有 4 项:

（1）维护数据库的安全性与完整性：检查系统安全性是否受到侵犯，及时调整授权和密码，实施系统转储与后备，发生故障后及时恢复。

（2）监测并改善数据库运行性能：对数据库的存储空间状况及响应时间进行分析评价，结合用户反应确定改进措施，实施再构造或再格式化。

（3）根据用户要求对数据库现有功能进行扩充。

（4）及时改正运行中发现的系统错误。

要充分认识到，数据库系统只要在运行，就要不断地进行评价、调整、修改。如果应用变化太大，再组织工作已无济于事，那么表明原数据库应用系统生存期已结束，应该设计新的数据库应用系统了。

6.7　使用 PowerDesigner 进行数据库设计

6.7.1　PowerDesigner 介绍

1. 概述

PowerDesigner 是 Sybase 公司的 CASE 工具集，可以方便地对管理信息系统进行分析设计，几乎包括了数据库模型设计的全过程，是一款开发人员常用的数据库建模工具。

PowerDesigner 主要包括以下功能：

（1）集成多种建模能力，能建立的模型包括数据模型（E/R，Merise）、业务模型（BPMN，BPEL，ebXML）、应用模型（UML）等。

（2）自动生产代码，包括 SQL（支持多于 50 种数据库系统），Java，.NET 等。

（3）强大的逆向工程能力。

（4）可扩展的企业库解决方案，具备强大的安全性及版本控制能力，可支持多用户自动化、可定制的报表能力。

2. PowerDesigner 环境

PowerDesigner 的环境如图 6-11 所示，包含以下几部分：

1）对象浏览器

对象浏览器可以用分层结构显示工作空间，显示模型以及模型中的对象，实现快速导航。通过对象浏览器还可以访问 PowerDesigner 库，可以把模型及相关的文件存放到 PowerDesigner 库中。对象浏览器中主要包含以下对象：

（1）工作空间（Workspace）：它是对象浏览器中树的根，是组织及管理所有设计元素的虚拟环境。用户可以通过保存工作空间保存自己的设计空间信息以便再次打开时可以还原到保存前的状态。

（2）项目（Project）：项目中的所有对象可以作为一个单元存到 PowerDesigner 库中。每个项目自动维护一张图用以显示模型以及文档之间的依赖。

（3）文件夹（folder）：工作空间可以包含用户自定义的文件夹用以组织模型和文件。例如，有两个独立的项目，希望在一个工作空间中处理，此时可以使用文件夹。

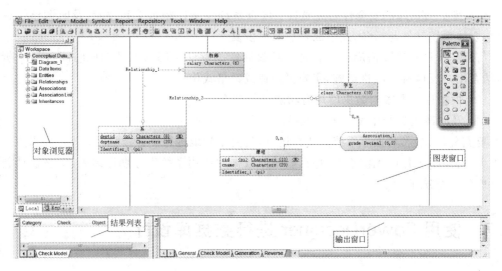

图 6-11　PowerDesigner 环境

（4）模型（Model）：模型是 PowerDesigner 中的基本设计单元。每个模型中有一个或多个图以及若干模型对象。

（5）包（Package）：当模型较大时，可能需要把模型拆分成多个"子模型"以便于操作，这些子模型就叫做包，今后可以把不同的包分配给不同的开发组。

（6）图（Diagram）：展现模型对象之间的交互，可以在模型或包中创建多个图。

2）输出窗口

输出窗口用来显示操作的进程，比如模型检查或从数据库逆向工程。

3）结果列

结果列用于显示生成、覆盖和模型检查结果，以及设计环境的总体信息。

4）图表窗口

图表窗口用于组织模型中的图表，以图形方式显示模型中各对象之间的关系。

3．常用的 PowerDesigner 模型

1）概念数据模型（Conceptual Database Model，CDM）

CDM 帮助分析信息系统的概念结构，识别主要实体、实体的属性及实体之间的联系。CDM 比逻辑数据模型和物理数据模型抽象。CDM 表现数据库的全部逻辑的结构，与任何的软件或数据存储结构无关。因此，CDM 是适合于系统分析阶段的工具。由 CDM 可生成 LDM、PDM 和 OOM。

2）逻辑数据模型（Logical Data Model，LDM）

LDM 帮助分析信息系统的结构，独立于具体物理数据库的实现。LDM 比 CDM 具体，但不允许定义视图、索引以及其他在物理数据模型中处理的细节。可以把逻辑数据模型作为数据库设计的中间步骤，它在概念数据模型与物理数据模型之间。

3）物理数据模型（Physical Data Model，PDM）

PDM 帮助分析数据库中的表、视图及其他对象，还包括数据仓库所需的多维对象，可针对目前主流数据库进行建模、逆向工程以及产生代码。PDM 叙述数据库的物理实现，主要

目的是把 CDM 中建立的现实世界模型生成特定的 DBMS 脚本,产生数据库中保存信息的储存结构,保证数据在数据库中的完整性和一致性。PDM 是适合于系统设计阶段的工具。

4)面向对象模型(Object-oriented Data Model,OOM)

一个 OOM 包含一系列包、类、接口和它们的关系。一个 OOM 本质上是软件系统的一个静态的概念模型。使用 PowerDesigner 面向对象模型建立 OOM,能为纯粹地面向对象的系统建立一个 OOM,产生 Java 文件或者 PowerBuilder 文件,或使用一个来自 OOM 的物理数据模型对象来表示关系数据库设计分析。

本章中主要介绍和使用 PowerDesigner 的概念数据模型和物理数据模型来设计数据库。

6.7.2 概念数据模型

1. 概述

概念数据模型也称信息模型,以实体联系理论为基础,并对这一理论进行了扩充。它从用户的观点出发对信息进行建模,主要用于数据库的概念级设计。

通常人们先将现实世界抽象为概念世界,然后再将概念世界转为机器世界。换句话说,就是先将现实世界中的客观对象抽象为实体和联系,它并不依赖于具体的计算机系统或某个 DBMS 系统,这种模型就是 CDM;然后再将 CDM 转换为计算机上某个 DBMS 所支持的数据模型,这样的模型就是物理数据模型,即 PDM。

CDM 是一组严格定义的模型元素的集合,这些模型元素精确地描述了系统的静态特性、动态特性以及完整性约束条件等,其中包括了数据结构、数据操作和完整性约束三部分。

(1)数据结构表达为实体和属性。

(2)数据操作表达为实体中的记录的插入、删除、修改、查询等操作。

(3)完整性约束表达为数据的自身完整性约束(如数据类型、检查、规则等)和数据间的参照完整性约束(如联系、继承联系等)。

CDM 的功能如下:

(1)通过创建实体关系(E-R)图来描述数据的组织结构。

(2)能够校验数据设计的合理性。

(3)能够生成指定了相应物理实现数据库的物理数据模型(PDM)。

(4)能够生成用 UML 标准描述 CDM 中对象的面向对象模型(OOM)。

(5)为在不同的设计阶段创建另一个模型版本,可以生成概念数据模型(CDM)。

图 6-12 所示为 CDM、PDM 和 OOM 之间的转换关系。

2. 创建 CDM

创建 CDM 的步骤如下:

(1)执行 File|New Model 命令,弹出如图 6-13 所示的对话框。在 Model types 选项卡中选择 Conceptual Data Model,在 Model name 文本框中输入 CDM 模型的名称(本例中为模型取名 CDM_grade)。

(2)在"对象浏览器"中选择新建的 CDM,右击,在快捷菜单中选择 Properties 属性项,

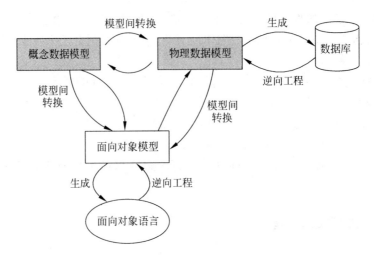

图 6-12　CDM、PDM 和 OOM 之间的关系

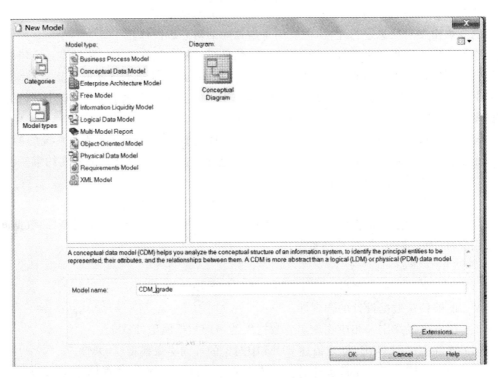

图 6-13　新建 CDM

弹出如图 6-14 所示对话框。在 General 标签里可以输入所建模型的名称、代码、描述、创建者、版本以及默认的图表等信息。在 Notes 标签里可以输入相关描述及说明信息。

3. 创建新实体

(1) 在 CDM 的图形窗口中,单击工具选项板上的 Entity 工具,如图 6-15 所示。再单击图形窗口的空白处,在单击的位置就出现一个实体符号,如果连续单击,即可创建多个实体。单击 Pointer 工具或右击鼠标,释放 Entity 工具。

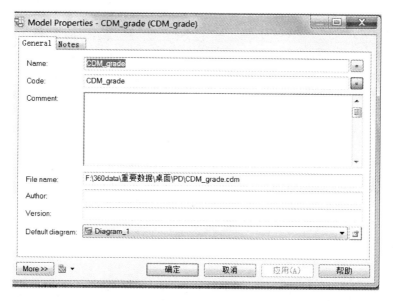

图 6-14　CDM 属性窗口

（2）双击已创建的实体，打开 Entity Properties 窗口，在此可以编辑实体的相关属性。在此窗口 General 标签中可以输入实体的名称、代码、描述等信息，如图 6-16 所示。

（3）不像标准的 E-R 图中使用椭圆表示属性，在 PowerDesigner 中添加属性只需打开 Attribute 选项卡，在该窗口上可以添加该实体的属性，Attribute 选项卡如图 6-17 所示。在该选项卡上，可以输入每个属性的名称、代码以及数据类型等。

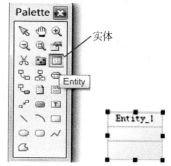

图 6-15　新建实体

其中 Attributes(属性)选项卡中主要的选项的含义如下：

- Name 为属性名；Code 为属性代号；Data Type 为数据类型；Length 为数据长度；Precision 为精度。Domain 为域，表示此属性取值的范围。
- M(Mandatory)，表示该属性是否为强制的，即该列是否为空值。如果一个实体属性为强制的，那么，这个属性在每条记录中都必须被赋值，不能为空。
- P(Primary Identifier)，是否是主标识符，表示实体唯一的标识符，对应我们常说的主键。当选中某属性为主标识符时，在 Identifiers 选项卡中自动出现该标识符的 name 和 code。
- D(Displayed)：列表示该属性是否在图形窗口中所示。

说明：标识符是实体中一个或多个属性的集合，可用来唯一标识实体中的一个实例。要强调的是，CDM 中的标识符等价于 PDM 中的主键或候选键。

每个实体都必须至少有一个标识符。如果实体只有一个标识符，则它为实体的主标识符。如果实体有多个标识符，则其中一个被指定为主标识符，其余的标识符就是次标识符了。

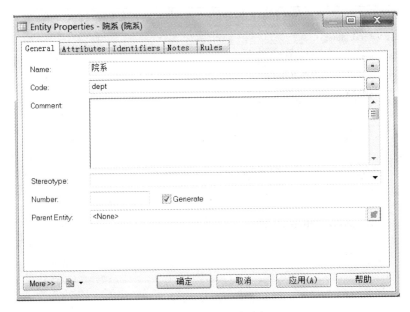

图 6-16 General 选项卡

(4) 在如图 6-17 所示的窗口中,创建实体的各个属性。本例中创建了"院系"实体,属性有"院系编号"和"院系名",其中"院系编号"是主标识符(如图 6-18 所示)。在选择数据类型时,可以在对应的数据类型列中,单击省略号按钮,打开 Standard Data Types 窗口,在这个窗口中,选择相应的数据类型即可,如图 6-19 所示。

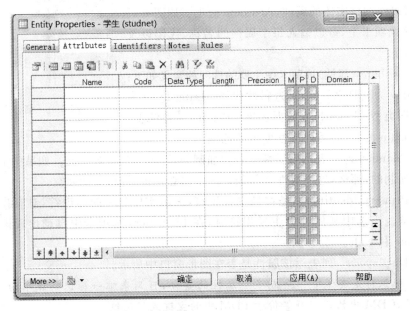

图 6-17 Attribute 选项卡

类似的方法可以创建"课程"实体。已创建的"院系"和"课程"实体如图 6-20 所示。

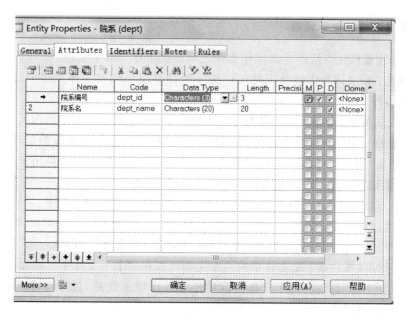

图 6-18 "院系"实体的属性

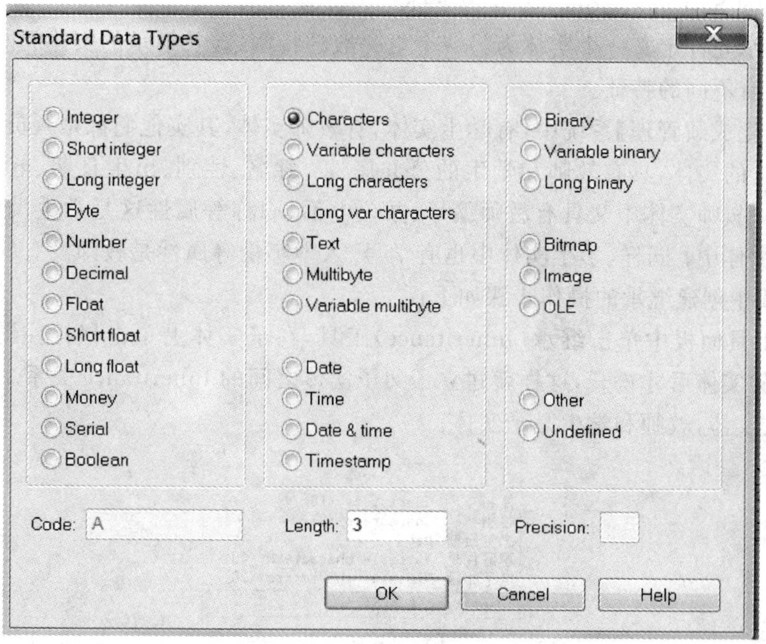

图 6-19 Standard Data Types 窗口

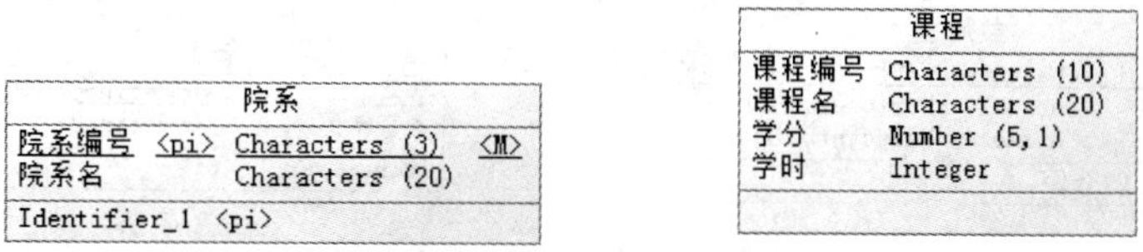

图 6-20 院系和课程实体

4. 创建实体间的继承联系

通过特殊化或概化方法产生的实体类型之间的联系称为继承联系。

- 特殊化：在实体集内部分组并把这些分组存放在不同的实体类型中的过程称为实体集的特殊化。
- 概化：从多个实体集的公共属性中抽象出一个公共实体类型的过程为实体集的概化。

继承联系的一端是具有普遍性的实体集，为父实体集；另一端连接的是具体特殊的一个或多个实体集，为子实体集。例如："银行账户"是"借记卡账户"与"信用卡账户"的父实体，相应地，"借记卡账户"与"信用卡账户"是"银行账户"的子实体。

另外在继承联系中，还可以分为互斥性继承联系和非互斥性继承联系。

- 互斥性继承联系：父实体中的一个实例只能在一个子实体中。例如，"账户"主实体下的"个人账户"与"公司账户"两个子实体之间的联系是互斥的。
- 非互斥性继承联系：父实体中的一个实例可以在多个子实体中。例如："职工"父实体下的"干部"与"教师"子实体之间属于非互斥继承联系，教师有可能也是干部，干部有可能也是教师。

说明：如果工具栏上的 Inheritance 图标默认是禁用的。打开方法如下：Tools|Model Options|Model Settings|Notation 设为 E/R+Merise 就行了。

因此，继承允许定义一个实体为另一个更一般的特例，涉及继承的实体间既有着共同相似的特征，也有不同的特征。

如在【学生成绩管理】系统中，有学生实体，有教师实体，其实他们都是人员，所以可以抽象出一个人员的实体，具有教师和学生的公共属性：姓名、性别、出生日期、电子邮件、家庭住址等属性。教师实体中又具有教师编号、办公电话、职称等属性这是学生没有的，所以不能放在人员实体中；同样，学生实体中也有学号、入学年份等属性是教师没有的。

在 CDM 中创建继承的操作步骤如下：

(1) 在工具面板中单击继承(Inheritance)工具，在子实体上单击鼠标左键，按住不放，拖曳鼠标到父实体后才松开，这样就建立了父子实体之间的 Inheritance 关系。如图 6-21 所示，人员是父实体，教师和学生是子实体。

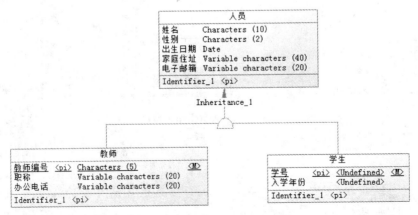

图 6-21　使用继承

（2）双击新建的继承关系线，打开继承关系属性窗口，在此可以设置继承的相应属性。例如，在 General 选项卡中（如图 6-22 所示），可以输入该继承关系的 name 和 code 值，以及子实体间是否互斥：选中 Mutually exclusive children 复选框，代表是互斥性继承联系，那么在继承关系线上的半球形图标里会出现有叉叉图标。

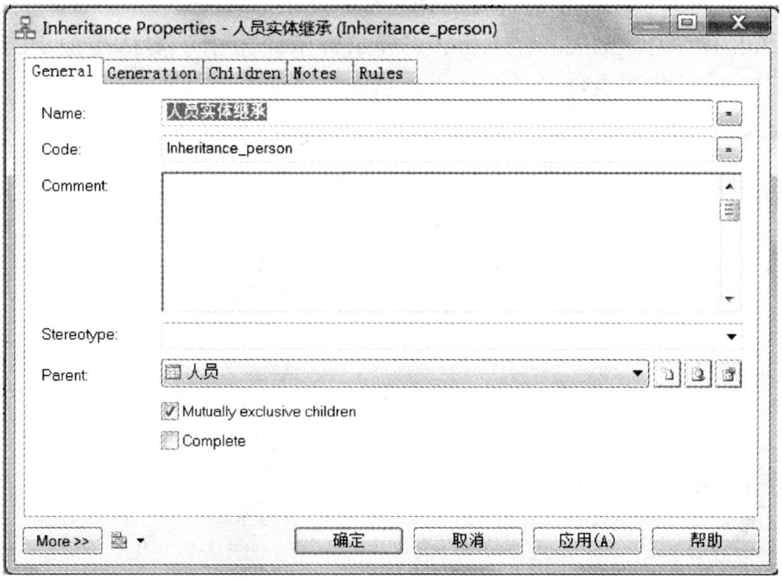

图 6-22　继承关系属性窗口的 General 选项卡

子类可以只继承父类的主键，也可以继承所有的字段，可通过继承属性页面进行设置，双击新建的继承关系线，打开继承关系属性窗口，切换到 Genaration 选项卡，调整红色椭圆标注区域的单选框的选择即可，如图 6-23 所示。

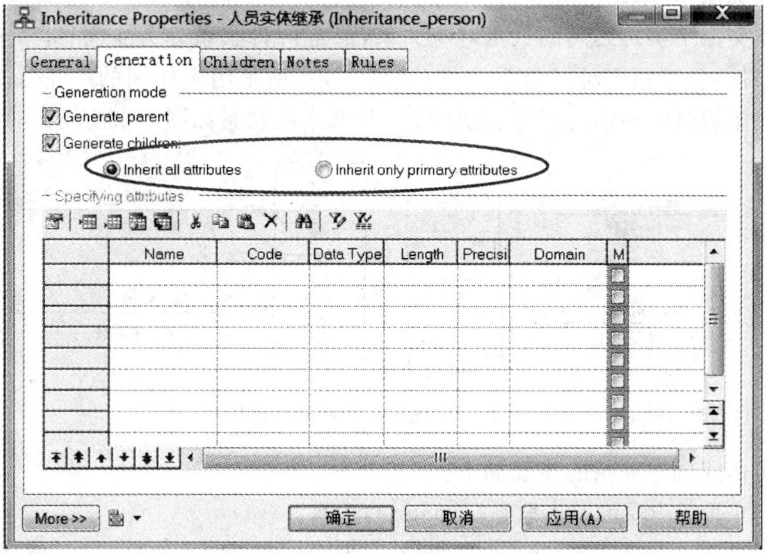

图 6-23　继承关系属性窗口的 Genaration 选项卡

该窗口中的部分选项说明如下：

① Generate parent 表示继承联系中的父实体会生成 PDM 中的表或 Class 图中的类。

② Generate children。

- 选择 Inherit all attributes 表示继承联系中的子实体生成 PDM 中的表或 Class 图中的类，并且继承父实体中的所有实体属性。

- 选择 Inherit only primary attributes 表示继承联系中子实体生成 PDM 中的表或 Class 图中的类，但只继承父实体中的标识符属性。

设置继承属性后的图如图 6-24 所示。

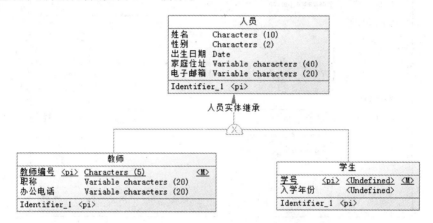

图 6-24　人员实体继承

5. 创建实体之间的联系

联系(Relationship)是指实体集之间或实体集内部实例之间的连接。实体之间可以通过联系来相互关联，联系是具有方向性的。

按照实体类型中实例之间的数量对应关系，通常可将联系分为 4 类，即一对一联系、一对多联系、多对一联系和多对多联系。在 CDM 中，联系是用实体间的一条线来表示的，联系的具体含义是通过线两端的符号表示的。4 种基本的联系如图 6-25 所示。

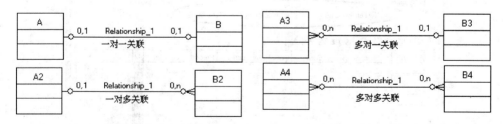

图 6-25　四种基本的联系示意图

在两个实体间创建联系的步骤如下：

(1) 在工具面板中左键单击联系(Relation)工具。

(2) 在实体 A 上单击，按住不放，拖曳鼠标到实体 B 上后才松开，这样就建立了实体 A 和实体 B 之间的 Relationship。如图 6-26 所示，在院系实体和教师实体之间、院系实体和学生实体之间分别建立了联系。

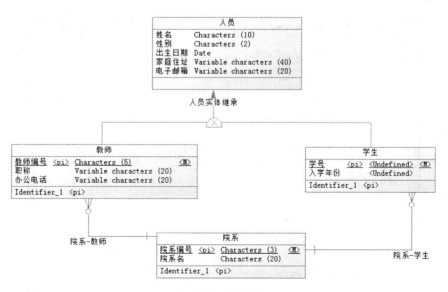

图 6-26　建立联系

（3）双击新建的联系，打开联系属性窗口。在 General 选项卡中，输入联系的 Name 和 Code（可以采用默认的），如图 6-27 所示。

图 6-27　联系属性窗口的 General 选项卡

（4）之后切换到 Cardinalities 标签卡（如图 6-28 所示），进行详细的设置。

该窗口中可配置的属性说明如下：

① one to one（一对一），one to many（一对多）和 many to many（多对多）是最常见的联

图 6-28 联系属性的 Cardinalities 选项卡

系属性,用来配置一个实体中的实例数与另一个实体中的实例数的比值关系。

② Dominant role:用于指明联系的主从表关系,仅作用于 one to one 的联系。在 A,B 两个实体型的联系中,如果 A-->B 被指定为 dominant,那么 A 为联系的主表,B 为从表,在生成 PDM 的时候,A 的 Identifier 字段会被引用到 B 实体(如果不指定,A 的 Identifier 会被引用到 B 实体,B 的 Identifier 也会被引用到 A 实体)。比如老师和班级之间的联系,因为每个班级都有一个老师做班主任,每个老师也最多只能做一个班级的班主任,所以是一个一对一关系。同时,我们可以将老师作为主表,用老师的工号来唯一确定一个班主任联系。图 6-29 所示为客户和合作伙伴商户之间的一对一联系。

图 6-29 一对一联系示意图

这种联系的属性页面的设置如图 6-30 所示。

③ Mandatory:强制表示实体间的联系是否是可选的。在 CDM 中用穿过联系线的一条短直线表示强制,用联系线上的一个小圆圈表示可选,如图 6-31 所示。图 6-31 表达了两个含义:

- 一个用户必须归属于且只能归属于一个客户;
- 一个客户可以有多个用户,也可以一个用户都没有。

两个实体间实例的比值关系以及联系是否强制,可用出现在联系线两端的下述符号表示如图 6-32 所示。

图 6-30 设置 Dominant role

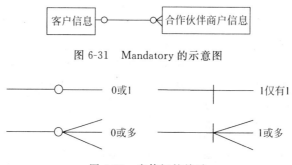

图 6-31 Mandatory 的示意图

图 6-32 实体间的关系

④ Dependent：每个实体都有自己的标识符(Identifier，用于唯一标识实体中的一条记录，由实体的一个属性字段或多个属性字段组成)，如果两个实体之间发生关联，其中一个实体的标识符所包含的属性字段是构成另外一个实体的标识符的一部分，则称后一个实体依赖于前一个实体，后一个实体部分的被前一个实体确定。在 CDM 中依赖联系用一个三角形表示，三角形的顶点指向被依赖的实体，图 6-33 所示为客户联系信息和客户信息之间的依赖关系。

图 6-33 依赖关系

⑤ Cardinality：基数。联系具有方向性，每个方向上都有一个基数。例如，"系"与"学生"两个实体之间的联系是一对多联系，或者说"学生"和"系"之间的联系是多对一联系。而且一个学生必须属于一个系，并且只能属于一个系，不能属于零个系，所以从"学生"实体至

"系"实体的基数为"1,1",从联系的另一方向考虑,一个系可以拥有多个学生,也可以没有任何学生,即零个学生,所以该方向联系的基数就为"0,n"。

6. 创建关联(Association)

Association 也是一种实体间的连接。在 Merise 模型方法学理论中,Association 是一种用于连接分别代表明确定义的对象的不同实体,这种连接仅仅通过另一个实体不能很明确地表达,而通过事件(Event)连接来表示。也就是说,实体和实体之间存在着联系(多对多),但是这种联系本身还存在其他的属性,这些属性如果作为一个明确的实体来表示又不是很合适,所以就使用了 Association 来表达,这种关系之间一般是一个"事件"虚实体,也就是说是一个动词对应的实体。

例如,在【学生成绩管理系统】中,有学生实体和课程实体,一个学生可以选择多门课程,一门课程有多个学生来上课,学生选修课程会有这门课程的成绩,因此成绩是联系的属性。我们就可以创建一个"选课"的 Association,其中记录成绩信息;同样,课程和教师也是多对多的联系,联系的属性可有上课教室等,这样,也可以建立"授课"的 Association,其中的属性是上课教室。

创建 Association 的步骤如下:

(1) 在 CDM 的图形窗口中,单击工具选项板上的 Association 工具。再单击图形窗口的空白处,在单击的位置就出现一个关联符号,如果连续单击,即可创建多个关联。单击 Pointer 工具或右击,释放 Association 工具。

(2) 双击已创建的 Association,打开属性窗口,可以编辑其属性。在 General 选项卡中可以输入该关联的 name 和 code 信息,如图 6-34 所示。在 Attributes 选项卡中以添加该关联的属性,如图 6-35 所示。

属性修改后的关联如图 6-36 所示。

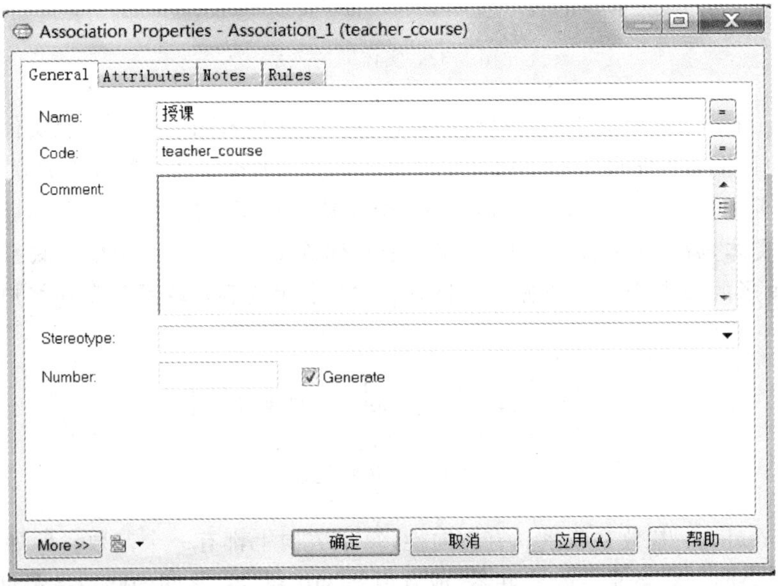

图 6-34　关联属性的 General 选项卡

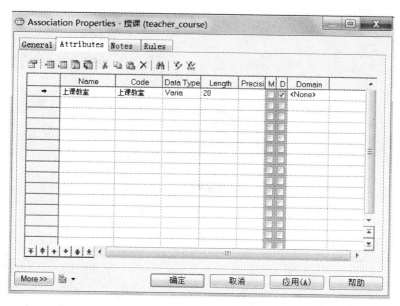

图 6-35 关联属性的 Attributes 选项卡

图 6-36 "授课"和"选课"关联

7. 添加关联连接

在工具面板上选中 Association Link,从实体拖曳到已创建的关联,即可建立一个关联连接,如图 6-37 所示。

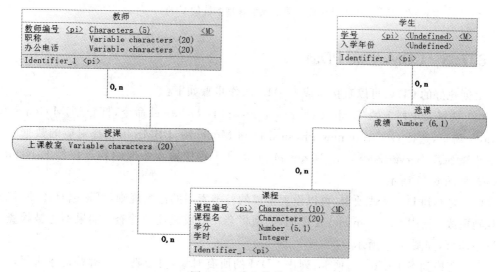

图 6-37 建立关联连接

经过以上的介绍,可以完整的创建出【学生成绩管理系统】的 CDM,如图 6-38 所示。

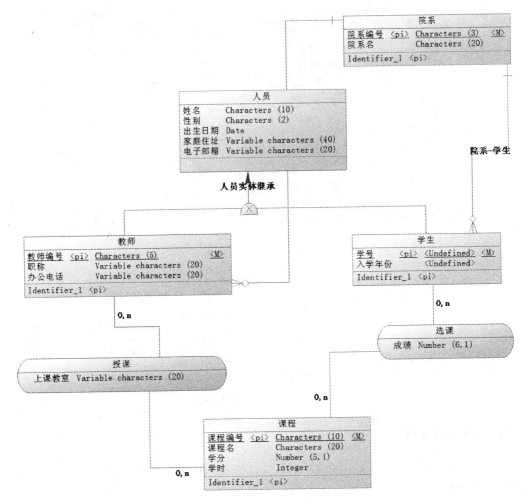

图 6-38　学生成绩管理系统的 CDM

6.7.3　CDM 生成 PDM

由创建好的 CDM 可以直接生成 PDM。操作步骤如下：

(1) 选择菜单栏上的 Tools|Generate Physical Data Model 命令，打开 PDM Generation Options 窗口，选择 Generate new Physical Data Model 项，DBMS 项选择对应的数据库(本例中选择 SQL Server 2008)，在 Name 和 Code 文本框中输入生成的物理模型的 Name 和 Code。如图 6-39 所示。

(2) 切换到 Detail 选项卡，可以设置生成的各类索引的命名规则，可根据具体项目的命名规则更改；选中 Check model 复选框，模型将会在生成之前被检查；如果不想被检查，取消选中即可，如图 6-40 所示。

(3) 切换到 Selection 选项卡，列出 CDM 的所有对象，可以选择对哪些对象进行转换，一般默认全部选中，如图 6-41 所示。

(4) 确认各项设置后，单击"确认"按钮，即生成相应的 PDM 模型。由于在步骤(2)中选

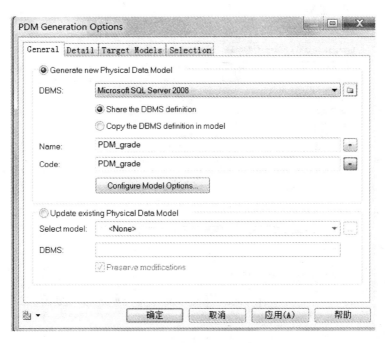

图 6-39　生成 PDM 的 General 选项卡

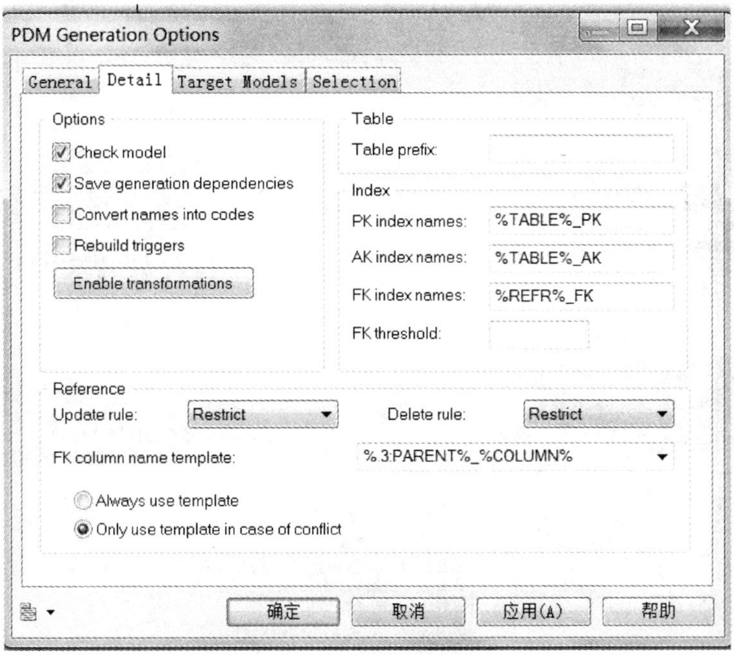

图 6-40　Detail 选项卡

中了 Check model 复选框,在生成 PDM 时,会先对 CDM 进行检查,检查结果可能会包含 ERROR,这样就不能成功生成 PDM,需要先将错误修改。

图 6-42 所示为【学生成绩管理系统】的 PDM。

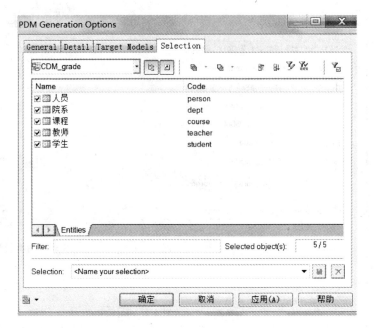

图 6-41　Selection 选项卡

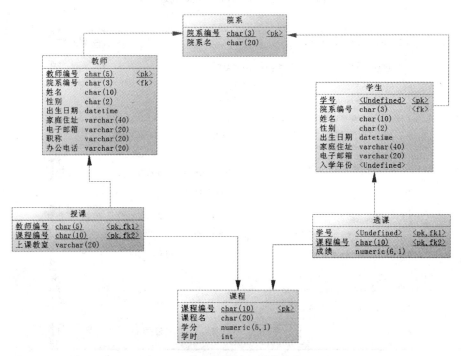

图 6-42　学生成绩管理系统的 PDM

6.7.4　生成数据库

PDM 生成数据库建表脚本的步骤如下：

(1) 选择菜单栏 Database|Generate Database 命令，打开 Database Generation 窗口(如

图 6-43 所示),其中包括生成数据库的各种参数选项。

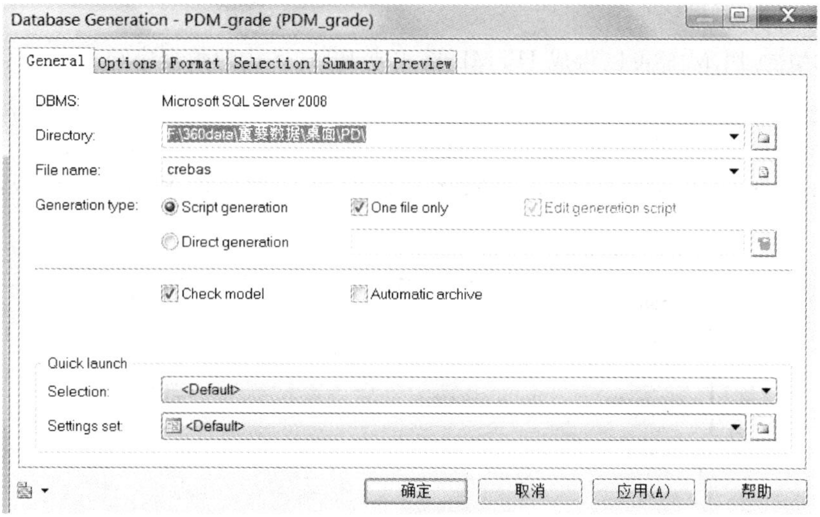

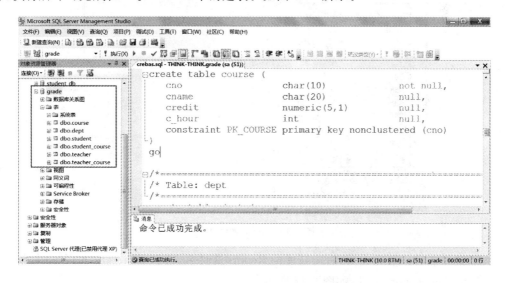

图 6-43 Database Generation 窗口

（2）在 Directory 后选择脚本文件的存放目录,并在 File 文本框输入脚本文件名称。选中 One file only 复选框,表示所生成脚本将包含于一个文件中。在 Generation 选项栏中选择 Script generation 单选按钮,确认生成数据库方式为直接生成脚本文件。

（3）单击【确定】按钮后,系统在 check model 没有错误的情况下,即可在指定路径下生成一个脚本文件。

（4）在 SQL Server 2008 中,选择要建表的数据库,本例为 grade 数据库。打开脚本文件,执行后即可完成在 SQL Server 中的建表。如图 6-44 所示。

图 6-44 在 SQL Server 中执行脚本文件

6.7.5　生成 REPORT

从 CDM 或 PDM 都可以生成 HTML 格式或 RTF 格式的数据字典。以 RTF 为例，步骤如下：

（1）右击 PDM 工程名称，选择 New|Report 命令，新建一个 Report 文件。

（2）在出现的【新建 report】中，选择 report name，language 和 report 模版，如图 6-45 所示。

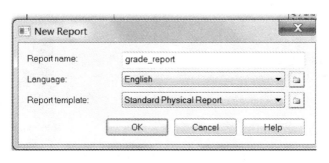

图 6-45　新建 report

（3）在出现的窗口中，可以调节在 report 中显示的内容。从 Available items 中拖曳需要显示的部分到 Report items 窗口，可以修改输出选项的内容。

（4）选择某一项，并右击，在快捷菜单中选择 layout 项，在 list layout 窗口中可以修改输出内容的展示格式，如图 6-46 所示。

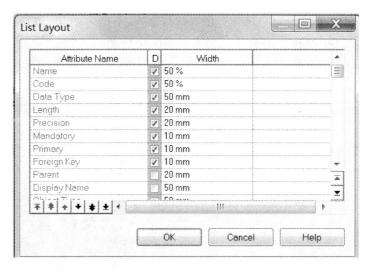

图 6-46　list layout 窗口

（5）确认各种设置完成后，右击新建的 Report 文件名，选择 Generate|RTF 命令即可生成 RTF 格式的 Report 文件，如图 6-47 所示。

以下列出了 report 中的各表结构如表 6-1～表 6-6 所示。

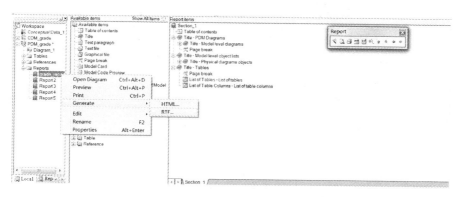

图 6-47 生成 RTF 文件

表 6-1 学生表

Name	Code	Data Type	Length	Mandatory	Primary	Foreign Key
入学年份	enroll_date	Date				
出生日期	birthdate	datetime				
姓名	name	char(10)	10			
学号	sno	Char(10)		×	×	
家庭住址	address	varchar(40)	40			
性别	sex	char(2)	2			
电子邮箱	e—mail	varchar(20)	20			
院系编号	dept_id	char(3)	3	×		×

表 6-2 教师表

Name	Code	Data Type	Length	Mandatory	Primary	Foreign Key
出生日期	birthdate	datetime				
办公电话	phone	varchar(20)	20			
姓名	name	char(10)	10			
家庭住址	address	varchar(40)	40			
性别	sex	char(2)	2			
教师编号	tno	char(5)	5	×	×	
电子邮箱	e—mail	varchar(20)	20			
职称	rank	varchar(20)	20			
院系编号	dept_id	char(3)	3	×		×

表 6-3 授课表

Name	Code	Data Type	Length	Mandatory	Primary	Foreign Key
上课教室	上课教室	varchar(20)	20			
教师编号	tno	char(5)	5	×	×	×
课程编号	cno	char(10)	10	×	×	×

表 6-4　课程表

Name	Code	Data Type	Length	Mandatory	Primary	Foreign Key
学分	credit	numeric(5,1)	5			
学时	c_hour	int				
课程名	cname	char(20)	20			
课程编号	cno	char(10)	10	×	×	

表 6-5　选课表

Name	Code	Data Type	Length	Mandatory	Primary	Foreign Key
学号	sno	Char(10)		×	×	×
成绩	grade	numeric(6,1)	6			
课程编号	cno	char(10)	10	×	×	×

表 6-6　院系表

Name	Code	Data Type	Length	Mandatory	Primary	Foreign Key
院系名	dept_name	char(20)	20			
院系编号	dept_id	char(3)	3	×	×	

习题 6

1. 数据库的设计过程包括几个主要阶段？每个阶段的主要任务是什么？哪些阶段独立于数据库管理系统？哪些阶段依赖于数据库管理系统？

2. 需求分析阶段的设计目标是什么？调查内容是什么？

3. 数据字典的内容和作用是什么？

4. 什么是数据库的概念结构？试述其特点和设计策略。

5. 什么是数据抽象？试举例说明。

6. 什么是 E-R 图？构成 E-R 图的基本要素是什么？

7. 什么是数据库的逻辑结构设计？试叙述其设计步骤。

8. 试述 E-R 图转换为关系模型的转换规则。

9. 试述数据库物理设计的内容和步骤。

10. 现有一局部应用,包括两个实体："出版社"和"作者"。这两个实体属多对多的联系,请读者自己设计适当的属性,画出 E-R 图,再将其转换为关系模型(包括关系名、属性名、码、完整性约束条件)。

11. 请设计一个图书馆数据库,此数据库对每个借阅者保持读者记录,包括：读者号、姓名、地址、性别、年龄、单位。对每本书有：书号、书名、作者、出版社。对每本被借出的书有：读者号、借出的日期、应还日期。要求给出 E-R 图,再将其转换为关系模型。

12. 设有一家百货商店,已知信息有：

(1) 每个职工的数据是职工号、姓名、地址和他所在的商品部。

(2) 每一商品部的数据有它的职工、经理和经销的商品。

（3）每种经销的商品数有商品名、生产厂家、价格、型号（厂家定的）和内部商品代号（商店规定的）。

（4）关于每个生产厂家的数据有厂名、地址、向商店提供的商品价格。

请设计该百货商店的概念模型，再将概念模型转换为关系模型。

13．试设计一个图书馆数据库，此数据库中对每个借阅者保留读者记录，其中包括：读者号、姓名、地址、性别、年龄和单位。对每本书存有：书号、作者和出版社；对每本被借出的书存有读者号、借出日期和应还日期。要求：给出 EE-R 图，再将其转换为关系模式。

14．设某商业集团数据库中有三个实体集。第一个是"公司"实体集，属性有公司编号、公司名称和地址等；第二个是"仓库"实体集，属性有仓库编号、仓库名称和地址等；第三个是"职工"实体集，属性有职工编号、姓名和性别等。

公司和仓库之间存在"隶属"联系，每个公司管辖若干个仓库，每个仓库只能由一个公司管辖；仓库与职工之间存在"聘用"联系，每个仓库可以聘用多个职工，每一个职工只能在一个仓库工作，仓库聘用职工有聘用期和工资。

根据上述实际情况，试作出对应的 E-R 图，并在图上注明属性和联系类型。在将 E-R 图转换为关系模型，并且标明主键和外键。

第7章 数据库保护

数据库保护主要包括数据安全性控制、完整性控制、并发控制和数据备份、恢复等内容。数据库中往往存储了个人信息、客户清单或其他非常机密的资料,如果有人非法侵入了数据库,那么就会造成极大的危害,所以安全性对于任何一个数据库管理系统来说都是至关重要的。数据在处理当中需要保证其正确性、有效性和相容性,这主要通过完整性控制技术来实现。数据库是面向多用户的,并发控制要解决的问题是在多个用户同时操作数据时保证数据的正确性。如果数据库在使用过程中出现了故障,那么保证数据库信息不丢失就是备份和恢复要解决的问题。

本章的学习要点:

- 安全性管理;
- 完整性控制;
- 事务的概念和特点;
- 并发控制机制;
- 数据库备份/恢复机制。

7.1 数据库安全性

数据库的安全性,就是防止非法用户使用数据库造成数据泄露、更改或破坏,以达到保护数据库的目的。数据库中数据必须在 DBMS 统一、严格的控制之下,只允许有合法使用权限的用户访问,尽可能杜绝所有可能对数据库的非法访问。一个 DBMS 能否有效地保证数据库的安全性是它的主要性能指标之一。

数据库系统建立在操作系统之上,如果操作系统存在安全漏洞,则非法者可能避开数据库的安全机制入侵数据库。另外,人为的因素也是安全漏洞因素之一,如人为的破坏、窃取合法用户的口令等。事实上,这些漏洞占了安全问题很大的比重。在计算机系统中,安全性问题还会涉及以下领域:

(1) 网络安全。它关系到什么人和什么内容具有访问权,查明任何非法访问或偶然访问的入侵者,保证只有授权许可的通信才可以在客户机和服务器之间建立连接,而且正在传输中的数据不能读取和修改。

(2) 服务器安全。需要控制谁能访问服务器或访问者可以干什么,防止病毒的侵入,检测有意或偶然闯入系统的不速之客等。

　　（3）用户安全。每个合法的用户在系统内都建立一个账户；在用户获得访问特权时设置相应的功能，在他们的访问特权不再有效时删除用户账户；以及通过身份验证确保用户的登录是合法的。

　　（4）应用程序和服务安全。大多数应用程序和服务都是靠口令保护的，并联合授权机制来控制用户访问系统资源的权限。

　　（5）数据安全。通过数据加密防止非法阅读；保证数据的完整性；防止非法和偶然的不正确的数据更新。

7.1.1　安全控制模型

　　在一般计算机系统中，安全措施是一级一级层层设置的。图 7-1 显示了计算机系统中从用户使用数据库应用程序到访问后台数据库数据要经过的安全认证过程。

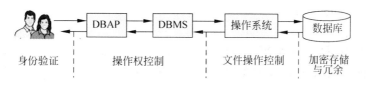

图 7-1　安全控制

　　用户在数据库系统中访问数据时需要经过层层把关。第一层安全控制往往由数据库应用程序（Database Application Program，DBAP）来实现，应用程序要求用户出示其身份，然后数据库应用程序将用户的身份交给数据库管理系统进行验证，只有合法的用户才能进行下一步的操作。若是合法的用户，当其要进行数据库操作时，DBMS 还要验证该用户是否具有某种操作权限。如果有操作权才能进行操作，否则拒绝执行用户的操作。在操作系统一级也有相应的保护措施，如设置文件的访问权限等。对于存储在磁盘上的文件，还可以加密存储，这样即使数据被人窃取，窃取的人也很难读懂数据。

　　这里只介绍用户身份验证、存取控制、视图等相关的安全控制技术。

7.1.2　用户身份认证

　　用户身份认证是系统提供的最外层的安全保护措施，其核心思想是由应用系统提供一定的方式让用户标识用户名和权限。每次用户请求使用系统时，由系统进行核对，通过鉴定之后才提供相应的使用权限。对于已获得应用系统使用权限的用户，如果需要进一步访问数据库，数据库管理系统还要负责进一步的身份认证。

　　用户标识和鉴定的方法有很多种，而且在一个系统中往往是多种方法并举，以获得更强的安全性。常用的方法如下：

　　用一个用户名或者用户标识号来标明用户身份。在使用应用系统之前，每个用户往往都被分配了一个用户标识符并且系统内部记录着这些合法用户的标识。在用户使用系统当中，如果系统鉴别出此用户是合法用户则可以进入下一步的核实；若不是，则不能使用系统。但为了正确识别用户，防止别人冒名顶替，仅使用用户标识符是不够的，还需要进一步鉴别用户身份。

　　为了进一步识别用户，目前最广泛的是使用口令（Password）。系统中设置了一个表，记录着所有合法用户的标识符和口令。当用户请求使用系统时,常常要求用户输入标识符和口令。为保密起见,用户在终端上输入的口令不显示在屏幕上。系统核对口令以鉴别用户身份。

通过用户名和口令来鉴定用户的方法简单易行,但用户名与口令容易被人窃取,因此还可以用更复杂的方法。例如,每个用户都预先约定好一个计算过程或函数,鉴别用户身份时,系统提供一个随机数,用户根据自己预先约定的计算过程或函数进行计算,系统根据用户计算结果是否正确进一步鉴定用户身份。用户可以约定比较简单的计算过程或函数,以便计算起来方便;也可以约定比较复杂的计算过程或函数,以便安全性更好。

鉴定用户的身份还有很多方法。例如,使用磁卡,但系统必须有阅读磁卡的设备;还可以使用签名、指纹等特定的个人特征,但这些特征的识别都需要昂贵的、特殊的鉴别装置的支持。

7.1.3　存取控制

存取控制是对用户存取数据库的权力的控制。数据库安全最重要的一点就是确保只授权给合法用户来访问数据库,同时令所有未被授权的人员无法接近数据。

存取控制机制主要包括两部分:

1. 定义用户权限

用户权限是指不同的用户对于不同的数据对象允许执行的操作权限。数据库用户按其访问权力的大小,一般可以分为以下三类:

1) 一般数据库用户

通过授权可以对数据库进行增加、删除、修改和查询数据库数据的用户。

2) 数据库的拥有者

数据库的拥有者即数据库的创建者,除了拥有一般数据库用户拥有的权力外,还可以授予或收回其他用户对其所创建的数据库的存取权。

3) 有 DBA 特权的用户

有 DBA 特权的用户即拥有支配整个数据库资源的特权,对数据库拥有最大的特权,因而也对数据库负有特别的责任。通常只有数据库管理员才有这种特权。

不同的用户对数据库应该具有不同的存取权,为了保证用户只能访问他有权存取的数据,必须对每个用户授予不同的数据库存取权,这称为授权(Authorization)。在数据库中,为了简化对用户操作权限的管理,可以将具有相同权限的一组用户组织在一起,这组用户在数据库中称为“角色”。

系统必须提供适当的语言定义用户权限,这些定义经过编译后存放在数据字典中,被称作安全规则或授权规则。

2. 合法权限检查

每当用户发出存取数据库的操作请求后(请求一般应包括操作类型、操作对象和操作用户等信息),DBMS 查找数据字典,根据安全规则进行合法权限检查,若用户的操作请求超出了定义的权限,系统将拒绝执行此操作。

某个用户对某类数据具有何种操作权力是个规则问题而不是技术问题。数据库管理系统的功能是保证这些决定的执行。为此 DBMS 必须具有以下功能：

(1) 把授权的决定告知系统，这是由 SQL 的 GRANT 和 REVOKE 语句完成的。

(2) 把授权的结果存入数据字典。

(3) 当用户提出操作请求时，根据授权情况进行检查，以决定是否执行操作请求。

用户权限定义和合法权检查机制一起组成了 DBMS 的安全子系统。

7.1.4　其他安全控制技术

1. 视图机制

视图是关系数据库系统提供给用户以多种角度观察数据库中数据的重要机制。有了视图机制，就可以在设计数据库应用系统时，对不同的用户定义不同的视图，把数据对象限制在一定的范围内。也就是说，通过视图机制把要保密的数据对无权存取的用户隐藏起来，从而自动地对数据提供一定程度的安全保护。

视图是从一个或几个基本表(或视图)导出的表，与基本表不同，是一个虚表。数据库中只存放视图的定义，而不存放视图对应的数据，这些数据依然存放在原来的基本表中。所以，基本表中的数据发生变化，从视图中查询出的数据也就随之改变了。从这个意义上讲，视图就像一个窗口，透过它可以看到数据库中自己感兴趣的数据及其变化。

通过定义视图，可以使用户只看到指定表中的某些行，某些列，也可以将多个表中的列组合起来，使得这些列看起来就像一个简单的数据库表，另外，也可以通过定义视图，只提供用户所需的数据，而不是所有的信息。

2. 数据加密

对于高度敏感性数据，如财务数据、军事数据、国家机密，除以上安全性措施外，还可以采用数据加密技术。

数据加密是防止数据库中数据在存储和传输中失密的有效手段。加密的基本思想是根据一定的算法将原始数据(术语为明文，Plain Text)变换为不可直接识别的格式(术语为密文，Cipher Text)，从而使得不知道解密算法的人无法获知数据的内容。

加密方法主要有两种，一种是替换方法，该方法使用密钥(Encryption Key)将明文中的每一个字符转换为密文中的一个字符；另一种是置换方法，该方法仅将明文的字符按不同的顺序重新排列。单独使用这两种方法的任意一种都是不够安全的。但是将这两种方法结合起来就能提供相当高的安全程度。采用这种结合算法的例子是美国 1977 年制定的官方加密标准——数据加密标准(Data Encryption Standard，DES)。

目前有些数据库产品提供了数据加密例行程序，可根据用户的要求自动对存储和传输的数据进行加密处理。另一些数据库产品虽然本身未提供加密程序，但提供了接口，允许用户用其他厂商的加密程序对数据加密。

由于数据加密与解密也是比较费时的操作，而且数据加密与解密程序会占用大量系统资源，因此数据加密功能通常也作为可选特征，允许用户自由选择或者只对高度机密的数据加密。

3. 审计

为了使 DBMS 达到一定的安全级别,还需要在其他方面提供相应的支持。例如按照 TDI TCSEC 标准中安全策略的要求,"审计"功能就是 DBMS 达到 C2 以上安全级别必不可少的一项指标。

因为任何系统的安全保护措施都不是完美无缺的,蓄意盗窃、破坏数据的人总是想方设法打破控制。审计功能把用户对数据库的所有操作自动记录下来放入审计日志(Audit Log)中。DBA 可以利用审计跟踪的信息,重现导致数据库现有状况的一系列事件,找出非法存取数据的人、时间和内容等。

审计通常是很费时间和空间的,所以 DBMS 往往都将其作为可选特征,允许 DBA 根据应用对安全性的要求,灵活地打开或关闭审计功能。审计功能一般主要用于安全性要求较高的部门。

7.1.5 权限控制语句

这里主要介绍 SQL 语言的安全性控制功能。

1. 授权

SQL 语言用 GRANT 语句向用户授予操作权限,GRANT 语句的一般格式为:

```
GRANT <权限>[,<权限>]…
[ON <对象类型> <对象名>]
TO <用户>[,<用户>]…
[WITH GRANT OPTION]
```

其语义为:将对指定操作对象的指定操作权限授予指定的用户。

不同类型的操作对象有不同的操作权限,常见的操作权限如表 7-1 所示。

表 7-1　不同对象类型允许的操作权限

对　　象	对 象 类 型	操 作 权 限
属性列	TABLE	SELECT, INSERT, UPDATE, DELETE ALL PRIVIEGES
视图	TABLE	SELECT, INSERT, UPDATE, DELETE ALL PRIVIEGES
基本表	TABLE	SELECT, INSERT, UPDATE, ALTER, INDEX, DELETE ALL PRIVIEGES
数据库	DATABASE	CREATETAB

接受权限的用户可以是一个或多个具体用户,也可以是 PUBLIC,即全体用户。

如果指定了 WITH GRANT OPTION 子句,则获得某种权限的用户还可以把这种权限再授予别的用户。如果没有指定 WITH GRANT OPTION 子句,则获得某种权限的用户只能使用该权限,但不能传播该权限。

【例 7-1】　把查询 Student 表权限授给用户 U1。

```
GRANT SELECT ON TABLE Student TO U1
```

【例 7-2】 把对 Student 表和 Course 表的全部权限授予用户 U2 和 U3。

```
GRANT ALL PRIVILIGES ON TABLE Student, Course TO U2, U3
```

【例 7-3】 把对表 SC 的查询权限授予所有用户。

```
GRANT SELECT ON TABLE SC TO PUBLIC
```

【例 7-4】 把查询 Student 表和修改学生学号的权限授给用户 U4。

这里实际上要授予 U4 用户的是对基本表 Student 的 SELECT 权限和对属性列 Sno 的 UPDATE 权限。授予关于属性列的权限时必须明确指出相应属性列名。完成本授权操作的 SQL 语句为：

```
GRANT UPDATE(Sno), SELECT ON TABLE Student TO U4
```

【例 7-5】 把对表 SC 的 INSERT 权限授予 U5 用户，并允许他再将此权限授予其他用户。

```
GRANT INSERT ON TABLE SC TO U5 WITH GRANT OPTION
```

执行此 SQL 语句后，U5 不仅拥有了对表 SC 的 INSERT 权限，还可以传播此权限，即由 U5 用户发上述 GRANT 命令给其他用户。

例如，U5 可以将此权限授予 U6：

```
GRANT INSERT ON TABLE SC TO U6 WITH GRANT OPTION
```

同样，U6 还可以将此权限授予 U7：

```
GRANT INSERT ON TABLE SC TO U7
```

因为 U6 未给 U7 传播的权限，因此 U7 不能再传播此权限。

【例 7-6】 DBA 把在数据库 S_C 中建立表的权限授予用户 U8。

```
GRANT CREATETAB ON DATABASE S_C TO U8
```

2. 收回权限

如果要从某个安全主体处收回权限，可以使用 REVOKE 语句。REVOKE 语句的一般格式为：

```
REVOKE <权限>[,<权限>]…
    [ON <对象类型><对象名>
    FROM <用户>[,<用户>]…
```

REVOKE 语句与 GRANT 语句相对应,可以把通过 GRANT 语句授予安全主体的权限收回。也就是说,使用 REVOKE 语句可以删除通过 GRANT 语句授予安全主体的权限。

【例 7-7】 把用户 U4 修改学生学号的权限收回。

```
REVOKE UPDATA(Sno) ON TABLE Student FROM U4
```

【例 7-8】 收回所有用户对表 SC 的查询权限。

```
REVOKE SELECT ON TABLE SC FROM PUBLIC
```

【例 7-9】 把用户 U5 对 SC 表的 INSERT 权限收回。

```
REVOKE INSERT ON TABLE SC FROM U5
```

在例 7-5 中,U5 将对 SC 表的 INSERT 权限授予了 U6,而 U6 又将其授予了 U7,执行例 7-9 的 REVOKE 语句后,DBMS 在收回 U5 对 SC 表的 INSERT 权限的同时,还会自动收回 U6 和 U7 对 SC 表的 INSERT 权限,即收回权限的操作会级联下去。如果 U6 或 U7 还从其他用户处获得对 SC 表的 INSERT 权限,则他们仍具有此权限,系统只收回直接或间接从 U5 处获得的权限。

可见,SQL 提供了非常灵活的授权机制。DBA 拥有对数据库中所有对象的所有权限,并可以根据应用的需要将不同的权限授予不同的用户。

7.2 数据库完整性

数据完整性是指数据的正确性和相容性。例如,每个人的身份证号必须是唯一的,人的性别只能是"男"或"女",人的年龄应该是 0～150 岁之间(假设人现在最多能活到 150 岁)的数字,学生所在的院系必须是学校已有的院系等,即数据的完整性是为了防止数据库中出现不符合语义的数据。

通常,完整性的破坏来自以下方面:

(1) 用户操作的错误或疏忽。

(2) 操作数据的应用程序有错。

(3) 数据库中并发操作控制不当。

(4) 由于数据冗余,引起某些数据在不同的副本中的不一致。

(5) DBMS 或操作系统程序出错。

(6) 系统中任何硬件(如 CPU、磁盘、I/O 设备等)出错。

由此可见,数据完整性遭受破坏有时是难免的。目标是尽量减少破坏的可能性,以及数据遭到破坏以后能尽快地恢复原样。

7.2.1 完整性控制的功能

完整性控制需要定义何时使用规则检查错误(也称为"触发条件"),要检查什么样的错误("约束条件")和如果查出错误应该怎么办等事项,所以完整性控制主要包括下列三个功能:

1. 定义完整性约束条件的机制

完整性约束条件也称为完整性规则,是数据库中的数据必须满足的语义约束条件。这些约束条件作为表定义的一部分存储在数据库中。SQL标准使用了一系列概念来描述完整性,包括关系模型的实体完整性、参照完整性和用户定义的完整性。

2. 提供检查完整性检查的方法

检查用户发出的操作请求是否违反了完整性约束条件。检查是否违背完整性约束条件通常是在一条语句执行后立即检查,称这类约束为立即执行的约束(Immediate Constraints)。而在某些情况下,完整性检查需要延迟到整个事务结束后再进行,称这类约束为延迟执行的约束(Deferred Constraints)。例如,财务管理中,一张记账凭证中"借贷总金额应相等"的约束就应该是延迟执行的约束。只有当一张记账凭证输入完后才能达到借贷总金额相等,这时才能进行完整性检查。

3. 保护功能

如果发现用户的操作请求违背了完整性约束条件,则采取一定的保护动作来保证数据的完整性。最简单的保护数据完整性的动作就是拒绝该操作,但也可以采取其他处理方法。如果发现用户操作请求违背了延迟执行的约束,由于不知道是哪个或哪些操作破坏了完整性,所以只能拒绝整个事务,把数据库恢复到该事务执行前的状态。

7.2.2 完整性约束条件作用的对象

完整性约束条件作用的对象可以是关系、元组、列三种。其中列约束主要是列的类型、取值范围、精度、排序等的约束条件。元组的约束是元组中各个字段间的联系的约束。关系的约束是若干元组间、关系集合上以及关系之间的联系的约束。

1. 列级约束

列级约束主要是对列的类型、取值范围、精度等的约束。具体包括以下类型:

1) 对数据类型的约束

包括对数据类型、长度、精度等的约束。例如,学生的学号的数据类型为字符型,长度为9。

2) 对数据格式的约束

如规定学号的前两位表示学生的入学年,第三位表示院系的编号,第四位表示专业编号,第5位表示班的编号等。

3) 对取值范围或取值集合的约束

如学生的成绩取值范围为0~100分,最低工资要大于200元等。

4) 对空值的约束

有些列允许为空(如成绩),有些列则不允许为空(如姓名),在定义列时应指明它是否允许取空值。

2. 元组约束

元组约束是元组中各个字段之间的联系的约束。例如,毕业时间必须大于开学时间。

3. 关系约束

关系约束是指若干元组之间、关系之间的联系的约束。比如学号的取值不能重复也不能取空值,学生选课表中的学号的取值受学生信息表中的学号取值的约束等。

7.2.3　完整性控制语句

在数据库服务器端实现完整性控制的方法一般有三种:

(1) 在定义表对象时声明数据完整性。

(2) 通过断言定义约束,这种方法需要 DBMS 提供表述断言的语句。

(3) 用触发器表示约束,以违背约束为触发条件,以违背约束的处理作为解决错误的动作,该动作可以是回滚事务,也可以发给用户一个消息或执行一个过程。

不管使用上述哪种方法,只要用户定义了数据完整性,以后在执行对数据的增加、删除、修改等操作时,DBMS 都会自动检查用户定义的完整性约束条件。

在 SQL 语言中,使用 CREATE TABLE 创建基表时,通过定义主键(PRIMARY KEY)说明实体完整性约束;定义外键(FOREIGN KEY)以及执行删除操作时限定动作说明参照完整性约束;此外,还可以利用 CHECK 子句表示单表中的约束。在使用 ALTER TABLE 修改基表模式时,也可以修改约束说明。

1. 实体完整性和主键约束

关系模型的实体完整性在 CREATE TABLE 中用 PRIMARY KEY 定义。

其具体方法如下:

(1) 在列出关系模式的属性时,在属性及其类型后加上保留字 PRIMARY KEY,表示该属性是主关键字,如例 7-10。

(2) 在列出关系模式的所有属性后,附加一个声明:

```
PRIMARY KEY (<属性 1>[,<属性 2>,…])
```

一个关系的主关键字由一个或几个属性构成,如果关键字由多个属性构成,则必须使用第二种方法,如例 7-11。

【例 7-10】 创建第 4 章的 Songs 表,该表的主键为 SongID。

```
CREATE TABLE Songs
(
SongID CHAR(10) PRIMARY KEY,
Name VARCHAR(50),
Lyricist VARCHAR(20),
```

```
Composer VARCHAR(20),
Lang VARCHAR(16)
)
```

【例 7-11】 创建第 4 章的 Track 表,该表的主键是 SongID 和 SingerID。

```
CREATE TABLE Track
(
SongID CHAR(10) ,
SingerID CHAR(15),
Album VARCHAR(50),
Style VARCHAR(20),
Circulation INTEGER,
PubYear INTEGER,
PRIMARY KEY(SongID,SingerID)
)
```

2. 参照完整性和外键约束

参照完整性是关系模式的另一种重要约束。根据参照完整性的概念,当一个关系的某个或某几个属性为外部关键字的时候,要引用或参照第二个关系的主键值。

如图 7-2 所示,Track 表中的 SongID 是一个外键,因为它的值需要参照 Songs 表的主键 SongID 值,并且 Track 表中 SongID 值的集合 A(虚线椭圆)应该是 Songs 表的 SongID 值集合 B(实线椭圆)的一个子集,若不满足这个条件,那么出现在 Track 表中出现的某个歌曲代码将会找不到具体的信息描述,只能是一个无用的代码标志而已。

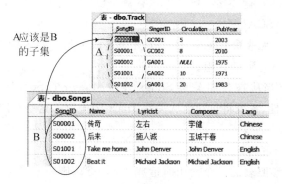

图 7-2 参照完整性示例

关系模型的参照完整性在 CREATE TABLE 中用 FOREIGN KEY 定义哪些列为外键,用 REFERENCES 指明这些外键参照哪些表的主键。如果外部关键字只有一个属性,可以在它的属性名和类型后面直接用 REFERENCES 说明它参照了被参照表的某些属性(必须是主关键字),其格式为:

```
REFERENCES(表名)(<属性>)
```

另一种方法是,在 CREATE TABLE 语句的属性列表后面增加一个或几个外部关键字说明,其格式为:

```
FOREIGN KEY <属性> REFERENCES( 表名)(<属性>)
```

其中,第一个"属性"是外部关键字,第二个"属性"是被参照表中的主键属性。

【例 7-12】 第 4 章中的 Track 表中的 SongID 和 SingerID 分别对应于 Songs 表和 Singers 表中的主键属性,因此例 7-11 中的创建语句需要进一步改进成如下形式:

```
CREATE TABLE Track
(
SongID CHAR(10) ,
SingerID CHAR(15),
Album VARCHAR(50),
Style VARCHAR(20),
Circulation INT,
PubYear INT,
PRIMARY KEY(SongID, SingerID)
FOREIGN KEY(SongID) REFERENCES Songs(SongID),
FOREIGN KEY(SingerID) REFERENCES Singers(SingerID),
)
```

维护参照完整性约束的策略有以下几种:

(1) 默认策略:拒绝违规的更新。

对于任何违反了参照完整性约束的数据更新(INSERT,DELETE,UPDATE),系统一概拒绝执行。

(2) 级联策略(CASCADE)。

当删除或修改被参照表(Student)的一个元组造成了与参照表的不一致,则删除或修改参照表中的所有造成不一致的元组。

以 Track 表为例,当从被参照关系 Songs 表中删除一个 SongID 为 S001 的元组的时候,为了维护参照完整性,系统将自动地从关系 Track 表中删除这些参照元组 Track.SongID= 'S001'。

(3) 置空(NULL)策略。

当删除或修改被参照表的一个元组时造成了不一致,则将参照表中的所有造成和不一致的元组的对应属性设置为空值。

还是以 Track 表为例,当从被参照关系 Songs 表中删除一个 SongID 为 S001 的元组的时候,与前面的级联策略不同,为了维护参照完整性,系统不会从关系 Track 表中删除 Track.SongID= 'S001'的参照元组,而是把这些元组对应的 SongID 设置为 NULL。

3. 用户定义的完整性

用户定义的完整性就是针对某一具体应用所涉及的数据必须满足的语义要求。例如,某个属性必须取唯一值、某个非主属性不能为空等。用户定义的完整性按作用的对象的不同可以分为属性值约束条件(或属性约束条件)和元组上的约束条件。

1) 属性值约束条件

在 CREATE TABLE 中定义属性的同时,可以根据应用要求,定义属性上的约束条件。属性值限制包括:

(1) 列值非空。

对于属性值的约束,最简单的方法是限制属性值不为空。其表示约束的方法是,在建立关系模式时,在属性说明后面再加上保留字 NOT NULL。在把一个属性约束为 NOT NULL后,就不能将该属性的值修改为空,或插入一个空值,也不能对它使用置空策略。

【例 7-13】　定义表 Songs 时,并且歌名、词曲作者都不能取空值。

```
CREATE TABLE Songs
(SongID CHAR(10) PRIMARY KEY,
Name VARCHAR(50) NOT NULL,
Lyricist VARCHAR(20) NOT NULL,
Composer VARCHAR(20) NOT NULL,
Lang VARCHAR(16)
)
```

(2) 列值唯一。

【例 7-14】　建立一个歌曲语言区域表,包括语言编号、语言名称、国家,其中语言编号是主码,语言名称要求取值唯一。

```
CREATE TABLE Language
(ID INTEGER PRIMARY KEY,
Name VARCHAR(50) UNIQUE,
NATION VARCHAR(20)
)
```

(3) 列值满足布尔表达式(CHECK)。

【例 7-15】　Singers 表的 Gender 属性只允许取"男"或"女"。

```
CREATE TABLE Singers
(SingerID CHAR(10) PRIMARY KEY,
Name VARCHAR(8),
Gender VARCHAR(2) CHECK(Gender IN ('男','女')),
BirthYear INT,
Nation VARCHAR(20)
)
```

2) 元组约束

与属性上约束条件的定义类似,在 CREATE TABLE 语句中可以用 CHECK 短语定义元组上的约束条件,不过元组级的限制可以设置不同属性之间的取值的相互约束条件。

【例 7-16】 当学生的性别是男时,其名字不能以 Ms. 打头。

```
CREATE TABLE Singers
(
SingerID CHAR(10) PRIMARY KEY,
Name VARCHAR(8) NOT NULL,
Gender VARCHAR(2) CHECK(Gender IN ('男','女')),
BirthYear INT,
Nation VARCHAR(20),
CHECK (Gender = '女' or Name NOT LIKE 'Ms. %')
)
```

性别是女性的元组都能通过该项检查,因为 Gender＝'女'成立;当性别是男性时,要通过检查则名字一定不能以 Ms. 打头,因为 Gender＝'男'时,条件要想为真值,Name NOT LIKE 'Ms. ％'必须为真值。

7.3　并发控制

数据库是一个共享资源,可以提供多个用户使用。允许多个用户同时使用的数据库系统称为多用户数据库系统。例如,飞机订票系统、银行系统等都是多用户数据库系统。在这样的系统中,在同一时刻并行运行的事务数可达数百个。这些用户程序可以一个一个地串行执行,每个时刻只有一个用户程序能执行对数据库的存取,其他用户程序必须等到这个用户程序结束以后方能对数据库存取。如果一个用户程序涉及大量数据的输入输出交换,则数据库系统的大部分时间处于闲置状态。为了充分利用数据库资源,发挥数据库共享资源的特点,应该允许多个用户并行地存取数据库,但这种策略会产生多个用户程序并发存取同一数据的情况,若对并发操作不加控制就可能会存取和存储不正确的数据,破坏数据库的一致性,所以数据库管理系统必须提供并发控制机制。并发控制机制的好坏是衡量一个数据库管理系统性能的重要标志之一。

7.3.1　并发控制的单位——事务

> **事务**是 DBMS 执行的一个完整的逻辑工作单位,是用户定义的数据操作系列的一次单独的执行过程。

并发控制是以事务(Transaction)为单位进行的。关系数据库中,一个事务可以是一条 SQL 语句、一组 SQL 语句或整个程序。事务和程序是两个概念。一般地讲,一个程序中包含多个事务。

1. 事务的特点

事务具有 4 个特性:原子性(Atomicity)、一致性(Consistency)、隔离性(Isolation)和持续性(Durability)。这个 4 个特性也简称为 ACID 特性。

1）原子性

事务是数据库的逻辑工作单位，一个事务内的所有语句是一个整体，要么全部执行，要么全部不执行。例如，当一个读者借走了一本书时，图书馆借阅系统要在该读者的借书记录上增加一本书的信息，还需要完成另一个动作，把这本书的库存量减少 1 本，对借阅系统来说这 2 个操作要么全做，要么由于出错全部不做。

2）一致性

事务执行的结果必须是使数据库从一个一致性状态变到另一个一致性状态。所谓数据库的一致性状态就是数据库中数据满足完整性约束。例如，某银行一个账号的存款值与取款值的差应该等于其余额，如果存款或取款时不修改余额，就会使数据库处于不一致状态。

3）隔离性

并发执行的事务应该相对独立，一个事务的执行不能被其他事务干扰。即一个事务内部的操作及使用的数据对其他并发事务是隔离的，并发执行的各个事务之间不能互相干扰。

4）持续性

持续性也称永久性（Permanence），指一个事务一旦提交，它对数据库中数据的改变就应该是永久性的，接下来的其他操作或故障不应该对其执行结果有任何影响。

数据库的并发控制和恢复机制就是为了保证在事务并发执行时和在系统发生故障时仍然满足事务的 ACID 特性。

2. 定义事务的语句

事务的开始与结束可以由用户显式控制。在 SQL 语言中，定义事务的语句有三条：

```
BEGIN TRANSACTION
COMMIT
ROLLBACK
```

事务通常是以 BEGIN TRANSACTION 开始，以 COMMIT 或 ROLLBACK 结束。COMMIT 表示提交，即提交事务的所有操作。具体地说就是将事务中所有对数据库的更新写回到磁盘上的物理数据库中去，事务正常结束。ROLLBACK 表示回滚，即在事务运行的过程中发生了某种故障，事务不能继续执行，系统将事务中对数据库的所有已完成的更新操作全部撤销，回滚到事务开始时的状态。

7.3.2 并发带来的问题

如果没有进行并发控制且多个用户同时访问一个数据库，则当他们的事务同时使用相同的数据时可能会发生问题，导致数据库中的数据的不一致性。

最常见的并发操作的例子是网上购物系统中的订购操作。例如，在该系统中的一个活动序列：

（1）顾客 A 读出某商品的库存量为 C，设 C=1。

（2）顾客 B 读出同一商品的库存量 C，也是 1。

（3）顾客 A 确认订购此商品，系统修改该商品库存量 C=C−1=0，把 C 写回数据库。

（4）顾客 B 也确认订购此商品，系统修改该商品库存量 C＝C－1＝0，把 C 写回数据库。

显然顾客 A 买了此物品之后，该商品就没有了，顾客 B 应该买不到此商品了，但顾客 B 按照以上活动序列也订购到了此物品，商品的库存量最终也只减少了 1。

这种情况称为数据库的不一致性。这种不一致性是由两个顾客并发操作引起的，顾客 A 进行的操作启动了 A 事务，顾客 B 的操作对应 B 事务。在并发操作情况下，对 A、B 两个事务操作序列的调度是随机的。若按上面的调度序列执行事务，A 事务的修改就被丢失。这是由于步骤（4）中 B 事务修改 C 并写回覆盖了 A 事务的修改。

并发操作带来的数据库不一致性一般可以分为三类：丢失或覆盖更新、脏读和不可重复读，其产生不一致的过程如图 7-3 所示。

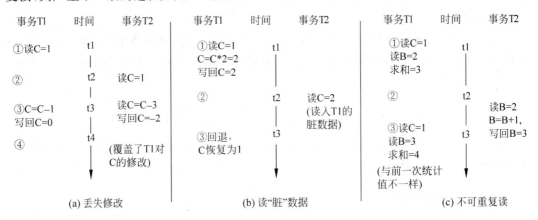

图 7-3　三类产生不一致的过程演示

1）丢失或覆盖更新（Lost Update）

当两个或多个事务选择同一数据，每个事务都不知道其他事务的存在，并且基于最初选定的值来更新该数据时，就会发生丢失更新问题。最后的更新将重写由其他事务所做的更新，这将导致数据丢失。上面订购的例子就属于这种并发问题。

2）脏读（Dirty Read）

一个事务读取了另一个未提交的并行事务写的数据就产生了脏读。当事务 1 修改某一数据，并将其写回磁盘，事务 2 读取同一数据后，事务 1 由于某种原因被撤销，这时事务 1 已修改过的数据恢复原值，事务 2 读到的数据就与数据库中的数据不一致，是不正确的数据，就出现了脏读。

3）不可重复读（Non-repeatable Read）

一个事务重新读取前面读取过的数据，发现该数据已经被另一个已提交的事务修改过。即事务 1 读取某一数据后，事务 2 对其做了修改，当事务 1 再次读数据时，得到的与第一次不同的值。

产生上述数据不一致现象的主要原因是并发操作破坏了事务的隔离性。并发控制就是要用正确的方法来调度并发操作，使一个事务的执行不受其他事务的干扰，避免造成数据的不一致情况。

计算机系统对并发事务中并发操作的调度是随机的，而不同的调度可能会产生不同的结果，那么哪个结果是正确的，哪个是不正确的呢？直观地认为，如果多个事务在某个调度下的执行结果与这些事务在某个串行调度下的执行结果相同,那么这个调度就一定是正确的,因为所有事务的串行调度策略一定是正确的调度策略。虽然以不同的顺序串行执行事务可能会产生不同的结果,但由于不会将数据库置于不一致状态,所以都是正确的。

> **可串行化调度**是一种调度策略,满足以下条件:多个事务的并发执行是正确的,当且仅当其结果与按某一顺序的串行执行结果相同。

可串行性是判断并发事务是否正确的准则。为了保证并发调度是可串行化的,目前DBMS普遍采取的是封锁方法。除此之外,还有其他一些方法,如时间标记法、乐观法等。

7.3.3 封锁技术

封锁是实现并发控制的一种机制。所谓封锁就是事务 T 在对某个数据对象操作之前,先对其加锁。加锁后的事务 T 对该数据对象有了一定的控制。究竟拥有什么样的控制由锁的类型决定。

1. X 锁和 S 锁

基本的封锁类型有两种:排他锁(Exclusive Locks,简称 X 锁)和共享锁(Share Locks,简称 S 锁)。

排他锁又称为写锁。若事务 T 对数据对象 A 加上 X 锁,则只允许 T 读取和修改 A,其他任何事务都不能再对 A 加任何类型的锁,直到 T 释放 A 上的锁。这就保证了其他事务在 T 释放 A 上的锁之前不能再读取和修改 A。

共享锁又称为读锁。若事务 T 对数据对象 A 加上 S 锁,则事务 T 可以读 A 但不能修改 A,其他事务只能再对 A 加 S 锁,而不能加 X 锁,直到 T 释放 A 上的 S 锁。这就保证了其他事务可以读 A,但在 T 释放 A 上的 S 锁之前不能对 A 做任何修改。X 锁和 S 锁的控制方式可以用如表 7-2 所示的相容矩阵来表示。

表 7-2 封锁类型的相容矩阵

T1 ＼ T2	X	S	—	备 注
X	N	N	Y	Y＝Yes,相容的请求
S	N	Y	Y	N＝No,不相容的请求
—	Y	Y	Y	

在表 7-2 所示的封锁类型相容矩阵中,最左边一列表示事务 T1 已经获得数据对象上的锁的类型,其中横线表示没有加锁。最上面一行表示另一个事务 T2 对同一数据对象发出的封锁请求。T2 的封锁请求能否被满足用矩阵中的 Y 和 N 表示,Y 表示 T2 的封锁要求与 T1 已持有的锁相容,封锁请求可以满足;N 则表示相反的意思。

2. 封锁协议

在运用 X 锁和 S 锁这两种基本封锁对数据对象加锁时,还需要约定一些规则,例如何时申请 X 锁或 S 锁、持锁时间、何时释放等。这些规则被称为封锁协议(Locking Protocol)。

对封锁方式规定不同的规则,就形成了各种不同的封锁协议。

1) 三级封锁协议

对并发操作的不正确调度可能会带来丢失修改、不可重复读和读"脏"数据等不一致性问题,三级封锁协议分别在不同程度上解决了这一问题。

(1) 一级封锁协议:事务 T 在修改数据 R 之前必须先对其加 X 锁,直到事务结束才释放。事务结束包括正常结束(COMMIT)和非正常结束(ROLLBACK)。

一级封锁协议可防止"丢失修改",并保证事务 T 是可恢复的。在一级封锁协议中,如果仅仅是读数据不对其进行修改,是不需要加锁的,所以它不能保证可重复读和不读"脏"数据。

(2) 二级封锁协议:一级封锁协议加上事务 T 在读取数据 R 之前必须先对其加 S 锁,读完后即可释放 S 锁。

二级封锁协议不仅能防止"丢失修改",还可进一步防止读"脏"数据。在二级封锁协议中,由于读完数据后即可释放 S 锁,所以它不能保证可重复读。

(3) 三级封锁协议:一级封锁协议加上事务 T 在读取数据 R 之前必须先对其加 S 锁,直到事务结束才释放。三级封锁协议除了需要防止"丢失修改"和不读"脏"数据外,还需进一步防止"不可重复读"。

上述三级协议的主要区别在于什么操作需要申请封锁,以及何时释放锁。

2) 两段封锁协议

理论工作者已经证明:如果调度器按照两段封锁协议来调度的话,产生的调度一定是可串行化调度。

两段锁协议的规定如下:

(1) 任何数据对象进行读、写操作之前,事务要获得对数据对象的加锁。

(2) 在释放一个锁之后,事务不再获得任何加锁。

所谓"两段"锁的含义是,事务分两个阶段,第一阶段是获得锁,也称为扩展阶段。在这个阶段,事务可以申请获得任何数据项上的任何类型的锁,但是不能释放任何锁;第二阶段是拥有的锁逐步释放阶段,称为收缩阶段。这一阶段,事务可以释放任何数据项上的任何类型的锁,但是不能再申请任何锁。

例如,下面两个事务 T1,T2:

T1:Slock(A) Xlock(B) Slock(C) Unlock(B) Unlock(C) Unlock(A)

T2:Slock(A) Unlock(A) Xlock(B) Slock(C) Unlock C) Unlock(B)

根据以上描述,显然 T1 遵守两段锁协议,T2 不遵守两段锁协议。

3. 死锁问题

采用两段封锁协议进行调度,可以得到一个可串行化调度,保证了事务的隔离性和正确性。但是由于采用了加锁技术,数据库系统会产生死锁现象。产生死锁的原因是两个或多个事务都已封锁了一些数据对象,然后又都请求对已经被其他事务封锁的数据对象加锁,从而出现死锁等待。

图 7-4 是一个简单的死锁状态示例图。事务 T1 已经获得了对数据对象 A 的加锁请求,又申请对数据 B 加锁,但没有获得批准,处于 B 的等待队列中。事务 T2 已经获得了对

数据对象 B 的加锁请求,又申请对数据对象 A 加锁,但没有获得批准,处于 A 的等待队列中。两个事务都处于无限的等待中,不能继续执行下去,就形成了死锁问题。

死锁的问题在操作系统和一般并行处理中已做了深入研究,目前在数据库中解决死锁问题主要有两类方法,一类方法是采取一定措施来预防死锁的发生,另一类方法是允许发生死锁,采用一定手段定期诊断系统中有无死锁,若有则解除之。

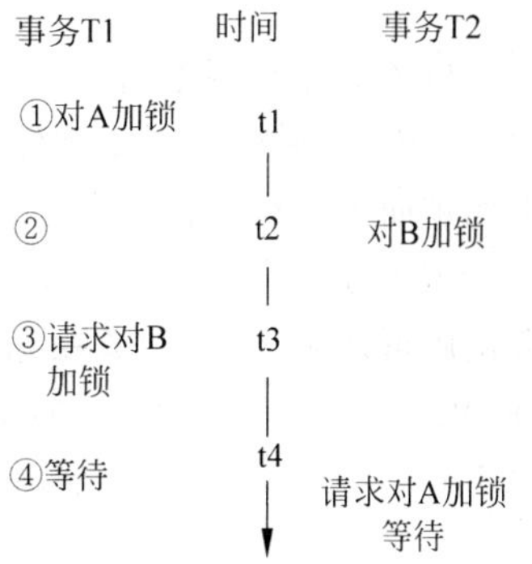

事务T1	时间	事务T2
①对A加锁	t1	
②	t2	对B加锁
③请求对B加锁	t3	
④等待	t4	请求对A加锁等待

图 7-4 死锁

4. 封锁粒度

封锁对象的大小称为封锁粒度(Granularity)。封锁对象可以是逻辑单元,也可以是物理单元。以关系数据库为例,封锁对象可以是这样一些逻辑单元:属性值、属性值的集合、元组、关系、索引项、整个索引直至整个数据库;也可以是这样一些物理单元:页(数据页或索引页)、块等。

封锁粒度与系统的并发度和并发控制的开销密切相关。直观地看,封锁的粒度越大,数据库所能够封锁的数据单元就越少,并发度就越小,系统开销也越小;反之,封锁的粒度越小,并发度较高,但系统开销也就越大。

例如,若封锁粒度是数据页,事务 T1 需要修改元组 L1,则 T1 必须对包含 L1 的整个数据页 A 加锁。如果 T1 对 A 加锁后事务 T2 要修改 A 中元组 L2,则 T2 被迫等待,直到 T1 释放 A。如果封锁粒度是元组,则 T1 和 T2 可以同时对 L1 和 L2 加锁,不需要互相等待,提高了系统的并行度。

所以选择封锁粒度时应该同时考虑封锁开销和并发度两个因素,适当选择封锁粒度以求得最优的效果。一般说来,需要处理大量元组的事务可以以关系为封锁粒度;需要处理多个关系的大量元组的事务可以以数据库为封锁粒度;而对于一个处理少量元组的用户事务,以元组为封锁粒度就比较合适了。

7.4 数据库恢复

数据库恢复机制是为了保证事务的原子性和持久性。当系统发生故障时,有些事务没有完成就被迫停止,这些未完成的事务所做的操作可能已对数据库造成影响,使数据库处于不一致的状态。因此就需要 DBMS 的恢复机制撤销所有未完成事务对数据库的一切影响,保证事务的原子性。同样,对已提交的事务要恢复它对数据的更改,保证事务的持久性。因此,恢复机制是 DBMS 必不可少的组成部分。

7.4.1 故障种类

数据库系统中可能发生各种各样的故障,归纳起来大致可以分为以下三类:事务故障、系统故障和介质故障。对不同的故障采用的恢复手段也不一样。

1. 事务故障

事务故障是事务内部的故障,出现这种故障时大部分数据库系统仍然能运行,但是数据的正确性、一致性就得不到保证了。这些故障通常由于程序的错误、运算溢出、并发事务发生死锁而被选中撤销该事务、违反了某些完整性限制等。

事务故障意味着事务没有达到预期的终点(COMMIT 或显式的 ROLLBACK),因此,数据库可能处于不正确状态。恢复程序要在不影响其他事务运行的情况下,强行回滚(ROLLBACK)该事务,即撤销该事务已经作出的任何对数据库的修改,使得该事务好像根本没有启动一样。这类恢复操作称为事务撤销(UNDO)。

2. 系统故障

系统故障是指造成系统停止运转的任何事件,使得系统要重新启动。例如,特定类型的硬件错误(CPU 故障)、操作系统故障、DBMS 代码错误、突然停电等。这类故障影响正在运行的所有事务,但不破坏数据库。这时主存内容,尤其是数据库缓冲区(在内存)中的内容都被丢失,所有运行事务都非正常终止。发生系统故障时,一些尚未完成的事务的结果可能已送入物理数据库,从而造成数据库可能处于不正确的状态。为保证数据一致性,需要清除这些事务对数据库的所有修改。

恢复子系统必须在系统重新启动时让所有非正常终止的事务回滚,强行撤销(UNDO)所有未完成事务。

另外,发生系统故障时,有些已完成的事务可能有一部分甚至全部留在缓冲区,尚未写回到磁盘上的物理数据库中,系统故障使得这些事务对数据库的修改部分或全部丢失,这也会使数据库处于不一致状态,因此应将这些事务已提交的结果重新写入数据库。所以系统重新启动后,恢复子系统除需要撤销所有未完成事务外,还需要重做(REDO)所有已提交的事务,以将数据库真正恢复到一致状态。

3. 介质故障

系统故障常称为软故障(Soft Crash),介质故障称为硬故障(Hard Crash)。硬故障指外存故障,如磁盘损坏、磁头碰撞,瞬时强磁场干扰等。这类故障将破坏数据库或部分数据库,并影响正在存取这部分数据的所有事务。这类故障比前两类故障发生的可能性小得多,但破坏性最大。

对于介质故障恢复,必要时要更换磁盘,加载最近的后备副本,重做最近后备副本以后提交的所有事务。

7.4.2　数据库恢复技术

为了修复数据库中被破坏的或不正确的数据,使数据库恢复到一致性状态。必须建立存储在系统别处的冗余数据,恢复时利用这些冗余数据实施数据库的恢复。最常用的冗余数据有后备副本和日志文件。

1．日志文件

事务由一系列对数据库的读写操作组成，按照操作执行的先后次序，记录下事务所执行的所有对数据库的更新操作，就构成了事务的日志文件。

日志文件是用来记录事务的状态和事务对数据库的更新操作的文件。它是记录式文件，一般格式如下：

事务标识	操作类型	操作对象	前值	后值

- 事务标识，表明是哪个事务
- 操作类型，对数据库进行的写操作类型，插入、删除、修改
- 操作对象，记录内部的标识
- 前值，更新前数据的旧值（对插入操作而言，此项为空值）
- 后值，更新后数据库的新值（对删除操作而言，此项为空值）

可以对每次进行的操作，在日志文件中写入一条符合上面格式的记录，例如：

（1）事务 T 开始，日志记录为：

T	BEGIN	NULL	NULL	NULL

（2）事务 T 修改对象 A，日志记录为：

T	UPDATE	A	A 的前值	A 的新值

（3）事务 T 插入对象 A，日志记录为：

T	INSERT	A	NULL	A 的值

（4）事务 T 删除对象 A，日志记录为：

T	DELETE	A	A 的值	NULL

（5）事务 T 提交，日志记录为：

T	COMMIT	NULL	NULL	NULL

（6）事务 T 回滚，日志记录为：

T	ROLLBACK	NULL	NULL	NULL

为了保证数据库恢复的正确性，登记日志文件时要遵守下面两条原则：

（1）登记的次序必须严格按照并发事务执行的时间次序；

（2）必须先写日志文件，后写数据库，并且日志文件不能和数据库放在同一磁盘上，应该经常把它复制到磁带上。

说明：日志文件的长度是有限制的，当日志文件被写满后，要将日志文件进行备份。

2．数据备份

数据备份就是由 DBA（数据库管理员）定期或不定期地将整个数据库复制到磁带或另一个磁盘上，转储到磁带或另一个磁盘上的数据库副本称为后备副本或后援副本。

在制定备份策略时,应考虑如下几个方面:

1) 备份的内容

备份数据库应备份数据库中的表(结构)、数据库用户(包括用户和用户操作权)以及用户定义的数据库对象和数据库中的全部数据。表应包含系统表、用户定义的表,还应该备份数据库日志等内容;

2) 备份频率

确定备份频率要考虑两个因素:

(1) 存储介质出现故障或出现其他故障时,允许丢失的数据量的大小。

(2) 数据库的事务类型(读操作多还是写操作多)以及事故发生的频率(经常发生还是不经常发生)。

备份全部数据库内容称为海量转储。由于数据库的数据量一般比较大,海量备份很费时间,并且备份期间一般不允许对数据库的操作,因此海量备份不能太频繁地进行,一般在周末或夜间进行。但备份周期愈长,丢失的数据也愈多。如果只备份更新过的数据,则备份的数据量显著减少,备份时间减少,备份周期可以缩短,从而可以减少丢失的数据,这种备份称为增量备份。我们可以将海量备份和增量备份结合起来使用。例如,每周进行一次海量备份,每天晚上进行一次增量备份。对于一些重要的联机事务处理数据库,数据库也可以每日备份,事务日志则每隔数小时备份一次。

3. 恢复过程

当数据库发生故障时,就可以将最近备份文件重新装入来恢复数据库恢复。仅使用数据备份的恢复技术实现起来比较容易,但只能恢复到数据库的最近一次备份时的一致状态。为此,备份文件通常和日志文件一起使用。

使用备份文件和日志文件的恢复如图 7-5 所示。当数据库发生故障时,可以将最近备份文件重新装入,然后利用日志文件,对未提交的事务用撤销(UNDO)操作;对已提交的事务,但结果还没有从内存工作区写入数据库中的事务用重做(REDO)操作。这样就可以使数据库恢复到故障前的正确状态。

图 7-5　联合备份文件和日志文件进行恢复的过程

7.4.3　恢复策略

对于不同的故障类型要采用不同的恢复策略。

1. 事务故障的恢复

事务故障一定在事务提交前发生,这时应撤销(UNDO)该事务对数据库的一切更新,采取的措施如下：

（1）反向扫描日志文件，查找该事务的更新操作。

（2）若查到的更新操作是 UPDATE，则将日志文件"前值"写入数据库；若是 INSERT 操作，则将数据对象删去；若是 DELETE 操作，则做插入操作，插入数据对象的值为日志记录中的"前值"。

（3）继续反向扫描日志文件，找出其他的更新操作，并做同样处理，直至该事务的 BEGIN 记录为止。

2. 系统故障的恢复

系统故障会使内存数据丢失，这样会使已提交的事务对数据库的更新还留在工作区而未写入数据库。所以，对所有已提交的事务需要重做，而对未提交的事务必须撤销所有对数据库的更新。恢复时，要采取下列措施：

（1）重新启动操作系统和 DBMS。

（2）从头扫描日志文件，找出在故障发生前已提交的事务（即已有 COMMIT 记录的事务），将其记入重做（REDO）队列。同时找出尚未完成的事务（即只有 BEGIN 记录，而无 COMMIT 或 ROLLBACK 记录的事务），将其记入撤销（UNDO）队列。

（3）对重做队列中每个事务进行 REDO 操作，即正向扫描日志文件，依据登入日志文件中次序重新执行登记的操作。

（4）对撤销队列中每个事务进行 UNDO 操作，即反向扫描日志文件，依据登入日志文件中的相反次序对每个更新操作执行逆操作，从而恢复原状。

为了减少系统故障恢复时扫描日志记录的数目以及重做已提交事务的工作量，可以采用检查点（Checkpoint）技术。在系统运行过程中，DBMS 按一定的间隔在日志文件中设置一个检查点。设置检查点时要执行下列动作：

① 暂停事务的执行。

② 将上一个检查点后已提交的事务留在内存工作区内待更新的所有数据写入数据库（即磁盘上）。

③ 在日志文件中加入新的 Checkpoint 记录。

采用检查点技术，在系统故障恢复时，不需要把所有已提交的事务都放入重做队列中，而只是放置从最近一个检查点之后到发生故障时已提交的事务，这样可以大大减少 REDO 的工作量。

3. 介质故障的恢复

发生介质故障后，磁盘上的数据可能都被破坏。这时，恢复的措施如下：

（1）必要时更换磁盘。

（2）修复系统（包括操作系统和 DBMS），重新启动系统。

（3）重新装入最近的后备副本。

（4）重新装入有关的日志文件副本，重做转储最近后备副本以后提交的所有事务。

这样，就可以使数据库恢复到故障前的一致性状态。

习题 7

1. 什么是数据库安全性？什么是数据库的完整性？两者之间的联系与区别是什么？

2. 如何将一个表的操作权限授予所有用户？写出命令。

3. 什么是事务？事务的特点有哪些？

4. 在多用户数据库中有哪些数据一致性的问题？

5. 为什么需要并发控制？

6. 什么是封锁？

7. 为什么要进行数据库的备份和恢复？什么是检查点技术？

8. 数据库安全性保护通常采用什么方法？

9. 什么是"权限"？用户访问数据库有哪些权限？对数据库模式进行修改有哪些权限？

10. 视图机制有哪些优点？

11. 完整性约束条件可以分为哪几类？

12. 数据库安全性和计算机的安全性有什么关系？

13. 设有如下两个关系模式：

职工(职工号,名称,年龄,职务,工资,部门号),其中职工号为主键。

部门(部门号,名称,经理名,电话),其中部门号为主键。

试用 SQL 语言定义这两个关系模式,要求在模式中完成以下完整性约束条件的定义：

(1) 定义每个模式的主键。

(2) 定义参照完整性。

(3) 定义职工年龄不得超过 55 岁。

14. 请对 13 题,运用 SQL 的 GRANT 和 REVOKE 语句,完成以下授权定义或存取控制功能。

(1) 用户王明对两个表有 SELECT 权限。

(2) 用户李勇对两个表有 INSERT 和 DELETE 权限。

(3) 用户刘星对职工表有 SELECT 权限,对工资字段具有更新权限。

(4) 用户张新具有修改两个表的结构的权限。

(5) 用户王明对两个表有的所有权限(读、写插、改、删除数据),并具有给其他用户授权的权限。

(6) 把王明用户的上述权限撤销。

第<u>二</u>部分　　数据库应用

本部分主要介绍SQL Server数据库的应用，包括SQL Server数据库介绍；Transact-SQL语言基础；SQL Server中数据库以及表、视图和索引的创建及使用；存储过程和触发器的创建和使用以及SQL Server数据库的保护(安全机制、并发机制和备份、恢复)的介绍。

第 8 章

SQL Server概述

SQL Server 是 Microsoft 公司推出的适用于大型网络环境的数据库产品。其强大的功能、简便的操作、友好的界面和可靠的安全性等,得到很多用户的认可,是当前应用最广泛的大型数据库系统之一。

本章的学习要点:

- SQL Server 的组件;
- 注册服务器;
- SQL Server 的管理工具。

8.1 SQL Server 简介

SQL Server 是一个典型的关系型数据库管理系统(Relational Database Management System,RDBMS),它最初是由 Microsoft 和 Sybase 公司共同开发的,并于 1988 年推出了第一个版本,这个版本主要是为 OS/2 平台设计的。在 Windows NT 推出后,Microsoft 与 Sybase 公司在 SQL Server 开发方面的合作终止。Microsoft 公司将 SQL Server 移植到 Windows NT 系统上,专注于开发推广 SQL Server 的 Windows NT 版本,Sybase 公司则较专注于 SQL Server 在 UNIX 操作系统上的应用。

Microsoft 公司分别于 1996 年和 1998 年推出了 SQL Server 6.5 版本和 SQL Server 7.0 版本,特别是 SQL Server 7.0 版本在数据存储和数据库引擎方面发生了根本性的变化,并且包含了初始的 Web 支持,因此更加确立了 SQL Server 在数据库管理工具中的主导地位,从这一版本开始 SQL Server 得到了广泛的应用。

Microsoft 公司于 2000 年发布了 SQL Server 2000,该版本继承了 SQL Server 7.0 版本的优点,同时又增加了许多更先进的功能,具有使用方便、可伸缩性好、与相关软件集成程度高等优点,而且可跨越多种平台使用。

2005 年,Microsoft 公司发布了 SQL Server 2005,该版本是一个全面的数据库平台,使用集成的商业智能(Business Intelligence,BI)工具提供了企业级的数据管理,此外 SQL Server 2005 结合了分析、报表、集成和通知功能。SQL Server 2005 最伟大的飞跃是引入了.NET Framework,允许构建.NET SQL Server 专属对象,从而使 SQL Server 具有灵活的功能。

2008 年推出的 SQL Server 2008 在 SQL Server 2005 的架构基础上,推出了许多新的

特性和关键的改进,如新添了数据集成功能,改进了分析服务、报表服务以及与 Office 集成等,使它成为一个可信的、高效的、智能的数据平台。如无特殊说明,本书所使用的 SQL Server 均为 SQL Server 2008 版本。

SQL Server 是一种基于客户机/服务器的关系型数据库管理系统,使用客户机/服务器体系结构将所有的工作负荷分解成在服务器上的任务和在客户机上的任务。客户机应用程序负责商业逻辑向用户提供数据,一般运行在一个或多个客户机上,也可以运行在服务器上;服务器管理数据库和分配可用的服务器资源,如网络带宽、内存和磁盘操作,客户机应用程序通过网络与服务器通信。

SQL Server 能与主流客户机/服务器开发工具和桌面应用程序紧密集成。在利用数据库应用程序开发工具来开发数据库应用程序时,可以采用 ActiveX 数据对象(ADO)、数据访问对象(DAO)、OLE DB 等和其他第三方提供的开发工具来访问 SQL Server 数据库。

8.2　SQL Server 的平台构成

SQL Server 从 SQL Server 2005 版本开始,已经不是传统意义上的数据库,而是整合了数据库、商业智能、报表服务、分析服务等多种技术的数据库平台。该平台如图 8-1 所示。

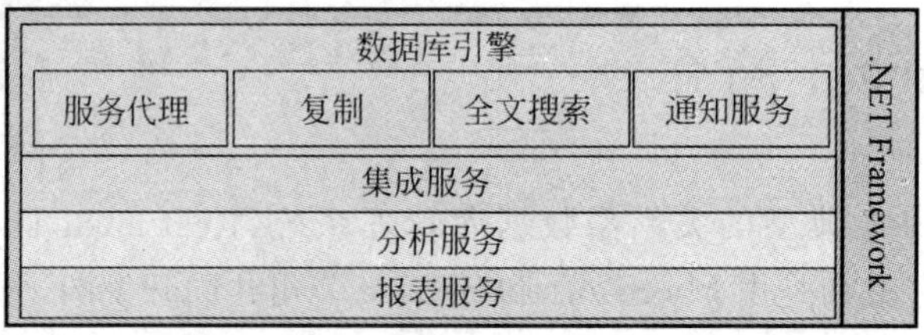

图 8-1　SQL Server 的数据库平台

1. 数据库引擎

数据库引擎(Database Engine)是 Microsoft SQL Server 系统的核心服务,是存储和处理关系类型的数据或 XML 文档数据的服务,负责完成数据的存储、处理和安全管理。例如,创建数据库、创建表、创建视图、查询数据和访问数据库等操作,都是由数据库引擎完成的。通常情况下,使用数据库系统实际上就是在使用数据库引擎。

数据库引擎是一个复杂的系统,包含了复制、全文搜索、服务代理和通知服务这些功能组件。

1) 服务代理(Service Broker)

服务代理是一种分布式异步数据库应用程序,在客户和服务器之间提供异步通信。在需要异步执行处理程序或者是需要跨多个计算机处理应用程序时,这个服务起着非常重要的作用。在实际工作中,进程利用此服务实现分布式数据库的事务一致性。

2) 复制(Replication)

复制是在数据库之间对数据和数据库对象进行复制和分发,然后在数据库之间进行同步以保持一致性的一组技术。

3）全文搜索（Full-text Search）

全文搜索可以在大文本上建立索引，进行快速定位并提取数据，提供用于对 SQL Server 表中纯字符数据发出全文查询的功能。

4）通知服务（Notification Service）

通知服务是一种应用程序，可以向上百万的订阅者及时发布个性化的信息，还可以向各种各样的设备传递这些信息。

2．分析服务

分析服务（Analysis Services）的主要作用是通过服务器和客户端技术的组合，以提供联机分析处理和数据挖掘功能。通过使用分析服务，用户可以进行如下操作。

设计、创建和管理包含来自于其他数据源的多维结构，通过对多维数据进行多角度的分析，可以使管理人员对业务数据有更全面的理解。

完成数据挖掘模型的构造和应用，实现知识的发现、表示和管理。

支持本地多维数据集引擎，该引擎使断开连接的客户端上的应用程序能够在本地浏览已存储的多维数据。

3．报表服务

报表服务（Reporting Services）是 SQL Server 2005 之前的版本所没有的服务。在报表服务中包含如下内容：

（1）用于创建和发布报表及报表模型的图形工具和向导。

（2）用于管理报表服务的报表服务器管理工具。

（3）用于对报表服务对象模型进行编程和扩展的应用程序编程接口（API）。

报表服务是一种基于服务器的解决方案，用于生成从多种关系数据源和多维数据源提取内容的企业报表，发布以各种格式查看的报表，以及集中管理安全性和订阅。创建的报表可以通过基于 Web 的连接进行查看，也可以作为 Windows 应用程序的一部分进行查看。在 SQL Server 2008 版本中，报表服务能够与 Microsoft Office 2007 完美地结合。例如，报表服务能够直接把报表导出为 Word 文档，而且使用 Report Authoring 工具，Word 和 Excel 文件都可以作为报表的模板。

4．集成服务

SQL Server 2005 以后的版本用集成服务（Integration Services）代替了 SQL Server 2000 中的数据转换服务（DTS），它是一种用于构建高性能数据集成解决方案的平台，负责完成有关数据的提取、转换和加载等操作。集成服务可以高效地处理各种各样的数据源，如 SQL Server、Oracle、Excel、XML 文档和文本文件等。

对于分析服务来说，数据库引擎是一个重要的数据源，而集成服务是将数据源中的数据经过适当的处理，并加载到分析服务中以便进行各种分析处理。

SQL Server 系统提供的集成服务包括如下内容：

（1）生成并调试包的图形工具和向导。

（2）执行如 FTP 操作、SQL 语句执行和电子邮件消息传递等工作流功能的任务。

（3）用于提取和加载数据的数据源和目标。

（4）用于清理、聚合、合并和复制数据的转换。

（5）管理服务，即用于管理集成服务包的集成服务。

（6）用于提供对集成服务对象模型编程的应用程序接口。

8.3　数据库引擎的体系结构

8.2节中介绍的数据库引擎、分析服务、报表服务和集成服务之间的体系结构如图8-2所示。

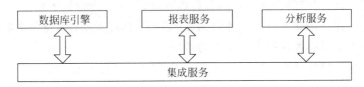

图 8-2　SQL Server 系统的体系结构图

本节介绍 SQL Server 的核心组件——数据库引擎的体系结构，对该知识的了解可以帮助用户理解 SQL Server 的工作原理，顺利完成各项管理任务，同时可以在系统发生故障时快速判断导致故障的原因。

1. 数据库引擎的工作流程

SQL Server 数据库引擎完成对数据的存储和管理操作，其工作流程如图8-3所示。对用户界面进行处理是客户机软件的功能。如果是 DBA 下达的创建和维护命令，数据库引擎将直接对系统库中的数据字典进行操作。对于大量普通用户的 SQL 访问，数据库引擎将按照下列流程进行处理。

1）查询处理

查询处理部分将用户的 SQL 命令转化成 SQL Server 能够识别和执行的关系代数操作，同时进行各种优化以提高 SQL 执行效率，最后生成具体的执行计划提交给事务处理部分。

2）事务处理

事务是保证数据库中数据完整性和一致性的机制。事务处理部分负责为执行计划生成具体的事务标识，记录事务的信息，然后将做好标识的执行计划传送给事务调度部分。

3）事务调度

多个并发客户机产生的事务可能对同一个数据库进行操作，这种情况下必须保证数据的一致性和完整性。事务调度部分将用户的事务加锁，以确保对数据库的操作不会导致错误的结果，然后提交给故障恢复部分。

4）故障恢复

在突发断电等特殊情况下，故障恢复能够保证数据库正常恢复。故障恢复部分要同时维护数据和日志的一致性。故障恢复部分的工作机制是先写日志后写数据。确保日志内容首先写在物理的日志文件上，然后再将数据写在物理数据文件上。故障恢复部分对数据、日志的操作是在内存中完成的，当没有足够的内存时需要调用内存缓冲管理部分来将物理数

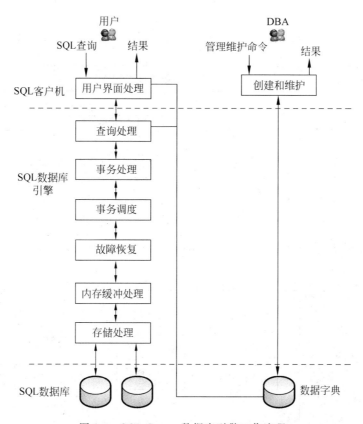

图 8-3 SQL Server 数据库引擎工作流程

据提取到内存。

5）内存缓冲管理

它用来管理内存区域,内存区的大小有限,不可能容纳所有的数据。所以,内存缓冲管理必须根据某种策略来进行数据的调入和调出。必要时可以调用存储管理部分,将需要的数据从物理文件中读进内存区。

6）存储管理

存储管理完成对硬盘上数据的管理操作,根据内存缓冲管理的需要完成数据的读写操作。

2. 数据库引擎的组成部分

如图 8-4 所示,数据库引擎由以下部分组成。

（1）网络接口：为各种网络协议提供访问数据库的接口。

（2）线程调度：分配和调度用户操作线程和纤程。

（3）关系引擎：完成对 SQL 命令的语法分析、编译、优化处理和查询执行等功能。对客户端的查询事务进行处理,向存储引擎请求数据,将处理后的结果反馈给客户端。

（4）关系引擎和磁盘引擎的接口：关系引擎完成 SQL 语句的编译和优化后,数据是由存储引擎进行管理的。存储引擎提取的数据最终要放入内存由关系引擎调度执行。两者的主要接口有 OLE DB 接口和非 OLE DB 接口。

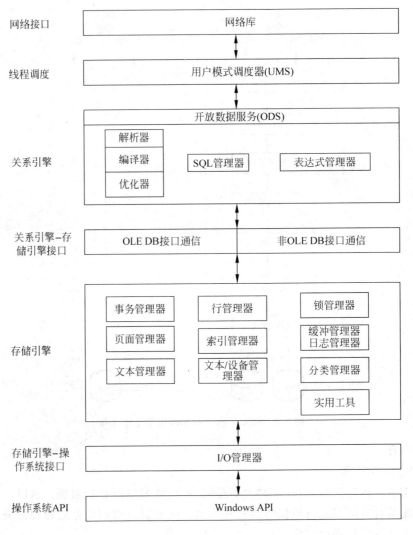

图 8-4　数据库引擎的组成

（5）存储引擎：完成磁盘数据的读写。

（6）存储引擎和操作系统接口：存储引擎的最终操作还是要由 Windows API 来执行，这个接口通常也称为 I/O 管理器。

（7）Windows API：最终存储空间的分配和管理是由 Windows 来完成。

3. 查询处理器的体系结构

图 8-4 中的关系引擎也称为查询处理器，它包含的 SQL Server 组件用于确定查询需要完成的任务以及如何实现才是最佳方案。查询处理器对 SQL 语句的执行流程介绍如下。

1）SQL 语句执行流程

用户对服务器和数据库的操作最终转化为各种 SQL 语句，被数据库引擎中的关系引擎类分析、优化和执行的。SQL 语句的执行流程如下。

（1）分析器扫描 SQL 语句，并将其分成逻辑单元（关键字，表达式，运算符，标识符等）。

（2）生成查询树，描述将源数据转换成结果需要的格式所用的逻辑步骤。

（3）查询优化器（Query Optimizer）分析访问源表的不同方法，然后选择返回结果速度最快且使用步骤最少的操作，更新查询树以确切地记录这些步骤，查询树最终优化的版本称为"执行计划"。

SQL Server 使用基于成本的优化，即最终选择的执行计划花费的成本合理，还能将结果集最快地反馈给客户机。优化器通过 SQL 请求，数据库的方案（表和索引的定义）以及数据库的统计信息，输出执行计划（如图 8-5 所示）。通过算法找出所有查询计划中最优的计划作为执行计划，同时还结合统计信息，因为表和索引的统计信息表明了索引或表中列值的选择性。

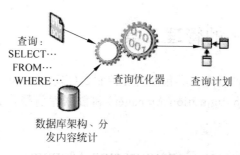

图 8-5　查询优化示意图

（4）关系引擎开始执行生成的查询计划，在处理基表中需要数据时，关系引擎请求存储引擎向上传递关系引擎请求行集中的数据。

（5）关系引擎将存储引擎返回的数据包装成结果集定义的格式，然后将结果集返回客户端。

2）执行计划

SQL Server 有一个用于存储执行计划和数据缓冲区的内存池。池内分配执行计划或数据缓冲区的百分比随系统状态动态波动。内存池中用于存储执行计划的部分称为过程缓存。

SQL Server 执行计划包含下列主要组件，如图 8-6 所示。

图 8-6　执行计划

（1）查询计划。

查询计划是执行计划的主体，是 SQL Server 中数据库引擎能够执行的一系列操作步骤，可由任意数量的用户使用。

(2) 执行上下文。

每个正在执行查询的用户都有一个包含其执行专用数据(如参数值)的数据结构,此数据结构称为执行上下文。

在 SQL Server 中执行任何 SQL 语句时,关系引擎将首先查看过程缓存中是否有用于同一 SQL 语句的现有执行计划。如果找到,那么 SQL Server 将重新使用找到的现有计划,从而节省重新编译 SQL 语句的开销。如果没有现有执行计划,SQL Server 将为查询生成新的执行计划。SQL Server 有一个高效的算法,可查找用于任何特定 SQL 语句的现有执行计划。该算法将新的 SQL 语句与缓存内现有的未用执行计划相匹配,并要求所有的对象引用完全合法。

8.4 SQL Server 的管理工具

常用的 SQL Server 的管理工具包括管理控制台(SQL Server Management Studio)、配置管理器(SQL Server Configuration Manager)和数据库引擎优化顾问(Database Engine Tuning Advisor)等。

8.4.1 SQL Server Configuration Manager

1. SQL Server Configuration Manager

SQL Server 2005 以后的配置管理器综合了 SQL Server 2000 中的服务管理器、服务器网络实用工具和客户端使用工具的功能。配置管理器是一种工具,用于管理与 SQL Server 相关联的服务、配置 SQL Server 使用的网络协议以及从 SQL Server 客户端的网络连接配置。

SQL Server 配置管理器是一种可以通过"开始"菜单访问的 Microsoft 管理控制台管理单元,也可以将其添加到任何其他 Microsoft 管理控制台的显示界面中。使用 SQL Server 配置管理器可以启动、暂停、恢复或停止服务,还可以查看或更改服务属性。

启动 SQL Server 配置管理器的方法:选择"开始"→"所有程序"→Microsoft SQL Server→"配置工具"→"SQL Server 配置管理器"命令,启动 SQL Server 配置管理器,如图 8-7 所示。

配置管理器可以对 SQL Server 服务、网络、协议等进行配置,配置好后客户端才能顺利地连接和使用 SQL Server。

2. 实例的概念

在介绍 SQL Server 服务之前,首先需要理解一个概念——实例(Instance)。各个数据库厂商对实例的解释不完全一样。在 SQL Server 中这样理解实例:当在一台计算机上安装一次 SQL Server 时,就形成了一个实例。

实例标志一组 SQL Server 服务。安装 SQL Server 服务器组件,就是创建一个新的 SQL Server 实例,SQL Server 允许在同一个操作系统中创建多个实例。如果是在计算机上第一次安装 SQL Server,则 SQL Server 安装向导会提示用户选择把这次安装的 SQL

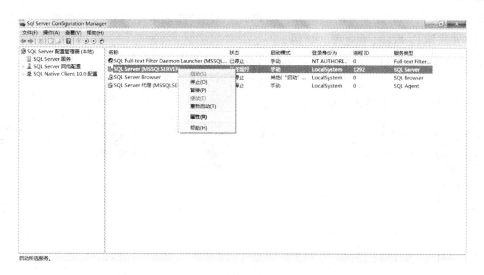

图 8-7　SQL Server Configuration Manager 主界面

Server 作为默认实例还是命名实例（默认选项是默认实例）。一台计算机只能有一个默认实例，用当前计算机的网络名作为其实例名。

一台计算机除了安装 SQL Server 的默认实例外，还可以安装多个命名实例。命名实例在安装时为实例指定了一个实例名，然后就可以用该名称来访问该实例，访问的方法是在客户端工具中输入"计算机名/命名实例名"。

3. 启动 SQL Server 服务

SQL Server 的每个实例都提供了一组服务，包括数据库引擎、分析服务、报表服务及集成服务等。其中数据库引擎是核心服务，一般情况下，要完成 SQL Server 的基本操作（如创建数据库、表等）都必须要启动该服务。

下面介绍如何启动 SQL Server 服务。

单击图 8-7 中窗口左边的 SQL Server 服务节点，在窗口的右边会列出已安装的 SQL Server 服务，包括不同实例（如果有的话）的服务。其中 SQL Server 服务是 SQL Server 数据库的核心服务，也就是数据库引擎，SQL Server 的其他服务都是围绕这个服务进行。只有启动了这个服务，SQL Server 数据库管理系统才能发挥作用，用户也才能建立与服务器的连接。

在图 8-7 中，右击 SQL Server（MSSQLSERVER）服务（MSSQLSERVER 代表实例名），在弹出的下拉菜单中执行"启动"、"暂停"和"停止"命令即可实现该服务的启动、暂停和停止操作。

其中，暂停和停止服务操作的含义解释：暂停服务是指拒绝新的客户机连接请求，但是已经建立的客户机连接不受影响，可以继续执行。停止服务则从内存中清除所有有关的 SQL Server 服务器的进程，除了不允许新的用户继续登录服务器外，已经建立的连接也会立即发生中止。在 DBA 的实际管理中，一般会先选择暂停，在确认没有客户机连接后选择关闭服务。

在如图 8-7 所示的下拉菜单中选择"属性"命令，可以弹出如图 8-8 所示的属性对话框。

在"登录"选项卡中可以设置启动服务的账户,在"服务"选项卡中可以设置服务的启动方式(如图 8-9 所示):自动、手动和已禁用。

(1) 自动:表示每当操作系统启动时自动启动该服务。

(2) 手动:表示每次使用该服务时都需要用户手工启动。

(3) 已禁用:表示禁止该服务的启动。

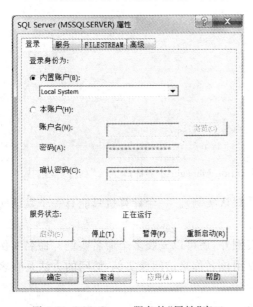
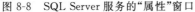

图 8-8   SQL Server 服务的"属性"窗口   图 8-9   设置服务的启动方式

8.4.2   SQL Server Management Studio

SQL Server Management Studio(简称为 SSMS)是 SQL Server 中最重要的管理工具,融合了 SQL Server 2000 的查询分析器与企业管理器、OLAP 分析器等多种工具的功能,为管理人员提供了一个单一的集成环境。此集成环境使用户可以在一个界面内执行各种任务,如备份数据、编辑查询和执行常见函数等;还可以和 SQL Server 的所有组件协同工作,如 Reporting Services、Integration Services 等。

1. 启动 SQL Server Management Studio

注意:在启动 SSMS 前,要先开启 SQL Server 服务。

从"开始"菜单中选择"所有程序"→Microsoft SQL Server→SQL Server Management Studio 命令,启动 SSMS。首先弹出的是"连接到服务器"对话框,如图 8-10 所示。

在该对话框中,各选项含义如下:

(1) 服务器类型:该下拉框列出了 SQL Server 服务器所包含的服务,如图 8-11 所示。当前连接的是数据库引擎,即 SQL Server 服务。

(2) 服务器名称:指定要连接的数据库服务器的实例名。SSMS 能够自动扫描当前网络中的 SQL Server 实例。这里连接的是默认实例,其实例名就是计算机名。

(3) 身份验证:选择用哪种身份连接到数据库服务器。有两种选择:Windows 身份验

图 8-10　"连接到服务器"对话框

图 8-11　服务器类型

证和 SQL Server 身份验证。

　　Windows 身份验证：指使用操作系统的用户账户和密码连接数据库服务器。如果选择的是该选项,那么不用输入用户名和密码,SQL Server 会选用当前登录到 Windows 的用户作为其连接用户。

　　SQL Server 身份验证：窗口形式如图 8-12 所示,这是需要输入 SQL Server 身份验证的登录名和相应的密码。该模式要求该数据库服务器的身份验证模式必须是"混合身份验证"模式。该模式的验证方式是首先用 SQL Server 的用户和密码验证,若是有效的登录名和正确的密码,则接收该用户的连接;否则,请求 Windows 操作系统进行验证。身份验证模式可以在安装的时候指定,也可以在安装以后在 SSMS 工具中进行修改。具体介绍见 14.1 节。

　　按以上步骤连接成功后,即可进入 SSMS 操作界面,如图 8-13 所示。

图 8-12　SQL Server 身份验证

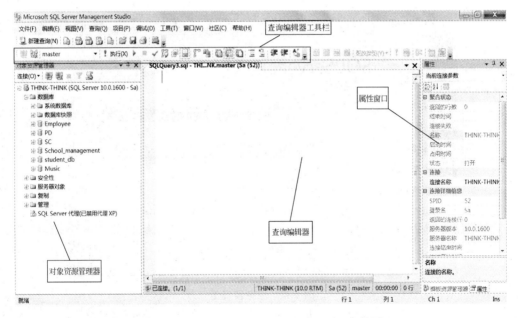

图 8-13　SQL Server Management Studio 主界面

2. SQL Server Management Studio 简介

SQL Server Management Studio 包含以下工具：

(1) 对象资源管理器：可以通过"视图"菜单访问对象资源管理器。该组件使用了类似于"Windows 资源管理器"的树结构，根节点是当前实例，子节点是该服务器的所有管理对象和可以执行的管理任务，分为"数据库"、"安全性"、"服务器对象"、"复制"、"管理"和"SQL Server 代理"等。

(2) 解决方案资源管理器：用于将相关脚本组织并存储为项目的一部分。可以通过"视图"菜单访问该工具。

（3）属性窗口：用于显示当前选定对象的属性。

（4）查询编辑器：查询编辑器取代了 SQL Server 早期版本中包含的查询分析器，可用于编写和编辑脚本，是一种功能丰富的脚本编辑器。在 SSMS 的"标准"工具栏上单击"新建查询"即可打开查询编辑器。此时，在工具栏上会增加一个"查询编辑器"工具条（见图 8-13）。因为一个实例可有拥有多个数据库，可以根据需要在"查询编辑器"工具条的"可用数据库"下拉列表选择当前要操作的数据库。

（5）已注册的服务器：可以通过"视图"菜单访问该工具。如图 8-14 所示，该组件存储注册服务器数据库引擎的名称信息。可以通过该组件设置数据库引擎，包括启动、停止服务器和对服务器属性进行设置等，并且可以导入导出其他服务器，能够通过"已注册的服务器"组件新建一个服务器，还可以注册到网络中其他 SQL Server 服务器等。

图 8-14　已注册的服务器

（6）模板资源管理器：可以通过"视图"菜单访问该工具。该组件提供多种模板，可以在查询编辑器中快速构造代码。

8.4.3　Database Engine Tuning Advisor

Database Engine Tuning Advisor（如图 8-15 所示）可以权衡包括索引在内的各种不同类型的物理设计结构（如索引、索引视图、分区）所提供的性能。

数据库引擎优化顾问具备下列功能：

（1）通过使用查询优化器分析工作负荷中的查询，推荐数据库的最佳索引组合。

（2）为工作负荷中引用的数据库推荐对齐分区或非对齐分区。

（3）推荐工作负荷中引用的数据库的索引视图。

（4）分析所建议的更改将会产生的影响，包括索引的使用，查询在表之间的分布，以及查询在工作负荷中的性能。

（5）推荐为执行一个小型的问题查询集而对数据库进行优化的方法。

（6）允许通过指定磁盘空间约束等高级选项对推荐进行自定义。

（7）提供对所给工作负荷的建议执行效果的汇总报告。

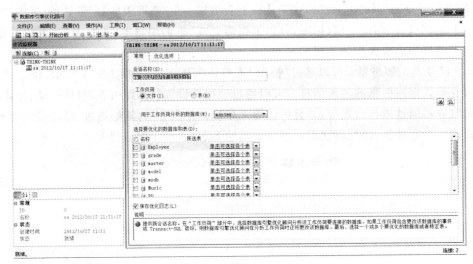

图 8-15　数据库引擎优化工具

（8）考虑备选方案，即以假定配置的形式提供可能的设计结构方案，供数据库引擎优化顾问进行评估。

8.4.4　SQL Server Profiler

Microsoft SQL Server Profiler 是 SQL 跟踪的图形用户界面，用于监视数据库引擎或 SQL Server Analysis Services 的实例。可以捕获有关每个事件的数据并将其保存到文件或表中供以后分析，如可以了解哪些存储过程由于执行速度太慢影响了性能。

SQL Server Profiler 还支持对 SQL Server 实例上执行的操作进行审核，审核将记录与安全相关的操作，供安全管理员以后复查，类似于 SQL Server 2000 的 SQL 事件探查器。

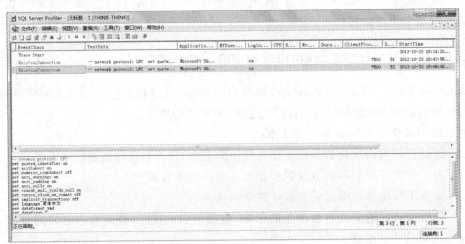

图 8-16　SQL Server Profiler

8.5　注册服务器

在本地计算机上安装完 SQL Server 服务器后,第一次启动 SQL Server 服务时,系统会自动完成本地数据库服务器的注册。但是对于一台只安装了 SQL Server 客户端的计算机要访问 SQL Server 服务器的数据库资源,必须由用户来完成服务器的注册。注册服务器就是为 SQL Server 客户机/服务器系统确定一台数据库所在的计算机,该计算机作为服务器,可以为客户端的请求提供服务。

(1) 在 SSMS 的"已注册的服务器"窗格中,展开"数据库引擎"节点,选择 Local Server Groups 项,右击,在快捷菜单中选择"新建服务器注册"命令。

(2) 在出现的"新建服务器注册"对话框中,输入服务器的相关信息。在"服务器名称"中输入或选择服务器名称,选择"身份验证"方式,以及登录名和密码等,如图 8-17 所示。

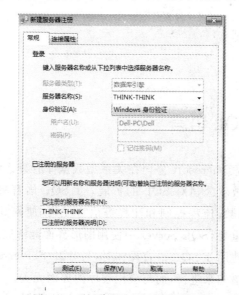

图 8-17　"新建服务器注册"对话框

(3) 设定完成后,单击"测试"按钮可以验证连接是否成功。如果成功,单击"确定"按钮完成注册服务器的操作。

习题 8

1. SQL Server 主要有哪些组件?
2. 停止和暂停 SQL Server 服务的区别是什么?
3. 如何注册服务器?
4. SQL Server 的管理工具有哪些,分别有什么作用?

第9章

Transact-SQL语言

SQL Server 在支持标准 SQL 语言的同时，对其进行了扩充，引入了 T-SQL（Transact-SQL）。通过 T-SQL，可以定义变量、使用流控制语句、自定义函数和存储过程，极大地扩展了 SQL Server 的功能。

本章的学习要点：

- T-SQL 的编程基础；
- 流程控制语句；
- 系统自定义函数。

9.1 Transact-SQL 语言

Transact-SQL 语言是 Microsoft 公司在关系型数据库管理系统 SQL Server 中实现的一种计算机高级语言，是微软公司对 SQL 的扩展。T-SQL 语言具有 SQL 的主要特点，同时增加了变量、运算符、函数、流程控制和注释等语言元素，使得其功能更加强大。T-SQL 语言对 SQL Server 十分重要，SQL Server 中使用图形界面能够完成的所有功能，都可以利用 T-SQL 语言来实现。使用 T-SQL 语言操作时，与 SQL Server 通信的所有应用程序都通过向服务器发送 T-SQL 语句来进行，而与应用程序的界面无关。

T-SQL 语言既允许用户直接查询存储在数据库中的数据，也可以把语句嵌入到某种高级程序设计语言中。在关系型数据库管理系统中，T-SQL 可以实现数据的检索、操纵和添加等功能，同其他程序设计语言一样，有自己的数据类型、表达式和流程控制语句等。

9.2 标识符、数据类型

9.2.1 语法约定

表 9-1 列出了 T-SQL 的语法约定，并进行了说明。本书相关描述遵循这些约定。

表 9-1　SQL 语法约定

约　　定	用　　于
大写	T-SQL 关键字
斜体	用户提供的 T-SQL 语法的参数
粗体	数据库名、表名、列名、索引名、存储过程、实用工具、数据类型名以及必须按所显示的原样键人的文本
下划线	指示当语句中省略了包含带下划线的值的子句时应用的默认值
|(竖线)	分隔括号或大括号中的语法项,只能使用其中一项
[ ](方括号)	可选语法项,不要输入方括号
{ }(大括号)	必选语法项,不要输入大括号
[,…,n]	指示前面的项可以重复 n 次,各项之间以逗号分隔
<label> :: =	语法块的名称,此约定用于对可在语句中的多个位置使用的过长语法段或语法单元进行分组和标记,可使用语法块的每个位置由括在尖括号内的标签指示:<标签>

9.2.2　注释语句

注释语句不是可执行语句,不参与程序的编译,通常用来说明代码的功能或者对代码的实现方式给出简单的解释和提示。

在 T-SQL 中可使用两类注释符:

(1)"--"用于单行注释。

(2)"/＊…＊/"用于多行注释。"/＊"用于注释文字的开头,"＊/"用于注释文字的结束。

9.2.3　标识符

数据库对象的名称即为其标识符。SQL Server 中的所有内容都有标识符,如服务器、数据库和数据库对象(如表、视图、列、索引、触发器、过程、约束及规则等)的名称都是标识符。大多数对象要求必须有标识符,但对有些对象(如约束)的标识符是可选的。对象标识符是在定义对象时创建的,随后标识符用于引用该对象。

1. 标识符的分类

SQL Server 有两类标识符。

1) 常规标识符

常规标识符符合标识符的格式规则。在 T-SQL 语句中使用常规标识符时不用将其分隔开。

常规标识符的定义规则如下:

(1) 名称的长度可以从 1～128(对于本地临时表,标识符最多可以有 116 个字符)。

(2) 名称的第一个字符必须是一个字母或"_"、"@"和"#"中的任意字符。

(3) 在中文版 SQL Server 中,可以直接使用中文名称。

(4) 名称中不能有空格。

(5) 不允许使用 SQL Server 的保留字。

说明：① 在 SQL Server 中，标识符中拉丁字母的大小写等效。

② 在 SQL Server 中，某些位于标识符开头位置的符号具有特殊意义。

- 以@符号开头的常规标识符始终表示局部变量或参数，并且不能用作任何其他类型的对象的名称。
- 以一个数字符号(#)开头的标识符表示临时表或过程，以两个数字符号(##)开头的标识符表示全局临时对象。
- 某些 Transact-SQL 函数的名称以(@@)开头。为了避免与这些函数混淆，不应使用以@@开头的名称。

2) 分隔标识符

在 T-SQL 中，不符合常规标识符定义规则的标识符必须用分隔符双引号("")或方括号([ ])分隔，称为分隔标识符。例如，Select * from [my table]中，因为 my table 中间含有空格，不符合常规标识符的定义规则，因此必须用分隔符([ ])进行分隔。

2. 标识符的使用

用户在引用对象时，需要给出对象的名字。可用两种方式来引用对象：完全限定对象名和部分限定对象名。

完全限定对象名由 4 个标识符组成：服务器名称、数据库名称、所有者名称和对象名称，每部分用"."隔开。完全限定对象名通常用于分布式查询或远程存储过程调用。

其语法格式为：

```
[[[server. ][database]. ][owner_name]. ]object_name
```

服务器、数据库和所有者的名称称为对象名称限定符。例如，jiaowu. student. dbo. studentinfo 用来标识数据库中的表对象 studentinfo。其中，jiaowu、student 和 dbo 分别表示服务器名称、数据库名称和所有者名称。

通常，当引用一个对象时，不需要指定服务器、数据库和所有者，而用句号标出它们的位置，称为部分限定对象名。SQL Server 可根据系统当前的工作环境确定部分限定对象名中省略的部分，使用以下的默认值：

（1）server：本地服务器。

（2）database：当前数据库。

（3）owner_name：在数据库中，与当前连接会话登录标识相关联的数据库用户名或数据库所有者(dbo)。

例如，需要引用 customer 数据库中 employee 表的 telephone 列，可指定 customer . employee. telephone。

需要注意的是，在使用时，服务器名和数据库名常被省略，默认为本地服务器和当前数据库；如果当前用户就是拥有者，那么 owner_name 也可以被省略。

9.2.4 数据类型

在 SQL Server 中，每个列、局部变量、表达式和参数都具有一个相关的数据类型。数据类型是一种属性，用于指定对象可保存的数据的类型：整数数据、字符数据、货币数据、日期和时间数据、二进制字符串等。

常用的数据类型介绍如下：

1. 整数数据类型

使用整数数据的精确数字数据类型如表 9-2 所示。其中，int 数据类型是 SQL Server 中的主要整数数据类型。

表 9-2　整数数据类型

数 据 类 型	范 围	存储/字节
bigint	$-2^{63} \sim 2^{63}-1$	8
int	$-2^{31} \sim 2^{31}-1$	4
smallint	$-2^{15} \sim 2^{15}-1$	2
tinyint	$0 \sim 255$	1

2. 带固定精度和小数位数的数值数据类型

它主要有 decimal[(p[,s])] 和 numeric[(p[,s])]，有效值从 $-10^{38}+1$ 到 $10^{38}-1$。numeric 在功能上等价于 decimal。

（1）p 代表精度，指最多可以存储十进制数字的总位数，包括小数点左边和右边的位数。该精度必须是从 $1 \sim 38$（最大精度）之间的值。默认精度为 18。

（2）s 代表小数位数，指小数点右边可以存储十进制数字的最大位数。小数位数必须是从 $0 \sim p$ 之间的值。仅在指定精度后才可以指定小数位数。默认的小数位数为 0；因此，$0 \leqslant s \leqslant p$。

3. 日期时间数据类型

SQL Server 的常用日期时间类型有 datatime 和 smalldatetime。

在 SQL Server2008 中，日期时间类型的最大转换就是在这两种数据类型的基础上又引入了 date、time、datetime2 和 datetimeoffset 类型。其中，可将 datetime2 视作现有 datetime 类型的扩展，其数据范围更大，默认的小数精度更高，并具有可选用户定义的精度。datetimeoffset 数据类型有时区偏移量，是指定某个 time 或 datetime 值相对于 UTC（世界标准时间）的时区偏移量。时区偏移量可以表示为 [+|-] hh:mm，具体介绍如表 9-3 所示。

表 9-3　日期时间数据类型

数据类型	格式及范围	精度	存储长度/字节	举例
date	YYYY-MM-DD,范围从 0001 年 1 月 1 号到 9999 年 12 月 31 号	1 天	3	2007-05-08
time	hh:mm:ss[. nnnnnnn]，其中，[. nnnnnnn]是 0～7 位数字，范围为 0～9999999，表示秒的小数部分	默认的精度是 100ns	5	12:35:29.123 456 7

续表

数据类型	格式及范围	精度	存储长度/字节	举例
datetime	日期范围 1753 年 1 月 1 日到 9999 年 12 月 31 号；时间范围 00：00：00.000～23：59：59.999	默认的小数部分为一个 0～3 位的数字,范围为 0～999	8	2007-05-08 12：35：29.123
smalldatetime	1900 年 1 月 1 日到 2079 年 12 月 31 号	1 分钟	4	2007-05-08 12：35：00
datetime2	YYYY-MM-DD hh：mm：ss [.nnnnnnn],范围从 0001 年 1 月 1 号到 9999 年 12 月 31 号,[.nnnnnnn]代表 0～7 位数字,范围从 0～9999999,表示秒小数部分	准确度为 100ns	最大值为 8	2007-05-08 12：35：29.123 456 7
datetimeoffset	YYYY-MM-DD hh：mm：ss [.nnnnnnn] [{＋｜－} hh：mm],与 datetime 范围相同	100ns	默认值为 10	2007-05-08 12：35：29.1234567 ＋12：15

说明：因为 SQL Server 中有专门的处理日期时间类型的函数,所以建议凡是日期时间的数据最好用日期时间的数据类型。

4. 字符数据类型(非 Unicode 字符数据)

1) char[(n)]

其长度为 n 字节的固定长度字符数据。n 的取值范围为 1～8000。

char 数据类型是一种长度固定的数据类型。

如果插入值的长度比 char 列的长度小,将在值的右边填补空格直到达到列的长度。例如,如果某列定义为 char(10),而要存储的数据是 music,则 SQL Server 将数据存储为"music_____",这里"_"表示空格。

如果要存储的数据比允许的字符数多,则数据就会被截断。例如,如果某列被定义为 char(10),现要将值"This is a really long character string"存储到该列,则 SQL Server 将把该字符串截断为"This is a"。

2) varchar[(n|max)]

其可变长度的非 Unicode 字符数据。n 的取值范围为 1～8000。max 指示最大存储大小是 $2^{31}-1$ 个字节。

varchar 数据类型是一种长度可变的数据类型,存储长度为实际数值长度。

varchar 数据可以有两种形式：

(1) 指定最大字符长度。例如,varchar(6)表示此数据类型最多存储 6 位字符。

(2) varchar(max)形式。此数据类型可存储的最大存储大小是 $2^{31}-1$ 个字节。

说明：① 使用 char 或 varchar 的建议。

② 如果列数据项的大小一致,则使用 char;如果列数据项的大小差异大,则使用 varchar。

3）text

text 表示服务器代码页中长度可变的非 Unicode 数据，最大长度为 $2^{31}-1$ 个字符。

5. Unicode 字符数据类型（双字节数据类型）

Unicode（统一码）是一种在计算机上使用的字符编码，为每种语言中的每个字符设定了统一且唯一的二进制编码，以满足跨语言、跨平台进行文本转换、处理的要求。由于它的设计中涵盖世界上所有语言的全部字符，因此不需要不同的代码页来处理不同的字符集。支持国际化客户端的数据库应始终使用 Unicode 数据，SQL Server 支持 Unicode 标准 3.2 版。SQL Server 使用 UCS-2 编码方案存储 Unicode 数据。在这一机制下，所有 Unicode 字符均用 2 字节存储。

字符数据类型有 nchar 长度固定、nvarchar 长度可变的 Unicode 字符数据类型。

1）nchar[(n)]

其中，n 个字符的固定长度的 Unicode 字符数据。n 的值为 1~4000（含）。

2）nvarchar[(n|max)]

其表示可变长度 Unicode 字符数据。n 的值为 1~4000（含）。max 指示最大存储大小为 $2^{31}-1$ 字节。

说明：① SQL Server 将所有文字系统目录数据存储在包含 Unicode 数据类型的列中。
② 数据库对象（如表、视图和存储过程）的名称存储在 Unicode 列中。

6. 二进制数据类型

二进制数据类型存储的是由 0 和 1 组成的文件。表 9-4 中列出了 SQL Server 支持的二进制数据库类型。

表 9-4　二进制数据类型

数 据 类 型	说　　明
BINARY(n)	存储固定大小的二进制数据，n 为 1~8000
VARBINARY(n)	存储可变大小的二进制数据，n 为 1~8000
VARBINARY(max)	存储可变大小的二进制数据，最大为 $2^{31}-1$ 字节
IMAGE	存储可变大小的二进制数据，最大为 $2^{31}-1$ 字节

说明：在 Microsoft SQL Server 的未来版本中将删除 ntext、text 和 image 数据类型，改用 nvarchar(max)、varchar(max)和 varbinary(max)。

9.3　常量和变量

9.3.1　常量

常量，也称为文字值或标量值，是表示一个特定数据值的符号。常量的格式取决于它所表示的值的数据类型。

1. 字符串常量

字符串常量括在单引号内。空字符串用中间没有任何字符的两个单引号表示,如字符串'Cincinnati'、'Process X is 50% complete. '。

说明:① 如果将 QUOTED_IDENTIFIER 选项设置成 OFF,则字符串也可以使用双引号括起来,但 SQL Server 中 SET QUOTED_IDENTIFIER ON 为默认设置。当 SET QUOTED_IDENTIFIER 为 ON 时,标识符可以由双引号分隔,而文字必须由单引号分隔,不允许用双括号括住字符串常量。

② 如果单引号中的字符串包含一个嵌入的引号,可以使用两个单引号表示嵌入的单引号,如'I''m ZYT'。对于嵌入在双引号中的字符串则没有必要这样做。

2. Unicode 字符串

Unicode 字符串的格式与普通字符串相似,但它前面有一个 N 标识符(N 代表 SQL-92 标准中的区域语言)。N 前缀必须是大写字母。例如,'Michel'是字符串常量而 N'Michel' 则是 Unicode 常量。对于字符数据,存储 Unicode 数据时每个字符使用 2 字节,而不是每个字符 1 字节。

3. 二进制常量

二进制常量具有前辍 0x 并且是十六进制数字字符串。这些常量不使用引号括起。
二进制字符串的示例为 0xAE。空二进制常量为 0x。

4. datetime 常量

datetime 常量使用特定格式的字符日期值来表示,并被单引号括起来。
下面是 datetime 常量的示例:
'December 5,1985'; '5 December,1985'; '12/5/98'
'851205'(其中的 0 不能省略)
时间常量的示例为'14:30:24'、'04:24 PM'。

5. Integer(int)常量

int 常量以没有用引号并且不包含小数点的数字字符串来表示。integer 常量必须全部为数字且不能包含小数。integer 常量的示例为 1894。

6. decimal 常量

decimal 常量由没有用引号并且包含小数点的数字字符串来表示。decimal 常量的示例为 1894.1204。

7. float 和 real 常量

float 和 real 常量使用科学记数法来表示。float 或 real 值的示例为 101.5E5。

8. money 常量

money 常量以前缀为可选的小数点和可选的货币符号的数字字符串来表示。money 常量不使用引号。money 常量的示例为 $542023.14、¥30。

9. 全局唯一标识符

全局唯一标识符(Globally Unique Identification Numbers,GUID)是 16 字节长的二进制数据类型,是 SQL Server 根据计算机网络适配器地址和主机时钟产生的唯一号码生成的全局唯一标识符,如 6F9619FF-8B86-D011-B42D-00C04FC964FF 即为有效的 GUID 值。

世界上的任何两台计算机都不会生成重复的 GUID 值。GUID 主要用于在拥有多个节点、多台计算机的网络或系统中,分配必须具有唯一性的标识符。在 Windows 平台上,GUID 的应用包括注册表、类及接口标识、数据库,甚至自动生成的机器名、目录名等。

9.3.2 变量

变量就是在程序执行过程中其值可以改变的量。Transact-SQL 语言允许使用两种变量:一种是用户自己定义的局部变量(Local Variable);另一种是系统提供的全局变量(Global Variable)。

1. 局部变量

局部变量是用户自己定义的变量。它的作用范围就在程序内部,通常只能在一个批处理或存储过程中使用,用来存储从表中查询到的数据;或当作程序执行过程中暂存变量使用。当这个批处理或存储过程结束后,这个局部变量的生命周期也就结束了。

局部变量使用 DECLARE 语句定义,并且指定变量的数据类型,然后可以使用 SET 或 SELECT 语句为变量初始化。局部变量必须以"@"开头,而且必须先声明后使用。

1) 局部变量声明

```
DECLARE  @变量名变量类型[,@变量名变量类型…]
```

注意:

(1) 变量名必须以@开头且符合有关标识符的规则。

(2) 变量先声明或定义,然后就可以在 SQL 命令中使用。

说明:如果声明字符型的局部变量,一定要在变量类型中指明其最大长度,否则系统认为其长度为1。

2) 赋值

变量声明后,默认初值为 NULL。局部变量不能使用"变量=变量值"的格式进行初始化,必须使用 SELECT 或 SET 语句来设置其初始值。赋值方式如下。

格式

```
SET  @变量名 = 表达式
```

或

```
SELECT  @局部变量＝变量值
```

SELECT 可以同时给多个变量赋值,而 SET 不能。例如,"SELECT @x＝1,@y＝1"是允许的。而用 SET,需要写两个 SET 语句,SET @x＝1 和 SET @y＝1。

另外,在 SELECT 查询语句时,变量也可以通过 SELECT 列表中当前所引用的列赋值。格式为:

```
SELECT  @变量名＝输出值 FROM 表 where …
```

SELECT"@变量名＝输出值"用于将单个值返回到变量中。

(1) 若 SELECT 语句返回多个值,则将返回的最后一个值赋给变量。

(2) 若 SELECT 语句没有返回值,变量保留当前值。

(3) 若表达式是不返回值的子查询,则变量为 NULL。

【例 9-1】 声明变量并赋值。

```
declare @a int,@b int,@c int
set @a = 1
set @b = 2
set @c = @a + @b
print 'the value of c is' + convert(char(10),@c)
select @a,@b,@c
```

【例 9-2】 SELECT 赋值。

```
-- 声明变量
DECLARE @x int;
-- 将 sc 表中的最高成绩赋给变量
SELECT @x = MAX(grade)FROM sc;
```

【例 9-3】 SELECT 命令赋值,多个返回值中取最后一个。

```
DECLARE @stu_name varchar(8)
-- 查询结果赋值,返回的是整个列的全部值,但最后一个赋给变量
SELECT @stu_name = Sname FROM student
-- 显示局部变量的结果
SELECT @stu_name AS '学生姓名'
```

【例 9-4】 SET 命令赋值。

```
DECLARE @no varchar(10)
-- 变量赋值
SET @no = 'Bj10001'
-- 显示指定学生学号、姓名
SELECT Sid,Sname FROM student WHERE SID = @no
```

2. 全局变量

全局变量是 SQL Server 系统内部使用的变量,其作用范围并不局限于某一程序,而是任何程序均可随时调用。

全局变量通常存储 SQL Server 的配置设置值和效能统计数据。用户可在程序中用全局变量来测试系统的设定值或 Transact_SQL 命令执行后的状态值。

用户不能定义与全局变量同名的局部变量。从 SQL Server 7.0 开始,全局变量就以系统函数的形式使用。

格式:

@@变量名

表 9-5 列出了 SQL Server 常用的全局变量。

说明: 全局变量由系统定义和维护,用户只能显示和读取,不能建立全局变量,也不能用 SET 语句改变全局变量的值。

表 9-5　SQL Server 常用的全局变量

名　　称	说　　明
@@ERROR	最后一个 T-SQL 错误的错误号
@@IDENTITY	最后一个插入的标识值
@@LANGUAGE	当前使用语言的名称
@@MAX_CONNECTIONS	可以创建的同时链接的最大数目
@@ROWCOUNT	受上一个 SQL 语言影响的行数
@@SERVERNAME	本地服务器的名称
@@SERVICENAME	该计算机上的 SQL 服务的名称
@@TIMETICKS	当前计算机每个时钟周期的微秒数
@@TRANSCOUNT	当前连接打开的事务数
@@VERSION	SQL Server 的版本信息

【例 9-5】 显示本地服务器名。

```
select @@servername
```

9.3.3　运算符

运算符是一种符号,用来执行列间或变量间的数学运算和比较操作等。

1. 算术运算符

+(加)、-(减)、*(乘)、/(除)、%(求余)。

2. 位运算符

&(位与)、|(位或)、^(位异或)。

3. 比较运算符

比较运算符测试两个表达式是否相同。除了 text、ntext 或 image 数据类型的表达式外,比较运算符可以用于所有的表达式。

比较运算符包括＝(等于)、＞(大于)、＜(小于)、＞＝(大于等于)、＜＝(小于等于)、＜＞(不等于)、!＝(不等于)、!＜(不小于)、!＞(不大于)。

4. 逻辑运算符

逻辑运算符对某些条件进行测试,以获得其真实情况。逻辑运算符和比较运算符一样,返回带有 TRUE、FALSE 或 UNKNOWN 值的 boolean 类型数据。逻辑运算符如表 9-6 所示。

表 9-6   逻辑运算符

逻辑运算符	含　义
AND	如果两个布尔表达式都为 TRUE,那么就为 TRUE
OR	如果两个布尔表达式中的一个为 TRUE,那么就为 TRUE
NOT	对任何其他布尔运算符的值取反
BETWEEN	如果操作数在某个范围之内,那么就为 TRUE
IN	如果操作数等于表达式列表中的一个,那么就为 TRUE
LIKE	如果操作数与一种模式相匹配,那么就为 TRUE
EXISTS	如果子查询包含一些行,那么就为 TRUE
ALL	如果一组的比较都为 TRUE,那么就为 TRUE
ANY	如果一组的比较中任何一个为 TRUE,那么就为 TRUE
SOME	如果在一组比较中,有些为 TRUE,那么就为 TRUE

5. 字符串串联运算符

加号(＋)是字符串串联运算符,可以用它将字符串串联起来,如,'abc'＋'def'的结果为'abcdef'。其他所有字符串操作都使用字符串函数(如 SUBSTRING)进行处理。

6. 复合运算符

SQL Server 2008 新增复合运算符,可执行操作并将变量设置为结果。符合运算符如表 9-7 所示。

表 9-7   复合运算符

运　算　符	操　作	运　算　符	操　作
＋＝	将原始值加上一定的量	％＝	将原始值除以一定的量
－＝	将原始值减去一定的量	&＝	对原始值执行位与运算
*＝	将原始值乘上一定的量	^＝	对原始值执行位异或运算
/＝	将原始值除以一定的量	|＝	对原始值执行位或运算

例如：

```
DECLARE @x1 int = 27;
SET @x1 += 2;
SELECT @x1    -- 返回 29
```

9.3.4 表达式

表达式是标识符、值和运算符的组合。访问或更改数据时，可在多个不同的位置使用表达式。例如，可以将表达式用作要在查询中检索数据的一部分，也可以用作查找满足一组条件数据时的搜索条件。

在以下示例中的查询使用了多个表达式。例如，Name、ProductNumber、ListPrice 都是列名，1.5 是常量值。

```
SELECT Name, SUBSTRING('This is a long string', 1, 5) AS SampleText, ProductNumber, ListPrice *
1.5 AS NewPriceFROM Product;
```

9.4 系统内置函数

9.4.1 字符串函数

1. ASCII 函数

函数格式：

```
ASCII(character_expression)
```

功能：求 character_expression(char 或 varchar 类型)左端第一个字符的 ASCII 码。
返回值数据类型：int。
例如：

```
Select ASCII('abcd')                --结果为字符 a 的 ASCII 码 97
```

2. CHAR 函数

函数格式：

```
CHAR(integer_expression)
```

功能：求 ASCII 码 integer_expression 对应的字符，integer_expression 的有效范围为
[0,255]，如果超出范围，则返回值 NULL。

返回值数据类型:CHAR。

例如:

```
Select CHAR(97)              -- 结果为'a'
```

CHAR 可用于将控制字符插入字符串中。表 9-8 显示了一些常用的控制字符。

表 9-8　控制字符及值

控 制 字 符	值
制表符	CHAR(9)
换行符	CHAR(10)
回车	CHAR(13)

【例 9-6】 使用回车符。

```
select '**'+char(13)+'***'
```

结果如图 9-1 所示(注意,显示该结果时,在查询编辑器中,需在查询工具栏选择"以文本格式显示结果")。

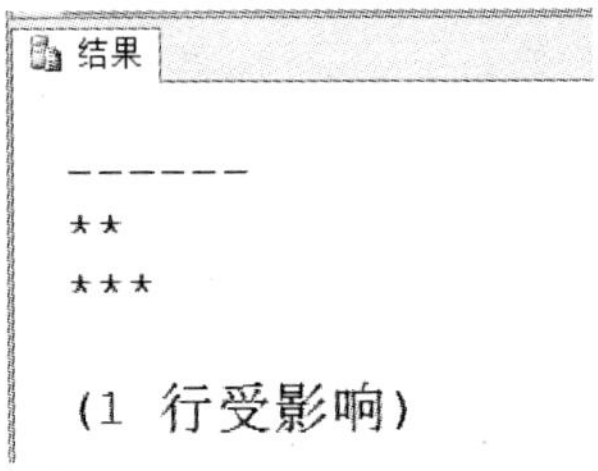

图 9-1　char 函数示例

3. UNICODE 函数

语法:

```
UNICODE ('ncharacter_expression')
```

功能:按照 Unicode 标准的定义,返回输入表达式的第一个字符的整数值。

返回类型:int。

例如:

```
Select unicode(N'kerge')         -- 返回字符 k 的 unicode 值 107
```

4. NCHAR 函数

语法:

```
NCHAR (integer_expression)
```

功能:根据 Unicode 标准所进行的定义,用给定整数代码返回 Unicode 字符。integer_ expression 为介于 0～65 535 之间的所有正整数。如果指定了超出此范围的值,将返回 NULL。

返回类型:nchar(1)。

例如:

```
select nchar(107)          -- 返回 unicode 字符 k
```

5. CHARINDEX 函数

函数格式:

```
CHARINDEX(expression1, expression2[,start])
```

功能:在 expression2 中由 start 指定的位置开始查找 expression1 第一次出现的位置, 如果没有找到,则返回 0。如果省略 start,或 start≤0,则从 expression2 的第一个字符开始。

返回类型:int。

例如:

```
Select CHARINDEX('ab', '123abc123abc')          -- 结果为 4
```

6. LEFT 函数

函数格式:

```
LEFT(expression1,n)
```

功能:返回字符串 expression1 从左边开始 n 个字符组成的字符串。如果 n＝0,则返回 一个空字符串。

返回类型:varchar。

例如:

```
LEFT('abcde', 3)          -- 结果为'abc'
```

【例 9-7】　找出 dbo. student 中名字以"刘"开头的学生信息。

```
select sno,sname from dbo.student where left(sname,1) = '刘'
```

7. RIGHT 函数

函数格式:

```
RIGHT(expression1,n)
```

功能：返回字符串 expression1 从右边开始 n 个字符组成的字符串。如果 n=0,则返回一个空字符串。

返回类型：varchar。

例如：

```
Select RIGHT('abcde', 3)                    -- 结果为'cde'
```

8. SUBSTRING 函数

函数格式：

```
SUBSTRING(expression1,start,length)
```

功能：返回 expression1(数据类型为字符串、binary、text 或 image)中从 start 开始长度为 length 个字符或字节的子串。

返回值：数据类型与 expression1 数据类型相同,但 text 类型返回值为 varchar,image 类型返回值为 varbinary,next 类型返回值为 nvarchar。

例如：

```
Select SUBSTRING('abcde123',3,4)            -- 结果为'cde1'
```

例 9-7 也可以写成：

```
select sno,sname from dbo.student where substring(sname,1,1) = '刘'
```

9. LEN 函数

函数格式：

```
LEN(expression1)
```

功能：返回字符串 expression1 中的字符个数,不包括字符串末尾的空格。

返回类型：int。

例如：

```
Select LEN('abcde   ')                      -- 结果为 5
select len('刘')                            -- 结果为 1
```

10. DATALENGTH 函数

```
DATALENGTH (expression)
```

功能：返回用于表示任何表达式的字节数。

返回类型：int。

例如：

```
Select DATALENGTH('abcde   ')          -- 结果为 8(含 3 个空格)
select DATALENGTH('刘')                -- 结果为 2
```

11. LOWER 函数

函数格式：

```
LOWER(expression1)
```

功能：将字符串 expression1 中的大写字母替换为小写字母。

返回类型：varchar。

例如：

```
Select LOWER('12ABC45 * %^def')        -- 结果为'12abc45 * %^def'
```

12. UPPER 函数

函数格式：

```
UPPER(expression1)
```

功能：将字符串 expression1 中的小写字母替换为大写字母。

返回类型：varchar。

例如：

```
Select UPPER('12ABC45 * %^def')        -- 结果为'12ABC45 * %^DEF'
```

13. LTRIM 函数

函数格式：

```
LTRIM(expression1)
```

功能：删除字符串 expression1 左端的空格。

返回类型：varchar。

例如：

```
Select LTRIM('  12AB')                 -- 结果为'12AB'
```

14. RTRIM 函数

函数格式：

```
RTRIM(expression1)
```

功能：删除字符串 expression1 末尾的空格。
返回类型：varchar。
例如：

```
Select RTRIM(LTRIM('    12AB    '))          -- 结果为'12AB'
```

15. REPLACE 函数

函数格式：

```
REPLACE(expression1, expression2, expression3)
```

功能：将字符串 expression1 中所有的子字符串 expression2 替换为 expression3。
返回值数据类型：varchar。
例如：

```
Select REPLACE('abcde','de','12')          -- 结果为'abc12'
```

16. STUFF 函数

语法：

```
STUFF (character_expression,start,length,character_expression)
```

功能：删除指定长度的字符并在指定的起始点插入另一组字符。
返回类型：如果 character_expression 是一个支持的字符数据类型，则返回字符数据。
例如：

```
Select STUFF('abcde',4,2,'12')          -- 结果为'abc12'
```

17. REVERSE 函数

函数格式：

```
REVERSE(expression1)
```

功能：按相反顺序返回字符串 expression1 中的字符。

返回值数据类型：varchar。

例如：

```
Select REVERSE ('edcba')            --结果为 abcde
```

18. SPACE 函数

函数格式：

```
SPACE(n)
```

功能：返回包含 n 个空格的字符串，如果 n 为负数，则返回一个空字符串。

返回值数据类型：char。

19. STR 函数

函数格式：

```
STR(expression1[,length[,decimal]])
```

功能：将数字数据转换为字符数据。length 为转换得到的字符串总长度，包括符号、小数点、数字或空格。如果数字长度不够，则在左端加入空格补足长度，如果小数部分超过总长度，则进行四舍五入，length 的默认值为 10，decimal 为小数位位数。

返回值数据类型：char。

例如：

```
select str(123,6)            --结果为'   123'
select str(123.456,5)        --结果为'  123'
select str(123.456,5,2)      --结果为'123.5'
select str(123.456,8,2)      --结果为'  123.46'
```

20. REPLICATE(character_expression,times)

语法：

```
REPLICATE(character_expression,times)
```

功能：返回多次复制后的字符表达式。times 参数的计算结果必须为整数。

例如：

```
select replicate('*',3)            --返回'***'
```

【例 9-8】 以"＊"方式输出菱形。

输出结果如图 9-2 所示(在查询编辑器中以文本格式显示结果)。

图 9-2　输出菱形

```
declare @i int
set @i = 1
while @i < = 4
begin
  print space(4 - @i) +
replicate('＊',2 ＊ @i - 1)
set @i = @i + 1
end
set @i = 1
while @i < = 3
begin
  print space(@i) + replicate('＊',7 - 2 ＊ @i)
  set @i = @i + 1
end
```

9.4.2　日期函数

1. GETDATE 函数

函数格式：

```
GETDATE( )
```

功能：按 SQL Server 内部标准格式返回系统日期和时间。

返回值数据类型：datetime。

例如：

```
Select getdate()          --结果为 2012 - 08 - 13 21:51:32.390
```

2. YEAR 函数

函数格式：

```
YEAR(date)
```

功能：返回指定日期 date 中年的整数。
返回值数据类型：int。
例如：

```
Select year('2004 - 3 - 5')                -- 结果为 2004
```

【例 9-9】 返回学生表中学生的年龄。

```
select sname as 学号, BirthDate as 出生日期,
YEAR(getdate()) - YEAR(birthdate) as 年龄
from dbo.student
```

例 9-9 的结果如图 9-3 所示。

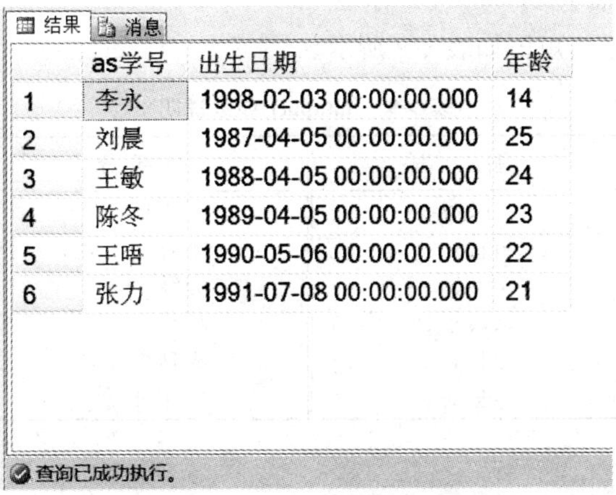

	as学号	出生日期	年龄
1	李永	1998-02-03 00:00:00.000	14
2	刘晨	1987-04-05 00:00:00.000	25
3	王敏	1988-04-05 00:00:00.000	24
4	陈冬	1989-04-05 00:00:00.000	23
5	王唔	1990-05-06 00:00:00.000	22
6	张力	1991-07-08 00:00:00.000	21

图 9-3　YEAR 函数示例

3. MONTH 函数

函数格式：

```
MONTH(date)
```

功能：返回指定日期 date 中月份的整数。
返回值数据类型：int。
例如：

```
Select month('2004 - 3 - 5')                -- 结果为 3
```

4. DAY 函数

函数格式：

```
DAY(date)
```

功能：返回指定日期 date 中天的整数。

返回值数据类型：int。

例如：

```
Select day('2004 - 3 - 5')                    --结果为5
```

5. DATENAME 函数

函数格式：

```
DATENAME(datepart,date)
```

功能：返回日期 date 中由 datepart 指定的日期部分的字符串。

返回类型：nvarchar。

参数 datepart 可用的短语如表 9-9 所示。

表 9-9　datapart 参数说明

日 期 部 分	缩　写	日 期 部 分	缩　写
年份	yy、yyyy	工作日	dw
季度	qq、q	小时	hh
月份	mm、m	分钟	mi、n
每年的某一日	dy、y	秒	ss、s
日期	dd、d	毫秒	ms
星期	wk、ww	工作日	dw

例如：

```
select datename(yy, getdate())        --返回当前年份
select   datename (m, getdate())       --返回当前月份
select   datename (WEEKDAY, getdate())  --结果为当前日期是星期几
```

6. DATEPART 函数

函数格式：

```
DATEPART(dateprrt,date)
```

功能：与 DATENAME 类似，只是返回值为整数。

返回值数据类型：int。

7. DATEADD 函数

函数格式：

```
DATEADD(dateprrt,n,date)
```

功能：在 date 指定日期时间的 datepart 部分加上 n,得到一个新的日期时间值。

返回值数据类型：datetime,如果参数 date 为 smalldatetime,则返回值为 smalldatetime 类型。参数 datepart 可以使用表 9-9 中的短语或缩写。

例如：

```
Select dateadd(yy,2,'2012-3-4')      --结果为'2014-03-0400:00:00.000'
Select dateadd(m,2,'2012-3-4')       --结果为'2012-05-04 00:00:00.000'
Select dateadd(d,2,'2012-3-4')       --结果为'2012-03-06 00:00:00.000'
```

8. DATEDIFF 函数

格式：

```
DATEDIFF (datepart , startdate , enddate)
```

功能：返回指定的 startdate 和 enddate 之间所跨的指定 datepart 边界的计数(带符号的整数)。

【例 9-10】 返回学生表中学生的年龄。

```
select sname as 学号, BirthDate as 出生日期,
DATEDIFF(yy, birthdate,getdate()) as 年龄 from dbo.student
```

9.4.3 数学函数

数学函数及说明如表 9-10 所示。

表 9-10 数学函数及说明

函　　数	说　　明
ABS(numeric_expression)	返回数值表达式的绝对值
CEILING (numeric_expression)	返回大于或等于指定数值表达式的最小整数
FLOOR (numeric_expression)	返回小于或等于指定数值表达式的最大整数
POWER(numeric_expression,power)	返回对数值表达式进行幂运算的结果,Power 参数的计算结果必须为整数
PI ()	返回 PI 的常量值
SQRT (float_expression)	返回指定浮点值的平方根
SQUARE (float_expression)	返回指定浮点值的平方
RAND ([seed])	返回从 0~1 之间的随机 float 值
ROUND (numeric_expression,length [,function])	返回一个数值,舍入到指定的长度或精度。ROUND(x,n[,f])函数按由 n 指定的精度和由 f 指定格式对 x 四舍五入,如果省略参数 f,其默认值为 0,则按由 n 指定的精度四舍五入,如果 f 为其他值,则执行截断。参数 n 如果为负数,并且 n 的绝对值大于 x 整数部分的数字个数,则结果为 0

【例 9-11】 ROUND 函数举例如下。

```
select ROUND(534.56, 1)          --结果为 534.60
select ROUND(534.56, 0)          --结果为 535.00
select ROUND(534.56, -1)         --结果为 530.00
select ROUND(534.56, -2)         --结果为 500.00
select ROUND(534.56, -3)         --结果为 1000.00
select ROUND(534.56, -4)         --结果为 0.00
```

9.4.4　其他常用函数

1. ISDATE 函数

语法:

```
ISDATE(expression)
```

功能:如果 expression 是 datetime 或 smalldatetime 数据类型的有效日期或时间值,则返回 1;否则,返回 0。

例如:

```
select ISDATE('2009/2/29')       --返回 0
```

2. ISNULL(check_expression,replacement_value)

语法:

```
ISNULL (check_expression , replacement_value)
```

功能:如果 check_expression 不为 NULL,则返回它的值;否则,在将 replacement_value 隐式转换为 check_expression 的类型(如果这两个类型不同)后,则返回前者。

例如:

```
--如果成绩为 NULL,替换为 0
select grade as 成绩,ISNULL(grade,0) as ISNULL_结果 from sc
```

3. NULLIF 函数

```
NULLIF (expression , expression)
```

功能:如果两个指定的表达式相等,则返回空值。

4. ISNUMERIC 函数

语法：

```
ISNUMERIC (expression)
```

功能：确定表达式是否为有效的数值类型。

9.4.5 转换函数

1. CAST 函数

功能：将一种数据类型的表达式转换为另一种数据类型的表达式。
语法：

```
CAST (expression AS data_type [ (length) ])
```

例如：

```
-- 将日期时间类型转换为 char 类型
select cast('2010 - 3 - 2' as char(10))
```

2. CONVERT 函数

CONVERT 函数将一种数据类型的表达式转换为另一种数据类型的表达式。
语法：

```
CONVERT (data_type [ (length) ] , expression [ , style ])
```

有关参数的 style 值及其说明如表 9-11 所示。

表 9-11 style 取值说明

不带世纪位（yy）	带世纪数位（yyyy）	标　　准	输入输出
—	0 或 100（＊）	默认值	mon dd yyyy hh:miAM(或 PM)
1	101	美国	mm/dd/yyyy
2	102	ANSI	yy. mm. dd
3	103	英国/法国	dd/mm/yy
4	104	德国	dd. mm. yy
5	105	意大利	dd-mm-yy
6	106	—	dd mon yy
…	…	…	…

【例 9-12】 查看不同 style 的转换结果。

```
select birthdate as 出生日期,
convert(char(20),birthdate,4)as style 为的转换后结果,
convert(char(20),birthdate,104)as style 为的转换后结果
from dbo.student
```

例 9-11 的结果如图 9-4 所示。

	出生日期	style为4的转换后结果	style为104的转换后结果
1	1998-02-03 00:00:00.000	03.02.98	03.02.1998
2	1987-04-05 00:00:00.000	05.04.87	05.04.1987
3	1988-04-05 00:00:00.000	05.04.88	05.04.1988
4	1989-04-05 00:00:00.000	05.04.89	05.04.1989
5	1990-05-06 00:00:00.000	06.05.90	06.05.1990
6	1991-07-08 00:00:00.000	08.07.91	08.07.1991

图 9-4　style 取值示例

9.5　批处理和流程控制语句

9.5.1　批处理

1. 概念

批处理是指包含一条或多条 T-SQL 语句的语句组,从应用程序一次性发送这些语句到 SQL Server 并执行。SQL Server 将批处理编译成一个可执行单元,称为执行计划。批处理中如果某处发生编译错误,整个执行计划都无法执行。

书写批处理时,GO 语句作为批处理命令的结束标志,当编译器读取到 GO 语句时,会把 GO 语句前的所有语句当作一个批处理,并将这些语句打包发送给服务器。GO 语句本身不是 T -SQL 语句的组成部分,只是一个表示批处理结束的前端指令。

说明:局部(用户定义)变量的作用域限制在一个批处理中,不可在 GO 命令后引用。

2. 批处理的规则

(1) Create default , Create rule , Create trigger,Create procedure 和 Create view 等语句在同一个批处理中只能提交一个。

(2) 不能在删除一个对象之后,在同一批处理中再次引用这个对象。

(3) 不能把规则和默认值绑定到表字段或自定义字段上之后,立即在同一批处理中使用它们。

(4) 不能定义一个 check 约束之后,立即在同一个批处理中使用。

(5) 不能修改表中一个字段名之后,立即在同一个批处理中引用这个新字段。

（6）若批处理中第一个语句是执行某个存储过程的 execute 语句，则 execute 关键字可以省略。若该语句不是第一个语句，则必须写上。

3．批处理的方法

（1）应用程序作为一个执行单元发出的所有 SQL 语句构成一个批处理，并生成单个执行计划。

（2）存储过程或触发器内的所有语句构成一个批处理，每个存储过程或触发器都编译为一个执行计划。

（3）由 EXECUTE 语句执行的字符串是一个批处理，并编译为一个执行计划。

例如，以下的语句就是一个批处理。

```
DECLARE @Rate int
SELECT @Rate = max(Rate)FROM EmployeePayHistory
PRINT @Rate
GO
```

9.5.2 流程控制语句

T-SQL 语言支持基本的流程控制逻辑，允许按照给定的某种条件执行程序流和分支。

1．PRINT 语句

PRINT 语句用于向客户端返回用户定义消息。使用 PRINT 可以帮助排除 T-SQL 代码中的故障、检查数据值或生成报告。

格式：

```
PRINT msg_str | @local_variable | string_expr
```

其中，

（1）msg_str：字符串或 Unicode 字符串常量。

（2）@ local_variable：任何有效的字符数据类型的变量。@local_variable 的数据类型必须为 char 或 varchar，或必须能够隐式转换为这些数据类型。

（3）string_expr：返回字符串的表达式。

【例 9-13】 返回当前日期的值。

代码如下：

```
DECLARE @PrintMessage varchar(50);
SET @PrintMessage = 'This message was printed on '
    + RTRIM(CAST(GETDATE() AS varchar(30))) + '.';
PRINT @PrintMessage;
GO
```

2. IF…ELSE 语句

用于指定 T-SQL 语句的执行条件。如果满足条件,则在 IF 关键字及其条件之后执行 T-SQL 语句。可选的 ELSE 关键字引入另一个 T-SQL 语句,当不满足 IF 条件时就执行该语句。

语法:

```
IF Boolean_expression                          / * 条件表达式 * /
{ sql_statement | statement_block }            / * 条件表达式为 TRUE 时执行 * /
[ ELSE
{ sql_statement | statement_block } ]          / * 条件表达式为 FALSE 时执行 * /
```

【例 9-14】 判断 1 号课程的平均成绩是否超过 60 分。

代码如下,执行结果如图 9-5 所示。

```
DECLARE   @avgscore decimal
select @avgscore = avg(grade)
from dbo.SC   where cno = '1'
-- 判断成绩
IF @avgscore > = 60
-- 输出结果
SELECT '课程平均成绩为' + CONVERT(varchar(10),@avgscore) + ',超过 60 分'
ELSE
    -- 输出结果
    SELECT '课程平均成绩为' + CONVERT(varchar(10),@avgscore)
    + ',不超过 60 分'
GO
```

经常利用 if 语句和 exists 或 not exists 关键字判断 Select 查询结果是否有记录。

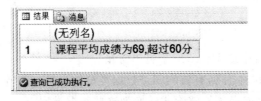

图 9-5　IF…ELSE 语句示例

【例 9-15】 利用 if 语句和 exists 判断是否存在姓李的学生。

代码如下,结果如图 9-6 所示。

```
-- exists 检查存在性
 if exists(select * from dbo.student where sname like '李 % ')
 -- 如果有,显示该同学的记录
select * from dbo.studentwhere sname like '李 % '
 -- 没有显示'not available'
```

```
else
    print 'not available'
Go
```

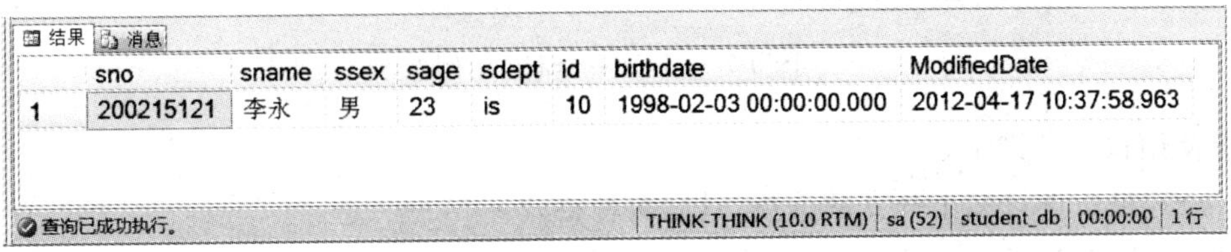

图 9-6 if exists 示例

在实际程序中,IF…ELSE 语句中不止包含一条语句,而是一组的 SQL 语句。为了可以一次执行一组 SQL 语句,这时就需要使用 BEGIN…END 语句将多条语句封闭起来。其语法格式为:

```
BEGIN
{sql_statement | statement_block }          / * 语句块 * /
END
```

说明:BEGIN…END 语句块允许嵌套。

【例 9-16】 查找学号为 200215121 的成绩。

代码如下,结果如图 9-7 所示。

```
DECLARE @message varchar(255),@grade_num int
-- 得到 200215121 号同学的选修课程的数目
SELECT @grade_num = COUNT(grade) FROM sc
WHERE   sno = '200215121'
IF @grade_num = 0
    BEGIN
        SET @message = '没有学生 200215121 的成绩'
        PRINT @message
    END
ELSE
    BEGIN
        SET @message = '有学生 200215121 的'
          + convert(char(2),@grade_num) + '门课程的成绩。'
        PRINT @message
    END
SET @message = '课程号查询完毕'
PRINT @message
GO
```

3. CASE 分支语句

CASE 关键字可根据表达式的真假来确定是否返回某个值,可在允许使用表达式的任

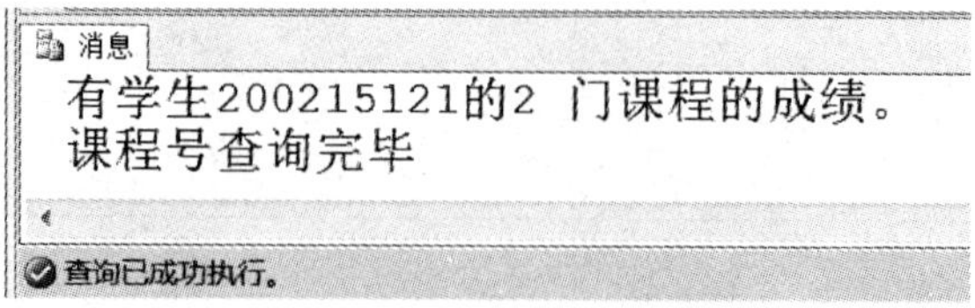

图 9-7 BEGIN…END 示例

意位置使用这一关键字。

CASE 可以进行多个分支的选择,具有两种格式:

(1) 简单 CASE 表达式。

将某个表达式与一组简单表达式进行比较以确定结果。

(2) CASE 搜索表达式。

计算一组逻辑表达式以确定结果。

两种格式都支持可选的 ELSE 参数。

(1) 简单式。

```
CASE 表达式
    WHEN 表达式的值 1   THEN 返回表达式 1
    WHEN 表达式的值 2   THEN 返回表达式 2
    …
ELSE 返回表达式 n
END
```

【例 9-17】 显示学生选课的数量。

代码如下,结果如图 9-8 所示。

```
SELECT sno,'课程数量' =
CASE count( * )
 WHEN 1 THEN '选修了一门课'
 WHEN 2 THEN '选修了两门课'
 WHEN 3 THEN '选修了三门课'
END
FROM sc GROUP BY sno
```

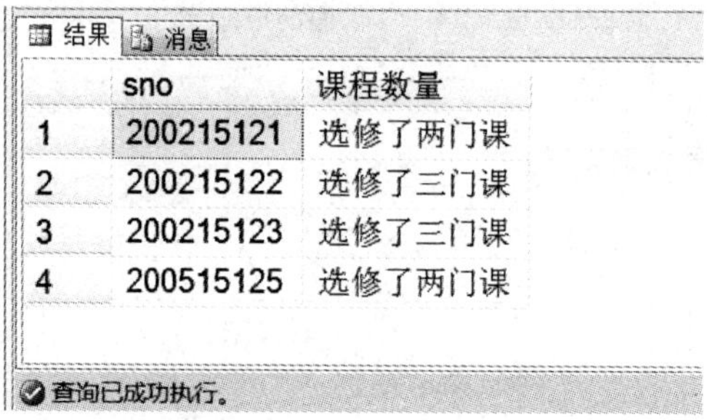

	sno	课程数量
1	200215121	选修了两门课
2	200215122	选修了三门课
3	200215123	选修了三门课
4	200515125	选修了两门课

图 9-8 CASE 语句示例 1

（2）搜索式。

```
CASE
    WHEN 逻辑表达式 1 THEN 返回表达式 1
    WHEN 逻辑表达式 2 THEN 返回表达式 2
    …
ELSE 返回表达式 n
END
```

【例 9-18】 将例 9-16 改写为搜索式写法。

代码如下：

```
SELECT sno,count( * ) AS 数量,课程数量 =
CASE
 WHEN count( * ) = 1 THEN '选修了一门课'
 WHEN count( * ) = 2 THEN '选修了两门课'
 WHEN count( * ) = 3 THEN '选修了三门课'
END
FROM sc GROUP BY sno
```

【例 9-19】 为学生表的每个院系添加说明。

代码如下，结果如图 9-9 所示。

```
SELECT sname AS 学号,sdept AS 院系, '院系说明' =
CASE sdept
-- 分别为各个院系添加说明
 WHEN 'IS' THEN '属于信息系'
 WHEN 'MA' THEN '属于数学院'
 WHEN 'CS' THEN '属于计算机科学与技术学院'
 ELSE '其他院系'
 END
FROM student ORDER BY sname            -- 按照姓名排序
```

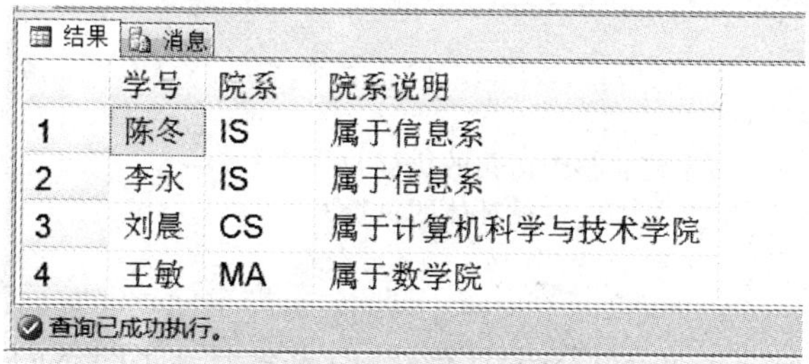

	学号	院系	院系说明
1	陈冬	IS	属于信息系
2	李永	IS	属于信息系
3	刘晨	CS	属于计算机科学与技术学院
4	王敏	MA	属于数学院

图 9-9 CASE 语句示例 2

【例 9-20】 显示学生的成绩等级。

代码如下，结果如图 9-10 所示。

```
SELECT Sno as 学号,Cno as 课程号,CASE
WHEN grade>=90 THEN '优'
WHEN grade>=80 THEN '良'
WHEN grade>=70 THEN '中'
WHEN grade>=60 THEN '及格'
ELSE '不及格'
END
as '成绩等级'
FROM sc
```

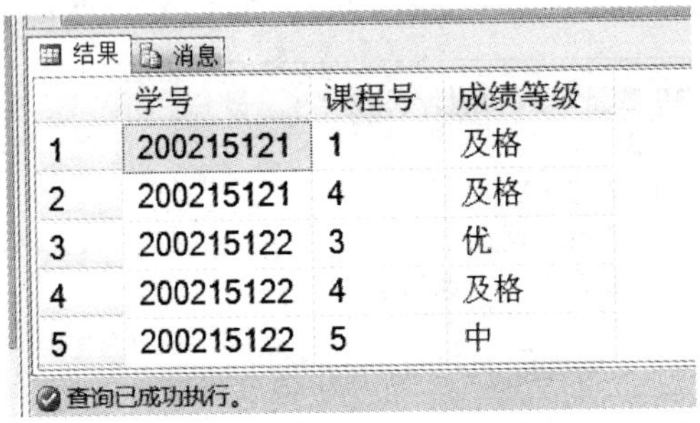

	学号	课程号	成绩等级
1	200215121	1	及格
2	200215121	4	及格
3	200215122	3	优
4	200215122	4	及格
5	200215122	5	中

图 9-10　CASE 语句示例 3

4. WHILE 语句

设置重复执行 SQL 语句或语句块的条件。只要指定的条件为真,就重复执行语句。可以使用 BREAK 和 CONTINUE 关键字在循环内部控制 WHILE 循环中语句的执行。

(1) BREAK 语句:导致从最内层的 WHILE 循环中退出。将执行出现在 END 关键字(循环结束的标记)后面的任何语句。

(2) CONTINUE:使 WHILE 循环重新开始执行,忽略 CONTINUE 关键字后面的任何语句。

WHILE 语句语法:

```
WHILE 逻辑表达式
Begin
   T-SQL 语句组
[break]                  /*终止整个语句的执行*/
[continue]               /*结束一次循环体的执行*/
END
```

说明:如果嵌套了两个或多个 WHILE 循环,则内层的 BREAK 将退出到下一个外层循环,将首先运行内层循环结束之后的所有语句,然后重新开始下一个外层循环。

【例 9-21】 求 1～10 之间偶数的和。

代码如下,结果如图 9-11 所示。

```
DECLARE @i smallint,@sum smallint
SET @i = 0
SET @sum = 0
WHILE @i > = 0
  BEGIN
    SET @i = @i + 1
    IF @i > 10
      BEGIN
SELECT '1 到 10 之间偶数的和' = @sum
      BREAK
      END
    IF (@i % 2)!= 0
      CONTINUE
    ELSE
      SET @sum = @sum + @i
  END
```

图 9-11　WHILE 语句

5. GOTO 语句

GOTO 语句将执行语句无条件跳转到标签处,并从标签位置继续处理。GOTO 语句和标签可在过程、批处理或语句块中的任何位置使用。其语法格式为:

```
GOTO label
```

6. WAITFOR 语句

WAITFOR 语句,称为延迟语句,就是暂停执行一个指定的时间间隔或到一个指定的时间。它可以悬挂起批处理、存储过程或事务的执行,直到超过指定的时间间隔或到达指定的时间为止。其语法格式为:

```
WAITFOR
{ DELAY 'time_to_pass'          / * 设定等待时间 * /
| TIME 'time_to_execute'        / * 设定等待到某一时刻 * /
}
```

【例 9-22】　延迟 30 秒执行查询。

```
WAITFOR DELAY '00:00:30'
SELECT * FROM student
```

【例 9-23】　在时刻 21:20:00 执行查询。

```
WAITFOR TIME '21:20:00'
SELECT * FROM student
```

7. TRY…CATCH

TRY 块包含一组 T-SQL 语句。如果 TRY 块的语句中发生任何错误，控制将传递给 CATCH 块。CATCH 块包含另外一组语句，这些语句在错误发生时执行。如果 TRY 块中没有错误，控制将传递到关联的 END CATCH 语句后紧跟的语句。如果 END CATCH 语句是存储过程或触发器中的最后一条语句，控制将传递到调用该存储过程或触发器的语句。

```
BEGIN TRY
{ sql_statement | statement_block }
END TRY
BEGIN CATCH
{ sql_statement | statement_block }
END CATCH [;]
```

TRY 块以 BEGIN TRY 语句开头，以 END TRY 语句结尾。在 BEGIN TRY 和 END TRY 语句之间可以指定一个或多个 Transact-SQL 语句。CATCH 块必须紧跟 TRY 块。CATCH 块以 BEGIN CATCH 语句开头，以 END CATCH 语句结尾。在 Transact-SQL 中，每个 TRY 块仅与一个 CATCH 块相关联。

在 CATCH 块中，可以使用以下的系统函数来确定关于错误的信息：

（1）ERROR_NUMBER()：返回错误号。

（2）ERROR_MESSAGE()：返回错误消息的完整文本。此文本包括为任何可替换参数（如长度、对象名称或时间）提供的值。

（3）ERROR_SEVERITY()：返回错误严重性。

（4）ERROR_STATE()：返回错误状态号。

（5）ERROR_LINE()：返回导致错误的例程中的行号。

（6）ERROR_PROCEDURE()：返回出现错误的存储过程或触发器的名称。

【例 9-24】　插入重复值的错误信息。

代码如下：

```
BEGIN TRY
INSERT INTO dbo.student (sno,sname) VALUES('200215121', '李永')
END TRY
BEGIN CATCH
   SELECT 'There was an error! '
   + ERROR_MESSAGE() AS    ErrorMessage,
     ERROR_LINE()          AS ErrorLine,
     ERROR_NUMBER()        AS ErrorNumber,
     ERROR_PROCEDURE()     AS ErrorProcedure,
```

```
        ERROR_SEVERITY()       AS ErrorSeverity,
        ERROR_STATE()          AS ErrorState
END CATCH
```

因为 student 表中已存在该生的信息,因此系统会给出错误信息,结果如图 9-12 所示。

图 9-12　TRY…CATCH 语句示例

8. RAISERROR

有时会遇到 SQL Server 实际并不知道的一些错误,但希望能在客户端产生运行错误,而客户端使用时能够唤醒异常处理并进行相应的处理。要完成这一点,就需要在 T-SQL 中使用 RAISERROR 命令。RAISERROR 生成的错误与数据库引擎代码生成的错误的运行方式相同。

语法:

```
RAISERROR(< message ID | message_string >,< severity >,< state >[,< argument >[,< … n >]])[WITH
option[, … n]]
```

参数说明如表 9-12 所示。

表 9-12　RAISERROR 参数及说明

参　　数	说　　明
msg_id	定制消息的错误代码。RAISERROR 接受任何大于 13 000 的数字,但是定制信息的 msg_id 要大于等于 50 000
msg_str	定制信息的文本
severity	定制信息的级别。从 0～25,19～25 是重大错误代码。任何用户都可以指定 0～18 之间的严重级别。只有 sysadmin 固定服务器角色成员或具有 ALTER TRACE 权限的用户才能指定 19～25 之间的严重级别。若要使用 19～25 之间的严重级别,必须选择 WITH LOG 选项。20 或更高的级别会自动终止用户的连接
state	呈现导致错误的状态,状态值可以是 1～127 之间的任意值
argument	定义在错误信息中的可以替换的值
WITH…	有三个选项:WITH LOG 记录错误,只能用于级别高于 19 的错误;WITH NOWAIT 将错误立刻发送到客户端;WITH SETERROR 将@@ERROR 设置@@ERROR 的值等于错误 ID

说明:错误由 master.dbo.sysmessages 表维护,每一个错误代码都有相应的级别和描述。

【例 9-25】　在存储过程中使用 RAISERROR,当给定的两个时间差不等于 8 时,返回错误信息。

```
-- 创建存储过程 prc_error,判断给定的两个时间差是否等于 8
create procedure prc_error
@Start datetime,@End datetime
as
begin
Declare @Date_diff int
Select @Date_diff = DATEDIFF(hh, @Start, @End)
-- 两个时间差不等于 8,返回错误
If (@Date_diff != 8)
 RAISERROR('Error Raised', 16, 1)
End
-- 执行 prc_error
exec prc_error '2011 - 01 - 01 23:00:00.000','2011 - 01 - 01 10:00:00.000'
```

例 9-24 的结果如图 9-13 所示。

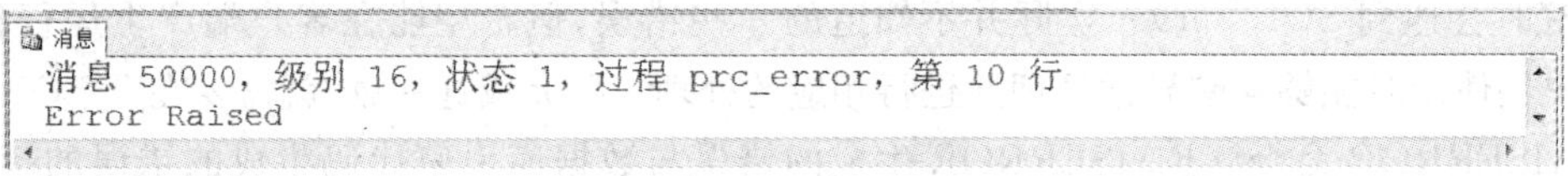

图 9-13　RAISERROR 示例

9.6　游标

9.6.1　游标概述

由 SELECT 语句返回的行集包括满足该语句的 WHERE 子句中条件的所有行。这种由语句返回的完整行集称为结果集。应用程序,特别是交互式联机应用程序,并不总能将整个结果集作为一个单元来有效地处理。这些应用程序需要一种机制以便每次处理一行或部分行。游标就是提供这种机制的对结果集的一种扩展。

游标(Cursor)是一种从包括多条数据记录的结果集中每次提取一条记录以便处理的机制,可以看做是查询结果的记录指针。

1. 游标的作用

(1) 允许定位在结果集的特定行。

(2) 从结果集的当前位置检索一行或一部分行。

(3) 支持对结果集中当前位置的行进行数据修改。

(4) 为由其他用户对显示在结果集中的数据所做的更改提供不同级别的可见性支持。

(5) 提供脚本、存储过程和触发器中用于访问结果集中的数据的 T-SQL 语句。

2. 使用游标的步骤

(1) 将游标与 T-SQL 语句的结果集相关联,并且定义该游标的特性,例如是否能够更新游标中的行。

（2）执行 T-SQL 语句以填充游标。

（3）从游标中检索想要查看的行。从游标中检索一行或部分行的操作称为提取，执行一系列提取操作以便向前或向后检索行的操作称为滚动。

（4）根据需要，对游标中当前位置的行执行修改操作（更新或删除）。

（5）关闭游标。

9.6.2　使用游标

游标的语法有 SQL-92 中的语法和 T-SQL 扩展语法，以下主要介绍 SQL-92 中的语法。

1. 声明游标

语法：

```
DECLARE cursor_name [ INSENSITIVE ] [ SCROLL ] CURSOR
FOR select_statement
[ FOR { READ ONLY | UPDATE [ OF column_name [ , … n ] ] } ]
```

语法中参数说明如下：

（1）cursor_name：指游标的名字。

（2）INSENSITIVE：表示声明一个静态游标。

静态游标的含义：SQL Server 会将游标定义所选取出来的数据记录存放在一临时表内（建立在 tempdb 数据库下），对该游标的读取操作皆由临时表来应答。因此，对基本表的修改并不影响游标提取的数据，即游标不会随着基本表内容的改变而改变，同时也无法通过游标来更新基本表。如果不使用该保留字，那么对基本表的更新、删除都会反映到游标中。

另外应该指出，当遇到以下情况发生时，游标将自动设定 INSENSITIVE 选项。

① 在 SELECT 语句中使用 DISTINCT、GROUP BY、HAVING UNION 语句。

② 使用 OUTER JOIN。

③ 所选取的任意表没有索引。

④ 将实数值当作选取的列。

（3）SCROLL：表示声明一个动态游标。

动态游标的含义：滚动游标时，动态游标反映结果集中所做的所有更改，所有用户做的全部 UPDATE、INSERT 和 DELETE 均通过游标可见，因此消耗资源较多。动态游标时，所有的提取操作（如 FIRST、LAST、PRIOR、NEXT、RELATIVE、ABSOLUTE）都可用。如果不使用该保留字，那么只能进行 NEXT 提取操作。由此可见，SCROLL 极大地增加了提取数据的灵活性，可以随意读取结果集中的任一行数据记录，而不必关闭再重开游标。

（4）select_statement：定义结果集的 SELECT 语句。应该注意的是，在游标中不能使用 COMPUTE、COMPUTE BY、FOR BROWSE、INTO 语句。

（5）READ ONLY 表明不允许游标内的数据被更新，而且在 UPDATE 或 DELETE 语句的 WHERE CURRENT OF 子句中，不允许对该游标进行引用。

(6) UPDATE [OF column_name[,…n]]定义在游标中可被修改的列,如果不指出要更新的列,那么所有的列都将被更新。

当游标被成功创建后,游标名成为该游标的唯一标识,如果在以后的存储过程、触发器或 T_SQL 脚本中使用游标,必须指定该游标的名字。

【例 9-26】 声明一个游标,用来指向学生表(Student)的学号(sno)和姓名(sname)数据。如下的代码声明了一个名为 cur 的滚动式游标。

```
declare cur scroll cursor for select sno,sName from student
```

2．打开游标

声明了游标以后,在做其他操作前,应打开游标。语法如下:

```
OPEN cursor_name
```

如果使用 INSENSITIVE 选项声明了游标,那么 OPEN 将创建一个临时表以保留结果集。如果结果集中任意行的大小超过 SQL Server 表的最大行大小,OPEN 将失败。

在游标被成功打开之后,@@CURSOR_ROWS 全局变量将用来记录游标内数据行数。如果所打开的游标在声明时带有 SCROLL 或 INSENSITIVE 保留字,那么@@CURSOR_ROWS 的值为正数且为该游标的所有数据行。如果未加上这两个保留字中的一个,则@@CURSOR_ROWS 的值为-1,说明该游标内只有一条数据记录。

3．提取数据

当游标被成功打开以后,就可以从游标中逐行地读取数据,以进行相关处理。从游标中读取数据主要使用 FETCH 命令。其语法规则为:

```
FETCH [ [ NEXT | PRIOR | FIRST | LAST | ABSOLUTE { n | @nvar }
       | RELATIVE { n | @nvar } ] FROM ]
cursor_name [ INTO @variable_name [ ,…n ] ]
```

参数说明如下:

(1) NEXT:返回结果集中当前行的下一行。如果 FETCH NEXT 是第一次读取游标中数据,则返回结果集中的是第一行而不是第二行。NEXT 为默认的游标提取选项。

(2) PRIOR:返回结果集中当前行的前一行。如果 FETCH PRIOR 是第一次读取游标中数据,则无数据记录返回,并把游标位置设为第一行。

(3) FIRST:返回游标中第一行。

(4) LAST:返回游标中的最后一行。

(5) ABSOLUTE {n | @nvar}:如果 n 或@nvar 为正数,则返回从游标头开始向后的第 n 行,并将返回行变成新的当前行。如果 n 或@nvar 为负,则返回从游标末尾开始向前的第 n 行,并将返回行变成新的当前行。如果 n 或@nvar 为 0,则不返回行。n 必须是整数

常量,并且@nvar 的数据类型必须为 smallint、tinyint 或 int。

(6) RELATIVE {n | @nvar}:如果 n 或@nvar 为正,则返回从当前行开始向后的第 n 行,并将返回行变成新的当前行。如果 n 或@nvar 为负,则返回从当前行开始向前的第 n 行,并将返回行变成新的当前行。如果 n 或@nvar 为 0,则返回当前行。在对游标进行第一次提取时,如果在将 n 或@nvar 设置为负数或 0 的情况下指定 FETCH RELATIVE,则不返回行。n 必须是整数常量,@nvar 的数据类型必须为 smallint、tinyint 或 int。

(7) INTO @variable_name[,…n]:允许将使用 FETCH 命令读取的数据存放在多个变量中。在变量行中的每个变量必须与游标结果集中相应的列相对应,每一变量的数据类型也要与游标中数据列的数据类型相匹配。

@@FETCH_STATUS 全局变量返回上次执行 FETCH 命令的状态。在每次用 FETCH 从游标中读取数据时,都应检查该变量,以确定上次 FETCH 操作是否成功,来决定如何进行下一步处理。@@FETCH_STATUS 变量有三个不同的返回值:

① 返回值为 0,说明 FETCH 语句成功。

② 返回值为−1,说明 FETCH 语句失败或行不在结果集中。

③ 返回值为−2,说明提取的行不存在。

在使用 FETCH 命令从游标中读取数据时,应该注意以下的情况:

当使用 SQL-92 语法声明一个游标时,没有选择 SCROLL 选项,只能使用 FETCH NEXT 命令来从游标中读取数据,即只能从结果集第一行按顺序地每次读取一行,由于不能使用 FIRST、LAST、PRIOR,所以无法回滚读取以前的数据。

如果选择了 SCROLL 选项,则可能使用所有的 FETCH 操作。

【例 9-27】　FETCH 示例。

```
declare @sID varchar(4),@sName nvarchar(4)
declare cur      scroll cursor for select sno,sName from student
open cur
fetch next from cur              -- 下一行
fetch absolute 3 from cur        -- 第三行
fetch relative - 2 from cur      -- 当前行的前二行
fetch prior from cur             -- 上一行
fetch last from cur              -- 最后一行
close cur                        -- 关闭游标
deallocate cur                   -- 释放游标
```

【例 9-28】　通过游标读出学生表(Student)的每一个学生的学号、姓名。结果如图 9-14 所示。

```
declare cur scroll cursor for select sno,sName from student
open cur
fetch next from cur
 -- @@FETCH_STATUS = 0 表示上一个 fetch 语句取数据成功。
while @@FETCH_STATUS = 0
fetch next from cur
close cur
deallocate cur
```

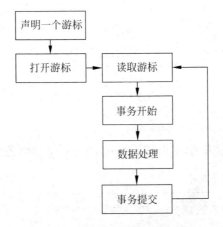

	sno	sName
1	200215121	李永

	sno	sName
1	200215122	刘晨

	sno	sName
1	200215123	王敏

图 9-14　提取数据示例

4．关闭游标

1）使用 CLOSE 命令关闭游标

在处理完游标中数据之后必须关闭游标来释放数据结果集和定位于数据记录上的锁。CLOSE 语句关闭游标，但不释放游标占用的数据结构。如果准备在随后的使用中再次打开游标，则应使用 CLOSE 命令。

其关闭游标的语法规则为：

```
CLOSE
{ { [ GLOBAL] cursor_name } | cursor_variable_name }
```

2）自动关闭游标

游标可以应用在存储过程、触发器和 T-SQL 脚本中。如果在声明游标与释放游标之间使用了事务，则在结束事务时游标会自动关闭。

假设游标的使用情况如图 9-15 所示。

图 9-15　游标和事务使用示意图

当从游标中读取一条数据记录进行以 BEGIN TRANSATION 为开头，COMMIT TRANSATION 或 ROLLBACK 为结束的事务处理时，在程序开始运行后，第一行数据能够被正确返回。

但是程序回到"读取游标"，需要读取游标的下一行数据，此时常会发现游标未打开的错误信息。其原因就在于当一个事务结束时,不管其是以 COMMIT TRANSATION 还是以 ROLLBACK TRANSACTION 结束,SQL SERVER 都会自动关闭游标,所以当继续从游标中读取数据时就会造成错误。

解决这种错误的方法就是使用 SET 命令将 CURSOR_CLOSE_ON_COMMIT 这一参数设置为 OFF 状态。其目的就是让游标在事务结束时仍继续保持打开状态,而不会被关闭。使用 SET 命令的格式为 SET CURSOR_CLOSE_ON_COMMIT OFF。

5．释放游标

在使用游标时,各种针对游标的操作或引用游标名,或引用指向游标的游标变量。当 CLOSE 命令关闭游标时,并没有释放游标占用的数据结构。因此常使用 DEALLOCATE 命令删除掉游标与游标名或游标变量之间的联系,并且释放游标占用的所有系统资源。

其语法规则为:

```
DEALLOCATE { { [GLOBAL] cursor_name } | @cursor_variable_name}
```

当使用 DEALLOCATE @cursor_variable_name 来删除游标时,游标变量并不会被释放,除非超过使用该游标的存储过程、触发器的范围(即游标的作用域)。

6．利用游标修改、删除数据

可更新游标支持通过游标更新行的数据修改语句。

当定位在可更新游标中的某行上时,可以执行更新或删除操作,这些操作是针对用于在游标中生成当前行的基表行的,称为"定位更新"。

定位更新在打开游标的同一个连接上执行,允许数据修改操作共享与游标相同的事务空间,并且使游标持有的锁不会阻止更新。

在游标中执行定位更新的方法可通过 UPDATE 或 DELETE 语句中的 WHERE CURRENT OF 子句来实现。WHERE CURRENT OF 子句通常在需要根据游标中的特定行进行修改时用在 Transact-SQL 存储过程、触发器以及脚本中。

存储过程、触发器或脚本中使用可更新游标的步骤:

(1) DECLARE 和 OPEN 游标。

(2) 使用 FETCH 语句定位到游标中的某一行。

(3) 用 WHERE CURRENT OF 子句执行 UPDATE 或 DELETE 语句。使用 DECLARE 语句中的 cursor_name 作为 WHERE CURRENT OF 子句中的 cursor_name。

【例 9-29】 利用游标将成绩表(SC)中不及格的成绩改为 60 分。

代码如下,结果如图 9-16 所示。

```
-- 声明变量
declare @v_sno varchar(10),
@v_cno varchar(10),@v_grade int
-- 声明游标
declare cur    scroll cursor
```

```
for select sno,cno,grade from sc
-- 打开游标
open cur
-- 取出第一行记录
fetch next from cur into @v_sno,@v_cno,@v_grade
-- 循环取值
while @@FETCH_STATUS = 0
begin
-- 判断当前记录的成绩值
if @v_grade<60
   begin
-- 显示修改前的成绩
  select sno as 学号,cno as 课程号,grade as 更改前的成绩
  from sc  where sno = @v_sno and cno = @v_cno
-- 修改游标所在行的成绩
 update sc set grade = 60 where current of   cur
-- 显示修改后的成绩
  select sno as 学号,cno as 课程号,grade as 更改后的成绩
  from sc where sno = @v_sno and cno = @v_cno
  end
-- 取下一行记录
 fetch next from cur into @v_sno,@v_cno,@v_grade
end
-- 关闭游标
close cur
-- 释放游标
deallocate cur
```

🖾 结果	🗒 消息		
	学号	课程号	更改前的成绩
1	200215121	1	40
	学号	课程号	更改后的成绩
1	200215121	1	60
	学号	课程号	更改前的成绩
1	200215121	4	40
	学号	课程号	更改后的成绩
1	200215121	4	60

图 9-16   利用游标修改数据

习题 9

1. 预测以下的输出结果为(   )。

```
Select Round(1234.567,1)
```

    A. 1234.5   B. 1234.6   C. 1234   D. 1234.56

2. Select floor(1234.567)的结果为（   ）。

    A. 1234.56   B. 1234   C. 1235   D. 12345.67

3. SELECT substring('Microsoft SQL Sever is a great product',2,4),此 substring 函数将返回以下串中（   ）。

    A. icro   B. icr   C. ir   D. ro

4. Hugh and Co 中所有职工的评估信息保存在称为 Appraisal 的表中。每季度评估职工一次,dDateOfAppraisal 属性包含最近评估的日期。（   ）可用来发现他下次评估的日期?

    A. SELECT dateadd(qq,3,dDateofAppraisal) FROM Appraisal

    B. SELECT datepart (mm,dDateOfAppraisal)+3 FROM Appraisal

    C. SELECT datepart (mm,dDateOfAppraisal) FROM Appraisal

    D. SELECT dateadd (mm,3,dDateOfAppraisal) FROM Appraisal

5. 以下 SQL 语句的输出为（   ）。

```
Select * from sales where tran_date >= dateadd(dd, -3, (getdate))
```

    A. 显示销售日期在当前系统日期之后 3 天的所有行

    B. 显示销售日期在当前系统日期之前 3 天的所有行

    C. 显示销售日期是当前系统日期的所有行

    D. 显示销售日期在当前系统日期之后 3 周的所有行

6. 如果给定产品的销售日期是 July 13,2000,定单日期是 July 1,2000。以下 SQL 语句的输出为（   ）。

```
Select datediff(yy, sale_dt, order_dt) from transaction where prod_id = '10202'。
```

    A. 1   B. −1   C. 0   D. 13

7. 简述常规标识符的定义规则。

8. 数据库对象名的全称由哪些部分组成?

9. 如何定义和使用局部变量和全局变量?

10. BREAK 和 Continue 在循环内部控制 WHILE 循环中语句的执行有何异同?

11. 常用的数学函数、字符串函数、日期时间函数分别有哪些?

12. 查询 STUDENT 表,将返回的记录数赋给变量@RowsReturn。

13. 使用 WHILE 循环计算 1~100 的和。

14. 使用 CASE 来判断当前日期是否是闰年?

15. 用 T-SQL 流程控制语句编写程序,求两个数的最大公约数和最小公倍数。

16. 用 T-SQL 流程控制语句编写程序,求斐波那契数列中小于 100 的所有数(斐波那契数列为 1,2,3,5,8,13,…)。

第10章

管理数据库

SQL Server 的数据库是所涉及的对象以及数据的集合,不仅反映数据本身的内容,而且反映对象以及数据之间的联系。用户可以通过创建数据库来存储不同类别或形式的数据。

本章的学习要点:

- 数据库对象及组成;
- 数据库的创建;
- 数据库的管理和维护。

10.1 数据库的组成

SQL Server 中的数据库由包含数据的表集合和其他对象(如视图、索引等)组成,目的在于为执行与数据有关的活动提供支持。SQL Server 支持在一个数据库实例中创建多个数据库,每个数据库在物理和逻辑上都是独立的。

SQL Server 数据库的概念可以从以下不同的角度描述:从模式层次角度看,可以分别描述为物理数据库和逻辑数据库;从创建对象角度看,可以分为系统数据库和用户数据库。

说明:实际上,系统数据库和用户数据库都是基于逻辑数据库的概念。

在安装完 SQL Server 2008 后,在 SQL Server Management Studio 集成工作环境中的"对象资源管理器"窗口中依次展开"数据库"节点、"系统数据库"子节点和 master 数据库节点,该数据库对象由"表"、"视图"、"同义词"、"可编程性"等若干个对象组成,这就是 SQL Server 数据库的逻辑组成(如图 10-1 所示)。在物理存储上,该 master 数据库被映射成两个操作系统文件,文件名分别为 master. mdf 和 mastlog. ldf,其存储路径为"Microsoft SQL Server\MSSQL10. MSSQLSERVER\MSSQL\DATA"。

10.1.1 物理数据库与文件

物理数据库是从数据库的物理角度描述数据库,将数据库映射到一组操作系统文件上,即物理数据库是构成数据库的物理文件(操作系统文件)的集合。

图 10-1　master 数据库的逻辑组成

1. 数据库文件

每个 SQL Server 数据库有数据文件和事务日志文件。它们是数据库系统真实存在的物理文件基础,而逻辑数据库是建立在该基础上的关于数据库的逻辑结构的抽象。数据文件包含数据和对象,如表、索引、存储过程和视图;事务日志文件包含恢复数据库中的所有事务所需的信息。数据文件又可分为主数据文件和辅助数据文件。

(1) 主数据文件(Primary):简称为主文件,是数据库的关键文件,包含数据库的启动信息,并指向数据库中的其他文件,可存储部分或全部数据。每个数据库有且只有一个主数据文件,默认文件扩展名是 mdf。

(2) 辅助数据文件(Secondary):简称为辅助文件,又称为次要数据文件,用于存储未包含在主数据文件内的其他数据。辅助数据文件是可选的,一个数据库可有 0 个或多个辅助数据文件。通过将每个文件放在不同的磁盘驱动器上,辅助数据文件可用于将数据分散到多个磁盘上。另外,如果数据库文件超过了单个 Windows 文件的最大大小,可以使用辅助数据文件,这样数据库就能继续增长。辅助数据文件的默认文件扩展名是 ndf。

(3) 事务日志文件(Transaction Log):简称日志文件。

事务是工作单元,该单元的工作要么全部完成,要么全部不完成。SQL Server 系统具有事务功能,可以保证数据库操作的一致性和完整性。事务的功能是通过使用数据库的事务日志来实现。

通常情况下,事务日志记录了对数据库的所有修改操作。因此,事务日志文件保存用于恢复数据库的事务日志信息,是用来存储数据库更新情况的文件。因为事务的恢复主要靠日志来完成(关于事务及事务的恢复在本书第 7 章有详细介绍),所以事务日志文件在数据库文件中是必备的,每个数据库必须至少有一个日志文件。事务日志的默认文件扩展名是 ldf。

说明:(1)上述文件的名字是操作系统文件名,由系统使用,不由用户直接使用。虽然 SQL Server 不强制使用 mdf、ndf、ldf 文件扩展名,仍建议在创建数据库时使用这些默认扩展名,以便标识文件用途。

(2) 默认情况下,数据和事务日志被放在同一个驱动器上的同一个路径下,这是为处理单磁盘系统而采用的方法。但是,在实际应用环境中,这可能不是最佳的方法,建议将数据和日志文件放在不同的磁盘上。

2. 逻辑和物理文件名称

SQL Server 的数据库文件有以下两个名称:

1) 逻辑文件名(Logical_file_name)

逻辑文件名是在所有 T-SQL 语句中引用实例该文件时使用的文件名。逻辑文件名必须符合 SQL Server 的标识符规范,而且在同一个 SQL Server 数据库中的逻辑文件名必须是唯一的。

2) 物理文件名(Os_file_name)

物理文件名包含目标路径,必须符合操作系统的文件命名规则。

3. 页和区

在理解 SQL Server 数据库物理结构时,需要注意页和区两个概念。

1) 页(Page)

SQL Server 中数据存储的基本单位是页,它是 SQL Server 使用的最小存储单元。为数据库中的数据文件(mdf 或 ndf)分配的磁盘空间可以从逻辑上划分成页(从 0~n 连续编号)。每页大小是 8KB,即 8192 字节,这意味着 SQL Server 数据库中每 MB 有 128 页。

SQL Server 数据文件中的页按顺序编号,文件的首页从 0 开始。数据库中的每个文件都有一个唯一的文件 ID 号。若要唯一标识数据库中的页,需要同时使用文件 ID 和页码。图 10-2 中显示了包含 4MB 主数据文件和 1MB 次要数据文件的数据库中的页码。

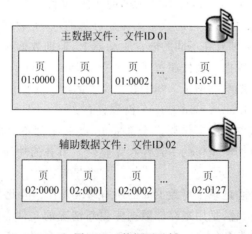

图 10-2　数据页示例

SQL Server 的数据记录全部以页为单位存储(事务日志文件除外),表中的每一行数据都不能跨页存储。事务日志文件不包含页,而是包含一系列日志记录。

SQL Server 包括 8 种页类型,分别为数据(Data)页,索引(Index)页,文本/图像(Text/Image)页、全局与共享全局分配映射(Global、Shared Global Allocation Map)页、可用空间(Page Free Space)页、索引分配映射表(Index Allocation Map)页、大容量更改映射表(Bulk

Changed Map)页、差异更改映射表(Differential Changed Map)页。这些页的介绍如表 10-1 所示。

表 10-1　SQL Server 的页类型

页 类 型	内 容
数据页	当 text in row 设置为 ON 时,包含除 text、ntext、image、nvarchar(max)、varchar(max)、varbinary(max) 和 xml 数据之外的所有数据
索引页	用于存储索引数据
文本/图像页	存储:(1)大型对象数据类型包括 text、ntext、image、nvarchar(max)、varchar(max)、varbinary(max) 和 xml 数据;(2)数据行超过 8 KB 时的可变长度数据类型列包括 varchar、nvarchar、varbinary 和 sql_variant
全局、共享全局分配映射页	有关区是否分配的信息
可用空间页	有关页分配和页的可用空间的信息
索引分配映射页	有关每个分配单元中表或索引所使用的区的信息
大容量更改映射	有关每个分配单元中自最后一条 BACKUP LOG 语句之后的大容量操作所修改的区的信息
差异更改映射页	有关每个分配单元中自最后一条 BACKUP DATABASE 语句后更改区的信息

其中,存储用户数据的数据页的结构如图 10-3 所示,它由三个主要部分组成:标头、数据行和行偏移表。

(1)标头(Header)。

标头占用每个数据页前面的 96 字节(剩下的 8096 字节用于数据、行系统开销和行偏移),用于存储有关页的体系信息。标头信息包含页码、页类型、页的可用空间以及拥有该页的对象的分派单位 ID。

(2)数据行(Data Row)。

在数据页上,数据行紧接着标头按顺序放置。单个数据行的最大容量是 8060 字节的行内数据。

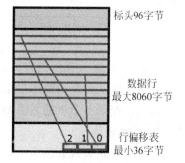

图 10-3　一个数据页的结构

(3)行偏移表(Row Offsets)。

页的末尾是行偏移表,它最少占用 36 字节。对应页中的每一行,每个行偏移表都包含一个 2 字节的条目用于记录对应行的第一个字节与页首的距离。

偏移表中的条目顺序与数据行的顺序相反,而且只表示了页中数据行的逻辑顺序。例如,一张表有个聚集索引,那么行偏移矩阵的 slot0 引用聚集索引键顺序中的第一行,slot1 引用第二行,依此类推。注意,这些行的物理位置可以是页面上的任意位置。

行偏移表最少为 36 字节,因此默认最多只可以记录 18 个数据行。当数据行超过 18 行时,系统将动态调整数据行占用的字节数与行偏移表占用的字节数。注意,数据行与行偏移表总共是 8096 字节。

说明:在 SQL Server 的数据页中,单个行的最大数据量和开销是 8060 字节。有的表中一行就可能超过 8KB,如果行数据中有 varchar、nvarchar、varbinary 和 sql_variant 数据列,就单独用文本/图像页来存储这些类型的数据,两种页之间用指针来联系。

2) 区(Extent)

区又称为扩展盘区、盘区,是管理空间的基本单位。所有页都存储在区中。一个区是8个物理上连续的页(即 64 KB),用来有效地管理页。这意味着 SQL Server 数据库中每 MB 有 16 个区。

区分为统一区和混合区,如图 10-4 所示。

(1)统一区属于单个对象所有,只存储单个对象的数据。

(2)混合区存放多个对象的数据,最多可由 8 个对象共享,区中 8 页的每页可由不同的对象所有。

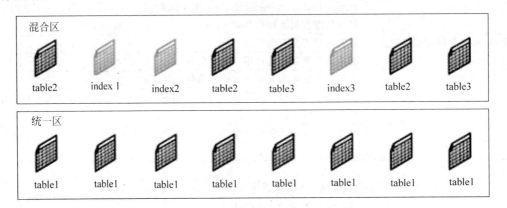

图 10-4　混合区和统一区

SQL Server 分配区的方法:

(1)不满 8 个页的数据尽量从已经存在的混合区中挑选一个满足的区进行分配。

(2)已经满 8 个页的数据则统一分配统一区。这样就可以尽可能地利用存储空间,提高空间利用率。

(3)对于新表或新的索引,从混合区分配页面以便尽可能地利用空间。当表或索引增长到 8 页时,将分配统一区。

(4)如果对现有表创建索引,并且该表包含的行足以在索引中生成 8 页,则对该索引的所有分配都使用统一区进行。

说明:操作系统分配存储空间是以区为单位的,原因是页空间太小,如果按照页为单位来分配,分配空间次数过多,会造成系统性能下降。

通过理解数据库的空间管理,可以估算数据库的设计尺寸。数据库的大小等于所有表大小与索引大小之和。假设某个数据库只有一个表,该表的数据行字节是 800B。这时,一个数据页上最多只能放 10 行数据。如果该表大约有 100 万行的数据,那么该表占用 10 万个数据页的空间。因此,该数据库的大小估计为 $100\ 000 \times 8\text{KB} = 800\ 000\text{KB} = 781.25\text{MB}$。根据数据库大小的估计值,再考虑其他的因素,就可以得到数据库的设计值。

4. 日志文件的结构

日志文件是 SQL Server 数据库中的单独的文件或一组文件。日志的存储不是以页为单位的,而是以一条一条、大小不等的日志记录为单位进行的。若干条相邻的日志记录构成一个完整的事务，表明用户对数据库进行了某项完整的操作。日志文件的存储如图 10-5 所示。

图 10-5　事务日志文件的存储

5. 文件组（File Group）

为了更好地管理数据库文件，从 SQL Server7.0 开始引入了文件组的概念。可以将若干个分布在不同的硬盘驱动器上的数据文件组织到一个文件组中。通过文件组，可以将特定的数据库对象与该文件组相关联，对数据库对象的操作都将在该文件组中完成，可以提高数据的查询性能。例如，可以分别在三个磁盘驱动器上创建三个文件 Data1.ndf、Data2.ndf 和 Data3.ndf，然后将它们分配给文件组 fgroup1。然后，可以明确地在文件组 fgroup1 上创建一个表，这样对表中数据的查询将分散到三个磁盘上，从而提高了性能。

SQL Server 提供了三种文件组类型，分别是主文件组（Primary）、自定义文件组（User_defined）和默认文件组（Default）。

（1）主文件组：创建数据库时，系统自动创建主文件组，并将主数据文件和系统表的所有页都分配到主文件组中，此文件组还包含未放入其他文件组的所有辅助数据文件。每个数据库有且只有一个主文件组。

（2）自定义文件组：由用户创建的文件组。使用时，可以通过 SSMS 图形界面或 T-SQL 语句中的 FILEGROUP 子句指定需要的文件组。

（3）默认文件组：在每个数据库中，同一时间只能有一个文件组是为默认文件组。如果在数据库中创建对象时没有指定对象所属的文件组，对象将被分配给默认文件组。如果没有指定默认文件组，则主文件组是默认文件组，除非使用 ALTER DATABASE 语句进行了更改（但系统对象和表仍然分配给 PRIMARY 文件组，而不是新的默认文件组）。

说明：① 一个文件或文件组只能被一个数据库使用。

② 一个文件只能是一个文件组的成员。

③ 事务日志文件不属于任何文件组。

10.1.2　逻辑数据库与数据库对象

逻辑数据库是从数据库的逻辑角度描述数据库，是关于数据库的逻辑结构的描述。逻辑数据库将数据库视为数据库对象。

数据库常见对象包括表（Table）、视图（View）、索引（Index）、存储过程（Stored Procedure）、触发器（Trigger）等，如表 10-2 所示。

表 10-2　数据库对象及功能描述

数据库对象名	功能描述
表	由行和列构成的集合,数据库中实际存储数据的对象
视图	是从一个或多个基本(数据)表中导出的表,也被称为虚表
索引	为数据提供快速检索的支持
约束	是实施数据一致性和完整性的方法
数据库关系图	包括各种表、每一张表的列名以及表之间的关系
存储过程	由 T-SQL 语言编写的程序
触发器	一种特殊的存储过程,当条件满足时,自动执行,用于保证数据完整性

10.1.3　系统数据库与用户数据库

1. 系统数据库

系统数据库是由系统创建和维护的数据库,记录 SQL Server 的配置情况、用户数据库的情况等信息,是系统管理的依据。

1) master 数据库

master 数据库是 SQL Server 中最重要的数据库,记录 SQL Server 系统的所有系统级信息,包括实例范围的元数据(如登录账户)、端点、链接服务器和系统配置设置。此外,master 数据库还记录了所有其他数据库的存在、数据库文件的位置以及 SQL Server 的初始化信息。因此,如果 master 数据库不可用,则 SQL Server 无法启动。由于 master 数据库的重要性,所以禁止用户直接访问,并要确保在修改之前有完整的备份。

说明:使用 master 数据库时,建议:

(1) 始终有一个 master 数据库的当前备份可用。

(2) 执行下列操作后,尽快备份 master 数据库:

- 创建、修改或删除任意数据库。
- 更改服务器或数据库的配置值。
- 修改或添加登录账户。

(3) 不要在 master 数据库中创建用户对象。

2) model 数据库

model 数据库是模板数据库。每次创建新数据库时,SQL Server 都会生成 model 的副本作为新数据的基础。当发出 CREATE DATABASE(创建数据库)语句时,将通过复制 model 数据库中的内容来创建数据库的第一部分,然后用空页填充新数据库的剩余部分。如果修改 model 数据库,之后创建的所有数据库都将继承这些修改。

例如,用户可以在 model 系统数据库中创建希望自动添加到所有新建数据库中的对象(如表、视图、数据类型、存储过程等),那么在新建数据库时,系统自动将 model 数据库中的所有用户自定义的对象都复制到新建的数据库中。

3) msdb 数据库

msdb 数据库是代理服务数据库,给 SQL Server 代理提供必要的信息来运行作业,为其报警、任务调度和记录操作员的操作提供存储空间,是 SQL Server 中重要的数据库之一。

说明：SQL Server 代理是 SQL Server 中的一个 Windows 服务，用以运行任何已创建的计划作业（如包含备份处理的作业）。

作业是 SQL Server 中定义的自动运行的一系列操作，它不需要任何手工干预来启动。

4）tempdb 数据库

tempdb 是一个临时数据库，为所有的临时表、临时存储过程及其他临时操作提供存储空间。tempdb 数据库由整个系统的所有数据库使用，不管用户使用哪个数据库，它们所建立的所有临时表和存储过程都存储在 tempdb 上。SQL Server 每次启动时，tempdb 数据库被重新建立。当用户与 SQL Server 断开连接时，其临时表和存储过程自动被删除，并且在系统关闭后没有活动连接，因此 tempdb 中不会有什么内容从一个 SQL Server 会话保存到另一个会话。由于临时存放中间结果，因此无法备份和恢复 tempdb 数据库。

2．系统数据库的物理文件

在安装 SQL Server 时，系统会自动创建系统数据库的数据文件和事务日志文件，默认安装位置为 Microsoft SQL Server\MSSQL10. MSSQLSERVER\MSSQL\DATA。

系统数据库文件如表 10-3 所示。

表 10-3　SQL Server 系统数据库文件

系统数据库	主文件	逻辑名称	物理名称	文件增长
master	主数据	master	master. mdf	按 10%自动增长，直到磁盘已满
	Log	mastlog	mastlog. ldf	按 10%自动增长，直到达到最大值 2TB
msdb	主数据	MSDBData	MSDBData. mdf	按 256KB 自动增长，直到磁盘已满
	Log	MSDBLog	MSDBLog. ldf	按 256KB 自动增长，直到达到最大值 2TB
model	主数据	modeldev	model. mdf	按 10%自动增长，直到磁盘已满
	Log	modellog	modellog. ldf	按 10%自动增长，直到达到最大值 2TB
tempdb	主数据	tempdev	tempdb. mdf	按 10%自动增长，直到磁盘已满
	Log	templog	templog. ldf	按 10%自动增长，直到达到最大值 2TB

10.2　数据库的操作

在 SQL Server 中，用户可以自己创建用户数据库，并且可以对数据库进行修改和删除操作。

10.2.1　创建数据库

创建数据库就是为数据库确定名称、大小、存放位置、文件名和所在文件组的过程。若要创建数据库，必须至少拥有 CREATE DATABASE、CREATE ANY DATABASE 或 ALTER ANY DATABASE 权限。创建数据库的用户将成为该数据库的所有者。在一个 SQL Server 2008 实例中，最多可以创建 32 767 个数据库。数据库的名称必须满足系统的标识符规则，在命名数据库时，一定要使数据库名称简短并有一定的含义。

在 SQL Server 中创建数据库的方法主要有两种：一是在 SSMS(SQL Server Management

Studio)窗口中通过图形化向导创建；二是通过编写 T-SQL 语句创建。下面以"Music 库"的创建为例，说明创建数据库的过程。

1. 在 SSMS 中使用向导创建数据库

在 SQL Server 中，通过 SSMS 创建数据库是最容易的方法，对初学者来说简单易用。具体的操作步骤如下：

（1）打开 SSMS 窗口，并使用 Windows 或 SQL Server 身份验证建立连接，进入 SSMS 主界面。

（2）在"对象资源管理器"窗格中展开服务器，然后在选定实例下的"数据库"节点上右击，从弹出的快捷菜单中选择"新建数据库"命令，如图 10-6 所示。

（3）执行上述操作后，会弹出"新建数据库"对话框，在这个对话框中有三个选项卡，分别是"常规"、"选项"和"文件组"选项卡。默认进入"常规"选项卡，如图 10-7 所示。

（4）在图 10-7 中的"数据库名称"文本框中输入要新建数据库的名称，如本例的 Music。

图 10-6　选择"新建数据库"

图 10-7　"新建数据库"的"常规"选项卡

当输入数据名时，在下面的"逻辑名称"列中也有了相应的逻辑文件名，用户可以对这些名字进行修改。

（5）在"所有者"文本框中输入新建数据库的所有者，如 sa。

（6）在"数据库文件"列表中，可以定义数据库包含的数据文件和事务日志文件。该列表中各字段值的含义如下：

① 逻辑名称：指定该文件的文件名。默认的主数据文件的逻辑文件名同数据库名；默认的第一个事务日志文件名为"数据库名"＋"_log"。

② 文件类型：用于区别当前文件是数据文件还是日志文件。用户新建文件时，可以通

过此列指定文件的类型。

③ 文件组：显示当前数据库文件所属的文件组。一个数据库文件只能存在于一个文件组里。默认情况下，所有的数据文件都属于 PRIMARY 主文件组。事务日志文件不属于任何文件组。

④ 初始大小：指定该文件的初始容量，在 SQL Server 中数据文件的默认值为 3MB，日志文件的默认值为 1MB。

说明：在指定主数据文件的大小时，其大小不能小于 model 数据库中主数据文件的大小，因为系统将 model 数据库主数据文件的内容复制到用户数据库的主数据文件上。

⑤ 自动增长：用于设置在文件的容量不够用时，文件根据何种增长方式自动增长。通过单击"自动增长"列中的 按钮，打开"更改 Music 的自动增长设置"对话框进行设置，可以更改文件的增长方式最大文件大小，如图 10-8 所示。

图 10-8　"更改 Music 的自动增长设置"对话框

⑥ 路径：指定存放该文件的物理存储位置。在默认情况下，SQL Server 将存放路径设置为 SQL Server 安装目录下的 data 子目录。单击该列中的 按钮可以打开"定位文件夹"对话框更改数据库的存放路径。

(7) 在图 10-8 中，默认是"启用自动增长"复选框，即当数据库的初始空间用完后，系统自动扩大数据库的空间，这样可以防止因数据库空间用完而造成的不能插入新数据或不能进行数据操作的错误。选中"启用自动增长"复选框后，可进一步设置每次文件增加的大小（或百分比）以及最大文件大小。如果选择"不限制文件增长"，则在有磁盘空间的情况下，文件一直增长，直至充满整个磁盘空间。

(8) 选择图 10-7 中的"添加"或"删除"按钮，可以向数据库添加或删除辅助数据文件和事务日志文件。如图 10-9 所示。

(9) 单击"选项"按钮，可以设置数据库的一些选项，包括排序规则、恢复模式、兼容级别和其他需要设置的内容，如图 10-10 所示。

(10) 单击"文件组"可以添加或删除用户文件组，并可以设置默认文件组。如图 10-11 所示，添加了"usergroup"文件组。

(11) 完成以上操作后，就可以单击"确定"按钮，关闭"新建数据库"对话框。至此，成功创建了一个数据库，可以通过"对象资源管理器"窗格查看新建的数据库。

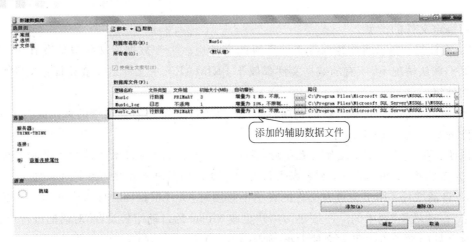

图 10-9 添加数据库文件

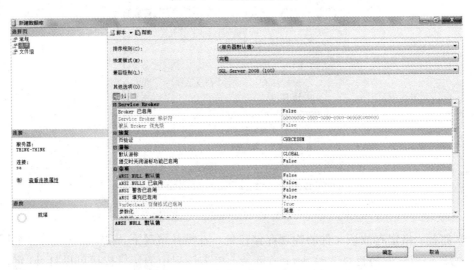

图 10-10 新建数据库"选项"选项卡

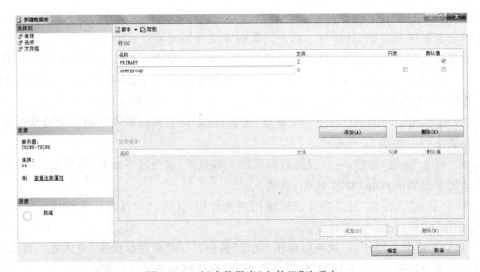

图 10-11 新建数据库"文件组"选项卡

2．使用 T-SQL 语句创建数据库

使用 SSMS 可以方便地创建数据库，但是有些情况下不能使用图形化方式创建数据库。例如，在设计一个应用程序时，开发人员需要在程序代码中创建数据库及其他数据库对象，而不用在制作应用程序安装包时再放置数据库或让用户自行创建，这就需要采用 T-SQL 语句来创建数据库。

当使用 SSMS 向导创建数据库后，用户可以查看创建该数据库的 T-SQL 语句。方法是：选择"对象资源管理器"中的 Music 数据库，右击，在弹出的快捷菜单中选择"编写数据库脚本为"→"Create 到"→"新查询编辑器窗口"选项，在打开的查询编辑器窗口中，可以看到创建该数据库的 T-SQL 语句，如图 10-12 所示。

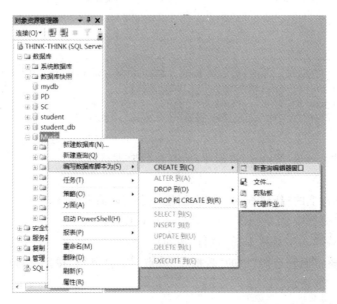

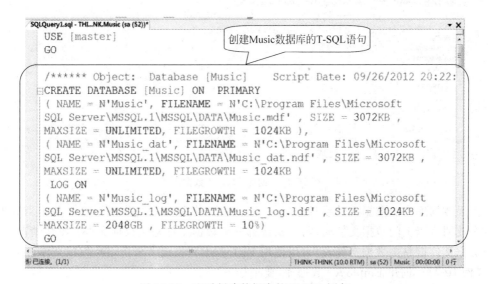

图 10-12　查看创建数据库的 T-SQL 语句

用户也可以直接在查询编辑器窗口通过编写 T-SQL 代码来创建数据库。T-SQL 提供了创建数据库的语句 CREATE DATABASE。其语法格式为：

```
CREATE DATABASE database_name        /* 指定数据库逻辑文件名 */
[ ON                                 /* ON 子句指定数据库的数据文件属性和文件组属性；其
                                     中 PRIMARY 指定关联的<filespec>列表定义主文件,如果
                                     没有定义 PRIMARY, 则 CREATE DATABASE 语句中列出的第一
                                     个文件成为主文件 */

[PRIMARY]
[<filespec>[1,…n]]
[,<filegroup>[1,…n]]
]
[LOG ON {<filespec>[1,…n]}]          /* LOG ON 子句指定事务日志文件属性 */
```

其中：

```
<filespec>::={([NAME=logical_file_name,] FILENAME='os_file_name'[,SIZE=size[KB|MB|GB
|TB]] [,MAXSIZE={max_size[KB|MB|GB|TB]|UNLIMITED}]
[,FILEGROWTH=growth_increment[KB|MB|%]])[1,…n]}
<filegroup>::={FILEGROUP filegroup_name<filespec>[1,…n]}
```

【例 10-1】 建立一个 Mytest 数据库,所有参数取默认值。

步骤如下：

(1) 单击工具栏上的"新建查询"按钮,创建一个查询输入窗口。

(2) 在查询编辑器中输入 CREATE DATABASE Mytest。

(3) 按 F5 键或单击工具栏上的"执行"按钮。

(4) 右击"对象资源管理器"中的"数据库"节点,单击"刷新"按钮。可以看到 Mytest 数据库,结果如图 10-13 所示。

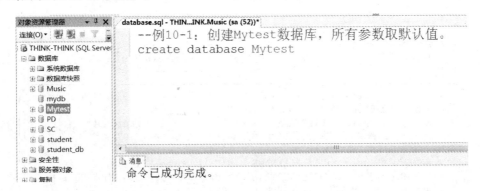

图 10-13　创建 Mytest 数据库

如果数据库中的数据文件或日志文件多于一个,则文件之间使用逗号隔开。当数据库有两个或两个以上的数据文件时,需要指定哪一个数据文件是主数据文件。默认情况下,第一个数据文件就是主数据文件,也可以使用 PRIMARY 关键字来指定主数据文件。

【例 10-2】 创建 Employee 数据库,要求如下。

(1) 主数据库文件名为 Employee,物理文件名为 Employee.mdf,初始大小为 5MB,最

大文件大小为 100MB,增长幅度为 1MB。

（2）在文件组 usergroup1 上建立辅助数据文件 Employee_dat,物理文件名为 Employee_ dat. ndf,初始大小为 3MB,最大为无限大,增幅为 1MB。

（3）日志文件逻辑文件名和物理文件名均为 Employee_log,初始大小为 3MB,最大为 20MB,增幅为 10%。以上文件均存储在为 E:\mssql2008\data 文件夹中。

SQL 语句如下:

```
CREATE DATABASE Employee
--定义主数据文件
ON   PRIMARY
(NAME = Employee, FILENAME = 'E:\mssql2008\data\Employee.mdf',
SIZE = 5, MAXSIZE = 100 , FILEGROWTH = 1KB),
--定义辅助数据文件
 FILEGROUP usergroup1
(NAME = Employee_dat,
FILENAME = 'E:\mssql2008\data\Employee_dat.ndf',
SIZE = 3 , MAXSIZE = UNLIMITED, FILEGROWTH = 1)
--定义日志文件
 LOG ON
(NAME = Employee_log,
FILENAME = 'E:\mssql2008\data\Employee_log.ldf',
SIZE = 3, MAXSIZE = 20, FILEGROWTH = 10 % )
```

10.2.2　修改数据库

修改数据库最常用的两种方法为:通过图形界面和 ALTER DATABASE 语句。下面分别来介绍这两种修改数据库的方法。

1. 使用 SSMS 图形界面修改数据库

右击"对象资源管理器"→"数据库"→"Music"数据库,在弹出菜单中选择"属性"选项,可进入数据库属性窗口来快捷地修改数据库,如图 10-14 所示。

通过选择不同的选项卡,可以修改数据库的各种属性和设置。各选项卡的说明如下:

（1）"常规"选项卡:显示当前数据库的基本情况,如数据库名称、状态、所有者、可用空间和排序规则等信息,这些信息只读,不能修改。

（2）"文件"选项卡:显示当前数据库文件信息。可在此窗口中修改数据库的所有者以及数据文件、事务日志文件的各种属性,也可添加/删除辅助数据文件和事务日志文件。

（3）"文件组"选项卡:显示当前数据库的文件组信息,可添加/删除文件组以及设置默认文件组。

（4）"选项"选项卡:显示并可修改当前数据库的排序规则、恢复模式、恢复选项和状态选项组等信息。

（5）"权限"选项卡:显示当前数据库的用户或角色及其相应的权限信息。可以为当前数据库添加、删除用户或角色,以及修改他们相应的权限。

图 10-14 数据库属性窗口

（6）"扩展属性"选项卡：可以为当前数据库建立、删除扩展属性。

（7）"镜像"选项卡：显示当前数据库的镜像设置属性。

（8）"事务日志传送"选项卡：显示当前数据库的日志传送配置信息，可以为当前数据库设置事务日志备份计划、辅助数据库实例以及监视服务器实例。

2. 使用 ALTER DATABASE 语句

在 SQL Server 中，可用 ALTER DATABASE 语句修改数据库。

```
ALTER DATABASE database

{ ADD FILE < filespec > [ ,...n ]          /*  添加新的数据文件 */
[ TO FILEGROUP filegroup_name ]            /* 将要添加的数据文件添加到指定的文件组中 */
| ADD LOG FILE < filespec > [ ,...n ]      /* 添加新的事务日志文件 */
| REMOVE FILE logical_file_name            /* 删除某一文件 */
| ADD FILEGROUP filegroup_name             /* 添加一个文件组 */
| REMOVE FILEGROUP filegroup_name          /* 删除一个文件组 */
| MODIFY FILE < filespec >                 /* 修改某个文件的属性 */
| MODIFY NAME = new_dbname                 /* 修改数据库的名字 */
|MODIFYFILEGROUP filegroup_name            /* 修改某个文件组的属性或为文件组定义一个新名字。
{filegroup_property|NAME = new_            文件组的属性有三种：READONLY(只读)、READWRITE(读
filegroup_name }                           写)、Default(默认) */
```

其中，<filespec>的格式同 CREATE DATABASE 中的<filespec>。

【例 10-3】 为 Employee 数据库的 usergroup2 文件组添加一个辅助数据文件 Employee_dat2，要求：文件存储在 E:\mssql2008\data 文件夹下，初始大小为 10MB，最大为 20MB，增幅为 5MB。

对应的 SQL 语句为：

```
Alter DATABASE employee
Add file (NAME = employee_dat2,
FILENAME = 'E:\mssql2008\data\Employee_dat2.ndf',
SIZE = 10, MAXSIZE = 50, FILEGROWTH = 5) to filegroup usergroup2
```

说明：如果要增加日志文件，可以使用 ADD LOG FILE 子句；在一个 ALTER DATABASE 语句中，一次可以增加多个辅助数据文件或事务日志文件，多个文件之间需要使用","分开。

【例 10-4】 删除 Employee 数据库的文件组 usergroup2。

因为 Employee 数据库的文件组 usergroup2 中包含有一个辅助数据文件 Employee_dat2（见例 10-3），如果直接删除文件组，将会出现如图 10-15 所示的错误。

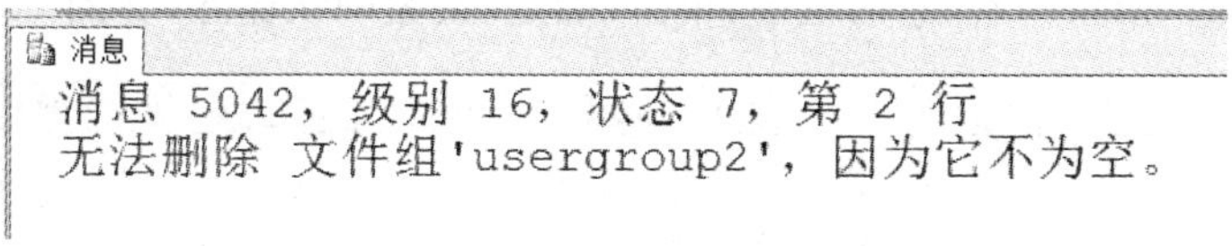

图 10-15 删除文件组出错页面

需要注意的是，删除文件组必先删除文件组中所包含的文件。

本例对应的语句为：

```
-- 删除文件组中的文件
alter database employee remove file employee_dat2
-- 删除文件组
alter database employee remove filegroup usergroup2
```

说明：删除数据库文件意味着从操作系统上删除该文件，不能恢复。

【例 10-5】 修改 Employee 中的数据文件 Employee_dat，将其初始大小改为 10MB，最大容量改为 20MB，增幅设为 2MB。对应的 SQL 语句如下。

```
AlTER DATABASE employee
MODIFY FILE
(NAME = Employee_dat, SIZE = 10, MAXSIZE = 20, FILEGROWTH = 2)
```

说明：修改数据库文件时，注意：
- 一个 ALTER DATABASE 语句只能修改一个文件（不论是数据文件还是事务日志文件）；
- 修改文件时，只需要指定文件的逻辑文件名，不须指出文件的物理位置；
- 如果需要修改文件大小，新数值必须大于原来文件的大小。

10.2.3 删除数据库

当不再需要用户定义的数据库，或已经将其移到其他数据库或服务器上，即可删除数据库。删除数据库时，注意只有 sysadmin 和数据库的拥有者有删除数据库的权限；不能删除系统数据库；不能删除当前正在使用的数据库。

执行删除数据库操作会从 SQL Server 实例中删除数据库，并删除该数据库使用的物理磁盘文件。如果在执行删除操作时，数据库或它的任意一个文件处于脱机状态，则不会删除对应的磁盘文件，用户可从磁盘上手动删除这些文件。

说明：在删除数据库之后，建议备份 master 数据库，因为删除数据库将更新 master 数据库的信息。

在 SQL Server 中，有两种删除数据库的方法：使用图形界面和 DROP DATABASE 语句。

1. 使用 SSMS 图形界面删除数据库

（1）在"对象资源管理器"窗格中选中要删除的数据库，右击，右弹出的快捷菜单中选择"删除"命令。

（2）在弹出的"删除对象"对话框中，单击"确定"按钮确认删除，如图 10-16 所示。

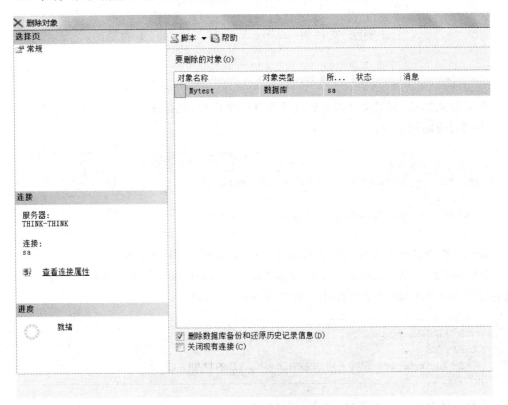

图 10-16　删除数据库窗口

删除操作完成后会自动返回 SSMS 窗口。

2. DROP DATABASE 语句

使用 DROP DATABASE 语句删除数据库的语法如下：

```
DROP DATABASE database_name [, … n]
```

其中,database_name 为要删除的数据库名;[,…n]表示可以有多于一个数据库名。

例如,要删除数据库 Mytest,可使用如下的 DROP DATABASE 语句:

```
DROP DATABASE Mytest
```

10.2.4 数据库的重命名

对数据库重命名除了可以利用 ALTER DATABASE 命令外,还可以采用如下的 T-SQL 命令:

```
sp_rename 当前数据库名,数据库的新名称
```

【例 10-6】 将 firstdb 更名为 Mydb。

对应的语句如下:

```
sp_rename 'firstdb','Mydb'
```

说明: • 以"sp_"为前缀的是 SQL Server 的系统存储过程的标志;
  • 后续版本的 SQL Server 将删除该功能,因此重命名数据库建议使用 ALTER DATABASE MODIFY NAME 语句。

10.2.5 查看数据库信息

Microsoft SQL Server 系统中,查看数据库信息有很多种方法,除了图形化界面通过 "数据库属性"窗口查看数据库信息以外,还可以使用目录视图和存储过程等查看有关数据库的基本信息。下面分别介绍。

1. 使用目录视图

常见的查看数据库基本信息的操作如下。

(1) 使用 sys.databases 数据库和文件目录视图查看有关数据库的基本信息。

(2) 使用 sys.database_files 查看有关数据库文件的信息。

(3) 使用 sys.filegroups 查看有关数据库组的信息。

(4) 使用 sys.master_files 查看数据库文件的基本信息和状态信息。

【例 10-7】 查看数据库的状态信息。

输入以下代码查看所有数据库的状态信息,结果如图 10-17 所示。

```
select name,state,state_desc
from sys.databases
```

其中需要说明的是,SQL Server 服务器上的数据库可能会有如表 10-4 所示的一些状态。

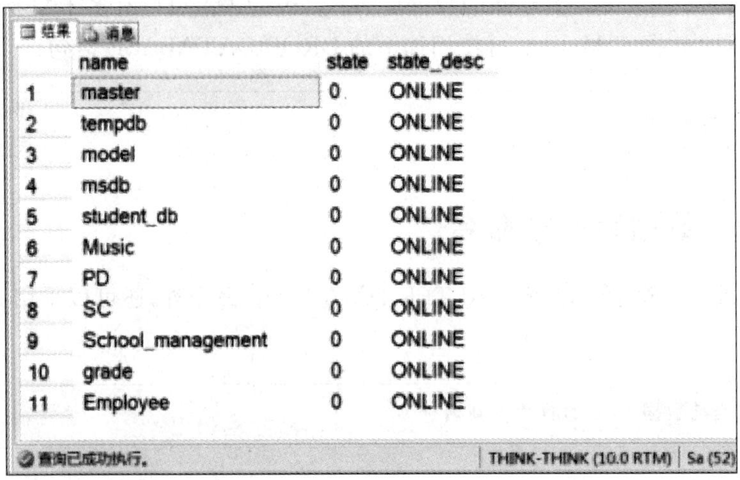

	name	state	state_desc
1	master	0	ONLINE
2	tempdb	0	ONLINE
3	model	0	ONLINE
4	msdb	0	ONLINE
5	student_db	0	ONLINE
6	Music	0	ONLINE
7	PD	0	ONLINE
8	SC	0	ONLINE
9	School_management	0	ONLINE
10	grade	0	ONLINE
11	Employee	0	ONLINE

图 10-17　查看数据库状态

表 10-4　数据库状态说明

状　态	定　义
在线(ONLINE)	可以对数据库进行访问。即使可能尚未完成恢复的撤销阶段,主文件组仍处于在线状态
脱机(OFFLINE)	数据库无法使用。数据库由于显式的用户操作而处于离线状态,并保持离线状态直至执行了其他的用户操作。例如,可能会让数据库离线以便将文件移至新的磁盘,然后,在完成移动操作后,使数据库恢复到在线状态
还原(RESTORING)	正在还原主文件组的一个或多个文件,或正在脱机还原一个或多个辅助文件。数据库不可用
恢复(RECOVERING)	正在恢复数据库。恢复进程是一个暂时性状态,恢复成功后数据库将自动处于在线状态;如果恢复失败,数据库将处于可疑状态。数据库不可用
恢复故障(RECOVERY PENDING)	SQL Server 在恢复过程中遇到了与资源相关的错误。数据库未损坏,但是可能缺少文件,或系统资源限制可能导致无法启动数据库。数据库不可用。需要用户另外执行操作来解决问题,并让恢复进程完成
可疑(SUSPECT)	至少主文件组可疑或可能已损坏,在 SQL Server 启动过程中无法恢复数据库。数据库不可用。需要用户另外执行操作来解决问题
紧急(EMERGENCY)	用户更改了数据库,并将其状态设置为 EMERGENCY。数据库处于单用户模式,可以修复或还原。数据库标记为 READ_ONLY,禁用日志记录,并且仅限 sysadmin 固定服务器角色的成员访问。EMERGENCY 主要用于故障排除。例如,可以将标记为"可疑"的数据库设置为 EMERGENCY 状态。这样可以允许系统管理员对数据库进行只读访问。只有 sysadmin 固定服务器角色的成员才可以将数据库设置为 EMERGENCY 状态

2. 使用存储过程

可以使用系统存储过程 sp_helpdb 来查看数据库信息。其语法格式为:

```
sp_helpdb [数据库名]
```

在执行该存储过程时,如果指定了数据库名,则显示该数据库的相关信息,如图 10-18
所示;如果省略"数据库名"参数,则显示服务器中所有数据库的信息,如图 10-19 所示。

	name	db_size	own...	d...	created	status
1	Music	7.00 MB	sa	10	09 26 2012	Status=ONLINE, Updateability=READ_WI

	name	fil...	filename	filegroup
1	Music	1	C:\Program Files\Microsoft SQL Server\MSSQL.1\MSS...	PRIMARY
2	Music_log	2	C:\Program Files\Microsoft SQL Server\MSSQL.1\MSS...	NULL
3	Music_dat	3	C:\Program Files\Microsoft SQL Server\MSSQL.1\MSS...	PRIMARY

图 10-18 使用 sp_helpdb 查看 Music 数据库的信息

	name	db_size	own...	d...	created	status
1	Employee	28.00 MB	sa	12	09 26 2012	Status=ONLINE, Updateability=READ
2	master	7.06 MB	sa	1	04 8 2003	Status=ONLINE, Updateability=READ
3	model	3.19 MB	sa	3	04 8 2003	Status=ONLINE, Updateability=READ
4	msdb	28.25 MB	sa	4	10 14 2005	Status=ONLINE, Updateability=READ
5	Music	7.00 MB	sa	10	09 26 2012	Status=ONLINE, Updateability=READ
6	Mytest	2.73 MB	sa	11	09 26 2012	Status=ONLINE, Updateability=READ
7	PD	4.00 MB	sa	7	09 20 2012	Status=ONLINE, Updateability=READ
8	SC	4.00 MB	sa	8	09 21 2012	Status=ONLINE, Updateability=READ
9	student	4.00 MB	sa	9	09 6 2012	Status=ONLINE, Updateability=READ

图 10-19 使用 sp_helpdb 查看所有数据库的信息

10.2.6 分离和附加数据库

SQL Server 服务器由若干个数据库组成,除了 master、model 和 tempdb 三个系统数据
库外,其余的数据库都可以从服务器的管理中分离,脱离服务器的管理,同时保持数据文件
和日志文件的完整性和一致性,这样分离数据库的日志文件和数据文件可以附加到其他
SQL Server 服务器上构成完整的数据库,附加的数据库和分离时完全一致。

1. 分离数据库

分离数据库就是指将数据库从 SQL Server 2008 的实例中分离,但是不会删除该数据
库的文件和事务日志文件,这样,该数据库可以再附加到其他的 SQL Server 的实例上去。
下面以 Music 数据库为例来介绍分离和附加操作。

1) 利用图形化界面分离数据库

可以使用图形界面来执行分离数据库的操作,步骤如下。

(1) 在"对象资源管理器"窗格中右击拟要分离的数据库(如 Music 数据库),在弹出的
快捷菜单中选择"任务"→"分离"命令。

(2) 在打开的"分离数据库"窗口中,查看在"数据库名称"列中的数据库名称,验证这是

否为要分离的数据库,如图 10-20 所示。

(3) 在图 10-20 中,在"状态"列中的是如果显示的是"未就绪",则"消息"列将显示有关数据库的超链接信息。当数据库涉及复制时,"消息"列将显示 Database Replicated。

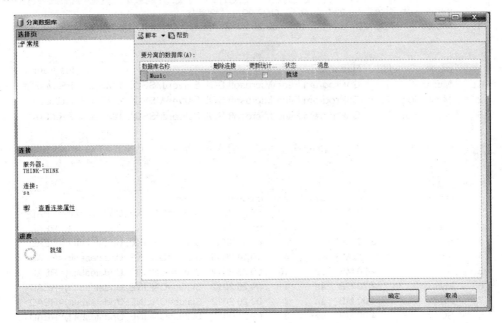

图 10-20　"分离数据库"界面

(4) 数据库有一个或多个活动连接时,"消息"列将显示"<活动连接数>个活动连接"。在可以分离数据列之前,必须选中"删除连接"复选框来断开与所有活动连接的连接。

(5) 分离数据库准备就绪后,单击"确定"按钮。

2) 使用系统存储过程分离数据库

可以使用 sp_detach_db 存储过程来执行分离数据库操作。

【例 10-8】　要分离 Music 数据库,则该执行语句如下所示。

```
EXEC sp_detach_db Music
```

2. 附加数据库

分离后数据库的数据文件和事务日志文件,可以重新附加到同一或其他 SQL Server 的实例中。在附加数据库时,所有数据库文件(mdf 和 ndf 文件)都必须是可用的。如果任何数据文件的路径与创建数据库或上次附加数据库时的路径不同,则必须指定文件的当前路径。

附加数据库可以很方便地在 SQL Server 服务器之间利用分离后的数据文件和日志文件组织成新的数据库。因此,在实际工作中,分离数据库作为对数据基本稳定数据库的一种备份办法来使用。

下面就将分离后的 Music 数据库再附加到当前数据库实例中。

1）使用图形界面附加数据库

具体操作步骤如下：

（1）在"对象资源管理器"窗格中，右击"数据库"节点并选择"附加"命令，出现如图 10-21 所示的"附加数据库"对话框。

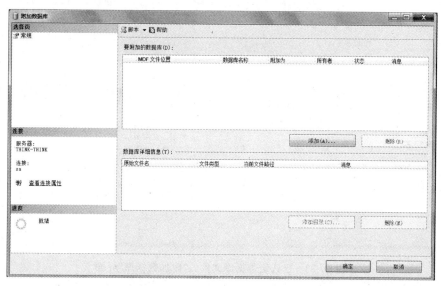

图 10-21 "附加数据库"界面

（2）在打开的"附加数据库"对话框中单击"添加"按钮，从弹出的"定位数据库文件"对话框中选择要附加的数据库所在的位置，再依次单击"确定"按钮返回，如图 10-22 所示。

图 10-22 "定位数据库文件"

(3) 出现如图 10-23 所示的"附加数据库"界面,确定无误后,单击"确定"按钮。

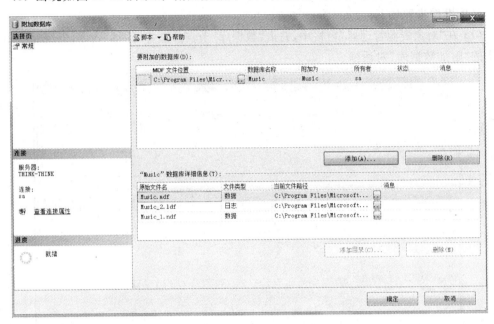

图 10-23　已选定数据库文件的"附加数据库"界面

(4) 回到"对象资源管理器"中,展开"数据库"节点,将看到 Music 数据库已经成功附加到了当前的实例数据库。

2) 利用 T-SQL 语句来附加数据库

CREATE DATABASE 语句可通过结合 ON 子句和 FOR ATTACH 语句进行数据库附加操作,附加时会加载该数据库所有的文件,包括主数据文件、辅助数据文件和事务日志文件。执行语句语法如下:

```
CREATE DATABASE database_name
ON < filespec > [ ,...n ]  FOR  ATTACH
```

【例 10-9】　上述图形化附加 Music 数据库的操作也可用以下的 T-SQL 语句来完成。

```
Create database Music
ON( filename = 'C:\ Program Files\ Microsoft SQL Server\ MSSQL. 1\ MSSQL\ Data\ Music. mdf')
for attach
```

10.2.7　设置当前数据库

一个 SQL Server 数据库实例中最多可以包含 32 767 个数据库,当前数据库指当前可以操作的数据库。在用 T-SQL 语句创建表、视图等数据库对象或对这些对象进行操作时,若无显式地指定数据库名,系统默认是在当前数据库中进行。SQL Server 默认的当前数据库是系统数据库 master。用户可以设定某个数据库作为当前数据库。

设定当前数据库的方法有两种：

（1）通过选择"可用数据库"下拉列表进行选择，图 10-24 所示是从"可用数据库"列表中选择 Music 作为当前数据库。

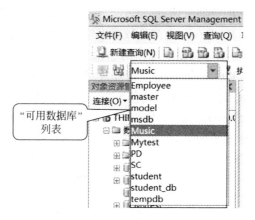

图 10-24 "可用数据库"列表

（2）可以在查询编辑器窗口中使用 USE 语句。其语法格式为：

```
USE database_name    /* database_name 是设定为当前数据库的名称 */
```

若要设 Music 为当前数据库，就可用以下语句：

```
Use Music
```

10.3 扩展知识

10.3.1 关于数据库空间使用

SQL Server 数据库对空间的使用采取的是"先分配，后使用"的机制，假如数据库所需要的空间是 4MB，而目前分配了 10MB，那么就会有 6MB 的空间浪费，且不能给其他程序使用。因此，对数据库文件的设置是否合适会影响数据库的性能。

1. 数据库文件增长属性的设置

对于数据库文件增长的不当设置会造成数据库性能下降或空间浪费，有以下两种可能：

（1）数据库所需要的空间多，而增长属性设置小。例如，数据库需要 100MB 的空间，而增长属性设置为 10MB，那么就需要分配 10 次空间才能满足需要。这样频繁地进行数据库分配操作导致数据库性能的低下。

（2）数据库所需的空间少，而增长属性设置很大。例如，数据库需要 10MB 的空间，而增长的属性设置为 100MB，则浪费 90MB 的空间。

2．收缩数据库

同样由于 SQL Server 数据库"先分配，后使用"的空间使用机制，在经过一段时间的使用后，很有可能会存在多余的空间。为此，SQL Server 提供了收缩数据库的功能。

在执行收缩操作时，SQL Server 会删除数据库中的每个文件已经分配但是还没有使用的页。收缩操作始终从文件末尾开始收缩。例如，如果有个 5GB 的文件，指定收缩为 4GB，则数据库引擎将从文件的最后一个 1GB 开始释放尽可能多的空间。如果文件中被释放的部分包含使用过的页，则数据库引擎先将这些页重新放置到文件的保留部分。

只能将数据库收缩到没有剩余的可用空间为止。例如，如果某个 5GB 的数据库有 4GB 的数据，尽管指定将数据库收缩为 3GB，也只能释放 1GB 的空间。

数据库中的每个数据和事务日志文件都可以通过删除未使用的页的方法来减小（收缩）。可以成组或单独地手动收缩数据库文件；也可以设置数据库，使其按照指定的间隔自动收缩。

1）自动数据库收缩

在"数据库"的"选项"选项卡的"自动"区域，可以设置是否"自动收缩"，如图 10-25 所示。

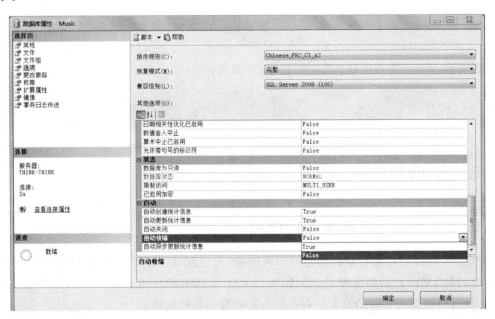

图 10-25　收缩数据库

设置为自动收缩后，数据库引擎将自动收缩具有可用空间的数据库。数据库引擎会定期检查每个数据库的空间使用情况，如果某个数据库设置为自动收缩，则数据库引擎将减少数据库中文件的大小。该活动在后台进行，并且不影响数据库内的用户活动。

2）手动收缩数据库

步骤如下：

（1）在"对象资源管理器"中，右击要收缩的数据库，在弹出的快捷菜单中选择"任务"→

"收缩"→"数据库"命令。

（2）在"收缩数据库"对话框中（如图 10-26 所示），显示了数据库名、数据库的已用空间和未使用的空间。用户可以设置收缩操作，如设置收缩后文件最大可用空间的百分比。

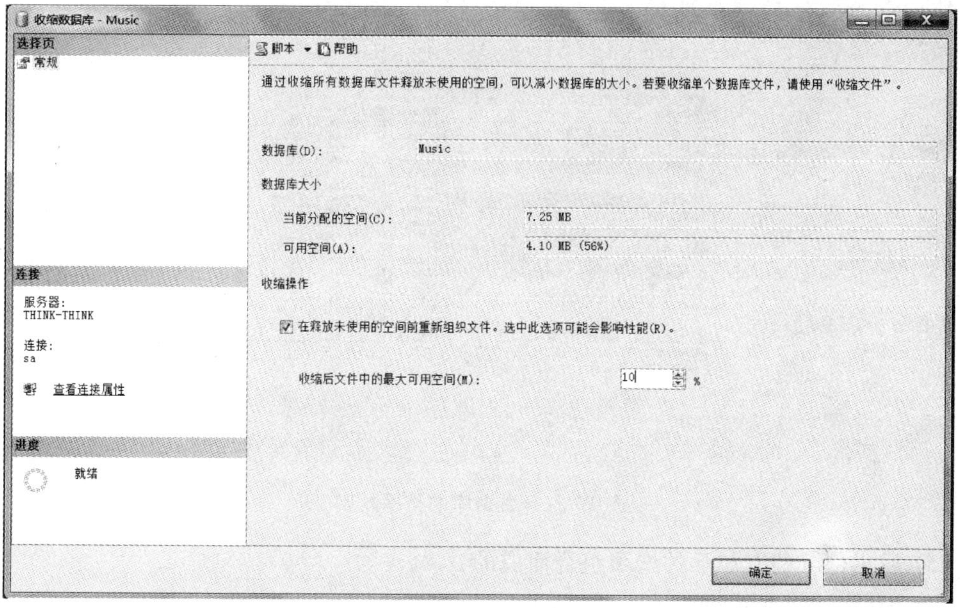

图 10-26　收缩数据库界面

（3）完成后，单击"确定"按钮。

在用户计划收缩数据库时，要考虑以下信息：

① 在执行会产生许多未使用空间的操作（如截断表或删除表操作）后，执行收缩操作最有效。

② 大多数数据库都需要一些可用空间，以供常规日常操作使用。如果反复收缩数据库并注意到数据库大小变大，则表明收缩的空间是常规操作所必需的。在这种情况下，反复收缩数据库是一种无谓的操作。

③ 收缩操作不会保留数据库中索引的碎片状态，通常还会在一定程度上增加碎片。这是不要反复收缩数据库的另一个原因。

10.3.2　数据库的排序规则

排序规则根据特定语言和区域设置的标准指定对字符串数据进行排序和比较的规则。如果两个数据库或表的排序规则不一致，将导致数据无法正常查询和操作。SQL Server 通常推荐采用 Windows 排序规则。

在"数据库"的"选项"选项卡中，可以查看和修改数据库采用的排序规则，如图 10-27 所示。

Windows 排序规则根据关联的 Windows 区域设置来定义字符数据的存储规则。

Windows 排序规则分为两个部分：

（1）前半部分指本排序规则所支持的字符集，如 Chinese_PRC_ 指针对大陆简体字 Unicode 的排序规则。

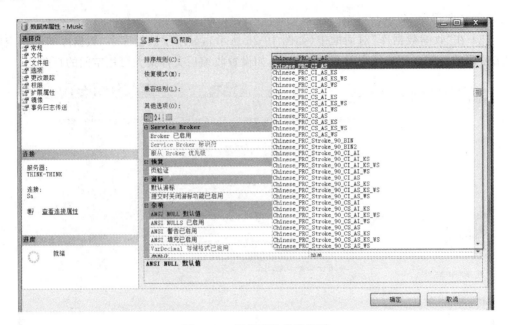

图 10-27　数据库的排序规则

（2）后半部分的有如下的选项组合而成的：

① _BIN：二进制排序。

② _CI(CS)：是否区分大小写,CI 表示不区分,CS 区分。

③ _AI(AS)：是否区分重音,AI 表示不区分,AS 区分。

④ _KI(KS)：是否区分日语中的两种假名字符类型：平假名和片假名。KI 不区分,KS 区分。

⑤ _WI(WS)：是否区分全半角,指区分字符的单字节形式和双字节形式。WI 不区分,WS 区分。

由以上解释,可知 CI_AS 代表的是不区分大小写、区分重音、不区分假名、不区分全半角。

10.3.3　数据库的统计信息

在"数据库""选项"选项卡的"自动"区域可以设置与数据库统计信息有关的选项,如图 10-28 所示。其中：

"自动创建统计信息"：指数据库是否自动创建缺少的统计信息。

"自动更新统计信息"：指数据库是否自动更新过期的优化统计信息。

数据库的统计信息主要是指表和索引的存储数据的信息,如表的数据占据了多少页等。统计信息的意义在于：当用户用 SQL 语句对数据库进行操作时,数据库引擎会自动按照基于成本的优化方法,对 SQL 语句的执行进行优化,以期得到比较好的执行性能和效果。当优化时,查询优化器使用统计信息为检索或更新数据选择最有效的计划。因此最新的统计信息能够使优化器准确地估计不同查询计划的开销,并选择高质量的计划。

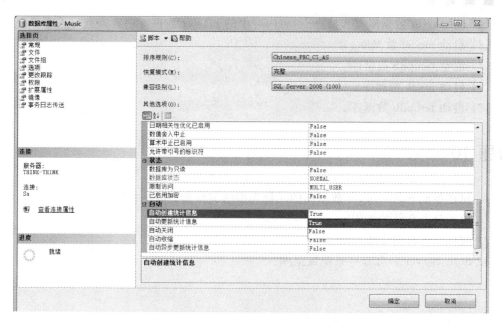

图 10-28　数据库统计信息选项

10.3.4　查看系统数据库启动顺序

可通过查看日志来了解系统数据库启动的次序。方法如下：服务器启动后，在“对象资源管理器”中，选择“管理”→“SQL Server 日志”选项，双击“当前日志”，出现“日志文件查看器”（如图 10-29 所示），可以分析服务器的日志内容。

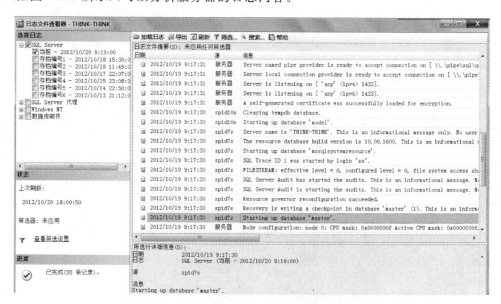

图 10-29　日志文件查看器

从日志内容，可以看出系统数据库按以下次序启动和操作：

（1）启动 master 数据库。

（2）向 master 数据库写入检查点，将内存中的 master 数据库内容强制写入物理硬盘。

（3）启动 model 数据库。

（4）清空 tempdb 数据库。

（5）启动 msdb 数据库。

（6）启动 tempdb 数据库。

习题 10

1. 简述组成 SQL Server 数据库的三种类型的文件及其默认扩展名。

2. 简述日志文件的作用。

3. 文件组各有何作用？

4. SQL Server 包含哪些系统数据库？

第11章

表、视图和索引

数据库中包含许多对象,其中最重要的就是表,因为数据库中的数据或信息都是存储在表中;视图是从一个或多个基表中导出的"虚表";为加快查询速度,可以在表上建立索引。本章主要介绍了表、索引和视图的基本知识,包括表的创建和操作;数据完整性的实施;索引的基本概念和操作;视图的概念和相关操作。

本章的学习要点:

- 表的创建;
- 数据完整性的实施;
- 视图的定义、操作;
- 索引的概念和操作。

11.1 概述

在1.3.1节中,介绍了数据库的三级模式:外模式、模式和内模式。三级模式定义了数据库的三个层次。关系数据库中的三级模式结构如图11-1所示,其中外模式对应于视图和部分基本表,模式对应于基本表,内模式对应于存储文件。

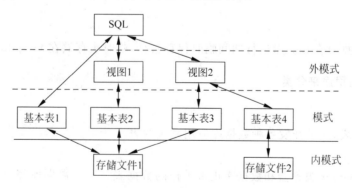

图 11-1 关系数据库的三级模式结构

基本表(Base Table)是本身独立存在的表,是存储数据的对象,将在11.2节介绍。

视图(View)是从一个或几个基本表导出的表,本身存储在数据库中,即数据库中只存储视图的定义,不存储对应的数据,因此视图是一个虚表。视图的概念和操作在11.3节中介绍。

用户可以用 SQL 语言对视图和基本表进行查询等操作,在用户观点里,视图和基本表一样,都是关系。

每个基本表对应一个存储文件,一个表可以带若干索引(Index),存储文件及索引组成了关系数据库的内模式,存储文件和索引文件的文件结构是任意的。索引的概念将在 11.4 节中介绍。

11.2 表

11.2.1 表的概述

数据库中包含许多对象,其中最重要的就是表,数据库中的数据或信息都是存储在表中。表中数据的组织形式是行和列的组合,其中每一行代表一条记录。例如,公司运送的每个部件在部件表中均占一行;每一列代表由一个属性。又如,一个部件表有 ID 列、颜色列和重量列。

说明:在表中不必对行进行排序。如果需要对结果集中的数据排序,需要在 SELECT 查询语句中显式指定排序。

11.2.2 表的分类

SQL Server 中,可以从两种角度来对表进行分类。

1. 按照数据存储的时间分类

1) 永久表

表建立后,除非人工删除,否则一直保存。在 master、model、msdb 和用户数据库中建立的表都是永久表。

2) 临时表

临时表的数据只在数据库运行期间临时保存数据,临时表存储在 tempdb 中。

2. 按照表的用途来分类

1) 用户表

用户创建的表,用于开发各种数据库应用系统的表。

2) 系统表

维护 SQL Server 服务器和数据库正常工作的数据表。每个数据库都会建立很多系统表,这些表不允许用户进行更改,只能由 DBMS 自行维护。

3) 临时表

SQL Server 的临时表有两种类型:本地临时表和全局临时表。

本地临时表只对于创建者是可见的。当用户与 SQL Server 实例断开连接后,将删除本地临时表。

全局临时表在创建后对任何用户和任何连接都是可见的,当引用该表的所有用户都与

SQL Server 实例断开连接后,将删除全局临时表。

如果 SQL Server 服务器关闭,则所有的本地和全局临时表都被清空、关闭。

从表名称上来看,本地临时表的名称前面有一个"#"符号;而全局临时表的名称前面有两个"##"符号。

说明:临时表的作用——当对数据库执行大数据量的排序等操作时,要产生大量的中间运算结果,因此需要消耗大量的内存资源。如果内存资源不够用,那么 SQL Server 将在临时数据库 tempdb 中创建临时表用于存放这些中间结果。

4)分区表

当一个表中的数据量过于庞大时,可以使用分区表。分区表是将数据水平划分为多个单元的表,这些单元可以分布到数据库中的多个文件组中。在维护整个集合的完整性时,使用分区可以快速而有效地访问或管理数据子集,从而使大型表或索引更易于管理。

11.2.3 创建表

创建表的实质就是定义表的结构以及约束等属性,因此创建表需要使用不同的数据库对象,包括数据类型、约束、默认值和索引等。SQL Server 中,表必须建在某一数据库中,不能单独存在,也不能以操作系统文件形式存在。表名和列名要有意义,不能使用系统关键字且必须遵守标识符的规则;列名在一个表中必须是唯一的。

1. 图形界面下创建表

在 SSMS 中,用户可以通过图形界面快捷地创建表。下面以 Music 中的 Singer 表(如表 11-1 所示)为例说明如何在图形化界面下创建表。表 11-1 中列出了 Singer 表的字段名、类型等信息。

表 11-1 Singer 表

字段名称	字段类型	字段宽度	是否 NULL	说明
SingerID	Char	10	NOT NULL	歌手编号
Name	Varchar	8	NOT NULL	歌手名称
Gender	Varchar	2	NULL	性别
Birth	Datetime		NULL	出生日期
Nation	Varchar	20	NULL	籍贯

创建步骤如下:

(1)在"对象资源管理器"中,展开 Music 数据库,右击"表"对象,并从弹出的快捷菜单中选择"新建表"命令,出现"表设计器"界面,如图 11-2 所示。

(2)在"表设计器"页面中,可以定义列名、数据类型和设置是否允许为空。

① 在"列名"单元格中,输入表的列名,如 SingerID。

② 在"数据类型"下拉列表中,选择对应的数据类型(常见的数据类型参考第 9 章),并设置宽度,如 char(10)。

③ 在"允许 NULL 值"列下设置各列是否允许为空。画"√"的表示允许为空,否则表示不允许为空值。Singer 表中各列的具体设置见图 11-2。

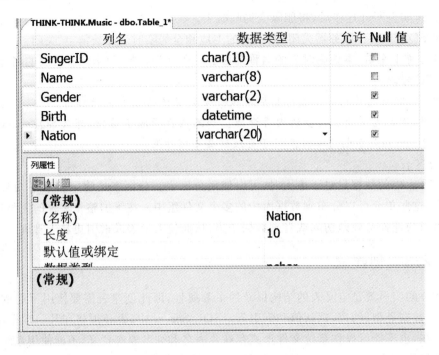

图 11-2   表设计器界面

(3) 各列的设置完成后,单击工具栏的"保存"按钮,将出现"选择名称"对话框,输入表名后就可以保存该表了。

表创建完成后,展开 Music 数据库下的"表"节点,就可以看到刚创建的 Singer 表,如图 11-3 所示。

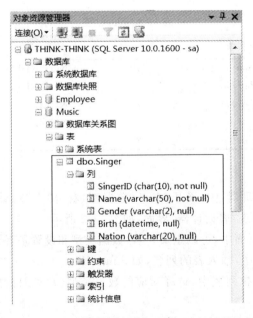

图 11-3   Singer 表

说明：创建字符数据库类型的列时,如果用户没有定义字符宽度,那么系统默认 char(10),varchar(50)。

以上创建表的操作对应的 SQL 语句为：

```
CREATE TABLE Singer(
SingerID char(10) NOT NULL,
Name varchar(50) NOT NULL,
Gender varchar(2) NULL,
Birth datetime NULL,
Nation varchar(20) NULL
)
```

用户也可在查询编辑器中输入以上 CREATE TABLE 建表语句来创建 Singer 表。CREATE TABLE 语句的具体语法和说明见 4.3 节。

【**例 11-1**】 在 SSMS 中建立一个 Student 表,结构如表 11-2 所示。

表 11-2 Student 表的表结构

字段名称	字段类型	字段宽度	是否 NULL	说明
sno	int		NOT NULL	学号
sname	Varchar	10	NOT NULL	姓名
sex	Varchar	2	NULL	性别
hometown	Datetime		NULL	籍贯
introduction	Varchar	400	NULL	简介
birthdate	Datetime		NULL	出生日期

例 11-1 的结果如图 11-4 所示。

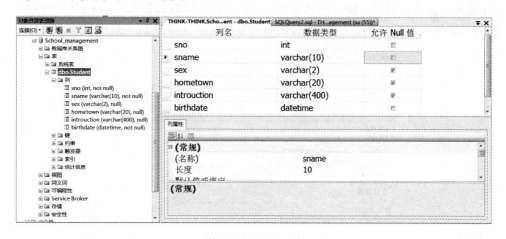

图 11-4 Student 表

2. 列属性说明与设置

以上创建的表中,只定义了列名、数据类型和是否 NULL 值。要设计好一张表,还有更多的问题需要考虑,如哪些字段的内容不能重复,哪些内容是必需的等,这就需要掌握列更多属性的设置。

1) NULL 的含义

NULL(空值)表示数值未知或将在以后添加的数据。例如,Singer 表中 Birth 字段,在不知道的情况下不填写,这就是空值。在"查询编辑器"中查看表数据时,空值在结果中显示为 NULL。用户也可显式的输入 NULL,不管这一列是何种数据类型。

注意:输入 NULL 时,NULL 不能放在引号内,否则会被解释为字符串而不是空值。

NULL 不同于空白、0 或长度为零的字符串。没有两个相等的空值。两个 NULL 值相比或 NULL 与其他数值相比,返回是未知,因为每个空值均为未知。

NOT NULL(不允许空值)表示数据列不允许空值。如果一列设为 NOT NULL,那么在向表中写数据时必须在列中输入一个值,否则改行不被接收,有助于维护数据完整性。

注意:定义了 PRIMARY KEY 约束或 IDENTITY 属性的列不允许空值。

2) 指定列的默认值

默认值是指当向表中插入数据时,如果用户没有明确给出某列的值,SQL Server 自动为该列添加的值。当某一列被设置为默认值约束,该列的取值可以输入,也可以不输入,不输入时,取值为默认值。

例如,如果 Student 表中大部分学生来自江苏,那么,可以为 Hometown 一列设置默认值为江苏。指定默认值有两种方法:可以在表设计器中指定;也可以在使用 CREATE TABLE 语句及 ALTER TABLE 语句时使用 DEFAULT 关键字定义。

(1) 使用表设计器指定列的默认值。

具体设置步骤如下:

① 在"表设计器"中选中要设置默认值的列。

② 展开在"表设计器"页面下方"列属性"中的"常规"节点,在"默认值或绑定"后面的文本框中输入其默认值即可。设置默认值时,需要注意该列的数据类型,如 Hometown 是字符型,因此在默认值为一个字符型常量(加单引号)'江苏',如图 11-5 所示。

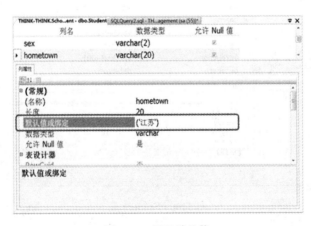

图 11-5　设置默认值

③ 以上设置的默认值,实际上是为表加了一个 DEFAULT(默认值)约束。在"对象资源管理器"中"表"→"约束"下,会添加以 DF 为前缀的一个约束,代表是 DEFAULT 约束,这个名字是系统自动给定的,如图 11-6 所示。

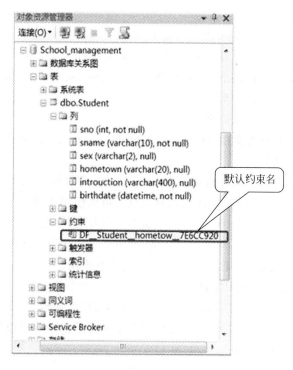

图 11-6 默认值约束

（2）使用 DEFAULT 关键字

可以在 CREATE TABLE 语句及 ALTER TABLE 语句中使用 DEFAULT 关键字指定列的默认值。语法格式为：

```
DEFAULT < default value >
```

在关键字 DEFAULT 的后面，必须指定其默认值。

以上对 Hometown 设置默认值，可以使用以下语句：

```
create table Student
(sno int not null,
sname varchar(10) not null,
sex varchar(2),
hometown varchar(20) null default('江苏'),          /*设置默认值*/
introuction varchar(50) null,
birthdate datetime not null)
```

3）IDENTITY 属性

使用 IDENTITY 关键字定义的字段又称标识字段。开发人员可以为标识字段指定标识种子（Identity Seed）属性和标识增量（Identity Increment）属性，系统按照给定的种子和增量自动生成标识号，该标识号是唯一的。

说明：

使用 IDENTITY 属性时要注意：

- 一个表只能有一个使用 IDENTITY 属性定义的列；
- IDENTITY 只适用于 decimal(小数部分为 0)、int、numeric(小数部分为 0)、smallint、bigint 或 tinyint 数据类型；
- 标识种子和增量的默认值均为 1；
- 标识符列不能允许为空值，也不能包含 DEFAULT 定义或对象；
- 标识符列不能更新；
- 如果在经常进行删除操作的表中存在标识符列，那么标识值之间可能会出现断缺。

在 SQL Server 中，定义标识字段有两种方法：可以使用表设计器定义标识字段；也可以在 CREATE TABLE 语句及 ALTER TABLE 语句中使用 IDENTITY 关键字定义。

例如，Student 表中的 sno(学号)是 int 型，因为学生的学号不允许相同且一般都是连续的，所以可将 sno 设置为标识字段。以下以此为例进行说明。

(1) 使用表设计器定义标识字段。

在"表设计器"中选择 sno 字段，展开表设计器下面"列属性"中的"标识规范"节点，在"是标识"后的下拉菜单中选择"是"选项。标识增量和种子按需要更改即可。这里将学号设置为从 201102001 开始，每次增加 1，如图 11-7 所示。

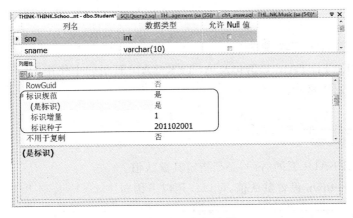

图 11-7　设置标识字段

(2) 使用 IDENTITY 关键字。

在 CREATE TABLE 语句及 ALTER TABLE 语句中使用 IDENTITY 关键字可以指定标识字段。语法格式如下：

```
IDENTITY(seed,increment)
```

说明： seed 表示标识种子，increment 表示标识增量。必须两者同时指定或同时不指定。如果两者都未指定，则取默认值(1,1)。

sno 设置为 IDENTITY，可以使用以下语句：

```
create table Student
(
  sno int not null identity(201102001,1),       / * 设置 IDENTITY * /
  sname varchar(50) not null,
  sex varchar(2),
  hometown varchar(50) null default('江苏'),      / * 设置默认值 * /
  introuction varchar(50) null,
  birthdate datetime not null)
```

【例 11-2】 在 Music 数据库中建立 Songs(歌曲)表和 Track(曲目)表。结构如表 11-3 和表 11-4 所示。

表 11-3　Songs 表结构

字段名称	字段类型	字段宽度	说明	要求
SongID	Char	10	歌曲编号	非空
Name	Varchar	50	歌曲名字	
Lyricist	Varchar	20	词作者	
Composer	Varchar	20	曲作者	
Lang	Varchar	16	语言类别	默认"中文"

表 11-4　Track 表结构

字段名称	字段类型	字段宽度	说明	要求
SongID	Char	10	歌曲编号	非空
SingerID	Char	10	歌手编号	非空
Album	Varchar	50	专辑	
Style	Varchar	20	曲风类别	默认"流行"
Circulation	INT		发行量	
PubYear	INT		发行时间	

Songs 的创建如图 11-8 和图 11-9 所示。

图 11-8　创建 Songs 表

图 11-9　Songs 表

Songs 的建表语句为：

```
CREATE TABLE Songs
(SongID CHAR(10) not null,Name VARCHAR(50),
Lyricist VARCHAR(20),Composer VARCHAR(20),
Lang VARCHAR(16) default('中文'))
```

Track 的创建如图 11-10 和图 11-11 所示。

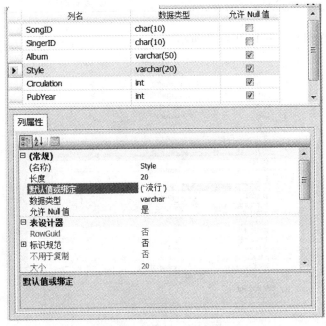

图 11-10　创建 Track 表

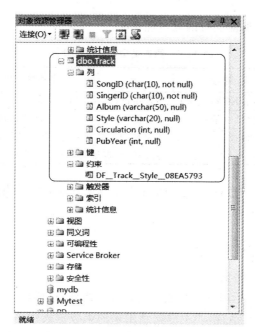

图 11-11   Track 表

Track 的建表语句为：

```
CREATE TABLE Track
(SongID CHAR(10) not null,
SingerID CHAR(10) not null,
Album VARCHAR(50),
Style VARCHAR(20) default('流行'),
Circulation INTEGER,
PubYear INTEGER)
```

11.2.4　数据完整性的实现

数据库完整性(Database Integrity)是指数据库中数据的正确性和相容性。3.4 节介绍的关系有三类完整性：实体完整性、参照完整性和用户定义完整性。在 SQL Server 中，这三类完整性是由各种的完整性约束来保证的，因此可以说数据库完整性设计就是数据库完整性约束的设计。

SQL Server 为了保证数据完整性共提供了以下 6 种约束。

(1) 非空(NOT NULL)约束。

(2) 主键(PRIMARY KEY)约束。

(3) 外键(FOREIGN KEY)约束。

(4) 唯一性(UNIQUE)约束。

(5) 检查(CHECK)约束。

(6) 默认(DEFAULT)约束。

这些约束通过限制列中的数据、行中的数据和表之间数据来保证数据完整性。表 11-5

列出 SQL Server 的约束所能实现的完整性功能。

表 11-5　约束类型和完整性功能

完整性类型	约束类型	完整性功能描述
实体完整性	PRIMARY KEY(主键)	指定主键,确保主键不重复,不允许主键为空值
	UNIQUE(唯一值)	指出数据应具有唯一值,防止出现冗余
用户定义完整性	CHECK(检查)	指定某个列可以接受值的范围,或指定数据应满足的条件
参照完整性	FOREIGN KEY(外键)	定义外键、被参照表和其主键

在 11.2.3 节创建表的过程中,已经讲了非空约束和默认值约束的含义及设置方法。以下主要介绍其余 4 种约束。

1. 实体完整性及其实现

1) PRIMARY KEY 约束

表通常具有包含唯一标识每一行值的一列或一组列,这样的一列或多列称为表的主键(PRIMARY KEY)。换句话说,表主键就是用来约束数据表中不能存在相同的两行数据。而且,PRIMARY KEY 约束的列应具有确定的数据,不能接受空值。在管理数据时,应确保每一个数据表都拥有一个唯一的主键,从而实现实体的完整性。

说明:

- 一个表只能有一个 PRIMARY KEY 约束,并且 PRIMARY KEY 约束中的列不能接受空值;
- 如果对多列定义了 PRIMARY KEY 约束,则一列中的值可能会重复,但来自 PRIMARY KEY 约束定义中所有列的任何值组合必须唯一;
- 当定义主键约束时,SQL Server 在主键列上建立唯一聚簇索引,以加快查询速度。

(1) 单一主键约束的实现。

以 Songs 表设置主键为例进行说明。步骤如下:在"表设计器"中在主键的列(如 SongID 列)上右击,在弹出的快捷菜单中选择"设置主键"命令,如图 11-12 所示,则该列被设置为主键。"保存"后,列名左边出现主键图标，并且在"表"→"键"下出现以"PK_"开头的一个主键约束,如图 11-13 所示。

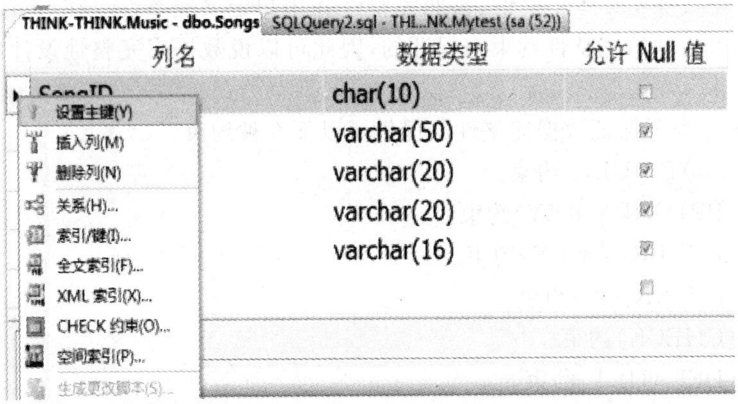

图 11-12　"设置主键"

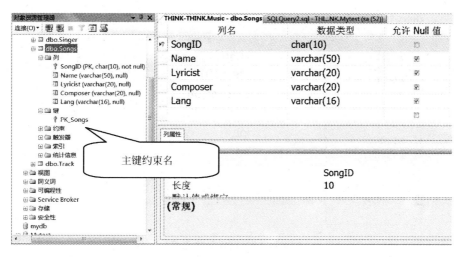

图 11-13 设置主键后的表

设置主键也可在 CREATE TABLE 或 ALTER TABLE 中使用 PRIMARY KEY 关键字。对应的 SQL 语句：

```
CREATE TABLE Songs
(SongID CHAR(10) not null PRIMARY KEY,          /*主键约束*/,
Name VARCHAR(50),
Lyricist VARCHAR(20),
Composer VARCHAR(20),
Lang VARCHAR(16) default('中文'))               /*DEFAULT约束*/
```

(2) 组合主键的设置。

有的表的主键有多列组成，如 Track 表，该表中任何一个单独的列都不能作为主键。因为一个歌手可能演唱多首歌，而同一首歌又可能被多名歌手演唱。因此，只能 SingerID 和 SongID 组合在一起作为主键。

Track 中组合主键的设置操作为：选中作为主键的两列（按住 Shift 键，用鼠标左键分别单击这两列左边的列标志块，使列所在行高亮显示），右击，选择快捷菜单中的"设置主键"命令（如图 11-14 所示），则主键列的左边均出现主键图标。保存并刷新表，在"表"→"列"中可看到主键标志；在"键"中看到主键约束名，如图 11-15 所示。

对应的 SQL 语句为：

```
CREATE TABLE Track
(SongID CHAR(10) not null,
SingerID CHAR(10) not null,
Album VARCHAR(50),
Style VARCHAR(20) default('流行'),             /*DEFAULT约束*/
Circulation INTEGER, PubYear INTEGER,
PRIMARY KEY(SongID, SingerID))                  /*主键约束,该约束是表级完整性约束*/
```

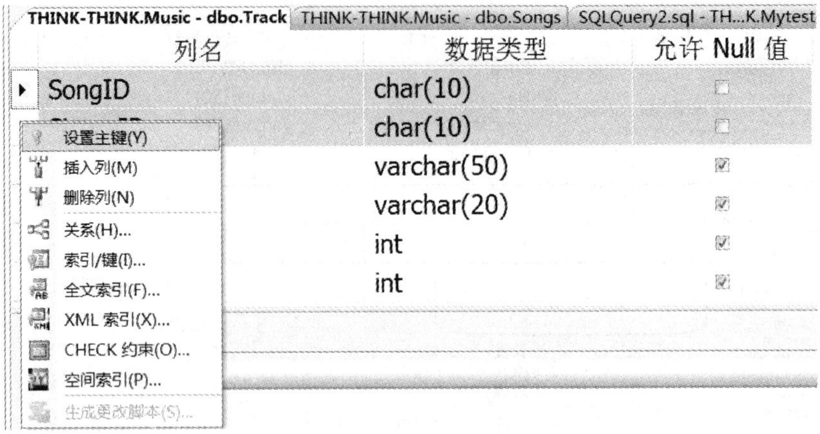

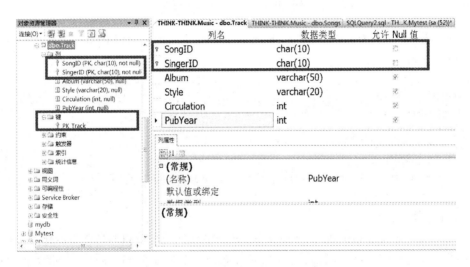

图 11-14　设置组合主键

图 11-15　设置主键后的 Track 表

2) UNIQUE 约束

唯一约束被用来增强非主键列的唯一性。设置了唯一约束的列不能有重复值,可以但最多允许一个 NULL 值。每个 UNIQUE 约束都生成一个唯一索引,所以唯一约束和唯一索引的创建方法相同。

说明:

- 主键约束与唯一约束的异同:两者都要求约束的列不能有重复值;主键约束要求主键列不能为空;唯一约束允许有空值,但只允许一个 NULL 值。
- 在一个表上可以定义多个 UNIQUE 约束。
- 可以在多个列上定义一个 UNIQUE 约束,表示这些列组合起来不能有重复值。

假设要为 Singer 中的 Name 设置唯一约束,可以如下操作:

在"表设计器"中右击打开快捷菜单,选择"索引/键"选项(如图 11-16 所示),即可打开"索引/键"设置对话框。该对话框列出了该表中已经建好的索引/键(如主键 PK_Singer),

单击"添加"按钮,在"常规"列表下进行设置。

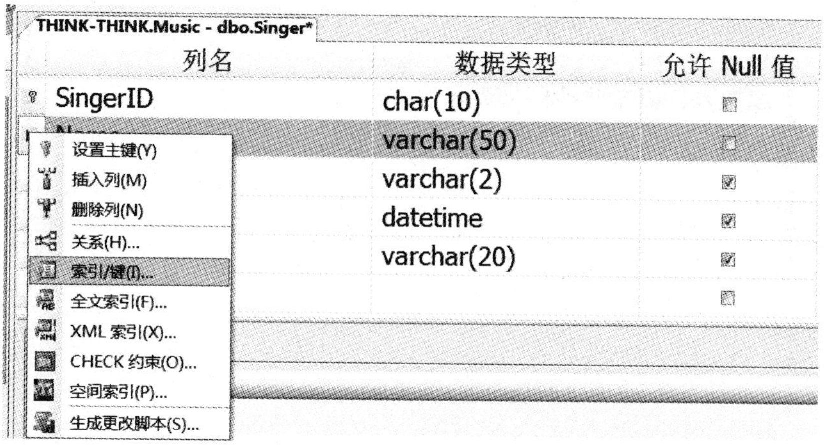

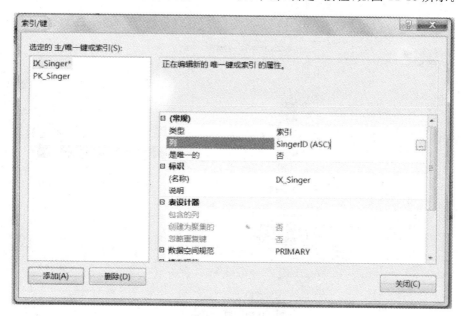

图 11-16　选择"索引/键"

(1) 单击"列"最右侧的 按钮,如图 11-17 所示,在打开的"索引列"对话框中,设置唯一约束的列,在"列名"下拉列表中选择 Name 项,单击"确定"按钮,如图 11-18 所示。

图 11-17　"索引/键"对话框

(2) 在"索引/键"对话框中,选择"是唯一的"项,单击其右边的组合框下三角按钮,选择"是",如图 11-19 所示。

(3) 可以在"名称"行中修改约束的名称,本例采用系统默认名称 IX_Singer。

"保存"并刷新 Singer 表,在"索引"节点下出现唯一约束标志,如图 11-20 所示。

UNIQUE 约束也可以在 CREATE TABLE 或 ALTER TABLE 中使用 UNIQUE 关键字进行设置,代码如下:

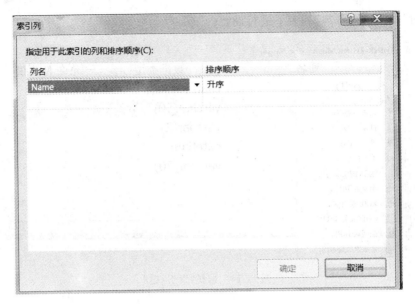

图 11-18　选择"索引列"

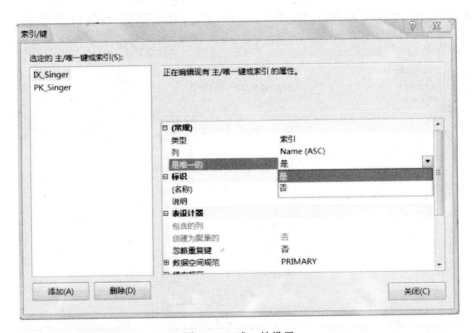

图 11-19　唯一性设置

```
CREATE TABLE Singer(
-- 主键约束
SingerID char(10) NOT NULL PRIMARY KEY,
-- 唯一约束
Name varchar(50) NOT NULL UNIQUE,
Gender varchar(2) NULL,Birth datetime NULL,
Nation varchar(20) NULL)
```

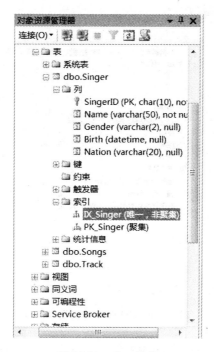

图 11-20　唯一约束

2．用户定义完整性及实现

用户定义的完整性是通过检查约束来实现的。检查约束用于限制列的取值在指定范围内，这样使得数据库中存放的值都是有意义的。当一列被设置了 CHECK 约束，该列的取值必须符合检查约束所设置的条件。约束条件应是逻辑表达式，多个条件可以用 AND 或 OR 组合。

（1）列级的约束只能引用被约束列上的值，一个列上可以有任意多个 CHECK 约束，多个 CHECK 约束按创建顺序进行验证。

（2）可以在表上建立在多个列上使用的 CHECK 约束，但是表级约束只能引用同一表中的列。

（3）不能在 text、ntext 或 image 列上定义 CHECK 约束。

（4）CHECK 可以使用 IN、LIKE、BETWEEN 关键字。

假设 Singer 表中 Gender(性别)列取值为"男"或"女"，则可为其设置 CHECK 约束。方法如下：右击"表设计器"，选择快捷菜单中"CHECK 约束"，在弹出的 CHECK 约束设置窗口中单击"添加"按钮，选择"表达式"行，单击右侧的 ⃞ 按钮(如图 11-21 所示)，在弹出的"约束表达式"输入框中输入表达式(本例输入 Gender in('男'，'女'))，单击"确定"按钮(如图 11-22 所示)；关闭 CHECK 约束设置窗口后，单击"保存"按钮，并刷新表，在"表"→"约束"节点下出现 CHECK 约束名(本例为 CK_Singer)。

CHECK 约束也可以在 CREATE TABLE 或 ALTER TABLE 中使用 CHECK 关键字进行设置，代码如下：

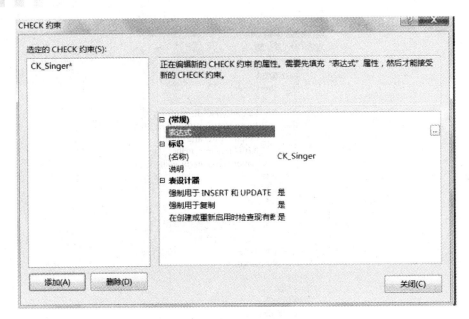

图 11-21 CHECK 约束设置窗口

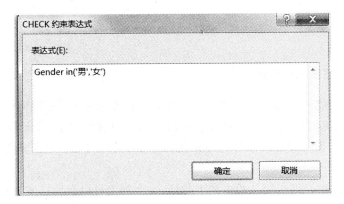

图 11-22 CHECK 约束表达式

```
CREATE TABLE Singer(
SingerID char(10) NOT NULL PRIMARY KEY,          /*主键约束*/
Name varchar(50) NOT NULL
UNIQUE,                                          /*唯一约束*/
Gender varchar(2) NULL CHECK(Gender in('男','女')),   /*检查约束*/
Birth datetime NULL,Nation varchar(20) NULL)
```

【例 11-3】 表级的 CHECK 约束示例代码如下。

```
CREATE TABLE 工作表
(工作编号 char(8) primary key,
最低工资 int,最高工资 int,
check(最低工资<最高工资))                    --限制最低工资小于最高工资
```

3. 参照完整性及实现

参照完整性主要通过主键与外键的联系实现。主键所在的表称为主表,外键所在的表称为子表。外键的取值参照主键的取值,即外键列的值有两种可能:一是等于主键的某个值;二是为空值,否则将返回违反外键约束的错误信息。

通过设置参照完整性,SQL Server 将禁止用户在外键列中引用主键中不存在的值;在默认级联规则下,禁止修改主键中的值而不修改外键中的值;禁止删除被外键引用的主键值。

SQL Server 通过 FOREIGN KEY(外键)约束来实现参照完整性。一张表可含有多个 FOREIGN KEY 约束。

说明:

- FOREIGN KEY 约束只能引用同一个服务器上的同一数据库中的表。跨数据库的参照完整性必须通过触发器实现;
- FOREIGN KEY 可引用同一个表中的其他列,这称为自引用;
- FOREIGN KEY 约束并不仅仅可以与另一表的 PRIMARY KEY 约束相链接,还可以定义为引用另一表的 UNIQUE 约束;
- 不能更改定义了 FOREIGN KEY 约束的列的长度,因为外键列和主键列的数据类型和长度需一致。

例如,Singer 表中的 SingerID 是主键,Track 表中的 SingerID 要参照 Singer 表中的 SingerID,因此需设置 Track 表中的 SingerID 为外键。Singer 表是主表,Track 表是子表。设置外键有三种方法:

1) 利用表设计器设置参照完整性

进入子表(本例为 Track 表)表设计器,在右键菜单中选择"关系"选项,进入"外键关系"对话框,如图 11-23 所示。单击"添加"按钮,选择"表和列规范"行,单击右侧的 ⋯ 按钮,进入"表和列"选择界面,在此设置主键表、主键列以及外键列,单击"确定"按钮,完成设置。保存并刷新 Track 表,在"表"→"键"下出现外键标识(本例为 FK_Track_Singer)。

2) 利用数据库关系图设计器设置参照完整性

Music 数据库 Track 表中的 SongID 需参照 Songs 表中 SongID 字段,以此为例来介绍在数据库关系图设计器中设置此联系。步骤如下:

(1) 在"对象资源管理器"中,依次展开"数据库"→Music 节点,右击"数据库关系图",在弹出的快捷菜单中选择"新建数据库关系图"选项。

(2) 在打开的"添加表"对话框中选择要添加到关系图中的表(如图 11-24 所示,本例选择 Songs 和 Track 表),单击"添加"并"关闭"按钮。

(3) 在关系图设计器中,选中主键的主键列(本例为 Songs 表的 SongID 列),拖曳鼠标直至外键表的外键列(本例为 Track 表的 SongID 列)。松开鼠标,此时将弹出"外键关系"对话框(如图 11-25 所示)和"表和列"对话框(如图 11-26 所示)。

(4) 在"表和列"对话框中,设置主键表、主键列和外键列,如图 11-26 所示。单击"确定"按钮返回到"外键关系"对话框,单击"确定"按钮即可完成参照完整性设置。

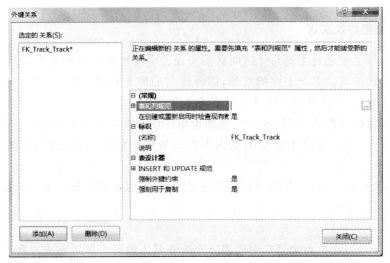

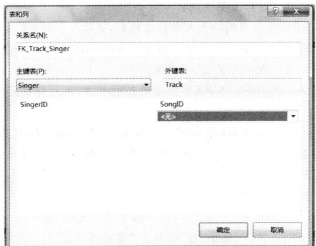

图 11-23　设置参照完整性

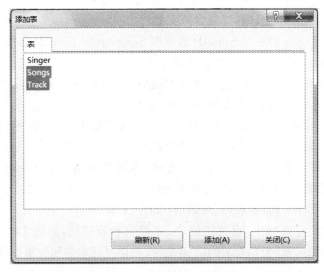

图 11-24　"添加表"对话框

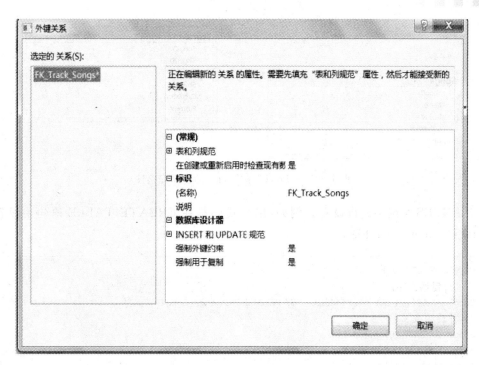

图 11-25 "外键关系"对话框

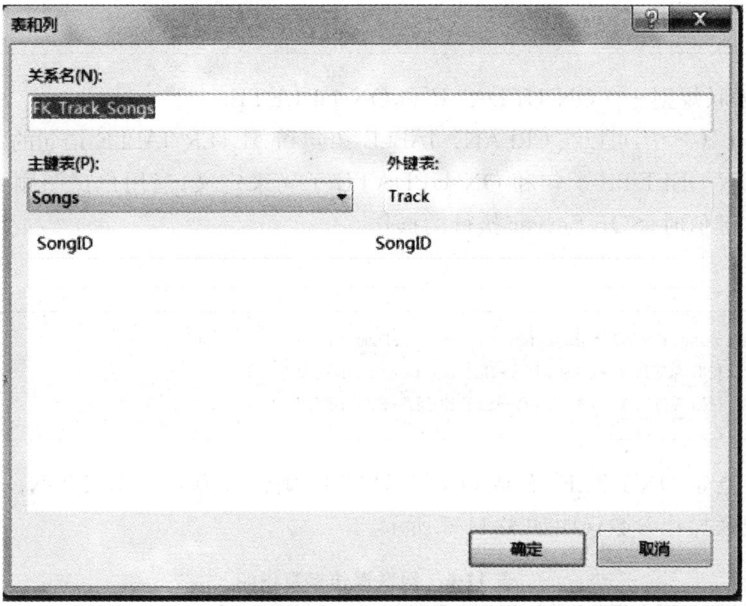

图 11-26 "表和列"对话框

设置完毕后,在"数据关系图"设计器中有参照完整性设置的表之间会有一条连线相连。连线有方向,⚷端指向的是主表,∞端指向的是子表,如图 11-27 所示。

3)利用 FOREIGN KEY…REFERENCES 关键字设置参照完整性

参照完整性也可以在 CREATE TABLE 或 ALTER TABLE 中使用 FOREIGN KEY…

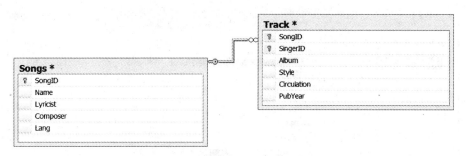

图 11-27 "Track"与"Songs"的参照完整性

REFERENCES 关键字进行设置。例如,以下代码是在 CREATE TABLE 语句中设置了 SongID 和 SingerID 为外键。

```
CREATE TABLE Track
(/*外键约束*/
SongID CHAR(10) not null FOREIGN KEY REFERENCES Songs(SongID),
/*外键约束*/
SingerID CHAR(10) not null
FOREIGN KEY REFERENCES Singers(SingerID),
Album VARCHAR(50),
Style VARCHAR(20) default('流行'),              /*DEFAULT约束*/
Circulation INTEGER,PubYear INTEGER,
PRIMARY KEY(SongID,SingerID))                  /*主键约束*/
```

4) 定义级联规则——ON UPDATE 和 ON DELETE

SQL Server 2008 中,可以在 CREATE TABLE 语句和 ALTER TABLE 语句的 REFERENCES 子句中使用 ON DELETE 子句和 ON UPDATE 子句来定义,当用户试图删除或更新现有外键指向的主键值时,SQL Server 执行的操作。

语法为:

```
REFERENCES referenced_table_name [(ref_column)]
[ON DELETE {NO ACTION→CASCADE→SET NULL→SET DEFAULT}]
[ON UPDATE {NO ACTION→CASCADE→SET NULL→SET DEFAULT}]
```

如果没有指定 ON DELETE 或 ON UPDATE,则默认为 NO ACTION。

对应的级联操作参数说明如表 11-6 所示。

表 11-6 级联操作参数说明

参　　数	说　　明
NO ACTION	指定如果试图删除(或更新)某一行,而该行的键被其他表的现有行中的外键所引用,则产生错误并回滚 DELETE(或 UPDATE)语句
CASCADE(级联)	指定如果试图删除(或更新)某一行,而该行的键被其他表的现有行中的外键所引用,则也将删除(或更新)所有包含那些外键的行

续表

参　数	说　明
SET NULL	指定如果试图删除(或更新)某一行,而该行的键被其他表的现有行中的外键所引用,则组成被引用行中的外键的所有值将被设置为 NULL。为了执行此约束,目标表的所有外键列必须可为空值
SET DEFAULT	指定如果试图删除(或更新)某一行,而该行的键被其他表的现有行中的外键所引用,则组成被引用行中的外键的所有值将被设置为它们的默认值。为了执行此约束,目标表的所有外键列必须具有默认定义。如果某个列可为空值,并且未设置显式的默认值,则将使用 NULL 作为该列的隐式默认值。因 ON DELETE (或 UPDATE) SET DEFAULT 而设置的任何非空值在主表中必须有对应的值,才能维护外键约束的有效性

以上的级别操作也可以使用"外键关系"对话框来设置,如图 11-28 所示。

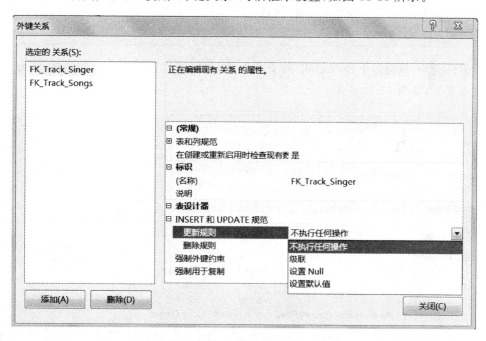

图 11-28　设置级联规则

说明:
- 不能为带有 INSTEAD OF DELETE 触发器的表指定 ON DELETE CASCADE。
- 对于带有 INSTEAD OF UPDATE 触发器的表,不能指定下列各项: ON DELETE SET NULL、ON DELETE SET DEFAULT、ON UPDATE CASCADE、ON UPDATE SET NULL 以及 ON UDATE SET DEFAULT。

例如,Track 表中的外键 FK_Track_Songs 默认的级联规则是"不执行任何操作",因此,当用户修改主键表 Songs 的 SongID 值时,会产生错误并拒绝该操作,如图 11-29 所示。

下面修改该外键的级联规则,假设将级别规则设为 CASCADE(级联),即主键值改变,对应的外键值也随之改变。首先,先删除原来的外键约束,用以下的修改表语句为 Track 表添加约束,且指定当主表进行 update 操作时,子表级联更新。

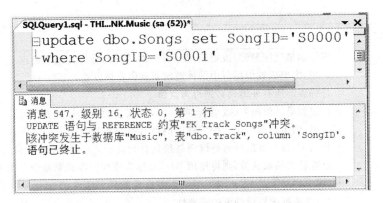

图 11-29　更新主表数据出错

```
-- 为 Track 添加外键,指定级联规则为级别更新
alter table Track add foreign key(SongID) references Songs(Songid) on update cascade
```

　　设置外键后,执行以下修改语句,并查看两表记录,可以看到 Track 表中的 SongID 值也随之改变了,如图 11-30 所示。

```
-- 修改 Songs 表的 SongID
update dbo.Songs set SongID = 'S0000' where SongID = 'S0001'
-- 查看 Songs 记录
select top 3 * from Songs
-- 查看 Track 记录
select top 3 * from dbo.Track
```

图 11-30　更新数据后的表数据

4. 完整性约束案例分析

　　以某公司员工信息系统后台数据库设计为例,通过"员工信息"的定义代码实现 SQL Server 数据完整性控制。"员工管理"数据库中的部分表的结构如下:

　　员工信息(员工编号,姓名,出生日期,性别,地址,邮政编码,电话号码,部门编号)

　　部门信息(部门编号,部门名,备注)

利用 SQL Server 数据库 DDL 语言实现"员工信息表"6 种约束的实例代码：

```
CREATE TABLE 员工信息
(员工编号    char(6) PRIMARY KEY,                          -- 主键约束
 员工姓名    char(10) Not Null,                           -- NOT NULL 约束
 出生日期    SmallDateTime,
 性别       char(2) DEFAULT '男',                        -- 默认约束
 地址       varchar(40),邮政编码 char(6),
 电话号码    char(11),部门编号 char(3),
 UNIQUE(员工姓名),                                        -- 唯一性约束
 CHECK(性别 IN('男','女')),                               -- 检查约束
 CHECK(邮政编码 LIKE'[0-9][0-9][0-9][0-9][0-9][0-9]'),    -- 检查约束
     CHECK(电话号码 LIKE '[0-9][0-9][0-9][0-9][0-9][0-9][0-9][0-9][0-9][0-
 9][0-9]'),                                              -- 检查约束
 FOREIGN KEY (部门编号) REFERENCE 部门信息(部门编号))       -- 外键约束
```

"员工信息"表的以上定义实现了下列的数据完整性：

（1）"员工编号"设置为主键(PRIMARY KEY)，从而实现了实体完整性。

（2）"员工姓名"设置了 NOT NULL 约束，防止有编号无员工姓名的状况。同时，为保证同一员工（假设无同名的员工）只有一个编号，为"员工姓名"建立了唯一(UNIQUE)约束。

（3）因该公司大多数为男性员工，"性别"设置默认值(DEFAULT)约束"男"，减少用户性别值的输入；同时，为防止用户误输入数据，还定义了该字段的检查(CHECK)约束，规定性别的值域为"男"和"女"。

（4）"邮政编码"和"电话号码"的数据域为字符型数字信息，为防止录入信息的错误，也设置了检查(CHECK)约束，规定它们的取值由'0'到'9'字符型数据组成。规定取值范围的约束都是用户根据数据取值特征自行设计的，其主要目的是减少用户输入数据的误操作，从而实现用户自定义完整性。

（5）"员工信息"表中的"部门编号"是外键，其取值类型和取值范围应参照"部门信息"表中的"部门编号"主键，为此，建立了外键约束，实现了参照完整性。

11.2.5 修改表和删除表

1. 修改表

在 SQL Server 中提供了两种修改表的方式：一是在 SSMS 中修改表；二是通过执行 T-SQL 语句修改表。

1）在 SSMS 中修改表

在 SSMS 中，用户可以在图形界面下快捷地修改表。用鼠标选中要修改的表，右击表，在弹出的快捷菜单中选择"设计"选项，进入"表设计器"修改表。在"表设计器"中可以直接修改列名、列属性、默认值、标识选项等。也可以在表设计器中右击，通过选择快捷菜单选项，对表进行插入列、删除列、设置约束等。这些操作与建表时类似，限于篇幅，不再详细介绍。

2）利用 T-SQL 语句修改表

T-SQL 提供了 ALTER TABLE 语句来修改表。不同的数据库厂商的数据库产品的

ALTER TABLE 语句格式略有不同,这里给出 SQL Server 支持的 ALTER TBALE 语句格式。

```
ALTER TABLE table_name
{ALTER COLUMN column_name                       --修改列定义
→[WITH {CHECK→NOCHECK}]                          --是否检查现有数据选项
→ADD COLUMN <column_definition>                 --添加新列
→ADD [CONSTRAINT constraint_name] constraint_type   --添加约束
→DROP [CONSTRAINT] constraint_name}             --删除约束
```

其中添加列、删除列、修改列的语句与第 4 章中的修改表语句相同,具体见例 4-3～例 4-5。

【例 11-4】 为 Student 添加约束。要求,主键是 sno;sex 只能"男"或"女";sname 值不重复。

实现代码如下:

```
alter table dbo.Student
add constraint pk_sno primary key(sno),          --主键约束
constraint ck_sex check(sex in('男','女')),       --检查约束
constraint unique_sname unique(sname)            --唯一约束
```

其中,添加唯一约束还可写成:

```
alter table dbo.Student add unique(sname)
```

【例 11-5】 删除 unique_sname 约束。

```
alter table dbo.Student
drop unique_sname
```

注意:

• 在删除某列前要先解除与该列相关联的约束等关系;

• 删除列使用 ALTER TABLE 的 DROP COLUMN 子句,其中 COLUMN 不能省略,因为如果省略,则成了 ALTER TABLE DROP,这是删除约束的语句;

• 删除 PRIMARY KRY 约束时,如果另一个表中的 FOREIGN KEY 约束引用了该 PRIMARY KRY 约束,则必须先删除 FOREIGN KEY 约束。

3) WITH NOCHECK 的说明

表创建以后添加约束的时候,默认是 with check 选项,这种情况下,会检查已有数据,如果现有数据违反了拟添加的约束,则数据库引擎将返回错误信息,并且不添加约束。如果不想根据现有数据验证新的约束,可以使用 WITH NOCHECK 选项。比如:

```
alter table dbo.student
with nocheck
add constraint ck_dept check(dept in('computer','math'))
```

2．删除表

删除表的操作将删除关于该表的所有定义（包括表的结构、索引、触发器、约束等）和表的数据。如果要删除主表，必须先删除子表或先在子表中删除对应的 FOREIGN KEY 约束。

在某些 DBMS 中，删除表会同时删除该表上建立的视图等对象。SQL Server 中的处理方法不同。SQL Server 中，删除表后，建立在该表上的视图定义仍然保留在数据字典中，但是当用户引用时出错。因此，任何引用已删除表的视图或存储过程都必须使用 DROP VIEW 或 DROP PROCEDURE 显式删除。

可在 SSMS 中使用图形界面删除表，步骤为：在 SSMS 中，右击拟删除的表，选择快捷菜单中的"删除"选项，进入"删除对象"窗口，单击"确定"，即可删除表。

也可用 T-SQL 的 DROP TABLE 语句删除表。如：

```
DROP TABLE mytest
```

说明：

如果要删除表中的所有数据而不删除表本身，即清空表。可使用 TRUNCATE TABLE 语句。语法为：TRUNCATE TABLE 表名。

11.2.6　表的数据操作

1．添加、修改和删除数据

表的数据操作包括添加记录、修改记录和删除记录。可以通过 SSMS 图形界面对表中的数据操作，也可以通过执行 SQL 语句对表中的数据进行操作。

1）使用 SSMS 进行添加、修改和删除表数据

步骤如下：

（1）在"对象资源管理器"中，右击拟操作的表，在弹出的快捷菜单中选择"编辑前 200 行"选项，进入表数据窗口。

（2）在表数据窗口中，可以添加、删除、修改数据，结合右键快捷菜单，还可以进行剪切、复制和粘贴和删除记录等操作，如图 11-32 所示。

注意：

- 不得对设置为 IDENTITY 的列输入、修改和删除数据；
- 对于设置 NOT NULL 但未设置 DEFAULT 值的列，必须赋值；
- 对于设置 PRIMARY KEY 或 UNIQUE 约束的列，不能赋空值或重复值（UNIQUE 约束列可赋一个空值）；
- 如果对表设置了参照完整性，则应该先向主表插入数据，再向子表插入数据；删除数据时，先删除子表中的数据，再删除主表中相应的数据，否则会违反参照完整性规则。

2）使用 SQL 语句对数据操作

对表中数据插入、修改和删除操作，SQL Server 支持标准 SQL 语句中的 INSERT、UPDATE 和 DELETE 语句来完成，这些语句的具体使用语法和示例见 4.5.1 节。

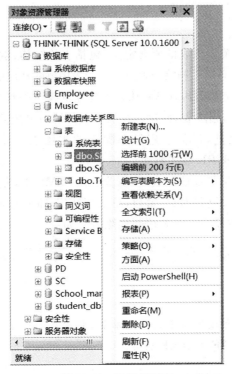

图 11-31　选择编辑表

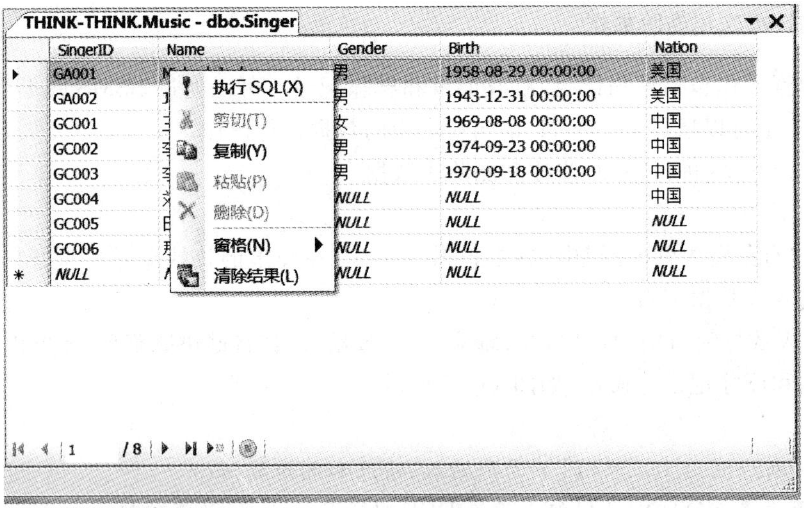

图 11-32　表数据操作

说明：

DELETE 语句只从表中删除数据，它不删除表定义本身。如果要删除表定义和表数据，应用 DROP TABLE 语句。

除此以外，SQL Server 还提供了针对数据操作的以下扩展功能。

（1）使用行构造器插入多行数据。

SQL Server 在 2008 版本中新增了行构造器（Row Constructions）用来在 INSERT 语

句中一次性插入多行给定值的数据。语法为：

```
INSERT [INTO] table_name
Values ({DEFAULT→NULL→expression} [,…n]) [,…n]
```

可以在单个 INSERT 语句中插入的最大行数为 1000。若要插入超过 1000 行的数据，可以创建多个 INSERT 语句，或通过使用 bcp 实用工具或 BULK INSERT 语句大容量导入数据。例如，如下代码可以在 Singer 中插入两行记录，分别为('GC005','田震')和('GC006','那英')。

```
insert into dbo.Singer(SingerID,Name)
values('GC005','田震'),('GC006','那英')
```

(2) 在 INSERT、UPDATE 或 DELETE 中使用 OUTPUT 子句。

在 SQL Server 2005 之前，用户如果希望在 INSERT、UPDATE、DELETE 执行时，查看这些命令所影响的行的信息，只能通过触发器来实现（在 DML 触发器中，返回 Inserted 表或 Deleted 表的记录，具体见 13.2.3 的介绍）。

SQL Server 2005 版本开始，为 INSERT、UPDATE、DELETE 语句增加了一个可选项 OUTPUT 子句，该子句可以返回受 INSERT、UPDATE、DELETE 影响的各行中的信息，或返回基于受这些语句影响的各行表达式。这些结果可以返回到处理应用程序，以供在确认消息、存档以及其他类似的应用程序要求中使用；也可以将这些结果插入表或表变量。另外，还可以捕获嵌入的 INSERT、UPDATE、DELETE 或 MERGE 语句中 OUTPUT 子句的结果，然后将这些结果插入目标表或视图。

OUTPUT 子句在 INSERT、UPDATE、DELETE 语句中使用的语法结构如下：

```
-- 在 INSERT 语句中使用
INSERT [INTO] table_name[(column_list)]
    [<OUTPUT Clause>]                          /* OUTPUT 子句 */
    VALUES ({DEFAULT→NULL→expression} [,…n]) [,…n]

-- 在 UPDATE 语句中使用
UPDATE table_name SET column_name = {expression→DEFAULT→NULL}
[<OUTPUT Clause>]                          /* OUTPUT 子句 */
[WHERE {<search_condition>

-- 在 DELETE 语句中使用
DELETE [FROM] table_name
[<OUTPUT Clause>]                          /* OUTPUT 子句 */
[WHERE {<search_condition>
```

其中，OUTPUT Clause 的语法如下：

```
<OUTPUT_CLAUSE>::=
{[OUTPUT dml_select_list INTO {@table_variable→output_table}[(column_list)]]
[OUTPUT dml_select_list]}
```

其中：

① @table_variable：指定一个 table 变量，返回的行将插入此变量，而不是返回给调用方。

② output_table：指定一个表，返回的行将被插入该表中而不是返回到调用方。output_table 可为临时表。

③ column_list：INTO 子句目标表上列名的可选列表。

④ dml_select_list：定义希望返回的列。其格式如下：

```
< dml_select_list >::={DELETED→INSERTED} . { * →column_name}
```

其中，列名的前缀是 DELETED 表或 INSERTED 表。

说明：

DELETED 表和 INSERTED 表是由系统创建和维护的两张逻辑表，这两张表中包含了在 DML 操作中插入或删除的所有记录，因此这两个表的结构总是与 DML 作用的表的结构相同。

其中：

① DELETED：列前缀，指定由更新或删除操作删除的值。以 DELETED 为前缀的列反映了 UPDATE、DELETE 语句完成之前的值。

② INSERTED：列前缀，指定由插入操作或更新操作添加的值。以 INSERTED 为前缀的列反映了在 UPDATE、INSERT 语句完成之后但在触发器执行之前的值。

由 OUTPUT 子句的语法可以看出，OUTPUT 有两种用法：像 SELECT 命令那样将结果返回给用户；与 INTO 子句一起将结果插入表或表变量中。

以下举例来说明 OUTPUT 子句的用法。

【例 11-6】 在 Songs 表中插入一条记录，并在 INSERT 语句中使用 OUTPUT 返回该记录。

代码如下：

```
insert into Songs(SongID,name)
 -- 在界面上返回插入的记录
output inserted. *
values('S0105','Rolling in the deep')
```

例 11-6 的结果如图 11-33 所示。

	SongID	Name	Lyricist	Composer	Lang
1	S0105	Rolling in the deep	NULL	NULL	中文

图 11-33 在 insert 中使用 OUTPUT 子句

【例 11-7】 修改 Songs 表，把 S0105 歌曲的语言改为英文，并在 UPDATE 语句中使用 OUTPUT 返回修改前后的值。

代码如下：

```
update dbo.Songs set Lang = '英文'
OUTPUT inserted.Lang as 修改后的值,deleted.lang as 修改前的值 where SongID = 'S0105'
```

例 11-7 的结果如图 11-34 所示。

图 11-34　OUTPUT 子句

【**例 11-8**】　在 Songs 表删除 ID 为 S0105 的歌曲，并把删除的记录存储在临时表 #temp_tb 中。

为此，要先创建#temp_tb，然后在 DELETE 语句中使用 OUTPUT INTO 子句把删除的记录插入到#temp_tb 中。

代码如下：

```
-- 创建#temp_tb
create table #temp_tb (
SongID char(10) NOT NULL,
Name varchar(50) NULL,
Lyricist varchar(20) NULL,
Composer varchar(20) NULL,
Lang varchar(16) NULL)
-- 删除数据,并把删除的数据插入到 temp_tb
delete from dbo.Songs
OUTPUT deleted. * into #temp_tb
where SongID = 'S0105'
```

可以用"select * from #temp_tb"语句查看删除的记录，例 11-8 的结果如图 11-35 所示。

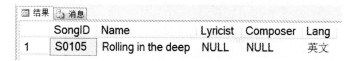

图 11-35　在 DELETE 中使用 OUTPUT 子句

2. TRUNCATE TABLE 语句

TRUNCATE TABLE 与不带 WHERE 子句的 DELETE 语句功能相同，均可以删除表中的所有行。但是，TRUNCATE TABLE 速度更快，并且使用更少的系统资源和事务日志资源。具体来说，与 DELETE 相比，TRUNCATE 具有以下优点：

1）所用的事务日志空间较少

DELETE 语句每次删除一行，并在事务日志中为所删除的每一行做记录。为防止删除失败,可以使用事务日志来恢复数据。TRUNCATE TABLE 通过释放用于存储表数据的数据页来删除数据,并且在事务日志中只记录页的释放操作,所以大大减少了日志的数量,从而加快删除数据的速度。

说明:由于 TRUNCATE TABLE 命令不会在事务日志中记录数据删除操作,因此不能激活触发器。

2) 使用的锁通常较少

当使用行锁执行 DELETE 语句时,将锁定表中各行以便删除。TRUNCATE TABLE 始终锁定表和页,而不是锁定各行。

如要删除 student 中的所有数据,可使用如下语句:

```
TRUNCATE TABLE student
```

3. 数据查询

1) 查询设计器中设计查询

SQL Server 中对于表数据的查询可以直接在"查询编辑器"中输入 SELECT 语句(SELECT 语句的写法可参见 4.4 节);SSMS 还提供了"查询设计器",便于不熟悉 SQL 编程的用户迅速构建查询。以下介绍用"查询设计器"来构建查询,步骤如下。

(1) 在 SSMS 中,单击工具栏中的"新建查询",选择主菜单"查询"→"在编辑器中设计查询"选项,如图 11-36 所示,即可启动查询设计器,并快速构建查询。

图 11-36　启动"查询设计器"

(2)"查询设计器"启动后,先弹出"添加表"对话框(如图 11-37 所示),其中列出了当前数据库中可以使用的源表或视图。本例中选择三张表(可按住 Shift 键进行多选),单击"添加"按钮然后关闭该对话框。

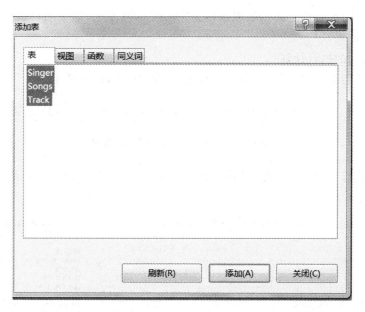

图 11-37 "添加表"对话框

（3）查询是在如图 11-38 所示的"查询设计器"中进行设计的。该界面主要区域的功能如下。

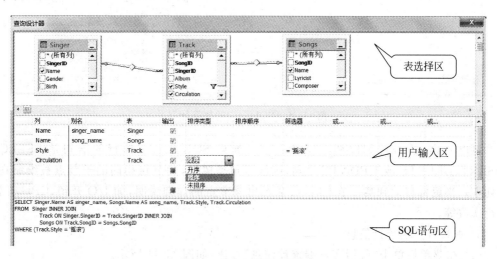

图 11-38 "查询设计器"

①"表选择区"：添加或删除用于定义视图的表。在该区域内，在右键菜单中选择"添加表"选项，可重新激活"添加表"对话框。

②"用户输入区"：用户可以在此区域添加或删除用于定义视图中的列，画√标识选中该列输出；定义 WHERE 条件；定义排序等。其中"筛选器"和"或…"均表示条件，各栏下的行与行之间为 AND 关系，栏与栏之间是 OR 关系。

③"SQL 语句区"：系统根据用户在"用户输入区"中指定的内容自动构建 SQL 查询语句并显示在该区域。

在图 11-38 中的查询是显示歌唱风格为"摇滚"的歌手名、歌曲名、风格及发行量,结果按发行量降序排序。

2) 查看语句的执行计划

(1) 在菜单栏单击"包括实际的执行计划"按钮,如图 11-39 所示。

图 11-39 "包括实际执行计划"按钮

(2) 重新执行 SQL 语句,然后切换到"执行计划"选项卡,可以查看该语句的执行计划,如图 11-40 所示。

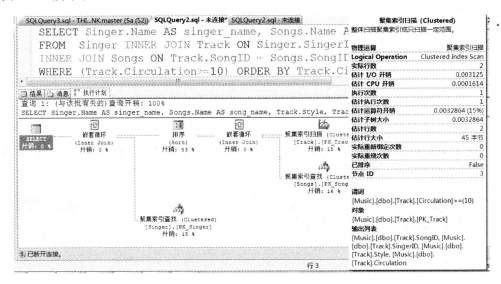

图 11-40 SQL 语句的执行计划

可以看出,执行计划以树状结构显示。如果 SQL Server 执行的语句是 SELECT、INSERT、DELETE 或 UPDATE 语句,则该语句是树根,父节点相同的子节点被绘制在同一列中。当鼠标移动到某一节点时,会显示出该节点的详细说明,如 I/O 开销、CPU 开销、执行次数等。

3) 查看客户端统计信息

(1) 在菜单栏单击"包括客户端统计信息"按钮,如图 11-41 所示。

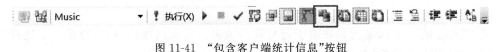

图 11-41 "包含客户端统计信息"按钮

(2) 重新执行 SQL 语句,然后切换到"客户端统计信息"选项卡,出现如图 11-42 所示的客户端统计信息。

(3) 显示的客户端统计信息包含 3 部分。

① 查询配置文件统计信息可以判断该 SQL 语句消耗的服务器资源情况;

② 网络统计信息可以判断该 SQL 语句消耗的网络资源情况;

③ 时间统计信息可以判断服务器与客户机之间的通信情况。

可以通过以上信息评估 SQL 语句的效率。

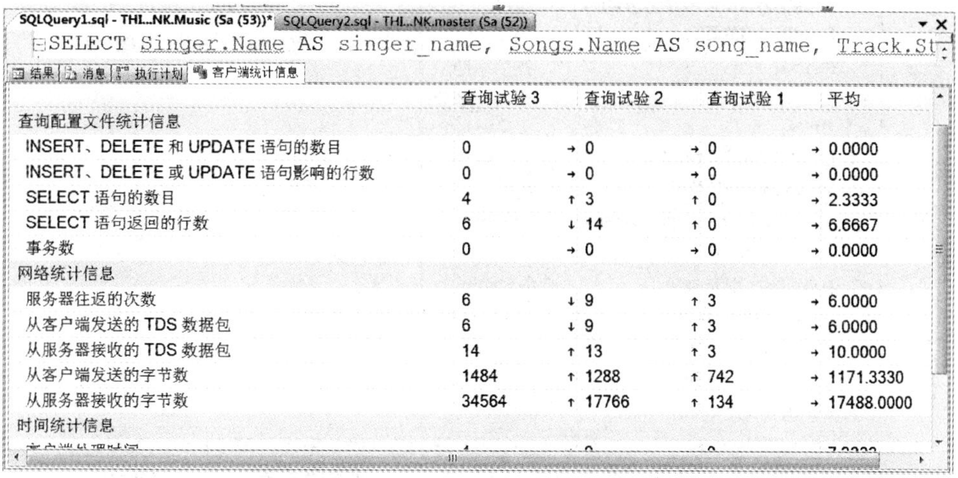

SQLQuery1.sql - THI...NK.Music (Sa (53))*　SQLQuery2.sql - THI...NK.master (Sa (52))

SELECT Singer.Name AS singer_name, Songs.Name AS song_name, Track.St

结果　消息　执行计划　客户端统计信息

	查询试验 3	查询试验 2	查询试验 1	平均
查询配置文件统计信息				
INSERT、DELETE 和 UPDATE 语句的数目	0	→ 0	→ 0	→ 0.0000
INSERT、DELETE 或 UPDATE 语句影响的行数	0	→ 0	→ 0	→ 0.0000
SELECT 语句的数目	4	↑ 3	↑ 0	→ 2.3333
SELECT 语句返回的行数	6	↓ 14	↑ 0	→ 6.6667
事务数	0	→ 0	→ 0	→ 0.0000
网络统计信息				
服务器往返的次数	6	↓ 9	↑ 3	→ 6.0000
从客户端发送的 TDS 数据包	6	↓ 9	↑ 3	→ 6.0000
从服务器接收的 TDS 数据包	14	↑ 13	↑ 3	→ 10.0000
从客户端发送的字节数	1484	↑ 1288	↑ 742	→ 1171.3330
从服务器接收的字节数	34564	↑ 17766	↑ 134	→ 17488.0000
时间统计信息				

图 11-42　客户端统计信息

4）查询结果的存储

(1) SELECT INTO 语句。

SELECT INTO 语句用于创建一个新表，并用 SELECT 语句的结果集填充该表；还可将几个表或视图中的数据组合成一个表。新表的结构由选择列表中表达式的属性定义。SELECT INTO 语句常用于创建表的备份复件或者用于对记录进行归档。

SELECT INTO 语句的基本语法如下：

```
SELECT <select_list> INTO new_table
FROM {<table_source>}[, …n] …
```

说明：

- *INTO 子句应放在 FROM 子句之前；*
- *如果当前数据库中已有与拟创建表同名的表，则创建不能成功完成。*

以下的示例语句是从多个雇员和与地址相关的表中选择 7 列来创建表 dbo.EmployeeAddresses。

```
SELECT c.FirstName,c.LastName,e.Title,a.AddressLine1,a.City,sp.Name AS [State/Province],
a.PostalCode INTO dbo.EmployeeAddresses
FROM Contact AS c JOIN Employee AS e ON e.ContactID = c.ContactID JOIN EmployeeAddress AS ea ON
ea.EmployeeID = e.EmployeeID
JOIN Address AS a on a.AddressID = ea.AddressID
JOIN StateProvince as sp ON sp.StateProvinceID = a.StateProvinceID;
```

(2) 将查询结果保存到文件

设置方法：进入查询编辑器窗口，选择主菜单“查询”→“将结果保存到”→“将结果保存到文件”，如图 11-43 所示。这样，此后所进行的查询，其结果将以文本形式输出到磁盘文件中。

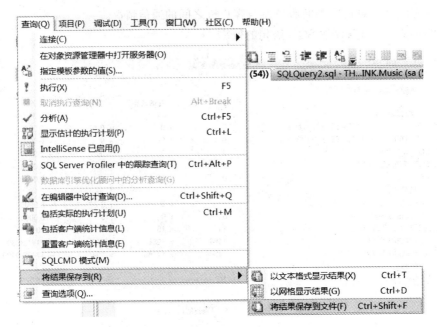

图 11-43　设置查询结果保存到文件

11.3　视图

11.3.1　视图概述

数据表设计过程中,通常需要考虑数据的冗余度低、数据一致性等问题,而且对数据表的设计也要满足范式的要求,因此也会造成一个实体的所有信息保存在多个表中的现象。当检索数据时,往往在一个表中不能得到想要的所有信息。为了解决这种矛盾,在 SQL Server 中提供了视图。

1. 引入视图的原因

数据存储在表中,对数据的操纵主要是通过表进行的。但是,仅通过表来操纵数据会带来一系列的性能、安全、效率等问题。下面,对这些问题进行分析。

(1)从业务数据角度来看,由于数据库设计时考虑到数据异常等问题,同一种业务数据有可能被分散在不同的表中,但是对这种业务数据的使用经常是同时使用的,要实现这样的查询,需要通过连接查询或嵌套查询来实现。但是,如果经常要查询相同的内容,每次都要重复写相同的查询语句,就会增加用户的工作量。如图 11-44 所示的视图是建立在三张表上的。

(2)从数据安全角度来看,由于工作性质和需求不同,不同的操作人员只能查看表中的部分数据,不能查看表中的所有数据。例如,人事表中存储了员工的代码、姓名、出生日期、薪酬等信息。一般地,员工的代码和姓名是所有操作人员都可以查看的数据,但是薪酬等信息则只能由人事部门管理人员查看。这说明不同用户对数据的需求是不一样的,如果允许

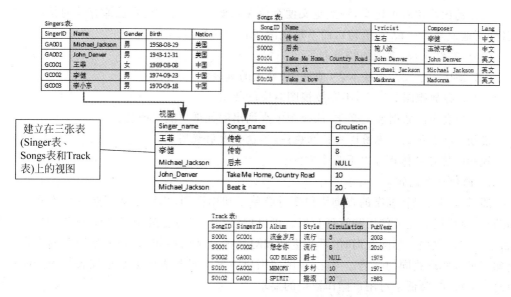

图 11-44 视图和表之间的关系示例图

用户直接对表进行操作,那么表的安全将受到威胁。如图 11-45 所示,可以为不同的用户建立不同的视图,从而保证安全性。

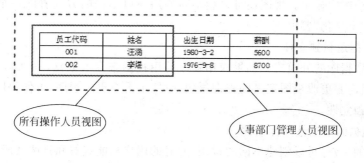

图 11-45 视图示例

(3) 从数据的应用角度来看,一个报表中的数据往往来自于多个不同的表中。在设计报表时,需要明确地指定数据的来源途径和方式。通过视图机制,可以提高报表的设计效率。

因此,视图是 RDBMS 提供给用户以多种角度来观察数据库中数据的重要机制。

2. 视图概述

视图是一种数据库对象,是按某种特定要求从数据库的表或其他视图中导出的虚拟表。视图所引用的表称为视图的基表。从用户角度看,视图也是由行和列组成的二维表;但视图展示的数据并不以视图结构实际存在,而是其引用的基本表的相关数据的映像。行和列的数据来自于基表,并且在引用视图时动态生成。因此,通过视图看到的数据是存放在基表中的数据。当对通过视图看到的数据进行修改时,相应基表的数据会发生变化;同样,若基表的数据发生变化,这种变化也会自动地反映到视图中。

视图的内容由查询定义,一经定义便存储在数据库中。注意,数据库存储的是视图的定义(确切地说是 SELECT 语句),而不是视图所看到的数据。

因此,总结来说,视图的特点如下。

(1) 是从一个或几个基本表(或视图)导出的虚表。

(2) 只存放视图的定义,不存放视图对应的数据。

(3) 基表中的数据发生变化,从视图中查询出的数据也随之改变。

说明:以上所述的视图均指标准视图,不包含索引视图。

视图的优点可体现在以下几个方面。

1) 简化查询语句

通过视图可以将复杂的查询语句变得简单。利用视图,用户不必了解数据库及实际表的结构,就可以方便地使用和管理数据。可以把经常使用的连接、投影和查询语句定义为视图,这样在每次执行相同查询时,不必重新编写这些复杂的语句,只要一条简单的查询视图语句就可以实现相同的功能。因此,视图向用户隐藏了对基表数据筛选或表与表之间连接等复杂的操作,降低了对用户操作数据的要求。

2) 增加可读性

由于在视图中可以只显示有用的字段,并且可以使用字段别名,因此能方便用户浏览查询的结果。在视图中可以使用户只关心自己感兴趣的某些特定数据,而那些不需要或无用的数据则不在视图中显示。视图还可以让不同的用户以不同的方式看同一个数据集内容,体现数据库的"个性化"要求。

3) 保证数据逻辑独立性

视图对应数据库的外模式。如果应用程序使用视图来存取数据,那么当数据表的结构发生改变时,只需要更改视图定义的查询语句即可,不需要更改程序,方便程序的维护,保证了数据的逻辑独立性。

4) 增加数据的安全性和保密性

针对不同的用户,可以创建不同的视图,此时的用户只能查看和修改其所能看到的视图中的数据,而真正的数据表中的数据甚至连数据表都是不可见、不可访问的,这样可以限制用户浏览和操作的数据内容。另外,视图所引用表的访问权限与视图的权限设置也不相互影响,同时视图的定义语句也可加密。

5) 减少数据冗余

数据库中只需要将所有基本数据最合理、开销最小地存储在各个基本表中。对于不同用户的不同数据要求,可以通过视图从各基本表中提取、聚集,形成所需的数据组织。从而不需要在物理上为满足不同用户的需求重复组织数据存储,大大减少数据冗余。

6) 方便导出数据

可以建立一个基于多个表的视图,用 SQL Server Bulk Copy Program(批复制程序,BCP)复制视图引用的行到一个平面文件中,该文件可加载到 Excel 或类似的程序中。

3. 视图的类型

1) 标准视图

标准视图就是通常意义上理解的视图,是 SELECT 查询语句。一般情况下创建的用于对用户数据表进行查询、修改等操作的视图都是标准视图。它是一个虚拟表,不占物理存储空间,也不保存数据。

2）索引视图

对于标准视图而言,为每个引用视图的查询动态生成结果集的开销很大,特别是那些涉及对大量行进行复杂处理(如聚合大量数据或连接许多行)的视图。可对视图创建一个唯一的聚集索引来提高性能,即创建索引视图。索引视图是被具体化了的视图,即它已经过计算并存储。索引视图尤其适于聚合许多行的查询,但不太适于经常更新的基本数据集。

3）分区视图

分区视图是通过对成员表使用 UNION ALL 所定义的视图,这些成员表的结构相同,但作为多个表分别存储在同一个 SQL Server 实例中,或存储在称为联合数据库服务器的自主 SQL Server 服务器实例组中。

分区视图在一台或多台服务器间水平连接一组成员表中的分区数据,这样数据看上去如同来自于一个表。连接同一个 SQL Server 实例中的成员表的视图是一个本地分区视图;如果视图是在服务器间连接表中的数据,则称其为分布式分区视图。

一般情况下,如果视图为下列格式,则称其为分区视图。

```
SELECT < select_list1 > FROM T₁
UNION ALL
SELECT < select_list2 > FROM T₂
UNION ALL
...
SELECT < select_listn > FROM Tₙ
```

例如,Customers 视图的数据分布在三个服务器位置的三个成员表中:本地的 Customers_33、Server2 上的 Customers_66 和 Server3 上的 Customers_99。

Server1 的分区视图 Customers 通过以下方式进行定义。

```
CREATE VIEW Customers
AS
 -- 从本地成员表中检索数据
SELECT * FROM CompanyData.dbo.Customers_33
UNION ALL
 -- 从 Server2 的成员表中检索数据
SELECT * FROM Server2.CompanyData.dbo.Customers_66
UNION ALL
 -- 从 Sever3 的成员表中检索数据
SELECT * FROM Server3.CompanyData.dbo.Customers_99
```

说明:

SQL Server 2008 中包含本地分区视图只是为了实现向后兼容,当前不推荐使用。本地分区数据的首选方法是通过分区表。

11.3.2　创建视图

定义视图的基本原则：

（1）只能在当前数据库中创建视图，创建视图时，Microsoft SQL Server 首先验证视图定义中所引用的对象是否存在。但是，分区视图除外，因为分区视图所引用的表和视图可以存在于其他数据库甚至其他服务器中。

（2）视图名称必须遵循标识符的规则，且对每个架构都必须唯一。此外，该名称不得与该架构包含的任何表的名称相同。

（3）可以创建嵌套视图（即建立在视图上的视图），但嵌套不得超过 32 层。

（4）不能将默认值、AFTER 触发器与视图相关联，但可以定义 INSTEAD OF 触发器。

（5）定义视图的查询不能包含 SELECT INTO 语句；SELECT 语句中不能包含 ORDER BY 子句，除非在 SELECT 语句的选择列表中还有一个 TOP 子句。

（6）不能创建临时视图，也不能对临时表创建视图。

（7）如果视图引用的基本表被删除，则当使用该视图时将返回一条错误信息。

在 SQL Server 中，视图可以通过 SQL Server Management Studio 图形化地创建或使用 T-SQL 语句来创建。

1. 使用 SSMS 图形化界面创建视图

在 SSMS 中使用图形化界面创建视图是一种最快捷的方式。下面为图 11-44 中的三张表 Singers、Songs 和 Track 建立视图 v_s_track，步骤如下。

（1）在"对象资源管理器"面板下，选择"数据库"中的"视图"选项，右击，在弹出的快捷菜单中选择"新建视图"选项。

（2）在如图 11-47 所示的"添加表"对话框中，选择新视图需要的表、视图等作为数据来源。

（3）"视图设计器"类似于查询设计器，其区域分为 4 部分，前三部分同查询设计器；最下面是视图执行结果显示区，如图 11-48 所示。

（4）视图创建完毕后，关闭"视图设计器"，给视图命名并存盘（本例命名为 v_s_track）。刷新后，在"对象资源管理器"窗口下，"视图"节点中就会出现该视图。

2. 使用 T-SQL 语句来创建视图

图 11-46　选择"新建视图"

可以使用 T-SQL 中的 CREATE VIEW 语句来创建视图，语法如下：

```
CREATE VIEW view_name        /*指定视图名称*/
[(column [,column]…)]        /*指定视图中的列*/
```

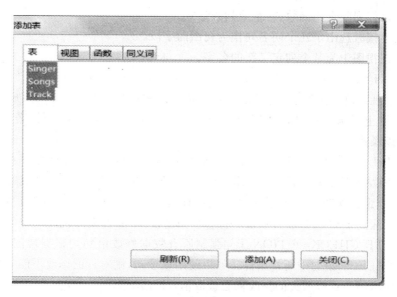

图 11-47 "添加表"对话框

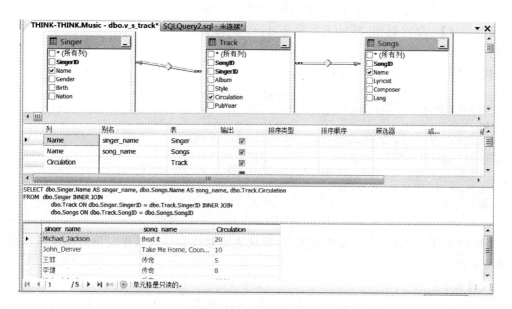

图 11-48 "视图设计器"

```
AS select_statement  /*定义视图的 SELECT 语句*/
[WITH CHECK OPTION];  /*强制针对视图执行的所有数据修改语句都必须符合在视图定义中设置的
                        条件(即 select_statement 中的条件表达式)*/
```

说明如下:

(1)组成视图的属性列名,要么全部省略,要么全部指定,没有第三种选择。如果省略了各个属性列名,则隐含该视图由子查询中 SELECT 子句目标列中的各字段组成;在下列情况下必须明确指定组成视图的所有列名:

① 某个目标列是聚集函数、常量或列表达式。

② 多表连接时选出了几个同名列作为视图的字段。

③ 需要在视图中为某个列定义新的名字。

(2) WITH CHECK OPTION：为防止用户通过视图对数据进行增删改时,无意或故意操作不属于视图范围内的基本表数据,可在定义视图时加上 WITH CHECK OPTION 子句,这样在视图上增删改数据时,DBMS 会进一步检查视图定义中的条件,若不满足条件,则拒绝执行该操作。

(3) WITH CHECK OPTION 强制针对视图执行的所有数据修改语句(INSERT、DELETE、UPDATE)都必须符合在视图定义中设置的条件(即子查询中的条件表达式)。例如,创建一个定义视图的查询,该视图从表中检索员工的薪水低于 \$30 000 的所有行。如果员工的薪水涨到 \$32 000,因其薪水不符合视图所设条件,查询时视图不再显示该特定员工。但是,WITH CHECK OPTION 子句强制所有数据修改语句均根据视图执行,以符合定义视图的 SELECT 语句中所设条件。如果使用该子句,则对行的修改不能导致行从视图中消失。任何可能导致行消失的修改都会被取消,并显示错误。

(4) RDBMS 执行 CREATE VIEW 语句时只是把视图定义存入数据字典,并不执行其中的 SELECT 语句。在对视图查询时,按视图的定义从基本表中将数据查询出来。

【例 11-9】 创建视图,显示发行量不小于 10 万张的歌手名、歌曲名、歌曲类型及发行量。

代码如下:

```
CREATE VIEW v_Circulation
AS
SELECT Singer.Name AS singer_name,Songs.Name AS song_name,
Track.Style,Track.Circulation FROM Singer INNER JOIN Track
ON Singer.SingerID = Track.SingerID INNER JOIN Songs
ON Track.SongID = Songs.SongID
WHERE (Track.Circulation >= 10)
```

【例 11-10】 建立中文歌曲的视图,并要求进行修改和插入操作时仍需保证该视图只有中文歌曲。

代码如下:

```
CREATE VIEW v_lang
as
select SongID,Name,Lang from dbo.Songs where Lang = '中文'
WITH CHECK OPTION
```

当对视图 v_lang 进入插入、修改和删除操作时,都必须符合"Lang='中文'"的条件;否则,将出错。如果对该视图做插入操作,代码如下:

```
insert into v_lang(SongID,Name,Lang)
values('S0104','Rolling in the Deep','英文')
```

因为不符合"Lang＝'中文'"的条件，执行时报错，如图 11-49 所示。

```
消息
消息 550，级别 16，状态 1，第 1 行
试图进行的插入或更新已失败，原因是目标视图或者目标视图所跨越的某一视图
指定了 WITH CHECK OPTION，而该操作的一个或多个结果行又不符合
CHECK OPTION 约束。
语句已终止。
```

图 11-49　WITH CHECK OPTION 示例图

若一个视图是从单个基本表导出的，并且只是去掉了基本表的某些行或某些列，但保留了主键，称为行列子集视图。例 11-10 中的视图 v_lang 就是一个行列子集视图。

【例 11-11】　建立一个视图，统计各个国家的歌手人数。

```
CREATE VIEW v_singer_num
AS
select nation,count(singerid) as singer_num
from singer group by nation
```

上例中使用带有聚集函数和 GROUP BY 子句的子查询来定义视图。这种视图称为分组视图。

【例 11-12】　将中国歌手的名字、出生日期、年龄定义成一个视图。

```
CREATE VIEW v_age
AS
select name,birth,YEAR(getdate()) – YEAR(birth) as age
from Singer where Nation = '中国'
```

上例中的年龄是由计算派生出的，称为带表达式的视图。

11.3.3　管理视图

1．查看视图

在 SSMS 中，右击相应的视图名，在弹出的快捷菜单中选择"属性"选项，可以查看视图的属性，包括创建日期、视图名称等。

使用系统存储过程 sp_help，可以查看视图中列的名称、数据类型等详细信息。图 11-50 显示了视图 v_s_track 的详细信息。

使用 sp_helptext 可以查看视图定义语句。图 11-51 显示了使用 sp_helptext 查看视图 v_s_track 定义语句的结果。

2．修改视图

修改视图可更改一个视图的定义，但不影响相关的存储过程或触发器，也不更改权限。只需要使用新的 select 语句和选项代替原来的定义。

在 SSMS 中，在视图名上右击，在弹出的快捷菜单中选择"设计"选项，即可打开"视图

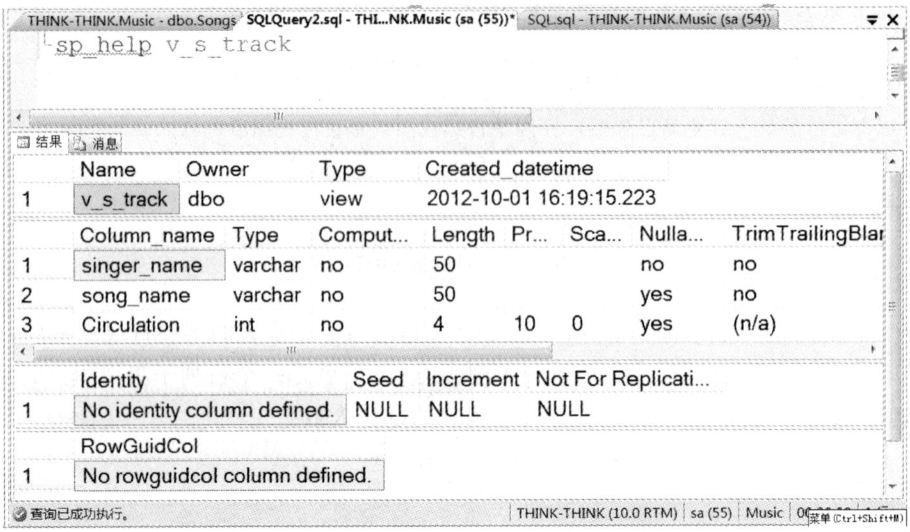

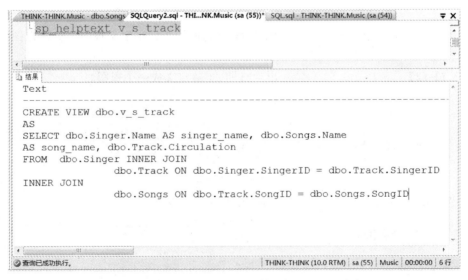

图 11-50　用 sp_help 查看视图 v_s_track

图 11-51　使用 sp_helptext 查看视图 v_s_track 定义

设计器",在此对视图进行修改。

还可用 ALTER VIEW 语句进行修改视图,语法如下:

```
ALTER VIEW view_name [(column_name)]
    [WITH ENCRYPTION]                              /＊对视图加密＊/
AS select_statement [WITH CHECK OPTION]
```

各项参数与 CREATE VIEW 语句中的相同,不再赘述。

3. 删除视图

在 SSMS 中,在视图名上右击,在弹出的快捷菜单中选择"删除"选项,在"删除对象"对话框中单击"确定"即可删除。

删除视图对应的 T-SQL 语句为 DROP VIEW 语句。语法为：

```
DROP   VIEW view_name
```

删除视图是从数据字典中删除相应的视图定义。由该视图导出的其他视图定义仍在数据字典中，但已不能使用，必须使用 DROP VIEW 语句显式删除。同样，删除基表时，由该基表导出的所有视图定义也必须显式地使用 DROP VIEW 语句删除。

11.3.4 视图的使用

1. 查询视图

当视图被定义以后，用户就可以像对基本表进行查询一样对视图进行查询了。RDBMS通过视图消解法（View Resolution）实现对视图的查询：首先进行有效性检查，检查涉及的表、视图等是否在数据库中存在。如果存在，则从数据字典中取出查询所涉及的视图的定义，把定义中的子查询和用户对视图的查询结合起来，转换成对基本表的查询，然后执行这个经过修正后的查询。

【例 11-13】 利用 11.3.2 节中已创建的视图 v_s_track，在该视图中查询 Circulation 大于 5 万张的歌手名、歌曲名以及发行量。

v_s_track 的定义如下：

```
CREATE VIEW v_s_track
AS
SELECT dbo.Singer.Name AS singer_name,dbo.Songs.Name AS song_name,dbo.Track.Circulation
FROM dbo.Singer INNER JOIN
dbo.Track ON dbo.Singer.SingerID = dbo.Track.SingerID INNER JOIN
dbo.Songs ON dbo.Track.SongID = dbo.Songs.SongID
```

对 v_s_track 进行查询的语句：

```
Select * from v_s_track where Circulation > 5
```

DBMS 执行此查询时，将其转换成对三张基本表查询，修正后的查询语句为：

```
SELECT dbo.Singer.Name AS singer_name,dbo.Songs.Name AS song_name,dbo.Track.Circulation
FROM dbo.Singer INNER JOIN
dbo.Track ON dbo.Singer.SingerID = dbo.Track.SingerID INNER JOIN
dbo.Songs ON dbo.Track.SongID = dbo.Songs.SongID
where Circulation > 5
```

可以看出，当需要对基本表做复杂的查询时，可以先对基本表建立一个视图，然后只需对此视图进行查询，这样就不必再输入复杂的查询语句，从而简化了查询操作。

有时，将通过视图及查询语句转换为对基本表的查询语句是很直接的。但是在有些情况下，这种转换不能直接进行。

【例 11-14】　利用 11.2.2 节中例 11-11 所创建的视图 v_singer_num，查询人数在两名歌手以上的国家及人数。

查询语句如下所示：

```
Select * from v_singer_num where singer_num > 2
```

如果直接转换成对基本表的查询，将产生以下的查询语句：

```
select nation,count(singerid) as singer_num from singer
group by nation where count(singerid) > 2
```

这种转换显然是错误的，因为 WHERE 子句不能包含聚合函数。

正确地语句应为：

```
select nation,count(singerid) as singer_num from singer
group by nation having count(singerid) > 2
```

目前，对于这种分组视图的查询，大对数关系型数据库管理系统均能进行正确地转换。可用的方法是：DBMS 先执行定义视图 v_singer_num 的 SELECT 语句，得到了一个结果，把它作为一个临时表，假设命名为 tmp_v_singer_num，然后将上面的查询语句改写为：

```
Select * from tmp_v_singer_num where singer_num > 2
```

同样可以得到正确的结果。因此，对于用户来讲，可以把视图当做表进行查询，而不必关心 DBMS 如何处理。

2．更新视图

就像更新一个表中的数据一样，视图也可以被更新。视图的更新包括插入（INSERT）、删除（DELETE）和修改（UPDATE）操作。对视图进行更新操作时，要注意不能违反基本表对数据的各种约束和规则要求。

由于视图是"虚表"，所以对视图的更新最终转化为对基表的更新。正因为这样，在关系数据库中，并不是所有的视图都是可更新的，因为有些视图的更新并不能有意义地转换成相应表的查询。要通过视图更新表数据，必须保证视图是可更新视图。一般来说，行列子集视图可以更新。

不同的数据库系统对于在视图上执行更新操作指定了不同条件。SQL Server 对于更新视图的限制如下：

（1）任何修改（包括 UPDATE、INSERT 和 DELETE 语句）都只能引用一个基表的列。

（2）在视图中修改的列必须直接引用表列中的基础数据，不能通过其他方式派生。例如通过：

① 聚合函数(AVG、COUNT、SUM、MIN、MAX 等)。

② 通过表达式并使用列计算其他列。

③ 使用集合运算符(UNION、UNION ALL、CROSSJOIN、EXCEPT 和 INTERSECT)形成的列。

(3) 被修改的列不受 GROUP BY、HAVING 或 DISTINCT 子句的影响。

因此,在 11.3.2 节中创建的视图,只有例 11-10 中的视图因为是行列子集视图可以更新。例 11-11 的视图是分组视图,例 11-12 的视图是带表达式的视图,均不能更新,因为这些更新操作无法转换成对基本表的更新。

【例 11-15】 向例 11-10 建的视图 v_lang 中插入一条记录。

```
insert into v_lang(SongID,Name,Lang)
values('S0104','因为爱情','中文')
```

转换成对基本表的插入语句为:

```
insert into Songs(SongID,Name,Lang)
values('S0104','因为爱情','中文')
```

【例 11-16】 在 11.3.2 节所建的视图 v_s_track 中执行如下插入操作:

```
insert into v_s_track values('王菲','红豆',10)
```

系统会报错,如图 11-52 所示。因为该操作涉及三张基表的插入操作,而对于 Singers 表、Songs 表来说,只给出了 name 属性的值,而主键值没有给出,自然无法成功插入数据。

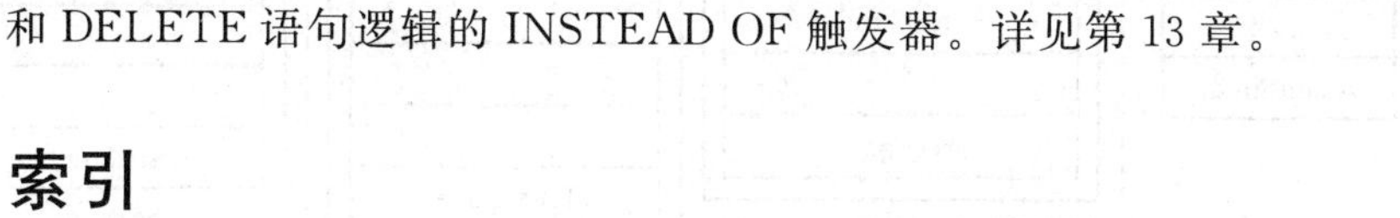

消息
```
消息 4405,级别 16,状态 1,第 1 行
视图或函数 'v_s_track' 不可更新,因为修改会影响多个基表。
```

图 11-52 视图更新操作示例

如果对视图更新的限制妨碍直接通过视图修改数据,可以使用具有支持 INSERT、UPDATE 和 DELETE 语句逻辑的 INSTEAD OF 触发器。详见第 13 章。

11.4 索引

11.4.1 索引的概念

1. 认识索引

索引是数据库设计和系统维护的一个关键部分,可以通过索引快速地查找数据和定位数据物理位置,从而大大减少查询执行时间。

索引是与表或视图关联的磁盘上的结构,可以加快从表或视图中检索行的速度。索引包含由表或视图中的一列或多列生成的键,以及映射到指定数据的存储位置的指针。这些键存储在一个结构(B树,即平衡树)中,使 SQL Server 可以快速有效地查找与键值有关的行。

简要地说,索引是一种按 B 树存储的数据库对象,其建立了记录的键值逻辑顺序与记录的物理存储位置的映射。

2. 索引的作用

从广义上说,SQL Server 检索所需数据库的方法有两种:全表扫描和使用索引。

(1) 全表扫描:这是一种比较直接的处理。扫描表时,查询优化器读取表中的所有行,并提取满足查询条件的行。如果不使用索引,就要将数据文件分块,逐个读到内存中进行查找的比较操作,因此扫描表会有许多磁盘 I/O 操作,并占用大量资源。但是,如果查询的结果集是占表中较高百分比的行(如总归 100 条记录,需要返回 80 条记录),则扫描表会是最为有效的方法。

(2) 索引扫描:查询优化器使用索引时,搜索索引键列,查找到查询所需行的存储位置,然后从该位置提取匹配行。通常,搜索索引比搜索表要快很多,因为索引与表不同,一般每行包含的列比全表要少得多,且行遵循排序顺序。因此,可以极大地提高查询的速度。

通俗地说,数据库中的索引与书籍中的目录类似。在一本书中,利用目录可以通过页码快速地找到所需章节,而不用逐页翻阅整本书;同样,索引中也记录了表中的关键值,提供了指向表中行的指针。因此,与书的目录一样,索引使得数据库应用程序能够不用扫描全表而找到想要的数据。

索引的示例图如图 11-53 所示,假设 Employee 表的记录数多达 50 000 多条,那么在这么多地记录中去执行查找一个员工的 SELECT 语句"SELECT * from Employee WHERE ID=19 876",如果没有在 ID 列上建立索引,那么 SQL Server 将执行全表扫描,这将花费较长时间。如果在 ID 列上建立了索引,可直接在索引页中找到 KEY=19 876 的行所在的存储位置,然后提取该行,这样的方法可以大大的提高查询效率。

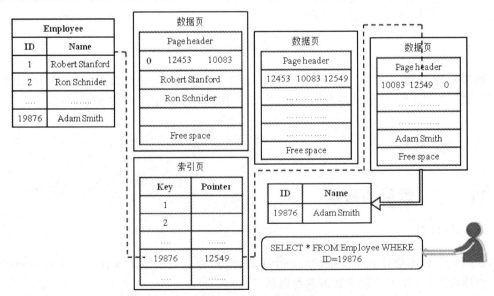

图 11-53   索引示意图

表的索引就是表中数据的目录。索引是建立在表上的，不能单独存在，如果删除表，则表上的索引将随之消失。通常，一个基本表上可以建立一个或多个索引，以提供多种存取路径供系统在存取操作时选用，提高查询效率。

在数据库中创建索引主要有以下作用：

(1) 确保快速访问数据。

(2) 加快连接表的查询。

(3) 在使用 GROUP BY 和 ORDER BY 子句进行查询时，利用索引可以减少排序和分组的时间。

(4) 通过建立唯一索引，可以增强行的唯一性，从而保证数据完整性。

说明：

- 索引，一方面能够提高查询的速度；另一方面，索引页本身占用用户数据库的空间，会导致增加存储空间的开销；对数据进行插入、更新和删除时，维护索引也要耗费时间资源。因此，索引是否建立以及如何建立都需要考虑以上因素。一般不用对小数据量的表创建索引，因为查询优化器在遍历索引时，花费的时间可能比执行简单的表扫描还长。

- 查询优化器在执行查询时，通常会选择最有效的方法。如果没有索引，则查询优化器必须扫描表。用户的任务是设计并创建最适合自己环境的索引，以便查询优化器可以从多个有效的索引中选择。SQL Server 提供的数据库引擎优化顾问可以帮助分析数据库环境并选择适当的索引。

11.4.2　索引的类型

按照索引与记录的存储模式，可分为聚集索引和非聚集索引。

1．聚集索引

1) 概念

聚集索引也称为聚簇索引(Clustered Index)，是指索引存储的值的顺序与表中数据表的物理存储顺序是完全一致的。

建立聚集索引时，系统将根据表中的一列或多列的值对表的物理数据页中的数据进行排序，然后再重新存储到磁盘上。所以当聚集索引建立完毕后，建立聚集索引列中的数据已经全部按序排列。

因为一个表的记录只能以一种物理顺序存放，所以每一个表只能有一个聚簇索引，但该索引可以包含多个列。

如图 11-54 所示，在聚集索引中，叶节点包含基础表的数据页。根节点和中间级节点包含存有索引行的索引页。图 11-55 给出了一个聚集索引示例图。

2) 聚集索引的设计原则：

(1) 考虑对具有以下特点的查询使用聚集索引：

① 可用于经常使用的查询。

② 提供高度唯一性的查询。

③ 范围查询(如使用运算符 BETWEEN、>、>=、<和<=返回一系列值)：因为在聚

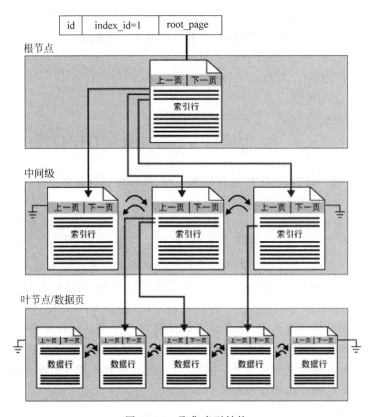

图 11-54　聚集索引结构

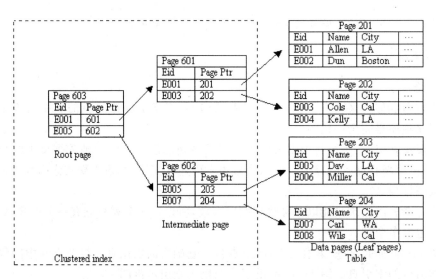

图 11-55　聚集索引示例图

簇索引下，数据在物理上按顺序排在数据页上，重复值也排在一起。在进行范围查询时，使用聚集索引找到包含第一个值的行后，便可以确保包含后续索引值的行物理相邻而不必进一步搜索，避免了大范围扫描，可以大大提高查询速度。

④ 返回大型结果集。

⑤ 使用 JOIN 子句：一般情况下，使用该子句的是外键列。

⑥ 使用 ORDER BY 或 GROUP BY 子句：在 ORDER BY 或 GROUP BY 子句中指定的列上建索引，可以使数据库引擎不必对数据进行排序，因为这些行已经排序。这样可以提高查询性能。

（2）具有下列属性的列可考虑建立聚集索引：

① 唯一或包含许多不重复的值。

② 按顺序被访问的列。

③ 标识列。

④ 查询结果中经常需要查询的列。

（3）不适合在频繁更改的列上建聚集索引：因为数据库引擎为保持聚集将进行大量的整行数据移动。

说明：只有当表包含聚集索引时，表中的数据行才按排序顺序存储；如果表没有聚集索引，则其数据行存储在一个成为堆（Heap）的无序结构中。

2. 非聚集索引

1）概念

表的物理顺序与索引顺序不同，即表的数据并不是按照索引列排序的。索引是有序的，而表中的数据是无序的。

如图 11-56 所示，非聚集索引（Non-Clustered Index）与聚集索引具有相同的 B 树结构，它们之间的显著差别在于以下两点：

（1）基础表的数据行不按非聚集键的顺序排序和存储。

（2）非聚集索引的叶节点仍然是索引节点，只不过有一个指针指向对应的数据块。

非聚集索引中的每个索引行都包含非聚集键值和行定位器。非聚集索引行中的行定位器为以下两种情况：

（1）如果表是堆（意味着该表没有聚集索引），则行定位器（Row Locator）是指向行的指针。该指针由文件标识符（File ID）、页码（Page Mumber）和页上的行数（number of the row on the page）生成。整个指针称为行 ID（RID）。

（2）如果表有聚集索引或索引视图上有聚集索引，则行定位器是行的聚集索引键。如果聚集索引不是唯一的索引，SQL Server 将添加在内部生成的值（称为唯一值）以使所有重复键唯一，这个值对于用户不可见。仅当需要使聚集键唯一以用于非聚集索引中时，才添加该值。SQL Server 通过使用存储在非聚集索引行定位器中的聚集索引键搜索聚集索引来检索数据行。

尽管非聚集索引查询的速度慢一些，但是维护的代价小。一个表可以同时存在聚集索引和非聚集索引，而且一个表可以有多个非聚集索引，最多可以建立 249 个非聚集索引以满足多种查询的需要。

图 11-57 给出了一个使用非聚集索引的示例。

2）设计原则

通常，设计非聚集索引是为改善经常用到但没有建立聚集索引查询的性能。查询优化

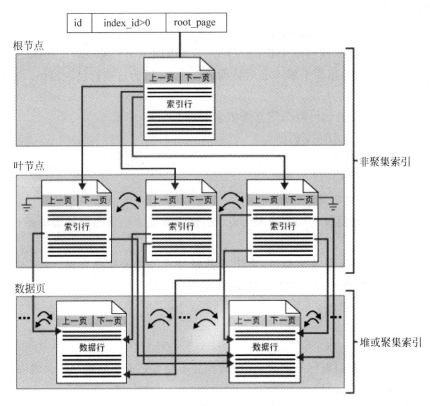

图 11-56 非聚集索引结构

器搜索数据时,先搜索索引以找到数据在表中的位置,然后直接从该位置检索数据。这使非聚集索引成为完全匹配查询的最佳选择,因为索引中包含数据在表中的位置。

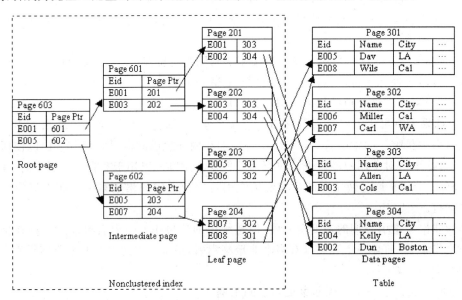

图 11-57 非聚集索引示例

考虑对具有以下属性的查询使用非聚集索引：

(1) 使用 JOIN 或 GROUP BY 子句：应为连接和分组操作中所涉及的非外键列创建多个非聚集索引，为任何外键列创建一个聚集索引。

(2) 不返回大型结果集的查询。

(3) 包含经常包含在查询的搜索条件(如返回完全匹配的 WHERE 子句)中的列。

说明：在进行查询(SELECT)记录的场合，聚集索引比非聚集索引有更快的数据访问速度。在添加(INSERT)或更新(UPDATE)记录的场合，由于使用聚集索引需要先对记录排序，然后再存储到表中，所以使用聚集索引要比非聚集索引速度慢。

按照索引的用途，分为唯一索引、索引视图、全文索引和 XML 索引。

1. 唯一索引

唯一索引不允许两行具有相同的索引值，包括 NULL 值。例如，如果在表中的"姓名"字段上建立了唯一索引，则以后输入的姓名将不能同名。聚集索引和非聚集索引都可以是唯一索引。对于已含重复值的属性列不能建 UNIQUE 索引，对某个列建立 UNIQUE 索引后，插入新记录时 DBMS 会自动检查新记录在该列上是否取了重复值，这相当于增加了一个 UNIQUE 约束。

说明：

- 创建 PRIMARY KEY 或 UNIQUE 约束时，将在列上自动创建唯一索引；
- 默认情况下，主键约束是聚集索引，但是在创建约束时，可以指定创建非聚集索引。

2. 索引视图

索引视图是建有唯一聚集索引的视图。具体见 11.3.1 节索引视图的描述。

3. 全文索引

全文索引是一种特殊类型基于标记的功能性索引，由 SQL Server 全文引擎生成和维护，用于帮助在字符串数据中搜索复杂的词。

4. XML 索引

XML 索引是 SQL Server 2008 的新增功能。XML 是相对非结构化的数据，利用标记来标识数据。XML 索引只能在 XML 类型的列上创建，而且 XML 索引是可以在该类型的列上创建的唯一一种索引。

11.4.3 索引的创建

SQL Server 中可用三种方法来创建索引：

(1) 使用 CREATE TABLE 或 ALTER TABLE 语句对表定义主键约束或唯一约束时，将自动创建主键索引和唯一索引。具体见 11.2.4 节中的描述。

(2) 使用 SSMS 图形化界面创建索引。

(3) 使用 CREATE INDEX 语句创建索引。

1. 使用 SSMS 创建索引

步骤如下：

（1）在"对象资源管理器"中，依次展开拟新建索引的数据库和表节点，右击"索引"，选择"新建索引"，弹出"新建索引"对话框，如图 11-58 所示。

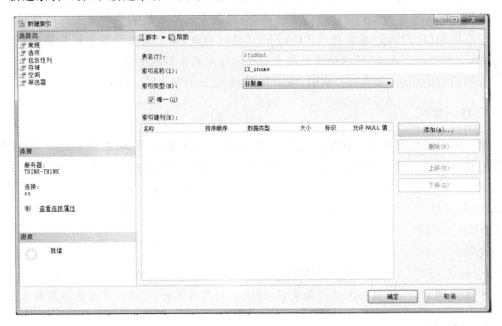

图 11-58 "新建索引"对话框

（2）在"新建索引"对话框的"常规"选项卡中，可以配置索引的名称、类型、是否是唯一索引等。本例选"非聚集"、"唯一"。

（3）单击"添加"按钮，打开"选择列"对话框（如图 11-59 所示），从中可以选择索引键列（本例选择 sname 列）。单击"确定"按钮，回到"新建索引"对话框，单击"确定"按钮即可建立一个索引。

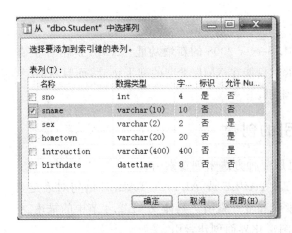

图 11-59 "选择列"

2. 使用 CREATE INDEX 创建索引

在 SQL Server 中,可以使用 T-SQL 中的 CREATE INDEX 在表上创建索引。语法如下:

```
CREATE
[UNIQUE] [CLUSTERED→NONCLUSTERED]              /*指定索引类型*/
INDEX index_name                                /*指定索引名称*/
ON table_or_view_name (column[ASC→DESC][,…n]) /*默认索引值排列次序是 ASC*/
```

【例 11-17】 以上图形化工具创建的索引,也可以通过以下语句创建:

```
CREATE UNIQUE NONCLUSTERED INDEX IX_sname On Student(sname)
```

【例 11-18】 为"学生-课程"数据库中的 student、course、sc 三个表建立索引。其中,student 表按学号升序建唯一聚集索引;course 表按课程号升序建唯一索引;sc 表按学号升序和课程号降序建唯一索引。

```
create unique clustered index stusno on student(sno)
create unique index coucno on course(cno)
create unique index scno on sc(sno ASC,cno DESC)
```

11.4.4 删除索引

索引一经建立,就由系统使用和维护,无需用户干预。建立索引是为了减少查询操作的时间,但如果数据增删改频繁,系统会花费许多时间来维护索引。这时,可以删除一些不必要的索引。删除索引时,系统会同时从数据字典中删去有关该索引的描述。

删除索引的语法如下:

```
DROP INDEX table_or_view_name.index_name
```

或

```
DROP INDEX index_name ON table_or_view_name
```

【例 11-19】 删除 student 表的 IX_sname 索引。

```
drop index student.IX_sname
```

或

```
drop index IX_sname on student
```

注意:

- 当执行 DROP INDEX 语句时,SQL Server 释放被该索引所占的磁盘空间;
- 主键或唯一约束创建的索引不能使用 DROP INDEX 语句删除,要删除这些索引,需要删除约束;
- 当删除表时,该表全部索引也将被删除;
- 不能在系统表上使用 DROP INDEX 语句。

11.4.5　查看索引信息

使用系统存储过程 sp_helpindex 可以查看表上的索引信息。例如,查看 student 表上的索引信息,可以使用

```
sp_helpindex student
```

执行以上语句后,返回的结果如图 11-60 所示,显示了索引的名称、描述和建立索引的列。

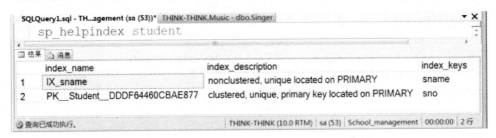

图 11-60　查看索引信息

11.4.6　索引填充因子

1. 填充因子的概念

索引和表都是实际会存储数据的数据对象。SQL Server 为索引分配标准 8KB 的数据页面。

提供填充因子选项是为了优化索引数据存储和性能。当创建或重新生成索引时,填充因子值可确定每个叶级页上要填充数据的空间百分比,以便保留一定百分比的可用空间供以后扩展索引。填充因子的值是 1~100。值为 100 时表示页将填满,所留出的存储空间量最小。只有当不会对数据进行更改时(如在只读表中)才会使用此设置。

如图 11-61 所示,索引填充因子设置为 60%,那么有 60%×8KB=4.8KB 的空间供插入索引数据,其余的约 40%:40%×8KB=3.2KB 的空间,保留供索引的数据更新时用。

2. 设置索引填充因子的原因

当表中产生索引的数据发生更新时,SQL Server 会自动维护和更新索引页面。如果没有索引填充因子,索引页在存储数据时会尽可能地存满。这样如果向已满的索引页添加新行,数据库引擎将把大约一半的行移到新页中,以便为该新行腾出空间。这种重组称为页拆分。

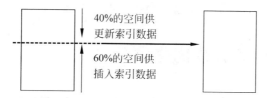

图 11-61　索引填充因子为 60% 的示例

　　页拆分可为新记录腾出空间,但是执行页拆分可能需要花费一定的时间,此操作会消耗大量资源。此外,它还可能造成碎片,从而导致 I/O 操作增加。如果经常发生页拆分,可通过使用新的或现有的填充因子值来重新生成索引,从而重新分发数据。

　　因此,正确选择填充因子值可提供足够的空间以便随着向基础表中添加数据而扩展索引,从而降低页拆分的可能性。

3. 设计填充因子主要考虑的因素

　　(1)给定时间段内一个索引页和数据页中的新数据量。

　　数据量大的,相对来说填充因子要大一些,数据量小一些的填充因子可以小一些。

　　(2)数据库的读操作和写操作占据的比例。

　　大多数数据库的读操作大大超过写操作,使用填充因子将减慢所有的读操作。在繁忙的 OLTP 中,最佳的方法是尽可能指定一个高的填充因子。

4. 设置填充因子的方法

　　在拟设置的索引上右击,打开"索引属性"对话框,切换到"选项"选项卡,如图 11-62 所示。

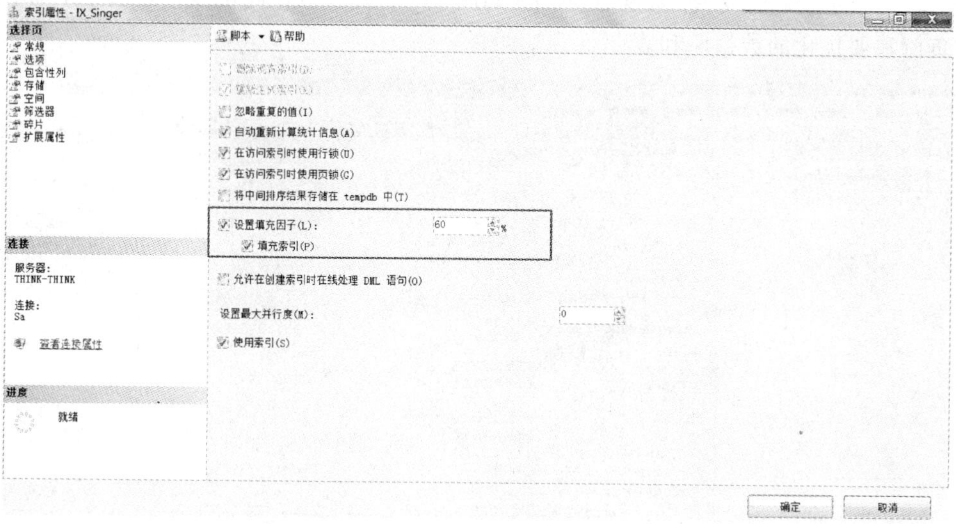

图 11-62　设置索引填充因子

"设置填充因子"复选框：可以输入索引填充因子。

"填充索引"复选框：选择后表示将按照指定的填充因子进行填充。

11.5　使用数据库引擎优化顾问

数据库系统的性能依赖于组成这些系统的数据库中物理设计结构的有效配置,这些物理设计结构包括索引、聚集索引、索引视图和分区,其目的在于提高数据库的性能和可管理性。

借助 SQL Server 数据库引擎优化顾问,用户不必精通数据库结构或深谙 SQL Server,即可选择和创建索引、索引视图和分区的最佳集合。数据库引擎优化顾问分析一个或多个数据库的工作负荷和物理实现。工作负荷是指对要优化的一个或多个数据库执行的一组 Transact-SQL 语句。可以在 SQL Server Management Studio 中使用查询编辑器创建 Transact-SQL 脚本工作负荷。可以通过使用 SQL Server Profiler 中的优化模板来创建跟踪文件和跟踪表工作负荷。在优化数据库时,数据库引擎优化顾问将使用跟踪文件、跟踪表或 Transact-SQL 脚本作为工作负荷输入。

数据库引擎优化顾问在分析数据库的工作负荷效果后,会提供在 SQL Server 数据库中添加、删除或修改物理设计结构的建议。这些物理性能结构包括聚集索引、非聚集索引、索引视图和分区。实现这些结构之后,数据库引擎优化顾问使查询处理器能够用最短的时间执行工作负荷任务。

说明：数据库引擎优化顾问将优化会话数据和其他信息存储在 msdb 数据库中,因此需对 msdb 数据库实施适当的备份策略,以防优化会话数据丢失。

通常情况下,为了操作方便,常常选择通过图形界面来使用数据库优化引擎顾问。操作步骤如下：

(1) 在 SSMS 中,选择"工具"→"数据库优化引擎顾问"命令,打开"数据库引擎优化顾问"窗口。在该窗口中,选择"常规"选项卡(如图 11-63 所示),在此可以指定会话名称、选择工作负荷和要优化的数据库和表。

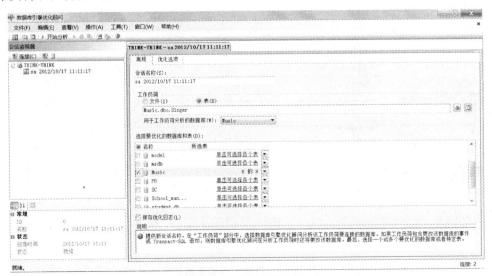

图 11-63　"常规"选择卡

（2）在"优化选项"中，可以配置优化信息，如设置优化时间，定义物理设计结构、选择使用的优化分区等，如图 11-64 所示。

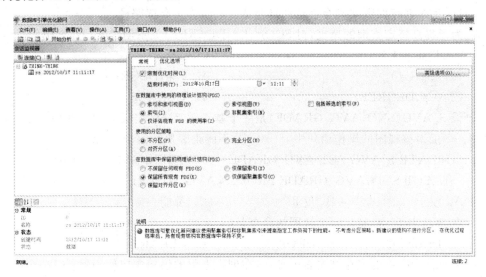

图 11-64 "优化"选项卡

（3）设置完成后，单击工具栏上"开始分析"按钮。在数据库引擎顾问分析工作负荷时，可以监视"进度"选项卡上的状态（如图 11-65 所示）。优化完成后，给出的优化建议在"建议"选项卡中显示。

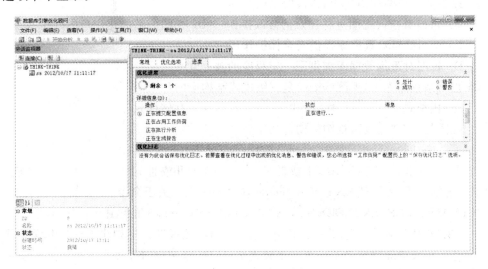

图 11-65 "进度"选项卡

习题 11

1. 下列关于 SQL 语言中索引的叙述中，哪一条是不正确的？（　　）

　　A. 索引是外模式

B. 一个基本表上可以创建多个索引

C. 索引可以加快查询的执行速度

D. 系统在存取数据时会自动选择合适的索引作为存取路径

2. 为了提高特定查询的速度,对 SC(S#,C#,DEGREE)关系创建唯一性索引,应该创建在哪一个(组)属性上?(　　　)

　　A. (S#,C#)　　　　　　　　　　　　B. (S#,DEGREE)

　　C. (C#,DEGREE)　　　　　　　　　　D. DEGREE

3. 设 S_AVG(SNO,AVG_GRADE)是一个基于关系 SC 定义的学号和他的平均成绩的视图。下面对该视图的操作语句中,(　　　)是不能正确执行的。

　Ⅰ. UPDATE S_AVG SET AVG_GRADE=90 WHERE SNO='2004010601'

　Ⅱ. SELECT SNO,AVG_GRADE FROM S_AVG WHERE SNO='2004010601'

　　A. 仅Ⅰ　　　　　　B. 仅Ⅱ　　　　　　C. 都能　　　　　　D. 都不能

4. 在 SQL 语言中,删除一个视图的命令是(　　　)。

　　A. DELETE　　　　B. DROP　　　　　C. CLEAR　　　　D. REMOVE

5. 为了使索引键的值在基本表中唯一,在创建索引的语句中应使用保留字(　　　)。

　　A. UNIQUE　　　　B. COUNT　　　　C. DISTINCT　　　D. UNION

6. 创建索引是为了(　　　)。

　　A. 提高存取速度　　　　　　　　　　B. 减少 I/O

　　C. 节约空间　　　　　　　　　　　　D. 减少缓冲区个数

7. 以下关于视图的描述中,错误的是(　　　)。

　　A. 可以对任何视图进行任意的修改操作　　B. 视图能够简化用户的操作

　　C. 视图能够对数据库提供安全保护作用

　　D. 视图对重构数据库提供了一定程度的独立性

8. 在关系数据库中,视图(view)是三级模式结构中的(　　　)。

　　A. 内模式　　　　　B. 模式　　　　　C. 存储模式　　　D. 外模式

9. 视图是一个"虚表",视图的构造基于(　　　)。

　Ⅰ. 基本表　　　Ⅱ.视图　　　Ⅲ.索引

　　A. Ⅰ或Ⅱ　　　　　B. Ⅰ或Ⅲ　　　　C. Ⅱ或Ⅲ　　　　D. Ⅰ、Ⅱ或Ⅲ

10. 已知关系:STUDENT(Sno,Sname,Grade),以下关于命令
"CREATE CLUSTER INDEX S index ON STUDENT(grade)"的描述中,正确的是(　　　)。

　　A. 按成绩降序创建了一个聚簇索引　　　B. 按成绩升序创建了一个聚簇索引

　　C. 按成绩降序创建了一个非聚簇索引　　D. 按成绩升序创建了一个非聚簇索引

11. 在关系数据库中,为了简化用户的查询操作,而又不增加数据的存储空间,则应该创建的数据库对象是(　　　)。

　　A. table(表)　　　B. index(索引)　　C. cursor(游标)　　D. view(视图)

12. 下面关于关系数据库视图的描述正确的是(　　　)。

　　A. 视图是关系数据库三级模式中的内模式

　　B. 视图能够对机密数据提供安全保护

　　C. 视图对重构数据库提供了一定程度的逻辑独立性

D. 对视图的一切操作最终要转换为对基本表的操作

13. 下列关于 SQL 语言中索引(Index)的叙述中,哪一条是不正确的?( )

    A. 索引是外模式

    B. 在一个基本表上可以创建多个索引

    C. 索引可以加快查询的执行速度

    D. 系统在存取数据时会自动选择合适的索引作为存取路径

14. 为存储学院中学生的材料,创建 Student 表如下:

```
CREATE TABLE Student
(cStudentCode char(3) not null,cStudentName char(40) not null,
cStudentAddress char(50) not null,cStudentState char(30) not null,
cStudentCity char(30) not null,cStudentPhone char(40) not null,
cStudentEmail char(40) null)
```

每天对 Student 表要执行许多基于学生代码的查询。没有两个学生可以有相同的学生代码。在每学期结束时要在 Student 表中输入新学生的材料。为改进查询的性能,应创建什么类型的索引?( )

    A. cStudentCode 属性上的聚集索引

    B. cStudentCode 属性上的非聚集索引

    C. cStudentCode 属性上的唯一性聚集索引

    D. cStudentCode 属性上的唯一性非聚集索引

15. 在联机旅馆预订系统中,为存储旅馆中可用的不同房间和它们的费用,创建以下 Room 表。

```
CREATE TABLE Room
(cRoomCode char(4) not null,cRoomDescription char(50) not null,
mRoomCharge money not null,iTimesRented int not null)
```

Room 表很少更改。此表主要用于基于 cRoomCode 属性的查询。此外,两个房间不能有同样的房间代码。你要改进此查询的性能。为改进此查询的性能,要在 cRoomCode 属性上创建什么类型的索引?

    A. Room 表的 cRoomCode 属性的簇索引

    B. Room 表的 cRoomCode 属性的非簇索引

    C. Room 表的 cRoomCode 属性的唯一性簇索引

    D. Room 表的 cRoomCode 属性的唯一性非簇索引

16. 为验证表索引的成功创建,使用以下哪个存储过程?( )

    A. sp_help   B. sp_helpdb   C. sp_helpindex   D. sp_helptext

17. 视图是从_____中导出的表,数据库中实际存放的是视图的_____,而不是_____。

18. 当对视图进行 UPDATE、INSERT 和 DELETE 操作时,为了保证被操作的行满足视图定义中子查询语句的谓词条件,应在视图定义语句中使用可选择项_____。

19. SQL 语言支持数据库三级模式结构。在 SQL 中,外模式对应于_____和部分基本表,模式对应于基本表全体,内模式对应于存储文件。

20. 主键约束、唯一性约束有何作用?

21. 如何实现用户定义完整性、参照完整性?

22. 简述视图的主要用途和优点。

23. 简述视图和基本表的区别和联系。

24. 什么是聚簇索引和非聚簇索引?

25. 聚簇索引和非聚簇索引分别在什么情况下使用?

第12章

存储过程和函数

在 SQL Server 中,使用存储过程,可以将 T-SQL 语句和控制流语句预编译并保存到服务器端,使管理数据库、显示关于数据库及其用户信息的工作更为容易。

SQL Server 不仅提供了系统函数,而且允许用户创建自定义函数。用户定义函数是接受参数、执行操作(例如复杂计算)并将操作结果以值的形式返回的子程序。返回值可以是单个标量值或结果集。

本章的学习要点:

- 存储过程的作用及类型;
- 存储过程的创建及应用;
- 存储过程的管理;
- 函数的作用及类型;
- 函数的创建及应用。

12.1 存储过程

作为一种重要的数据库对象,存储过程在大型数据库系统中起着重要的作用。SQL Server 不仅提供了用户自定义存储过程的功能,而且提供了许多可作为工具使用的系统存储过程。

12.1.1 存储过程概述

1. 存储过程的概念

T-SQL 语句是应用程序与 SQL Server 数据库之间的主要编程接口,大量的时间将花费在 T-SQL 语句和应用程序代码上。在很多情况下,许多代码被重复使用多次,每次都输入相同的代码不但烦琐,而且将降低系统运行效率,因为客户机上的大量命令语句逐条向 SQL Server 发送。因此,SQL Server 提供了一种方法,将一些固定的操作集中起来由 SQL Server 数据库服务器来完成,应用程序只须调用它的名称,将可实现某个特定的任务,这种方法就是存储过程(Stored Procedure)。

存储过程是预先编译好的一组 T-SQL 语句,经编译后存放在服务器上,可供用户、其他过程或触发器调用,向调用者返回数据或实现表中数据的更改以及执行特定的数据库管理任务。

SQL Server 中的存储过程与其他编程语言中的过程类似,存储过程可以:

(1) 接受输入参数并以输出参数的格式向调用过程或批处理返回多个值。

(2) 包含用于在数据库中执行操作(包括调用其他过程)的编程语句。

(3) 向调用过程或批处理返回状态值,以指明成功或失败(以及失败的原因)。

说明:存储过程与函数不同,因为存储过程不能直接在表达式中使用。

2. 存储过程的优点

在 SQL Server 中使用存储过程而不使用存储在客户端计算机本地的 T-SQL 程序有以下几个方面的优点:

1) 执行速度快

创建存储过程时,系统对其进行语法检查、编译并优化,因此以后每次执行存储过程都不用再重新编译,可以立即执行,速度很快;而从客户端执行 SQL 语句,每执行一次就要编译一次,所以速度慢。

其次,存储过程在第一次被执行后会在高速缓存中保留下来,以后每次调用并不需要再将存储过程从磁盘中装载,因此可以提高代码的执行效率。

另外,存储过程在服务器上执行,因此和待处理的数据处于同一个服务器上,使用存储过程查询本地数据效率高。在大多数体系结构中,服务器的性能较好,可以比客户机更快地处理 SQL 语句。

2) 封装复杂操作

当对数据库进行复杂操作时(如对多个表进行更新、删除时),可用存储过程将此复杂操作封装起来与数据库提供的事务处理结合一起使用。

3) 允许模块化程序设计

存储过程一旦创建,保存在数据库中,独立于应用程序。数据库专业人员只要更改存储过程而无须修改应用程序,就可使数据库系统快速适应数据处理业务规则的变化,从而极大地提高应用程序的可移植性。

另一方面,存储过程可在客户端重复调用,并可从存储过程内部调用其他的存储过程,这样简化一系列复杂的数据处理逻辑,使得应用程序趋于简单,从而改进应用程序的可维护性,并允许应用程序统一访问数据库。

4) 增强安全性

可设定特定用户具有对指定存储过程的执行权限,而不授予用户直接对存储过程中涉及表的权限,避免非授权用户对数据的访问,保证数据的安全。另外,参数化存储过程有助于保护应用程序不受 SQL 注入式攻击。

5) 减少网络流量

存储过程包含很多行 SQL 语句,但在客户机调用存储过程时,网络中只要传送调用存储过程的语句,而无须在网络中发送很多行代码;特别是大型、复杂的数据处理,存储过程无须将中间结果集送回客户机,只要发送最终结果。如果应用程序直接使用 SQL 语句的话,会需要多次在服务器和客户机之间传输数据。

3. 存储过程的分类

1）系统存储过程

系统存储过程是由 SQL Server 系统提供的存储过程,主要用来从系统表中获取信息,为系统管理员管理 SQL Server 提供帮助,为用户查看数据库对象提供方便。

一些系统存储过程只能由系统管理员使用,有些系统存储过程可以通过授权由其他用户使用。系统存储过程定义在系统数据库 master 中,其前缀是"sp_"。SQL Server 中许多管理工作是通过执行系统存储过程来完成的,许多系统信息也可以通过执行系统存储过程而获得。例如,执行 SP_HELPTEXT 系统存储过程可以显示规则、默认值、未加密的存储过程、用户函数、触发器或视图的文本信息。

2）用户存储过程

它又称本地存储过程,是用户根据自身需要,为完成某一特定功能,在用户数据库中创建的存储过程。在 SQL Server 中,存储过程有两种类型:Transact-SQL 或 CLR。

（1）Transact-SQL 存储过程。

Transact-SQL 存储过程是指保存的 Transact-SQL 语句集合,可以接受用户提供的参数。例如,存储过程中可能包含根据客户端应用程序提供的信息在一个或多个表中插入新行所需的语句;存储过程也可能从数据库向客户端应用程序返回数据。本章后续内容所述存储过程,如无特别说明均指 Transact-SQL 存储过程。

（2）CLR 存储过程。

CLR 存储过程是指对 Microsoft .NET Framework 公共语言运行时(CLR)方法的引用,可以接受和返回用户提供的参数。

用户创建存储过程时,存储过程名的前面加上"##",是表示创建全局临时存储过程。在存储过程名前面加上"#",是表示创建局部临时存储过程。局部临时存储过程只能在创建它的会话中可用,当前会话结束时除去。全局临时存储过程可以在所有会话中使用,即所有用户均可以访问该过程。它们都在 tempdb 数据库中创建。

3）扩展存储过程

扩展存储过程在 SQL Server 环境外编写、能被 SQL Server 示例动态加载和执行的动态链接库(Dynamic Link Libraries,DLL)。扩展存储过程通过前缀"xp_"来标识,可使用 SQL Server 扩展存储过程 API 完成编程,它们以与存储过程相似的方式来执行。

12.1.2 创建存储过程

创建存储过程实际是对存储过程进行定义的过程,主要包括存储过程名称、参数说明和存储过程的主体(包含执行过程操作的 T-SQL 语句)。

在 SQL Server 中创建存储过程有两种方法:一种是直接使用 T-SQL 语句 CREATE PROCEDURE 来创建存储过程;另一种是借助 SSMS 提供的创建存储过程命令模版,其可通过右击"可编程性"→"存储过程"节点来打开,如图 12-1 所示。这两种方法均须立足于 CREATE PROCEDURE 语句创建存储过程。

说明:必须具有 CREATE PROCEDURE 权限才能创建存储过程,只能在本地数据库中创建存储过程(临时存储过程除外)。

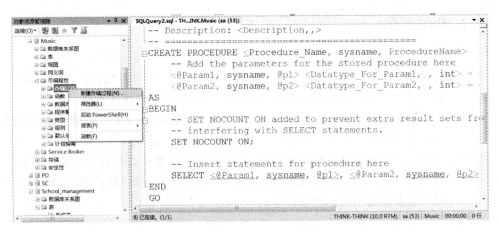

图 12-1　创建存储过程命令模板

存储过程的设计规则如下：

(1) CREATE PROCEDURE 定义自身可以包括任意数量和类型的 SQL 语句,但不能在存储过程的任何位置使用 CREATE RULE、CREATE DEFAULT、CREATE/ALTER FUNCTION、CREATE/ALTER　TRIGGER、CREATE/ALTER　PROCEDURE、CREATE/ALTER VIEW、USE database_name 等语句。

(2) 可以引用在同一存储过程中创建的对象,只要引用时已经创建了该对象即可。

(3) 可以在存储过程内引用临时表。

(4) 如果在存储过程内创建本地临时表,则临时表仅为该存储过程而存在；退出该存储过程后,临时表将消失。

(5) 如果执行的存储过程将调用另一个存储过程,则被调用的存储过程可以访问由第一个存储过程创建的所有对象,包括临时表在内。

(6) 存储过程中的参数的最大数目为 2100。

(7) 存储过程中的局部变量的最大数目仅受可用内存的限制。

CREATE PROCDURE 的语法。

1. 语法摘要

```
CREATE PROCDURE procedure_name[;number]
[{@parameter data_type} [ = default][OUTPUT]][,...n]
AS sql_statement[...n]
```

2. 主要参数说明

(1) procedure_name:新存储过程的名称,在架构中必须唯一,可在 procedure_name 前面使用"#"来创建局部临时过程,使用"##"来创建全局临时过程。对于 CLR 存储过程,不能指定临时名称。

(2) ";number":是可选整数,用于对同名的过程分组。使用一个 DROP PROCEDURE 语句可将这些分组过程一起删除。例如,名称为 orders 的应用程序可能使用名为"orderproc;

1"和"orderproc;2"等的过程。DROP PROCEDURE orderproc 语句将删除整个组。

（3）@parameter：过程中的参数。在 CREATE PROCEDURE 语句中可以声明一个或多个参数。除非定义了参数的默认值或者将参数设置为等于另一个参数,否则用户必须在调用过程时为每个声明的参数提供值。参数名称通过将@符号用作第一个字符来指定,必须符合有关标识符的规则。每个过程的参数仅用于该过程本身;其他过程中可以使用相同的参数名称。

（4）data_type：参数的数据类型,所有数据类型均可以用作存储过程的参数。

（5）default：参数的默认值。如果定义了 dafault 值,则无须指定此参数的值即可执行过程,默认值必须是常量或 NULL。如果过程使用带 like 关键字的参数,则可包含％、_、[]、[^]通配符。

（6）output：指示参数是输出参数,此选项的值可以返回给调用 EXECUTE 的语句。使用 OUTPUT 参数将值返回给过程的调用方。

（7）sql_statement：要包含在过程中的一个或多个 T-SQL 语句。

【例 12-1】 在 Music 数据库中,创建一个存储过程 prc_nation,用来查看中国歌手的编号、姓名和出生日期。

代码如下:

```
create procedure prc_nation
as
select SingerID,Name,Birth from Singer where Nation = '中国'
```

12.1.3 执行存储过程

在需要执行存储过程时,可以使用 T-SQL 语句 EXECUTE。如果存储过程是批处理中的第一条语句,那么不使用 EXECUTE 关键字也可以执行该存储过程,EXECUTE 语法格式如下。

1. 语法摘要

```
[{EXEC→EXECUTE}]
{[[@return_status = ] procedure_name
[[@parameter = ] {value→@variable [OUTPUT]→[DEFAULT]}]
[,...n]
```

2. 语法参数说明

（1）@return_status：是一个可选的整型变量,保存存储过程的返回状态。这个变量在用于 EXECUTE 语句前,必须在批处理、存储过程或函数中声明过。

（2）procedure_name：要调用的存储过程名称。

（3）@parameter：过程参数,在 CREATE PROCEDURE 语句中定义。参数名称前必须加上符号@。

（4）value：过程中参数的值。如果参数名称没有指定,参数值必须以 CREATE PROCEDURE 语句中定义的顺序给出。

说明：如果参数值是一个对象名称、字符串或通过数据库名称或所有者名称进行限制,则整个名称必须用单引号括起来。如果参数值是一个关键字,则该关键字必须用双引号括起来。

（5）@variable：用来保存参数或返回参数的变量。

（6）OUTPUT：指定存储过程必须返回一个参数。该存储过程的匹配参数也必须由关键字 OUTPUT 创建。

（7）DEFAULT：根据过程的定义,提供参数的默认值。当过程需要的参数值是没有事先定义好的默认值,或缺少参数,或指定了 DEFAULT 关键字,就会出错。

【例 12-2】　执行 proc_nation 存储过程。

代码如下：

```
execute prc_nation
或：exec prc_nation
或：prc_nation
```

例 12-2 的执行结果如图 12-2 所示。

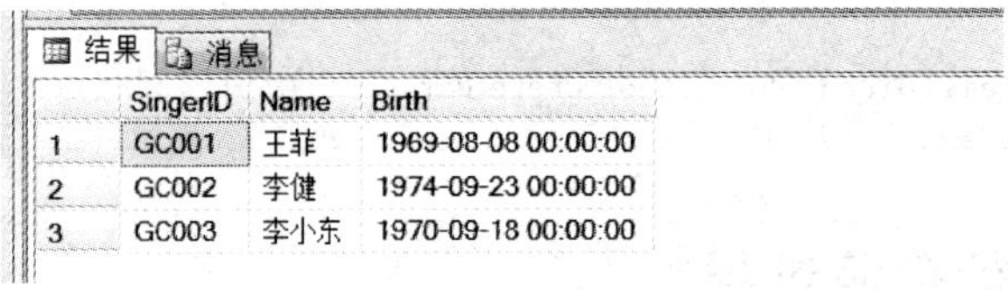

	SingerID	Name	Birth
1	GC001	王菲	1969-08-08 00:00:00
2	GC002	李健	1974-09-23 00:00:00
3	GC003	李小东	1970-09-18 00:00:00

图 12-2　执行 proc_nation 的结果

【例 12-3】　创建存储过程 prc_name,用来查看歌手"王菲"的歌曲名及发行量。

代码如下：

```
CREATE Procedure prc_name
as
SELECT Songs.Name AS song_name,
Track.Circulation
FROM Singer INNER JOIN Track
ON Singer.SingerID = Track.SingerID
    INNER JOIN Songs ON Track.SongID = Songs.SongID
WHERE (Singer.Name = '王菲')
```

执行该过程的语句如下：

```
exec prc_name
```

例 12-3 的结果如图 12-3 所示。

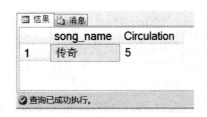

图 12-3　存储过程 prc_name 执行结果

12.1.4　带参数的存储过程

存储过程的优势不仅在于存储在服务器端、运行速度快，还有重要的一点就是存储过程可以通过参数来与调用它的程序通信。在程序调用存储过程时，可以通过输入参数将数据传给存储过程，存储过程可以通过输出参数和返回值将数据返回给调用它的程序。

1. 参数的定义

SQL Server 的存储过程可以使用两种类型的参数：输入参数和输出参数。参数用于在存储过程以及应用程序之间交换数据，其中：

（1）输入参数允许用户将数据值传递到存储过程或函数。

（2）输出参数允许存储过程将数据值或游标变量传递给用户。

（3）每个存储过程向用户返回一个整数代码，如果存储过程没有显式设置返回代码的值，则返回代码为 0。

存储过程的参数在创建时应在 CREATE PROCEDURE 和 AS 关键字之间定义，每个参数都要指定参数名和数据类型，参数名必须以 @ 符号为前缀，可以为参数指定默认值；如果是输出参数，则要用 OUTPUT 关键描述。各个参数定义之间用逗号隔开，具体语法如下：

```
@parameter_name data_type [ = default] [OUTPUT]
```

2. 输入参数

输入参数，即指在存储过程中有一个条件，在执行存储过程时为这个条件指定值，通过存储过程返回相应的信息。使用输入参数可以用同一存储过程多次查找数据库。

例如，例 12-3 中创建的存储过程 proc_name 只能对表进行特定的查询。若要使这个存储过程更加通用化、灵活且能够查询某个歌手的歌曲，那么就可以在这个存储过程上将一个歌手的姓名作为参数来实现。对应的存储过程名称为 prc_para_name，其代码如下：

```
CREATE Procedure prc_para_name
@s_name char(10)                          / * @s_name 是一个输入参数 * /
as
```

```
SELECT Songs.Name AS song_name,Track.Circulation
FROM Singer INNER JOIN Track ON Singer.SingerID = Track.SingerID
    INNER JOIN Songs ON Track.SongID = Songs.SongID
WHERE (Singer.Name = @s_name)
```

执行带有输入参数的存储过程时,SQL Server 提供了如下两种传递参数的方式:

1) 按位置传递

这种方式是在执行存储过程的语句中,直接给出参数的值。当有多个参数时,给出的参数顺序与创建存储过程的语句中的参数顺序一致,即参数传递的顺序就是参数定义的顺序。使用这种方式执行 proc_GetReaderBooks 存储过程的代码为:

```
EXEC prc_para_name '李健'
```

2) 通过参数名传递

这种方式是在执行存储过程的语句中,使用"参数名=参数值"的形式给出参数值。通过参数名传递参数的好处是,参数可以以任意顺序给出。

用这种方式执行 roc_GetReaderBooks 存储过程的代码为:

```
EXEC prc_para_name @s_name = '李健'
```

【例 12-4】 创建多个参数的存储过程 prc_para_singer,返回给定国家和性别的歌手的信息。代码如下:

```
create procedure prc_para_singer
@s_nation char(10),
@s_gender char(2)
as
select * from Singer where Nation = @s_nation and Gender = @s_gender
```

如果要找美国的男歌手,可执行如下语句:

```
exec prc_para_singer
@s_nation = '美国',@s_gender = '男'
或: exec prc_para_singer '美国','男'
/* 注意次序与创建存储过程语句中的参数次序要一致 */
```

例 12-4 的结果如图 12-4 所示。

	SingerID	Name	Gender	Birth	Nation
1	GA001	Michael_Jackson	男	1958-08-29 00:00:00	美国
2	GA002	John_Denver	男	1943-12-31 00:00:00	美国

图 12-4 prc_para_singer 的执行结果

3. 使用默认参数值

执行带输入参数的存储过程时,如果没有指定参数,则系统运行就会出错；如果希望不给出参数时也能够正确运行,则可以给参数设置默认值来实现。默认值必须是常量或NULL。如果过程使用带 LIKE 关键字的参数,则可包含%、_、[]和[^]通配符。

【例 12-5】 下面的存储过程 prc_para_song 返回指定的歌曲信息。该过程对传递的歌曲名参数进行模式匹配。如果没有提供参数,则返回所有歌曲的信息。

代码如下：

```
create procedure prc_para_song
@s_name varchar(50) = '%'
as
select * from dbo.Songs where name like @s_name
```

以下分别为提供参数和不提供参数的执行代码：

```
-- 执行时使用默认值,则输出全部歌曲
exec prc_para_song
/* 执行时提供'Take%'参数,则输出歌名以'Take'开头的歌曲.注意,因为过程使用 LIKE 关键字,所以参数中的匹配符(本例是'%')必须要有 */
exec prc_para_song 'Take%'
```

例 12-5 的执行结果如图 12-5 和图 12-6 所示。

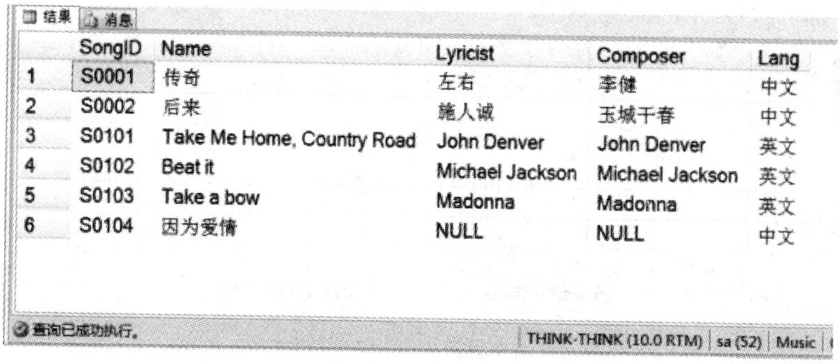

	SongID	Name	Lyricist	Composer	Lang
1	S0001	传奇	左右	李健	中文
2	S0002	后来	施人诚	玉城千春	中文
3	S0101	Take Me Home, Country Road	John Denver	John Denver	英文
4	S0102	Beat it	Michael Jackson	Michael Jackson	英文
5	S0103	Take a bow	Madonna	Madonna	英文
6	S0104	因为爱情	NULL	NULL	中文

图 12-5 使用默认值参数

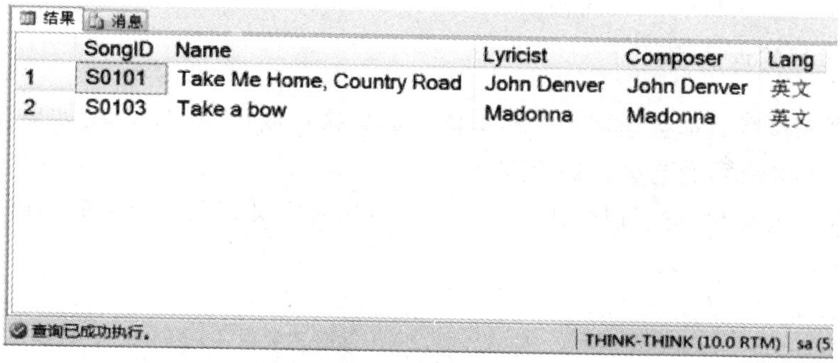

	SongID	Name	Lyricist	Composer	Lang
1	S0101	Take Me Home, Country Road	John Denver	John Denver	英文
2	S0103	Take a bow	Madonna	Madonna	英文

图 12-6 指定参数值

4．输出参数

通过定义输出参数，可以从存储过程中返回一个或多个值。定义输出参数需要在参数定义的数据类型后使用关键字 OUTPUT，或简写为 OUT。为了使用输出参数，在 EXECUTE 语句中也要指定关键字 OUTPUT。在执行存储过程时，如果忽略 OUTPUT 关键字，存储过程仍会执行但不返回值。

【例 12-6】 创建一个存储过程 prc_num，输入歌曲类型，输出该类型的最大的发行量。语句如下：

```
create procedure prc_num
@s_style varchar(20),@max_num int output
As
select @max_num = MAX(circulation) from dbo.Track
where style = @s_style
```

执行带有输出参数的存储过程时，需要一个变量来存放输出参数返回的值，变量的数据类型和参数类型必须匹配。在该存储过程的调用语句中，必须为这个变量加上 OUTPUT 关键字来声明。下面的代码显示了如何调用 proc_num，并将得到的结果返回到变量@num 中。

代码如下，其运行结果如图 12-7 所示。

```
-- 声明变量@num 存放存储过程返回的值
declare @num int
-- 执行 prc_num
exec prc_num '流行',@num output
print '流行歌曲的最大发行量为' + ltrim(str(@num)) + '万'
```

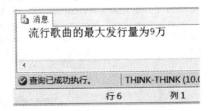

图 12-7　使用输出参数

5．存储过程的返回值

存储过程在执行后都会返回一个整型值。如果执行成功，则返回 0；如果存储过程执行失败，返回一个非零值，它与失败的类型有关。

在创建存储过程时，也可以使用 RETURN 语句来定义自己的返回值和错误信息。格式如下：

```
RETURN [ integer_expression ]              / * 返回整数值 * /
```

在执行这个存储过程时,需要指定一个变量存放返回值,然后再显示出来。

按照以下格式执行:

```
EXECUTE @return_status = procedure_name
/ * @return_status 是存放返回值的变量,procedure_name 是存储过程名 * /
```

【例 12-7】 创建一个存储过程 prc_return,它接收一个歌曲 ID 为输入参数。如果没有给出歌曲 ID,则返回错误代码 1;如果给出的歌曲 ID 不存在,则返回错误代码 2;如果出现其他错误,则返回错误代码 3;执行成功,返回 0。

```
create Procedure prc_return
@s_id char(10) = NULL
As
if @s_id is null
begin
select '错误: 必须指定歌曲 ID.'
return 1
end
else
begin
if not exists(select * from Songs where SongID = @s_id)
begin
select '错误: 必须指定有效的歌曲 ID。'
return 2
end
end
if @@ERROR <> 0
return 3
else
select * from Songs where SongID = @s_id
return 0
```

说明:

@@ERROR 返回执行的上一个 Transact-SQL 语句的错误号:

· 如果前一个 Transact-SQL 语句执行没有错误,则返回 0;

· 如果前一个语句遇到错误,则返回错误号(非 0 值)。

执行结果分析:

(1)没有给出歌曲 ID,代码如下。执行结果如图 12-8 所示。

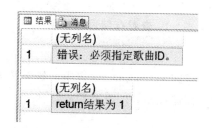

图 12-8 没有给出歌曲 ID

```
declare @redult int
exec @redult = prc_return
select 'return 结果为' + str(@redult,2)
```

（2）给出的歌曲 ID 不存在，代码如下。执行结果如图 12-9 所示。

```
declare @redult int
exec @redult = prc_return 'S00'
select 'return结果为' + str(@redult,2)
```

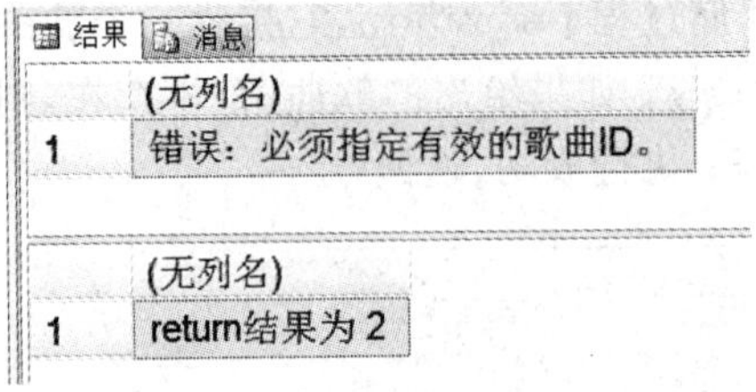

图 12-9　给出的歌曲 ID 不存在

（3）指定正确的歌曲 ID，除了显示歌曲信息外，还返回代码 0。结果如图 12-10 所示。

```
declare @redult int
exec @redult = prc_return 'S0101' select 'return结果为' + str(@redult,2)
```

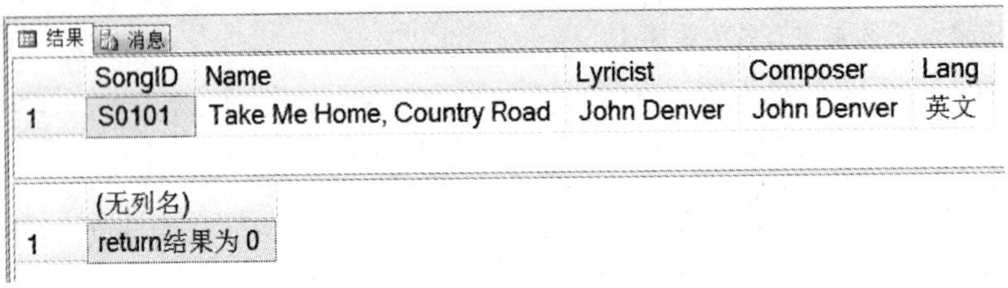

图 12-10　给出正确歌曲 ID

12.1.5　管理存储过程

1. 查看存储过程信息

存储过程被图 12-11 使用 sp_helptext 创建以后，它的名字存储在 sysobjects 中，代码存储在 syscomments 表中。如果希望查看存储过程的定义信息，可以使用 sp_helptext 系统存储过程等。语法定义如下：

```
sp_helptext 存储过程名称
```

例如，查看存储过程 prc_name 的信息，执行 sp_helptext 'dbo. prc_name'，如图 12-11 所示。

2. 修改存储过程

使用 ALTER PROCEDURE 语句来修改现有的存储过程。与删除和重建存储过程不同，因为它仍保持存储过程的权限不发生变化，并且不会影响到相关的存储过程和触发器。

图 12-11　使用 sp_helptext

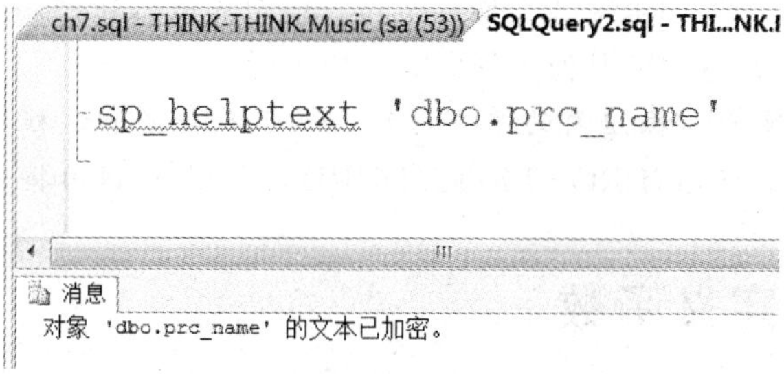

图 12-12　查看加密的存储过程

在使用 ALTER PROCEDURE 语句修改存储过程时，SQL Server 会覆盖以前定义的存储过程。

修改存储过程的基本语句如下：

```
ALTER PROCEDURE procedure_name[;number]
[{@parameter data_type} [ = default][OUTPUT]] [,...n]
AS
sql_statement[...n]
```

修改存储过程的语法中的各参数与 CREATE PROCEDURE 中的各参数相同。

【例 12-8】 修改 prc_name 存储过程，将其加密。

加密可以使用 WITH ENCRYPTION 子句，那么将会隐藏存储过程定义文本的信息。

用 sp_helptext 将不能查看到具体的文本信息，如图 12-12 所示。修改数据库的代码如下：

```
ALTER Procedure prc_name
WITH ENCRYPTION
as
```

```
SELECT Songs. Name AS song_name, Track. Circulation FROM Singer INNER JOIN Track ON Singer.
SingerID = Track. SingerID
INNER JOIN Songs ON Track. SongID = Songs. SongID WHERE (Singer. Name = '王菲')
```

3. 删除存储过程

使用 DROP PROCEDURE 语句从当前的数据库中删除用户定义的存储过程。删除存储过程的基本语法如下所示。

```
DROP PROCEDURE {procedure}[,...n]
```

下面的语句将删除 proc_name 存储过程:

```
DROP PROC proc_name
```

如果另一个存储过程调用某个已被删除的存储过程,SQL Server 将在执行调用过程时显示一条错误消息。但是,如果定义了具有相同名称和参数的新存储过程来替换已被删除的存储过程,那么引用该过程的其他过程仍能成功执行。

说明:不能删除编号过程组内的单个过程;但可删除整个过程组。"orderproc;1"和"orderproc;2"组成了过程组,DROP PROCEDURE orderproc 语句将删除整个组。

12.2 用户自定义函数

12.2.1 概述

SQL Server 不仅提供了系统函数,而且允许用户创建自定义函数。用户定义函数是接受参数、执行操作(如复杂计算)并将操作结果以值形式返回的子程序,返回值可以是单个标量值或结果集。

1. 函数的优点

在 SQL Server 中使用用户定义函数有以下优点:

1) 允许模块化程序设计

只须创建一次函数并将其存储在数据库中,以后便可以在程序中调用任意次。

2) 执行速度更快

与存储过程相似,T-SQL 用户定义函数通过缓存计划并在重复执行时重用它来降低 T-SQL 代码的编译开销。这意味着每次使用用户定义函数时均无须重新解析和重新优化,从而缩短了执行时间。

3) 减少网络流量

基于某种无法用单一标量的表达式表示的复杂约束来过滤数据的操作,可以表示为函数。然后,此函数便可以在 WHERE 子句中调用,以减少发送至客户端的数字或行数。

2. 函数分类

根据用户自定义函数返回值的类型,可以将用户定义函数分为两类:

1) 标量函数

标量,就是数据类型中的通常值,如整数型、字符串型等。用户定义标量函数返回在 RETURNS 子句中定义类型的单个数据值,返回类型可以是除 text、ntext、image、cursor 和 timestamp 外的任何数据类型。根据函数主体的定义不同,又分为内联标量函数和多语句标量函数。

(1) 内联标量函数:没有函数体,标量值是单个语句的结果。

(2) 多语句标量函数:定义在 BEGIN…END 块中的函数体,包含一系列返回单个值的 T-SQL 语句。

2) 表值函数

RETURNS 子句返回 table 数据类型。根据函数主体的定义方式,表值函数又可分为内嵌表值函数和多语句表值函数。

(1) 内嵌表值函数:没有函数主体,表是单个 SELECT 语句的结果集。

(2) 多语句表值函数:在 BEGIN…END 语句块中定义的函数体包含一系列 T-SQL 语句,这些语句可生成行并将其插入将返回的表中。

说明:

- 用户定义函数不能用于执行修改数据库状态的操作;
- 用户定义函数属于数据库,只能在该数据库下调用;
- 与系统函数一样,用户定义函数可从查询中调用;
- 标量函数和存储过程一样,可使用 EXECUTE 语句执行。

12.2.2 标量函数

在 SQL Server 中,T-SQL 提供了用户定义函数创建语句 CREATE FUNCTION。

1. 创建标量函数的语法

标量函数(Scalar Functions)返回一个确定类型的标量值。创建标量函数的语法如下:

```
CREATE FUNCTION
[schema_name.] function_name          /*定义架构名和函数名*/
([{@parameter_name                    /*定义函数的形参名称*/
[AS] parameter_data_type              /*定义形参的数据类型*/
    [ = default}                      /*定义形参的默认值*/
    [,...n]])                         /*定义多个形参*/
RETURNS return_data_type              /*定义函数返回的数据类型*/
    [AS]
BEGIN
            function_body             /*定义函数主体*/
        RETURN scalar_expression      /*定义函数返回值*/
    END
```

【例 12-9】 创建一个标量函数,输入一个出生日期,返回年龄。

语句如下:

```
create function uf_date(@a datetime)
returns int
begin
return year(getdate()) - year(@a)
end
```

2. 调用标量函数

可在使用标量表达式的位置调用标量函数,也可以使用 EXECUTE 语句执行标量函数。

(1)语法:

```
SELECT schema_name. function_name(@parameter_name[, …n])
或: EXECUTE→EXEC [schema_name.] function_name @parameter_name[, …n]
```

(2)参数摘要:

① schema_name. function_name:架构名和函数名。SELECT 方式调用用户标量函数时,必须包含函数的架构名和函数名;EXECUTE 方式调用时,架构名可省略。

② @parameter_name[, …n]:实参序列。

【例 12-10】 调用 uf_date 函数。

① 给定一个出生日期,在界面上得到函数的返回值。可用代码:

```
select dbo.uf_date('1998 - 10 - 03') as '年龄'          -- "dbo."不能省略
```

也可以使用 EXECUTE 语句执行,使用方法同存储过程的 EXECUTE 语句。本例中将输出参数的值传给@b 变量,并显示@b 变量的值。代码如下:

```
-- 使用 execute 调用函数 uf_date
declare @b int
exec @b = dbo. uf_date '1998 - 10 - 03'
select @b as '年龄'
```

例 12-10 的结果如图 12-13 所示。

图 12-13 标量函数的调用

② 在查询中调用 uf_date 函数。

代码如下：

```
-- 查询中调用函数
select Name,Birth,
dbo.uf_date(Birth) as age
from Singer
```

以上代码中在 SELECT 查询语句中调用函数 uf_date，将函数返回结果作为查询结果的年龄一列。结果如图 12-14 所示。

【例 12-11】　创建一个函数，返回给定两个值中的较大值。

代码如下，执行结果如图 12-15 所示。

	Name	Birth	age
1	Michael_Jackson	1958-08-29 00:00:00	54
2	John_Denver	1943-12-31 00:00:00	69
3	王菲	1969-08-08 00:00:00	43
4	李健	1974-09-23 00:00:00	38
5	李小东	1970-09-18 00:00:00	42

图 12-14　查询中调用函数

图 12-15　函数执行结果

```
-- 创建函数 f1
create function f1(@a int,@b int)
returns int
as
begin
    declare @c int
    if @a>@b
        set @c = @a
    else
        set @c = @b
    return @c
end
-- 调用函数
select dbo.f1(23,28) as '较大值'
```

12.2.3　表值函数

表值函数就是返回 table 数据类型的用户定义函数，即返回的是一张表。它分为内联表值函数和多语句表值函数。对于内联表值函数，没有函数主体，表是单个 SELECT 语句的结果集。使用内联表值函数可以提供参数化的视图功能。

1. 创建内联表值函数

创建内联表值函数语法如下：

```
CREATE FUNCTION [schema_name.] function_name
([{(@parameter_name parameter_data_type
     [ = default]}
     [,...n]])
RETURNS TABLE                                    --返回 table 数据类型
     [AS]
     RETURN [(] select_stmt [)]                  --定义返回值的单个 SELECT 语句
```

【例 12-12】 创建一个内联表值函数，返回指定国家的歌手所演唱的歌曲以及发行量。代码如下：

```
create function uf_nation(@s_nation varchar(20))
returns table
return
(select si.Name as Singer_name, so.Name as Songs_name, t.Circulation from dbo.Singer si, dbo.
Songs so, dbo.Track t where si.SingerID = t.SingerID and so.SongID = t.SongID and si.nation =
@s_nation)
```

可在 SELECT、INSERT、UPDATE 或 DELETE 语句的 FROM 子句中调用表值函数。调用时，只须直接给出函数名即可。

例如：

```
select * from uf_nation('中国')
```

例 12-12 的结果如图 12-16 所示。

	Singer_name	Songs_name	Circulation
1	王菲	传奇	5
2	李健	传奇	8

图 12-16　调用内联表值函数

2. 多语句表值函数

(1) 创建多语句表值函数语法如下：

```
CREATE FUNCTION [schema_name.] function_name
([{@parameter_name parameter_data_type
     [ = default]} [,...n]])
RETURNS @return_variable TABLE <table_type_definition>
```

```
        [AS]
        BEGIN
                function_body
            RETURN
        END
```

（2）参数说明：

① TABLE：指定表值函数的返回值为表。在多语句表值函数中，@return_variable 是 TABLE 变量，用于存储和汇总应作为函数值返回的行。

② ＜table_type_definition＞：定义 T-SQL 函数的表数据类型。表声明包含列定义和列约束（或表约束）。

③ function_body：函数体，指定一系列定义函数值的 T-SQL 语句。这些语句将填充 TABLE 变量。

【例 12-13】 创建一个多语句表值函数，返回大于指定发行量的歌手名、歌曲名和发行量。代码如下：

```
create function uf_circulation(@t_num int)
returns @track_num table
(Singer_name char(50),Songs_name char(50),Circulation int)
begin
insert into @track_num select si.Name, so.Name,t.Circulation
from dbo.Singer si,dbo.Songs so,dbo.Track t where si.SingerID = t.SingerID and so.SongID = t.
SongID and t.Circulation>@t_num
return
end
```

调用该函数的代码：

```
-- 调用函数 uf_circulation
select * from uf_circulation(7)
```

例 12-13 的执行结果如图 12-17 所示。

	Singer_name	Songs_name	Circulation
1	李健	传奇	8
2	John_Denver	Take Me Home, Country Road	10
3	Michael_Jackson	Beat it	20

图 12-17　调用多语句表值函数

12.2.4　使用 SSMS 创建用户定义函数

除了直接用 T-SQL 语句创建用户定义函数外，还可以在 SSMS 中快速创建相应的函数，方法如下：

在"对象资源管理器"中,展开指定的"数据库"→"可编程性"→"函数",可以看到"表值函数"、"标量值函数"、"聚合函数"和"系统函数"4 项,如图 12-18 所示。如果要创建标量函数,则右击"标量值函数",在快捷菜单中选择"新建标量值函数",会出现一个创建函数的窗口,在此会自动给出标量函数的语法框架,用户只要在此基础上进行代码的完善即可。

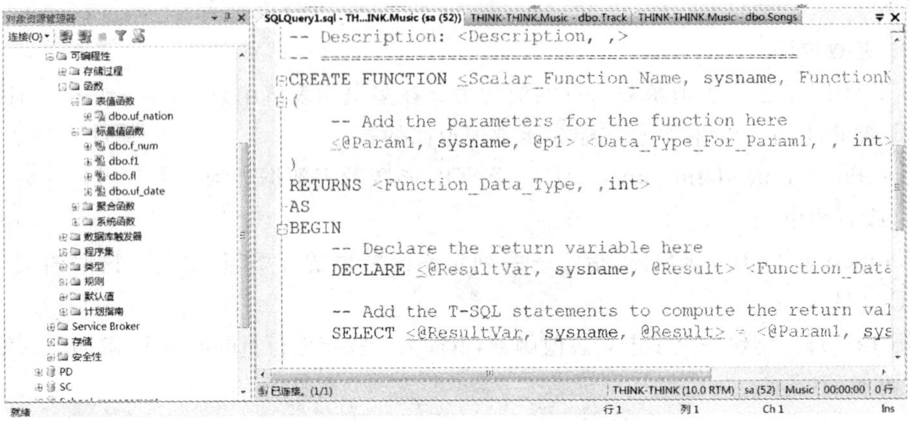

图 12-18　SSMS 中创建用户定义函数

12.2.5　修改用户定义函数

使用 ALTER FUNCTION 语句用以修改用户定义函数的定义,ALTER FUNCTION 的语法与 CREATE FUNCTION 的语法与参数类似,在此不再赘述。

说明:

不能用 ALTER FUNCTION 修改函数类型,比如将标量函数更改为表值函数,或将内联表值函数更改为多语句表值函数。

12.2.6　删除用户定义函数

使用 DROP FUNCTION 语句可以从当前数据库中删除一个或多个用户定义函数。语法如下:

```
DROP FUNCTION {[schema_name.] function_name} [,…n]
```

如删除函数 f1,语句如下:

```
drop function f1
```

习题 12

1. 在 Web 站点上,如果知道一个人的 E-mail ID,则人们可以搜索一个人的地址和电话号码。接受某人的 E-mail ID 和返回其地址和电话号码的过程创建如下:

```
CREATE PROCEDURE prcGetAddress
@EmailId char(30),@Address char(30) output,@Phone char(15) output,
AS SELECT @Address = cAddress,@Phone = cPhone FROM Subscriber
WHERE cEmailId = @EmailId
```

可用以下过程中的哪一个,它用上面过程来接受 E-mail ID 和显示其地址和电话号码?

A.
```
CREATE PROCEDURE prcDisplayAddress
@Email char(30)
AS
DECLARE @Address char(50) OUTPUT,@Phone char(15) OUTPUT
EXEC prcGetAddress @Email,@Address,@Phone
SELECT @Address,@Phone
RETURN
```

B.
```
CREATE PROCEDURE prcDisplayAddress
@Email char(30)
AS
DECLARE @Address char(50),@Phone char(15)
EXEC prcGetAddress @Email,@Address,@Phone
SELECT @Address,@Phone
RETURN
```

C.
```
CREATE PROCEDURE prcDisplayAddress
@Email char(30)
AS
DECLARE @Address char(50),@Phone char(15)
SELECT @Address,@Phone
RETURN
```

D.
```
CREATE PROCEDURE prcDisplayAddress
@Email char(30)
AS
DECLARE @Address char(50),@Phone char(15)
EXEC prcGetAddress @Email,@Address OUTPUT,
@Phone OUTPUT
SELECT @Address,@Phone
RETURN
```

2. 为存储在联机礼品商店出售的不同礼物的材料,使用以下 Gift 表:

```
CREATE TABLE Gift
(iGiftCode int not null,cGiftDescription char(10) not null,
cSize char(40) not null,iWeight int not null,mPrice money not null.
```

创建一个过程接收礼品代码,如果该礼品出现在表中则返回 0,否则返回 1。过程创建如下:

```
CREATE PROCEDURE prcGift
@GiftCode int
AS
IF EXISTS (SELECT * FROM Gift WHERE iGiftCode = @GiftCode)
BEGIN
    RETURN 0
END
```

```
    ELSE
    BEGIN
        RETURN 1
    END
```

为显示 iGiftCode＝1004 的过程 Gift 的返回状态,应使用以下语句中的哪个?

A. DECLARE @ReturnStatus int
   EXEC @ReturnStatus = prcGift 1004
   SELECT @ReturnStatus

B. DECLARE @ReturnStatus int
   EXEC prcGift 1004,@ReturnStatus
   SELECT @ReturnStatus

C. DECLARE @ReturnStatus int
   EXEC prcGift 1004,@ReturnStatus OUTPUT
   SELECT @ReturnStatus

D. DECLARE @ReturnStatus int
   EXEC prcGift = @ReturnStatus,1004
   SELECT @ReturnStatus

为从存储过程中返回多个值,使用以下选项中哪个?

A. Select　　　　　B. Return　　　　　C. Output　　　　　D. Input

3. 简述存储过程的优点。

4. 如何定义和使用存储过程的输入参数、输出参数?

5. 存储过程的类型有哪些?

6. SQL Server 支持哪些类型的用户定义函数,它们各有什么特点?

7. 编程题。以下题目用到的表结构为:

Dept(D_no,D_name)表示系表,属性为系编号和系名。Student(S_no,S_name,S_grade,age,D_no)表示学生表,属性为学号,姓名,成绩,年龄,系编号

(1) 创建名称为 insertStudent 的存储过程,该存储过程接收 name,grade 和 depno 作为输入参数为 student 表添加一条记录。如果输入数据违背了约束性规则,将被 CATCH 语句捕获并产生错误提示。同时,成绩信息将显示如下:

```
90<grade≤100          message:excellent
70≤grade < 90         message:good
60≤grade < 70         message:pass
else                  message:fail
```

(2) 创建名称为 showDepartmentName 的存储过程,该存储过程接收 student_no 作为输入参数,要求根据相应的学生显示其所在的系的名称。

再创建名称为 handleDepartmentName 的存储过程,该存储过程需要调用名称为 showDepartmentName 的存储过程来显示系名的信息。

(3) 创建为学生转系的存储过程. 该存储过程接受学生的学号及要转入的系作为输入参数。如果被转入的系总人数超过 100,则不允许转系。

8. 创建一个存储过程 proc_age,作用:输入一个参数 para_age,判断如果该参数为空,屏幕显示"必须提供一个整数值作参数!",并返回代码 1;如果值小于 18 或大于 30,显示

"年龄应在 18~30 之间",并返回代码 2;如果查询结果不存在,显示"没有满足条件的记录",返回代码 3;如果查询成功,返回 0。

9. 创建一个用户定义函数,用于判断并返回 3 个数中的最大值。

10. 创建一个用户定义函数,参数名为@stuno,数据类型为 int。要求输入某个学号后,可以查看 student 表中该学号对应的学生信息,输出结果为 sno(学号)、sname(姓名)、ssex(性别)和 birth(出生日期)四列。

第13章

触发器

Microsoft SQL Server 提供两种主要机制来强制使用业务规则和数据完整性：约束和触发器。触发器可以提供更为复杂的数据完整性约束。

触发器是一种特殊的存储过程，在特定语言事件发生时自动执行，通常用于实现强制业务规则和数据完整性。

本章的学习要点：

- 触发器的概念和特点；
- 创建触发器。

13.1 触发器概述

触发器与存储过程非常相似，触发器也是 SQL 语句集，是通过事件进行触发而被执行的，不能用 EXECUTE 语句调用；而存储过程可以通过存储过程名字而被直接调用。当对某一表进行诸如 UPDATE、INSERT、DELETE 这些操作时，SQL Server 就会自动执行触发器所定义的 SQL 语句，从而确保对数据的处理必须符合由这些 SQL 语句所定义的规则。

1. 触发器的类型

SQL Server 包括三种常规类型的触发器：DML 触发器、DDL 触发器和登录触发器。

1）DDL 触发器

当服务器或数据库中发生数据定义语言(DDL)事件时将调用 DDL 触发器。

2）登录触发器

登录触发器将为响应 LOGON 事件而激发存储过程。与 SQL Server 实例建立用户会话时将引发此事件。

3）DML 触发器

当数据库中发生数据操作语言(DML)事件时将调用 DML 触发器。DML 事件包括在指定表或视图中修改数据的 INSERT 语句、UPDATE 语句或 DELETE 语句。

在数据修改时，DML 触发器是强制业务规则的一种很有效的方法。一个表最多有三种不同类型的触发器，当 UPDATE、DELETE、INSERT 发生时分别使用一个触发器。

本节中主要介绍 DML 和 DDL 触发器。

2. 触发器的功能

触发器可以用于实现以下功能：

1）强化约束(Enforce Restriction)

触发器的主要作用就是其能够实现由主键和外键所不能保证的复杂的参照完整性和数据的一致性。与 CHECK 约束不同,触发器可以引用其他表中的列,因此,触发器可实现更为复杂的约束。

2）跟踪变化(Auditing Changes)

触发器可以侦测数据库内的操作,从而不允许数据库中未经许可的特定更新和变化。

3）级联运行(Cascaded Operation)

触发器通过侦测数据库内的操作,能自动地级联影响到整个数据库的各项内容。例如,A 表的触发器中包含对 B 表的数据操作(如插入、修改、删除),而该操作又导致 B 表上的触发器被触发。

4）存储过程的调用(Stored Procedure Invocation)

为了响应数据库更新,触发器可以调用一个或多个存储过程,甚至可以调用外部存储过程,从而在 DBMS 之外进行操作。

由此可见,触发器可以实现更高级形式的业务规则、复杂行为限制等功能。DML 触发器可以查询其他表,还可以包含复杂的 Transact-SQL 语句。

在 DBMS 中,将触发器和触发它的语句作为可在触发器内回滚的单个事务对待。如果检测到错误(如磁盘空间不足),则整个事务即自动回滚。

3. 与存储过程的区别

触发器与存储过程主要的区别在于触发器的运行方式。存储过程必须由用户、应用程序或者触发器来显示式地调用并执行,而触发器是当特定事件出现的时候,自动执行或者激活的,与连接到数据库中的用户或者应用程序无关。

说明:

尽管触发器的功能强大,但是它们也可能对服务器的性能有影响。因此,要注意不要在触发器中放置太多的功能,因为它将降低响应速度,使用户等待的时间增加。

13.2 DML 触发器

13.2.1 DML 触发器的概述和作用

DML 触发器是当数据库服务器中发生数据操作语言(DML)事件时将触发 DML 触发器。DML 触发器可以查询其他表,还可以包含复杂的 T-SQL 语句。

DML 触发器在以下方面非常实用。

（1）DML 触发器可通过数据库中的相关表实现级联更改。不过,通过参照完整性约束可以更有效地进行这些更改。

（2）DML 触发器可以防止恶意或错误的 INSERT、UPDATE 以及 DELETE 操作,并强制执行比 CHECK 约束定义的限制更为复杂的其他限制。

(3) DML 触发器可以评估数据修改前后表的状态，并根据该差异采取措施。

(4) 一个表中的多个同类 DML 触发器(INSERT、UPDATE 或 DELETE)允许采取多个不同的操作来响应同一个修改语句。

13.2.2　DML 触发器分类

SQL Server 中的 DML 触发器按被触发器的时机可以分为以下两种类型。

1. AFTER 触发器

它又称后触发器。在执行了 INSERT、UPDATE 或 DELETE 语句操作之后执行 AFTER 触发器。如果仅指定 FOR 关键字，则 AFTER 为默认值。AFTER 触发器只能在表上指定，可以为任何一个 DML 操作定义多个 AFTER 触发器。

2. INSTEAD OF 触发器

它又称替代触发器。INSTEAD OF 触发器在数据变动之前被触发，代替引起触发器执行的 T-SQL 语句，即 INSTEAD OF 触发器执行时并不执行所定义的 INSERT、UPDATE 或 DELETE 操作，而仅执行触发器本身。INSTEAD OF 触发器可在表或视图上定义，用 INSTEAD OF 触发器可以屏蔽原来的 SQL 语句，而转向执行触发器内部的 SQL 语句。不能为表或视图的 DML 操作创建多余一个的 INSTEAD OF 触发器。

INSTEAD OF 触发器的主要优点是可以使不能更新的视图支持更新。基于多个基表的视图必须使用 INSTEAD OF 触发器来支持引用多个表中数据的插入、更新和删除操作。例如，通常不能在一个基于连接的视图上进行 DELETE 操作。然而，可以编写一个 INSTEAD OF DELETE 触发器来实现删除。根据以上所述，表 13-1 所示为 AFTER 触发器和 INSTEAD OF 触发器的功能比较。

表 13-1　AFTER 触发器和 INSTEAD OF 触发器的功能比较

	AFTER 触发器	INSTEAD OF 触发器
适用范围	表	表和视图
每个表或视图可包含触发器的数量	每个触发操作(UPDATE、DELETE 和 INSERT)可包含多个触发器	每个触发操作(UPDATE、DELETE 和 INSERT)包含至多一个触发器
执行	晚于： • 约束处理 • 声明性引用操作 • 创建 inserted 和 deleted 表 • 触发操作	早于： • 约束处理 • 替代 • 触发操作 晚于： • 创建 inserted 和 deleted 表
执行顺序	可指定第一个和最后一个执行	不适用

13.2.3　与 DML 触发器相关的逻辑表

SQL Server 为每个 DML 触发器都创建了两种特殊的表：Deleted 表和 Inserted 表。这是两个逻辑表，由系统来创建和维护，用户不能对它们进行修改，它们存放在内存而不是数据库中。这两张表中包含了在激发触发器的操作中插入或删除的所有记录,因此这两个表的结构总是与被该触发器作用的表的结构相同。触发器执行完成后,与该触发器相关的这两个表也会被删除。

Inserted 表用于存储 INSERT 和 UPDATE 语句所影响的行的副本。在插入或更新事务期间,新行将同时被添加到 Inserted 表和触发器表(即对其尝试执行了用户操作的表)。Inserted 表中的行是触发器表中的新行的副本。

Deleted 表用于存储 DELETE 和 UPDATE 语句所影响的行的副本。在执行 DELETE 或 UPDATE 语句的过程中,行从触发器表中删除,并传输到 Deleted 表中。Deleted 表和触发器表通常没有相同的行。

说明:

一个 UPDATE 事务可以看作先执行一个 DELETE 操作,再执行一个 INSERT 操作,旧的行首先被移动到 Deleted 表,然后新行同时插入触发器表和 Inserted 表。

表 13-2 所示为对 Deleted 表、Inserted 表在执行三种数据操作时记录的变化情况。

表 13-2 Deleted 表、Inserted 表在执行触发器时记录变化情况

T-SQL 语句	Deleted 表	Inserted 表
INSERT	空	新增加的记录
UPDATE	旧记录	新记录
DELETE	删除的记录	空

13.2.4 创建 DML 触发器

创建 DML 触发器时需指定:触发器名称、定义触发器时所基于的表或视图、触发器被触发的时间、激活触发器的数据修改语句(INSERT、UPDATE 或 DELETE)和执行触发器操作的编程语句。其中,多个数据修改语句可激活同一个触发器。例如,触发器可由 INSERT 或 UPDATE 语句激活。

1. 语法

```
CREATE TRIGGER trigger_name
ON {OBJECT NAME}
{FOR→AFTER→INSTEAD OF}
{[INSERT][,][UPDATE][,][DELETE]}
    AS
{sql_statement [ …n]}
```

2. 参数摘要与说明

(1) trigger_name:指定触发器名称。

(2) OBJECT NAME:要对其执行 DML 触发器的表或视图。

(3){FOR→AFTER→INSTEAD OF}:指定触发器的类型,如果仅指定 FOR 关键字,则 AFTER 是默认值。

(4) {[INSERT][,][UPDATE][,][DELETE]}：指定激活触发器的数据修改语句，必须至少指定一项，在触发器定义中允许使用上述选项的任意顺序组合。

(5) sql_statement：指定触发器所指定的 T-SQL 语句。

说明：DML 触发器是根据数据修改语句来检查或更改数据，不向用户返回数据。

3．创建触发器的注意事项

(1) CREATE TRIGGER 语句必须是批处理中的第一个语句，该语句后面的所有其他语句被解释为 CREATE TRIGGER 语句定义的一部分。

(2) 创建 DML 触发器的权限默认分配给表的所有者，且不能将该权限转给其他用户。

(3) 触发器的名称必须遵循标识符的命名规则。

(4) 只能在当前数据库中创建 DML 触发器，但不能对临时表或系统表创建 DML 触发器。

(5) 使用 UPDATE 语句可以一次对多行数据进行修改，但不管修改了多少行数据，触发器都只触发一次。

(6) 在执行修改语句过程中，触发器的执行是修改语句事务的一部分。因此，如果触发器执行不成功，整个事务将回滚。

(7) 在 DML 触发器中不允许使用下列 Transact-SQL 语句：CREATE/ALTER/DROP DATABASE、CREATE/DROP INDEX、DROP TABLE；用于执行以下操作的 ALTER TABLE：添加、修改或删除列、添加或删除 PRIMARY KEY 或 UNIQUE 约束。

(8) 当使用约束、默认值就可以实现预定的数据完整性时，应优先考虑这些措施。因为触发器性能通常比较低。

(9) TRUNCATE TABLE 语句类似于不带 WHERE 子句的 DELETE 语句(用于删除所有行)，但它并不会触发 DELETE 触发器，因为 TRUNCATE TABLE 语句没有日志记录。

【例 13-1】　创建一个插入触发器。功能：在 Singer 表中添加一条记录时，触发器向客户端显示一条提示信息。语句如下：

```
create trigger trg_singer on Singer
after insert as raiserror('你向 Singer 表添加了一条新记录',16,10)
```

为了验证该触发器的作用，可执行以下的插入语句：

```
insert into singer(singerid,name,nation)
values('GC004','刘欢','中国')
```

在向 singer 表插入新记录后，显示了触发器中定义的提示信息，如图 13-1 所示。

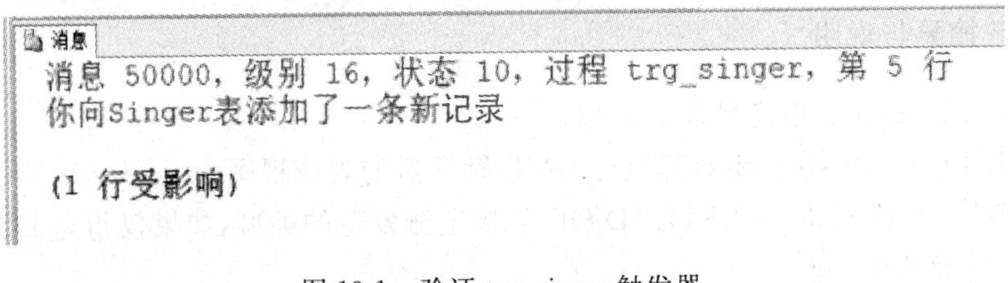

```
消息
消息 50000，级别 16，状态 10，过程 trg_singer，第 5 行
你向Singer表添加了一条新记录

(1 行受影响)
```

图 13-1　验证 trg_singer 触发器

【例13-2】　在 Songs 表上创建一个 UPDATE 触发器,使得在对其做更改操作时,显示两张逻辑表 Inserted 和 Deleted 表中的内容。

代码如下:

```
create trigger trg_song on songs
after update
as
-- 显示 deleted 表的内容
select * from deleted
-- 显示 inserted 表的内容
select * from inserted
```

要验证触发器的作用,执行以下语句:

```
update songs set Composer = '小柯'
where songid = 'S0104'
```

执行结果如图 13-2 所示,从本例可验证,在 UPDATE 操作时,Deleted 表中存放的是旧的记录,而 Inserted 表中存放的是新记录。

图 13-2　显示 Deleted、Inserted 表的内容

【例13-3】　创建一个触发器,在 Track 表上做插入操作时,判断 Circulation 是否小于 5,如果小于 5,则拒绝插入。

代码如下:

```
create trigger trg_circlation
on track
after insert
as
-- 判断拟插入行的 Circulation 是否小于
if (select Circulation from inserted)< 5
begin
raiserror('Circulation 不能小于 5',16,1)
rollback
end
```

验证该触发器,输入以下代码:

```
insert into dbo.Track(songid,singerid,circulation)
values('S0001','GC002',4)
```

因为不符合插入条件，插入操作被终止，如图 13-3 所示。

```
消息 50000，级别 16，状态 1，过程 trg_circlation，第 8 行
Circulation不能小于5
消息 3609，级别 16，状态 1，第 1 行
事务在触发器中结束。批处理已中止。
```

图 13-3　验证 trg_circlation 触发器

如果执行

```
insert into dbo.Track(songid,singerid,circulation)
values('S0001','GC002',8)
```

则可以成功插入这条记录。

【例 13-4】　如果用户希望删除 Songs 表中的一条记录，因为在 Songs 表和 Track 表之间有参照完整性约束，因此要求必须先删除子表（即 Track 表）的相关记录，再删除主表（即 Songs）表中的记录。

可以在 Songs 表上建立一个 INSEAD OF 触发器，将 Songs 表上的删除操作替代为依次删除 Track 表和 Songs 中的相应记录。

代码如下：

```
create trigger trg_delete on Songs
instead of delete
as
-- 删除 track 表中的相应记录
delete from track where songid in(select songid from deleted)
-- 删除 Songs 表中的相应记录
delete from songs where songid in(select songid from deleted)
```

当执行如下代码时，会触发 Instead of 触发器，从而执行触发器中的 T-SQL 语句。

```
delete from songs where songid = 'S0001'
```

【例 13-5】　创建一个触发器，在修改 SC 表中的 grade 列时，判断平均成绩是否大于 80，如果大于 80，拒绝该修改操作。

代码如下：

```
CREATE TRIGGER trgUpdateSC ON dbo.SC
FOR UPDATE
```

```
AS
begin
  IF UPDATE (Grade)
  BEGIN
-- 判断平均 grade 是否大于 80,如果大于 80,回滚
    if(select avg(Grade) from dbo.SC)>80
    begin
     print 'The average value of Grade cannot be more than 80'
     rollback
    end
end
end
```

上例中,update(column)返回一个布尔值,指示是否对表或视图的指定列进行了 INSERT 或 UPDATE 尝试。可以在 T-SQL 的 INSERT 或 UPDATE 触发器主体中的任意位置使用 UPDATE(),以测试触发器是否应执行某些操作。

【例 13-6】 创建一个触发器,不允许对 SC 表做删除操作。

代码如下:

```
CREATE TRIGGER trgDeleteSC ON dbo.SC
FOR delete
AS
        PRINT 'Deletion of SC is not allowed'
        ROLLBACK TRANSACTION
```

【例 13-7】 假设在数据库中以如下代码创建了视图 vwSal,该视图基于三张表。

```
create view vwSal
as SELECT student.sno,sname,sdept,Course.Cno,Cname,SC.Grade
  FROM student INNER JOIN SC ON student.sno = SC.Sno
join Course on Course.Cno = SC.Cno
```

如果用户希望在该视图上做如下修改操作:

```
update vwSal set sdept = 'ma',Grade = 60 where sno = '01'
```

系统会报错:"消息 4405,级别 16,状态 1,第 1 行。视图或函数'vwSal'不可更新,因为修改会影响多个基表。"在此情况下,可以考虑使用在视图上创建 Instead of 触发器,屏蔽对视图的更新操作,而转为对两张基表的更新操作。

代码如下:

```
create trigger trgView on dbo.vwSal
instead of update
```

```
as
begin
 -- 更新 student 表
   update dbo.student set sdept = (select sdept from inserted)
   where sno = (select sno from inserted)
 -- 更新 SC 表
   update dbo.SC set Grade = (select Grade from inserted)
   where sno = (select sno from inserted)
end
```

13.3 DDL 触发器

13.3.1 DDL 触发器概述

DDL 触发器当服务器或者数据库中发生数据定义语言（DDL、CREATE、ALTER 和 DROP）事件时将被触发。如果要执行以下操作，可以使用 DDL 触发器。

（1）要防止对数据库架构进行某些更改。

（2）希望数据库中发生某种情况以响应数据库架构中的更改。

（3）要记录数据库架构中的更改或者事件。

13.3.2 创建 DDL 触发器

1. 语法

```
CREATE TRIGGER trigger_name
ON {ALL SERVER→DATABASE}
[WITH < ddl_trigger_option > [, … n]]
{FOR→AFTER} {event_type→event_group} [, … n]
AS {sql_statement [;] [, … n]}
```

2. 参数说明

除以下参数外，其余参数的说明同 DML 触发器。

（1）DATABASE：将 DDL 触发器的作用域应用于当前数据库。如果指定了此参数，则只要当前数据库中出现 event_type 或 event_group，就会激发该触发器。

（2）ALL SERVER：将 DDL 触发器的作用域应用于当前服务器。如果指定了此参数，则只要当前服务器中的任何位置上出现 event_type 或 event_group，就会激发该触发器。

（2）event_type：执行之后将导致激发 DDL 触发器的 T-SQL 语言事件的名称。

（4）event_group：预定义的 T-SQL 语言事件分组的名称。执行任何属于 event_group 的 T-SQL 语言事件之后，都将激发 DDL 触发器。

【例 13-8】 为 Music 数据库创建 DDL 触发器，用于禁止对数据库中的表进行删除和修改操作。

```
CREATE TRIGGER trg_safe ON DATABASE
FOR DROP_TABLE,ALTER_TABLE
AS
PRINT 'You must disable Trigger " trg_safe" to drop or alter tables!'
ROLLBACK
```

当对表做删除操作时,触发该 DDL 触发器的结果如图 13-4 所示。

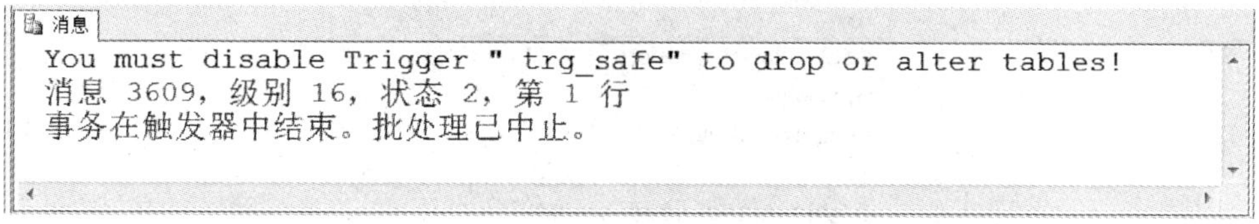

图 13-4　DDL 触发器

说明:

DML 触发器创建成功后,可以在"对象资源管理器"中的"数据库"→"表"→"触发器"节点下找到对应的触发器。

DDL 触发器创建成功后,可以在"对象资源管理器"中的"数据库"→"可编程性"→"数据库触发器"节点下找到对应的触发器。

13.4　管理触发器

本节介绍如何对已存在触发器进行管理,如对触发器的查看、修改、删除等。

1. 查看触发器

可以把触发器看作是特殊的存储过程,因此所有适用于存储过程的管理方式都适用于触发器。可以使用像 sp_helptext、sp_help 和 sp_depends 等系统存储过程来查看触发器的有关信息,也可以使用 sp_rename 系统存储过程来重命名触发器。例如,使用 sp_helptext 系统存储过程可以查看触发器的定义语句如下:

```
exec sp_helptext trg_delete
```

执行结果如图 13-5 所示。

2. 修改触发器

修改现有触发器的定义可以使用 ALTER TRIGGER 语句。具体语法格式如下:

```
ALTER TRIGGER trigger_name
ON {table→view}
{{FOR→AFTER→INSTEAD OF}
{[DELETE] [,] [INSERT] [,] [UPDATE]}
AS
{sql_statement}}
```

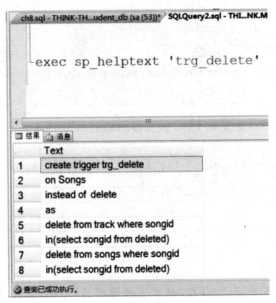

图 13-5　查看触发器信息

　　修改触发器语句 ALTER TRIGGER 中各参数的含义与创建触发器 CREATE TRIGGER 时相同,这里不再重复说明。

　　说明:一旦使用 WITH ENCRYPTION 对触发器加密,即使是数据库所有者也无法查看或者修改触发器。

3. 删除触发器

　　当不再需要某个触发器时,可以删除它。触发器删除时,触发器所在表中的数据不会因此改变。当某个表被删除时,该表上的所有触发器也会自动被删除。

　　使用 DROP TRIGGER 语句可以删除当前数据库中的一个或者多个触发器。例如,删除触发器 Trg_delete,就可以执行如下代码:

```
DROP TRIGGER Trg_delete
```

4. 禁用触发器

　　用户可以禁用、启用一个指定的触发器或一个表的所有触发器。当禁用一个触发器后,它在表上的定义仍然存在。但是,当对表执行 INSERT、UPDATE 或者 DELETE 语句时,并不执行触发器的动作,直到重新启动触发器为止。

　　1) 禁用对表的 DML 触发器

　　例如,使用语句禁用在数据库中 Songs 表创建的触发器 trg_delete:

```
DISABLE TRIGGER trg_delete ON Songs
```

　　2) 禁用对数据库的 DDL 触发器

　　下面的语句禁用一个数据库作用域的 DDL 触发器 trig_DDL:

```
DISABLE TRIGGER trig_DDL ON DATABASE
```

3）禁用以同一作用域定义的所有触发器

以下示例禁用在服务器作用域中创建的所有 DDL 触发器：

```
DISABLE TRIGGER ALL ON ALL SERVER
```

禁用之后的启用操作，应该使用语句 ENABLE TRIGGER，该语句的参数与对应的禁用语句相同。

习题 13

1. 一个化妆品公司维护三张表：一张存储商标的产品，称为 BrandItems 表；一张存储本地制造的产品，称为 LocalItems 表；一张用于交易，称为 ItemsSold 表。当产品出售时，通过在表中加入一行把交易记录在 ItemsSold 表中。在出售物品时为更新产品的现有数量，需创建以下触发器中哪个？

    A. 用 ItemsSold 表的更新触发器来更新两张产品表

    B. BrandItems 表和 LocalItems 表的更新触发器

    C. BrandItems 表和 LocalItems 表的插入触发器

    D. ItemsSold 表的插入触发器来更新两张产品表

2. 考察关于销售表（Sales Table）的以下触发器：

```
Create trigger trgDelSales On Sales For delete As Rollback transaction
```

预测发出以下命令时的输出：

```
Delete sales Where datepart(yy,tran_dt)<1990
```

    A. 将从销售表中删除 1990 年中出售的项目的销售材料

    B. 将从销售表中不删除任何记录

    C. 将从销售表中删除 1990 年和以前出售的项目的销售材料

    D. 将从销售表中删除 1990 年以前出售的项目的销售材料

3. 简述触发器的主要用途和优缺点。

4. 简述触发器的分类和各种触发器的主要特点。

5. DML 触发器使用 Deleted 和 Inserted 临时表存储什么内容？

6. 编程题

SC 的结构为 SC(sno,cno,grade)，在该结构上建立第(1)和(2)题的触发器：

(1) 创建限制更新数据的触发器，限制将 SC 表中不及格学生的成绩改为及格。

(2) 创建限制删除的触发器，限制删除 SC 表中成绩不及格学生的修课记录。

(3) 创建一个 update 触发器，功能：如果修改了 dbo. student 的 sage 字段，若 sage 的值不在 20～30 范围之内，则显示"年龄需在 20～30 之间"，并回滚。

第14章
SQL Server数据库的保护

SQL Server 数据库的保护分为三个方面介绍：SQL Server 数据库的安全性机制；为了防止因软硬件故障而导致的数据丢失或数据库的崩溃，介绍 SQL Server 的备份和恢复策略；SQL Server 的并发操作。

本章要点：

- SQL Server 的安全机制；
- 登录和用户；
- 权限、角色管理；
- 备份和恢复的种类及方法；
- SQL Server 的并发机制。

14.1　SQL Server 的安全性

对于一个数据库而言，安全性是指保护数据库不被破坏、偷窃和非法使用的性能。一个设计良好的安全模式能使用户的合法操作很容易，同时使非法操作和意外破坏很难或不可能发生。数据库的安全性和计算机系统的安全性（包括操作系统、网络系统的安全性）是紧密联系、相互支持的。

14.1.1　SQL Server 的安全机制

SQL Server 的安全管理机制包括验证（authentication）和授权（authorization）两种类型。验证是指检验用户的身份标识；授权是指允许用户做些什么。验证过程在用户登录操作系统和 SQL Server 时出现，授权过程在用户试图访问数据或执行命令时出现。SQL Server 的安全机制分为 4 级，其中第一和第二层属于验证过程，第三和第四层属于授权过程，如图 14-1 所示。

用户首先必须登录到操作系统，如果用户要访问数据库中的数据，还需要登录到 SQL Server。用户进入数据库系统通常是通过数据库应用程序实现的，这就需要用户向应用程序提供身份，由应用程序将用户的身份递交给 DBMS 进行验证，只有合法的用户才能进入下一步操作。合法用户进行数据库操作时，DBMS 还有验证该用户是否具有这种操作权限，如果有对应的操作权限，才可以进行操作，否则拒绝执行用户的操作。

因此，下面主要介绍服务器、数据库和数据库对象的安全性问题。

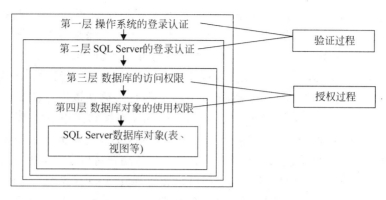

图 14-1　SQL Server 的 4 级安全机制

14.1.2　管理 SQL Server 服务器安全性

要想保证数据库数据的安全,必须搭建一个相对安全的运行环境,因此对服务器安全性管理至关重要。在 SQL Server 中,对服务器安全性管理主要通过身份验证模式来实现。身份验证是指当用户访问系统时,系统对该用户账户和口令的确认过程,内容包括用户账户是否有效、能否访问系统以及能访问系统的哪些数据等。

1. 身份验证模式

SQL Server 提供了 Windows 身份和混合身份两种验证模式。无论哪种模式,SQL Server 都需要对用户的访问进行两个阶段的检验:验证阶段和许可确认阶段。

(1) 验证阶段。

用户在 SQL Server 获得对任何数据库的访问权限之前,必须登录到 SQL Server 上,并且被认为是合法的。SQL Server 或 Windows 要求对用户进行验证,如果验证通过,用户就可以连接到 SQL Server 上;否则,服务器将拒绝用户登录。

(2) 许可确认阶段。

用户验证通过后会登录到 SQL Server 上,此时系统将检查用户是否有访问服务器上数据的权限。

Windows 身份验证模式(Windows Authentication)会启用 Windows 身份验证并禁用 SQL Server 身份验证。混合模式(Mixed Authentication)会同时启用 Windows 身份验证和 SQL Server 身份验证。

1) Windows 身份验证

使用 Windows 身份验证模式是默认的身份验证模式。SQL Server 服务器如果选择采用 Windows 身份验证,就表明服务器将客户机的身份验证任务完全交给了 Windows 操作系统。

当用户通过 Windows 用户账户连接时,SQL Server 使用操作系统中的 Windows 主体标记验证账户名和密码,即用户身份由 Windows 进行确认。SQL Server 不要求提供密码,也不执行身份验证。Windows 身份验证使用 Kerberos 安全协议,提供有关强密码复杂性验证的密码策略强制,还提供账户锁定支持,并且支持密码过期。通过 Windows 身份验证完成的连接有时也称为可信连接,这是因为 SQL Server 信任由 Windows 提供的凭据。

(1) SQL Server 系统处理 Windows 身份验证方式中的登录账号的步骤如下:

① 当用户连接到 Windows 系统上时,客户机打开一个到 SQL Server 系统的委托连接。该委托连接将 Windows 的组和用户账号传送到 SQL Server 系统中。因为客户机打开了一个委托连接,所以 SQL Server 系统知道 Windows 已经确认该用户有效。

② 如果 SQL Server 系统在系统视图 sys. syslogins 中找到该用户的 Windows 用户账号或组账号,就接收这次身份验证连接。这时,SQL Server 系统不需要重新验证口令是否有效,因为 Windows 已经验证用户的口令是有效的。该用户可以是 Windows 用户账号,也可以是 Windows 组账号。当然,这些账号都已定义为 SQL Server 系统登录账号。

③ 如果多个 SQL Server 计算机在同一个域或一组信任域中,那么登录到单个网络域上就可以访问全部的 SQL Server 计算机。

(2) Windows 身份验证模式的优点如下:

① 数据库管理员的工作可以集中在管理数据库上面,而不是管理用户账户,对用户账户的管理可以交给 Windows 去完成。

② Windows 有更强的用户账户管理工具,可以设置账户锁定、密码期限等。

③ Windows 的组策略支持多个用户同时被授权访问 SQL Server。

2) 混合模式

使用混合安全的身份验证模式,可以同时使用 Windows 身份验证和 SQL Server 登录。使用该模式,SQL Server 首先确定用户的连接是否使用有效的 SQL Server 用户账户登录。如果用户登录有效和使用正确的密码,则接受用户的连接。仅当用户没有有效的登录时,SQL Server 才检查 Windows 账户的信息。在这种情况下,SQL Server 将会确定 Windows 账户是否有连接到服务器的权限。如果账户有权限,连接被接受;否则,连接被拒绝。

使用混合模式中的 SQL Server 身份验证时,系统管理员创建一个登录账号和口令,并把它们存储在 SQL Server 中。当用户连接到 SQL Server 时,必须提供 SQL Server 登录账号和口令。

(1) 混合模式身份验证的缺点如下:

① SQL Server 身份验证无法使用 Kerberos 安全协议。

② SQL Server 登录名不能使用 Windows 提供的其他密码策略。

(2) 混合模式身份验证的优点如下:

① 允许 SQL Server 支持那些需要进行 SQL Server 身份验证的旧版应用程序和由第三方提供的应用程序。

② 允许 SQL Server 支持具有混合操作系统的环境,在这种环境中并不是所有用户均由 Windows 域进行验证。

③ 允许用户从未知的或不可信的域进行连接。例如,既定客户使用指定的 SQL Server 登录名进行连接以接收其订单状态的应用程序。

④ 允许 SQL Server 支持基于 Web 的应用程序,在这些应用程序中用户可创建自己的标识。

⑤ 允许软件开发人员通过使用基于已知的预设 SQL Server 登录名的复杂权限层次结构来分发应用程序。

说明：

- 如果在安装过程中选择混合模式身份验证，则必须为名为 sa 的内置 SQL Server 系统管理员账户提供一个密码并确认该密码。sa 账户通过使用 SQL Server 身份验证进行连接；
- 如果在安装过程中选择 Windows 身份验证，则安装程序会为 SQL Server 身份验证创建 sa 账户，但会禁用该账户。

3）配置身份验证模式

在第一次安装 SQL Server 或使用 SQL Server 连接其他服务器时，需要指定验证模式。对于已指定验证模式的 SQL Server 服务器还可以进行修改，修改的具体操作步骤如下：

（1）在"对象资源管理器"窗口中，右击当前服务器名称，在弹出的快捷菜单中，选择"属性"命令，打开"服务器属性"对话框，在左侧的选项卡列表框中，选择"安全性"选项卡，展开安全性选项内容，如图 14-2 所示。在此选项卡中即可设置身份验证模式。

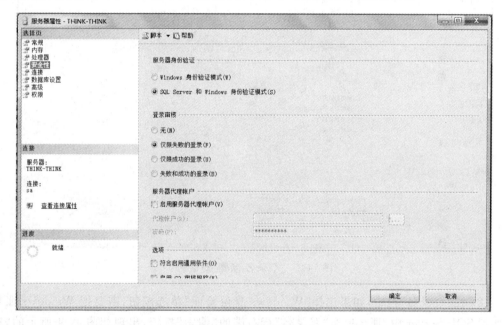

图 14-2　"安全性"选项卡

（2）通过在"服务器身份验证"选项区域下，选择相应的单选按钮，可以确定 SQL Server 的服务器身份验证模式。无论使用哪种模式，都可以通过审核来跟踪访问 SQL Server 的用户，默认时仅审核失败的登录。

当启用审核后，用户的登录被记录于 Windows 应用程序日志、SQL Server 错误日志，这取决于如何配置 SQL Server 的日志。可用的审核选项如下：

① 无：禁止跟踪审核。

② 仅限失败的登录：默认设置，选择后仅审核失败的登录尝试。

③ 仅限成功的登录：仅审核成功的登录尝试。

④ 失败和成功的登录：审核所有成功和失败的登录尝试。

最后，单击"确定"按钮，完成登录验证模式的设置。

更改了服务器的登录模式后,需要重新启动 SQL Server 使新的身份验证模式生效。

2．管理登录账号

登录属于服务器级的安全策略,要连接到数据库,首先要存在一个合法的登录。除了使用系统内置的登录账户外,用户经常需要自己创建登录账号。用户可以将 Windows 账号添加到 SQL Server 中,也可以新建 SQL Server 账号。具体操作过程如下。

(1) 打开 SSMS,并连接到服务器。依次展开"服务器"→"安全性"节点,在"登录名"节点上右击,在弹出的快捷菜单中选择"新建登录名"命令,打开"登录名-新建"对话框,如图 14-3 所示。

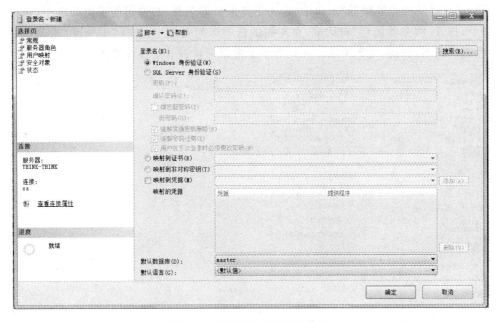

图 14-3 "登录名-新建"对话框

(2) 在"登录名"栏中,如果选择"Windows 身份验证"单选按钮,需要把 Windows 账号添加到 SQL Server 中,那么单击"登录名"行右端的"搜索"按钮,出现如图 14-4 所示的"选择用户或组"对话框。将已存在的 Windows 账号添加到 SQL Server 中即可。

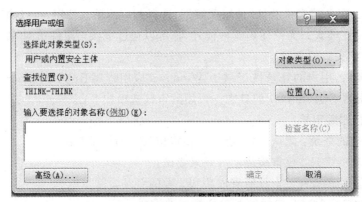

图 14-4 "选择用户或组"对话框

说明：对于 Windows 账号，账号名采用"域名（或计算机名）\用户（或组）名"的形式。

（3）如果希望新建一个 SQL Server 登录名，那么在新建登录对话框中，依次完成登录名、密码、确认密码和其他参数的设置。本例中新建一个 Music，选择采用 SQL Server 身份验证，强制实施密码策略，取消强制密码过期，选择默认数据库为 Music 数据库，如图 14-5 所示。

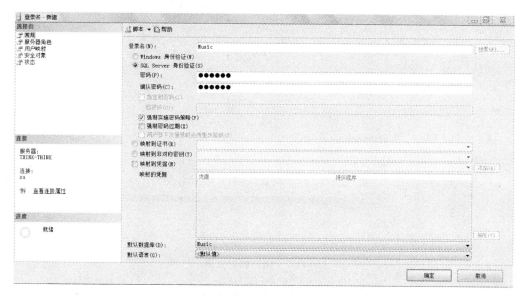

图 14-5　新建 Music 登录名

（4）选择"选择页"中的"服务器角色"项，出现服务器角色设定页面，可以为此登录名设定服务器角色，如图 14-6 所示。

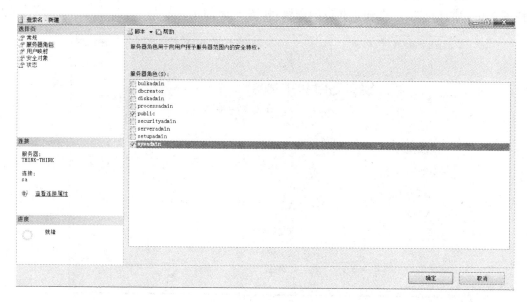

图 14-6　服务器角色页面

（5）选择"选择页"中的"用户映射"项，进入映射设置页面。可以为这个新建的登录添加一个映射到此登录名的用户，并添加数据库角色，从而使得该用户获得数据库相应角色对应的数据库权限，如图 14-7 所示。

说明：自动映射的用户名和登录名相同。

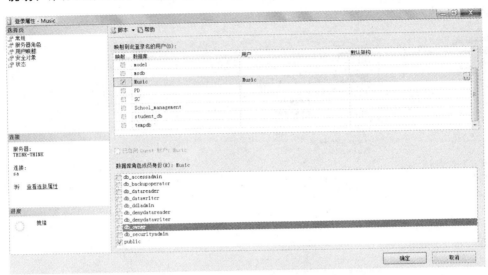

图 14-7　用户映射页面

（6）单击"确定"按钮，完成 SQL Server 登录账户的创建。

下面来测试新的登录名 Music 能否成功连接到服务器。

（1）在 SSMS 中，选择"连接"→"数据库引擎"命令，将打开"连接到服务器"对话框。

（2）从"身份验证"下拉列表中，选择"SQL Server 身份验证"选项，"登录名"文本框中输入 Music，"密码"文本框输入相应的密码，如图 14-8 所示。

图 14-8　连接服务器

（3）单击"连接"按钮，登录到服务器，如图14-9所示。

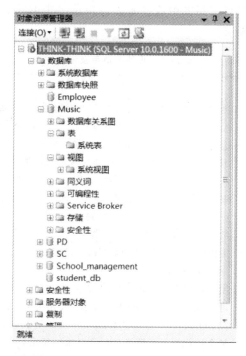

图14-9　Music登录连接服务器成功

（4）由于 Music 登录名的默认数据库是 Music 数据库，因此当访问其他数据库（如school_management 数据库）时，会出现如图14-10所示的错误提示信息。

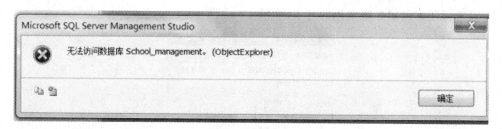

图14-10　无法访问数据库

3. 服务器角色

角色是对权限的集中管理机制。数据库管理员将操作数据库的权限赋予角色，然后数据库管理员再将角色赋给数据库用户或登录账户，从而使数据库用户或登录账户拥有了相应的权限。当角色的权限变更了，这些相关的用户权限都会发生变更。因此，角色可以方便管理员对用户权限的集中管理。

1）固定服务器角色

为便于管理服务器上的权限，SQL Server 提供了若干"角色"。服务器级角色也称为"固定服务器角色"，因为不能创建新的服务器级角色。

服务器级角色的权限作用域为服务器范围。可以向服务器级角色中添加 SQL Server

登录名、Windows 账户和 Windows 组。服务器级角色的每个成员都可以向其所属角色添加其他登录名,新建的登录可以指派给这些服务器角色之中的任意一个角色。SQL Server 的服务器角色如表 14-1 所示。

表 14-1　服务器角色及说明

服务器级角色名称	说　明
系统管理员(sysadmin)	可以在服务器上执行任何活动。默认情况下,Windows BUILTIN\Administrators 组(本地管理员组)的所有成员都是 sysadmin 的成员。通常情况下,这个角色仅适合数据库管理员(DBA)
服务器管理员(serveradmin)	可以更改服务器范围的配置选项和关闭服务器
安全管理员(securityadmin)	可以管理登录名及其属性,它们可以授予服务器级别和数据库级别的权限;此外,它们还可以重置 SQL Server 登录名的密码
进程管理员(processadmin)	可以终止在 SQL Server 实例中运行的进程
安装管理员(setupadmin)	可以添加和删除链接服务器
批量管理员(bulkadmin)	可以运行 BULK INSERT 语句,这条语句允许它们从文本文件中将数据导入到 SQL Server 数据库中
磁盘管理员(diskadmin)	用于管理磁盘文件,如添加备份设备等
数据库创建者(dbcreator)	可以创建、更改、删除和还原任何数据库
public	在 SQL Server 中每个数据库用户都属于 public 数据库角色。当尚未对某个用户授予或拒绝对安全对象的特定权限时,则该用户将继承授予该安全对象的 public 角色的权限。这个数据库角色不能被删除

2) 查看服务器角色成员

(1) 打开 SSMS,并连接到服务器。依次展开"服务器"→"安全性"→"服务器角色"选项,可以看到所有的服务器角色的列表,如图 14-11 所示。

图 14-11　服务器角色

（2）选择拟添加登录名的服务器角色，右击，在弹出的快捷菜单中选择"属性"命令选项，出现"服务器角色属性"对话框，如图14-12所示。然后单击"添加"按钮，打开"选择登录名"窗口，单击"浏览"按钮，打开"查找对象"对话框，如图14-13所示，选择拟添加的登录名。

（3）在"服务器角色属性"窗口中单击"确定"按钮，完成添加操作。

图 14-12 "服务器角色属性"对话框

图 14-13 "查找对象"对话框

14.1.3 管理数据库的安全性

1. 管理数据库用户

用户是数据库级的安全策略，在为数据库创建新的用户前，必须存在创建用户的一个登录或使用已经存在的登录创建用户。

无论是 Windows 账户还是 SQL Server 账户,登录数据库服务器后的其他操作都是相同的。首要任务都是要获得对数据库的访问权,在 SQL Server 中通过为登录账户指派数据库用户来使其获得对数据库的访问权。

一个数据库服务器可能有多个用户创建的多个数据库,除系统管理员外,普通的登录者一般不可能有权访问所有的数据库,因此,SQL Server 使每个数据库都具有自行创建数据库用户的功能,以达到仅指定登录名能够访问本数据库的目的。

用户和登录的关系说明:每个数据库都有一套互相独立的数据库用户。一个数据库用户是一个登录账户在本数据库的映射,两者的名称、密码可以相同或不同。显然,同一个登录账户名在不同的数据库中可以映射为不同的数据库名(简称用户名)。

在 14.1.2 的创建登录名中,通过指定登录名 Music 在数据库 Music 中的用户映射,从而自动建立了一个 Music 数据库的一个用户 Music。

下面介绍通过"新建用户"来创建一个数据库用户。假设要为 School_management 数据库建立一个用户 school。步骤如下:

(1) 在"对象资源管理器"中,展开"数据库"节点→School_management 数据库节点,然后展开"安全性"节点,右击"用户",在弹出的快捷菜单中选择"新建用户"命令。

(2) 出现"数据库用户-新建"对话框,在此填写用户名,单击"登录名"右侧的□□按钮,打开"选择登录名"对话框,然后单击"浏览"按钮,打开"查找对象"对话框,选择刚刚创建的 SQL Server 登录账户 Music 为登录名,如图 14-14 所示。

图 14-14 "查找对象"对话框

(3) 在"数据库用户-新建"对话框中,继续选择默认架构和数据库角色(本例选择 dbo 架构以及 db_owner 角色),如图 14-15 所示,单击"确定"按钮,创建用户结束。

创建成功后,刷新"用户",可以在用户列表中看到新建的用户,并且可以使用该用户关联的登录名 Music 进行登录,就可以访问 School_management 数据库的所有内容。

2. 管理数据库角色

数据库角色是对数据库对象操作权限的集合,数据库级角色的权限作用域为数据库范围。

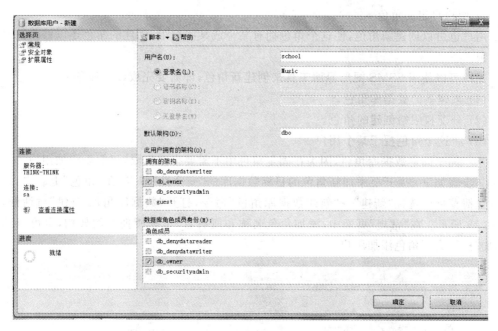

图 14-15 新建用户对话框

SQL Server 中有两种类型的数据库级角色：固定数据库角色（数据库中预定义的）和用户自定义的数据库角色。

1）固定数据库角色

固定数据库角色是在数据库级别定义的，并且存在于每个数据库中。db_owner 和 db_securityadmin 数据库角色的成员可以管理固定数据库角色成员身份。但是，只有 db_owner 数据库角色的成员能够向 db_owner 固定数据库角色中添加成员。固定数据库角色的每个成员都可向同一个角色添加其他登录名。

表 14-2 所示为固定数据库级角色及其能够执行的操作，所有数据库中都有这些角色。

表 14-2 固定数据库角色及权限

数据库级别的角色名称	说 明
db_owner	执行数据库的所有配置和维护活动，还可以删除数据库
db_securityadmin	修改角色成员身份和管理权限
db_accessadmin	为 Windows 登录名、Windows 组和 SQL Server 登录名添加或删除数据库访问权限
db_backupoperator	备份数据库
db_ddladmin	在数据库中运行任何数据定义语言（DDL）命令
db_datawriter	在所有用户表中添加、删除或更改数据
db_datareader	从所有用户表中读取所有数据
db_denydatawriter	不能添加、修改或删除数据库内用户表中的任何数据
db_denydatareader	不能读取数据库内用户表中的任何数据
public	每个数据库用户都属于 public 数据库角色。如果未向某个用户授予或拒绝对安全对象的特定权限时，该用户将继承授予该对象的 public 角色的权限

2) 用户自定义角色

用户也可以创建新角色,使这个角色拥有某个或某些权限,创建的角色还以修改其对应的权限。

用户可以使用 SSMS 图形界面工具来创建新角色,即需要完成以下任务。

(1) 创建新的数据库角色。

(2) 分配权限给创建的角色。

(3) 将这个角色授予某个用户。

这不同于固定数据库角色,因为在固定角色中不需要指派权限,只需要添加用户。

其步骤如下:展开要添加新角色的目标数据库的"安全性"节点,在"角色"上右击,在弹出的快捷菜单中选择"新建"→"新建数据库角色"命令,打开"数据库角色-新建"对话框,如图 14-16 所示。在"常规"页面中,添加角色名称和所有者,选择所拥有的架构,也可以单击"添加"按钮为新角色添加用户。

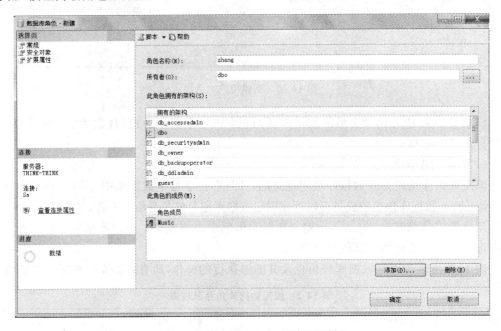

图 14-16　"数据库角色-新建"对话框

14.1.4　管理数据库对象的安全性

1. 权限概述

权限用来控制用户如何访问数据库对象。一个用户可以直接分配到权限,也可以作为一个角色中的成员来间接得到权限。一个用户还可以同时属于具有不同权限的多个角色,这些不同的权限提供了对同一数据库对象的不同的访问级别。

SQL Server 中的权限分为三种:对象权限、语句权限和隐含权限。

(1) 对象权限用来控制一个用户如何与一个数据库对象进行交互操作,有 5 个不同的权限:查询(Select)、插入(Insert)、修改(Update)、删除(Delete)和执行(Execute)。前 4 个权限用户表和视图,执行权限只用于存储过程。

(2)语句权限授予用户执行相应的语句命令的能力,包括 BACKUP DATABASE、BACKUP LOG、CREATE DATABASE、CREATE DEFAULT、CREATE FUNCTION、CREATE PROCEDURE、CREATE RULE、CREATE TABLE、CREATE VIEW。

(3)隐含权限是指系统预定义的服务器角色或数据库所有者和数据库对象拥有者所拥有的权限。隐含权限不能明确地赋予和撤销。

2.给数据库用户授予对象权限

对数据对象的安全性管理,SQL Server 通过对象权限来进行。例如,对表的安全性的管理,除了对表设置数据库用户的权限,还可以对列设置权限。

SQL Server 的权限控制操作可以通过在 SSMS 中操作,也可以使用 T-SQL 中的 GRANT、REVOKE 等语句来完成。

在 14.1.2 节中,通过登录名 Music 的用户映射在 Music 数据库上,为数据库添加了一个用户,以该用户登录服务器,再对 Music 数据库进行操作,如添加表或查看表,都会显示如图 14-17 所示的错误信息。原因在于没有为该用户设置权限,那么默认情况下,该用户属于 public 角色,但是 public 角色仅仅能"看到"数据库,不能操作数据库。如果希望该用户能够操作数据库对象,比如对 Singers 表进行 SELECT、INSERT 操作,可按以下方法进行。

图 14-17 用户没有相应操作权限的示例

1)在 SSMS 中设置权限

(1)在"对象资源管理器"中,依次展开"Music 数据库"→"安全性"→"用户",找到用户 Music,右击,出现"数据库用户-Music"属性编辑对话框。

(2)在"选项页"中选择"安全对象"选项,打开"安全对象"页面,如图 14-18 所示,在此页面中,可以编辑 Music 的权限。

(3)单击"搜索"按钮,出现"添加对象"对话框,如图 14-19 所示。选择要添加的对象类别前的单选按钮,单击"确定"按钮。

(4)出现"选择对象"对话框,从中单击"对象类型"按钮,如图 14-20 所示。

(5)出现"选择对象类型"对话框,依次选择需要添加权限的对象类型前的复选框,单击"确定"按钮,如图 14-21 所示。

(6)回到"选择对象"对话框,此时在"选择这些对象类型"栏下出现了刚才选择的对象类型,单击"浏览…"按钮,如图 14-22 所示。

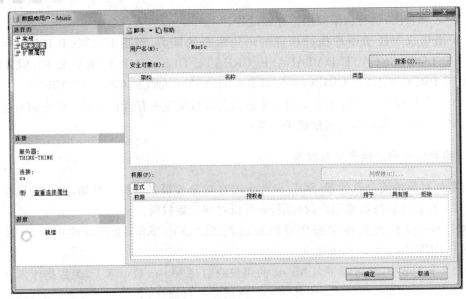

图 14-18　安全对象页面

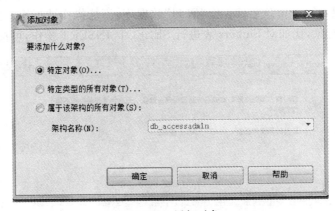

图 14-19　添加对象

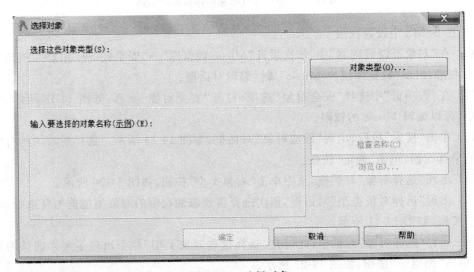

图 14-20　选择对象

图 14-21　选择对象类型

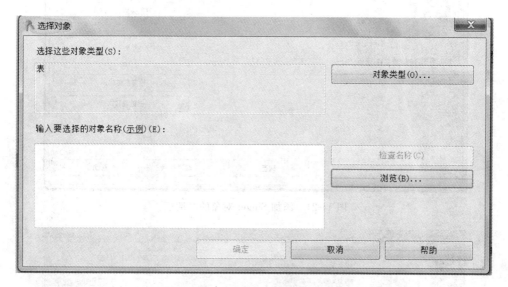

图 14-22　已选择"表"对象的对话框

（7）出现"查找对象"对话框，依次选中要添加权限的对象前的复选框，如图 14-23 所示。单击"确定"按钮。

（8）回到"选择对象"对话框，这时在"输入要选择的对象名称"栏下已出现了刚才选择的对象，如图 14-24 所示。单击"确定"按钮。

（9）回到"数据库用户"对话框，此时已包含了用户添加的对象，依次选择每一个对象，并在下面该对象的"权限"窗口中根据需要选择"授予"、"拒绝"以及"具有授予权限"。设置完一个对象的访问权限，单击"确定"按钮，完成给用户添加数据库对象权限的所有操作，如图 14-25 所示。

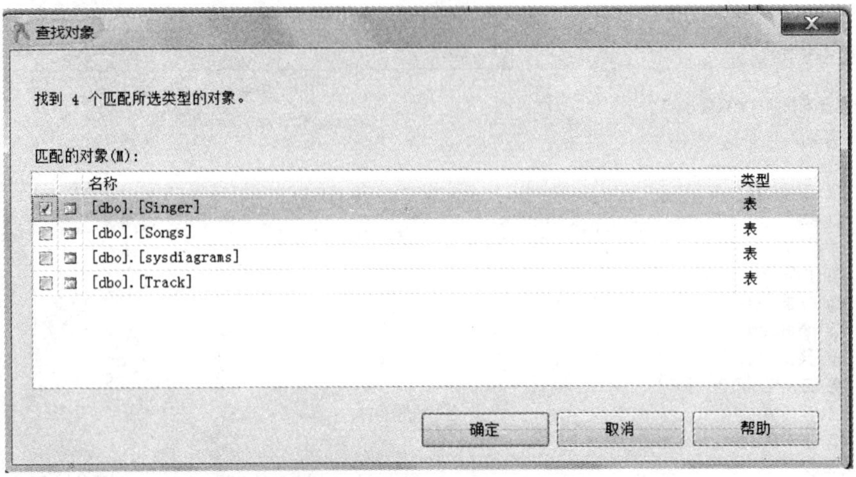

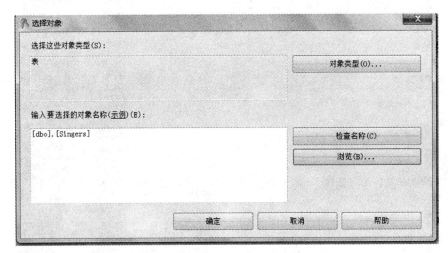

图 14-23 "查找对象"对话框

图 14-24 添加 Singer 对象的对话框

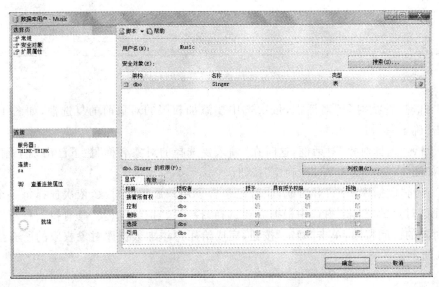

图 14-25 添加数据库对象权限

成功为用户设置权限后,可以进行验证。本例中,以 Music 登录服务器,在 Music 数据库的表中,可以看到多了一个 Singer 表,在查询编辑器中,输入"SELECT * from Singer"语句,可以查看该表的信息,如图 14-26 所示。同样,可以验证该用户也具有 Insert 的权限。

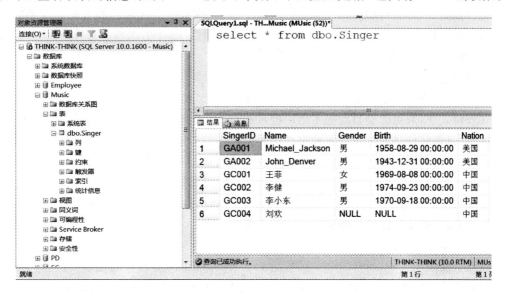

图 14-26　Music 用户的查询 Singer 表的权限验证

2) SQL 语句授权

上面的授予语句权限工作也可以用 GRANT 语句来完成,代码如下:

```
-- 将 Singer 表的 Select 和 Insert 权限赋给 Music 用户
grant select,insert on Singer to Music
```

SQL 的授权语句详见 7.1.5 节。

14.2　SQL Server 的备份和恢复

14.2.1　SQL Server 的恢复模式

SQL Server 的备份和还原操作是在"恢复模式"下进行的。恢复模式是一个数据库属性,用于控制数据库备份和还原操作的基本行为。例如,恢复模式控制了将事务日志记录在日志中的方式,事务日志是否需要备份以及可用的还原操作。新的数据库可继承 model 数据库的恢复模式。

恢复模式的优点:
- 简化了恢复计划;
- 简化了备份和恢复过程;
- 明确了系统操作要求之间的权衡;
- 明确了可用性和恢复要求之间的权衡。

1. 三种恢复模式

SQL Server 包括三种恢复模式,其中每种恢复模式都能够在数据库发生故障的时候恢复相关的数据。不同的恢复模式在 SQL Server 备份、恢复的方式和性能方面存在差异,而且采用不同的恢复模式对于避免数据损失的程度也不同。每个数据库必须选择三种恢复模式中的一种以确定备份数据库的备份方式。

1)简单恢复模式

对于小型、不经常更新数据且对数据安全要求不太高的数据库,一般使用简单恢复模式。在该模式下,数据库会自动把不活动的日志删除,因此没有事务日志备份,这简化了备份和还原,但是代价是增加了在灾难事件中丢失数据的可能。没有日志备份,数据库只能恢复到最近的数据备份时间,而不能恢复到失败的时间点。

简单还原模式的优点在于日志的存储空间较小,能够提高磁盘的可用空间,而且也是最容易实现的模式。但是,使用简单恢复模式无法将数据库还原到故障点或特定的即时点。在该模式下,数据库只能做完整备份和差异备份。

2)完全恢复模式

在完全恢复模式中,所有的事务都被记录下来,并保留所有的日志记录,直至将它们备份。如果日志文件本身没有损坏,则除了发生故障时正在进行的事务,SQL Server 可以还原所有的数据,可以将数据库还原到任意时间点。通常来说,对数据可靠性要求比较高的数据库需要使用该恢复模式。该模式也是 SQL Server 的默认恢复模式。

完整恢复模式支持所有的还原方案,可在最大范围内防止故障丢失数据,它包括数据库备份和事务日志备份,并提供全面保护,使数据库免受媒体故障影响。当然,它的时空和管理开销也最大。在该模式下,应该定期做事务日志备份,否则事务日志文件会变得很大。

3)大容量日志记录恢复模式

大容量日志记录恢复模式是对完整恢复模式的补充。在该恢复模式下,只对某些大规模或大容量数据操作(如 SELECT INTO、CREATE INDEX、大批量装载数据、处理大批量数据)进行最小记录,保护大容量操作不受媒体故障的危害,提供最佳性能和最少的日志使用空间。例如,一次在数据库中插入数万条记录时,在完整恢复模式下,每一个插入记录的动作都会被记录在日志中,那么数万条记录将会使日志文件变得非常大。在大容量日志记录恢复模式下,只记录必要的操作,不记录所有日志,这样可以大大提高数据的性能。但是由于日志不完整,一旦出现问题,数据将有可能无法恢复。因此,一般只有在需要进行大量数据操作时,才将恢复模式改为大容量日志恢复模式,数据处理完成后,马上恢复到完整恢复模式。表 14-3 列出了三种恢复模式的性能比较。

表 14-3　三种恢复模式的性能比较

恢复模式	说　明	数据丢失的风险	能否恢复到时间点
简单	无日志备份。自动回收日志空间以减少空间需求,实际上不再需要管理事务日志空间	最新备份之后的更改不受保护。在发生灾难时,这些更改必须重做	只能恢复到备份的结尾

续表

恢复模式	说　明	数据丢失的风险	能否恢复到时间点
完整	需要日志备份,数据文件丢失或损坏不会导致丢失工作,可以恢复到任意时间点	正常情况下没有。如果日志尾部损坏,则必须重做自最新日志备份之后所做的更改	如果备份在接近特定的时点完成,则可以恢复到该时点
大容量日志	需要日志备份。是完整恢复模式的附加模式,允许执行高性能的大容量复制操作。通过使用最小方式记录大多数大容量操作,减少日志空间使用量	如果在最新日志备份后发生日志损坏或执行大容量日志记录操作,则必须重做自该上次备份之后所做的更改,否则不丢失任何工作	可以恢复到任何备份的结尾。不支持时点恢复

2．查看和修改数据库的恢复模式

可使用 SSMS 查看或更改数据库的恢复模式,方法如下：在"对象资源管理器"中,选择要设置恢复模式的数据库,右击数据库名,在弹出的快捷菜单中选择"属性"命令,在弹出的"数据库属性"对话框中选择"选项"标签在"恢复模式"下拉框中可以更改数据库的恢复模式,如图 14-27 所示。选择完成后,单击"确定"按钮完成操作。

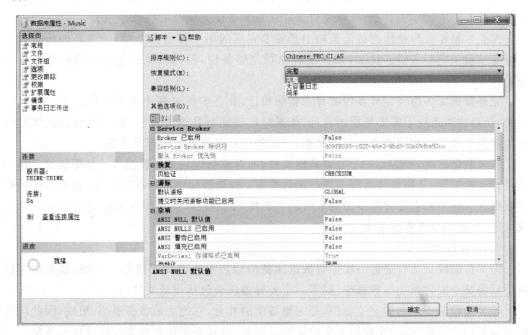

图 14-27　数据库恢复模式

14.2.2　SQL Server 的备份

数据库备份就是创建完整数据库的副本,并将所有的数据项都复制到备份集,以便在数据库遭到破坏时能够恢复数据库。

1.数据库的备份操作和对象

在备份数据库的时候,SQL Server 会执行如下操作:

(1) 将数据库所有的数据页写到备份介质上。

(2) 记录最早的事务日志记录的序列号。

(3) 把所有的错误日志记录写到备份介质上。

在 SQL Server 系统中,只有获得许可的角色才可以备份数据,分别是固定的服务器角色 sysadmin、db_owner 和 db_backupoperator。当然,管理员也可以授权某些用户来执行备份工作。

2.备份类型

SQL Server 提供了高性能的备份和恢复功能,用户可以根据需求设计自己的备份策略,以保护存储在 SQL Server 数据库中的关键数据。

SQL Server 支持多种备份类型,以下介绍其中的 4 种。

1) 完整数据库备份

完整数据库备份就是备份整个数据库,包括事务日志部分(以便可以恢复整个备份)。通过完整备份中的事务日志,可以使数据库恢复到备份完成时的状态。

完整数据库备份是任何备份策略中都要求完成的第一种备份类型,因为其他所有备份类型都依赖于完整备份。比如,如果没有执行完整备份,就无法执行差异备份和事务日志备份。

完整数据库备份与差异备份和日志备份相比,在备份的过程中需要花费更多的空间和时间,所以完整备份不需要频繁的进行,如果只使用完整数据库备份,那么进行数据恢复时只能恢复到最后一次完整备份时的状态,该状态之后的所有改变都将丢失。

还原数据库时,只需要一个完整备份文件,即可重新创建整个数据库。如果还原目标中已经存在数据库,还原操作将覆盖现有的数据库;如果目标中不存在数据库,还原操作将创建数据库。还原数据库将与备份完成时的数据库状态相符,但不包含未提交的事务。恢复数据库后,将回滚未提交的事务。

2) 差异数据库备份

差异备份仅记录自最近一次完整数据库备份以后发生改变的数据。比如,如果在完整备份后将某个文件添加至数据库,则下一个差异备份会包括该新文件。

差异备份基于以前的完整备份,是完整备份的补充,它比完整备份更小、更快,因此可以简化频繁的备份操作,减少数据丢失的风险。因此,差异备份通常作为经常使用的备份。

在还原数据时,先要还原前一次做的完整备份后再还原最近一次所做的差异备份,这样才能让数据库中的数据恢复到与最后一次差异备份时的内容相同。

差异备份可以把数据库还原到完成差异备份的时刻,为了恢复到故障点,必须使用事务日志备份。

3) 事务日志备份

事务日志并不备份数据库本身,只记录事务日志内容。事务日志记录了上一次完整备份或事务日志备份后数据库的所有变动过程,即它记录的是数据库某一段时间内的数据库变动情况,因此,事务日志备份依赖于完整备份,在做事务日志备份前,也必须要做完整备份。

事务日志备份比完整数据库节省时间和空间,而且利用事务日志进行恢复时,可以指定恢复到某一个事务,比如可以将其恢复到某个破坏性操作执行的前一个事务,完整备份和差异备份则不能做到。但是与完整数据库备份和差异备份相比,用日志备份恢复数据库要花费较长的时间,这是因为在还原数据时,除了先要还原完整备份,还要依次还原每个事务日志文件,而不是只还原最后一个事务日志文件。所以,通常情况下,事务日志备份经常与完整备份和差异备份结合使用。比如,每周进行一次完整备份,每天进行一次差异备份,每小时进行一次日志备份。这样,最多只会丢失一个小时的数据。

事务日志备份仅用于完整恢复模式和大容量日志恢复模式。

4)文件和文件组备份

如果在创建数据库时,为数据库创建了多个数据库文件或文件组,可以使用该备份方式,选择对数据库中的部分文件或文件组进行备份。

利用文件和文件组备份,每次可以备份这些文件当中的一个或多个文件,而不是同时备份整个数据库,避免大型数据库备份的时间过长。另外,当数据库中的某个或某些文件损坏时,可以只还原损坏的文件或文件组备份。

第一次文件和文件组备份时必须备份完整的文件或文件组,即相当于一次完整备份。

说明:为了使恢复的文件与数据库的其余部分保持一致,执行文件和文件组备份之后,必须执行事务日志备份。

3. 备份策略

当为特定数据库选择了满足业务要求的恢复模式后,需要计划并实现相应的备份策略。最佳备份策略取决于各种因素,以下因素尤其重要:

(1)一天中应用程序访问数据库的时间长度:如果存在一个可预测的非高峰时段,则建议用户将完整数据库备份安排在此时段。

(2)更改和更新可能发生的频率。如果更改经常发生,请考虑下列事项:

① 在简单恢复模式下,请考虑将差异备份安排在完整数据库备份之间。差异备份只能捕获自上次完整数据库备份之后的更改。

② 在完整恢复模式下,应安排经常的日志备份。在完整备份之间安排差异备份可减少数据还原后需要还原的日志备份数,从而缩短还原时间。

(3)更改数据库所涉及的内容是小部分还是大部分?对于更改集中于部分文件或文件组的大型数据库,文件和文件组备份非常实用。

备份策略还要考虑的一个重要问题是如何提高备份和还原操作的速度。SQL Server提供了以下两种加速备份和还原操作的方式:

(1)使用多个备份设备:使得可将备份并行写入所有设备。备份设备的速度是备份吞吐量的一个潜在瓶颈。使用多个设备可按使用的设备数成比例提高吞吐量。同样,可将设备并行从多个设备还原。对于具有大型数据库的企业,使用多个备份设备可减少执行备份和还原操作的时间。SQL Server最多支持64个备份设备同时执行一个备份操作。使用多个备份设备执行备份操作时,所有的备份媒体只能用于 SQL Server备份操作。

（2）结合完整备份、差异备份以及事务日志备份，可以最大限度地缩短恢复时间。创建差异数据库备份通常比完整数据库备份快，并减少了恢复数据库所需的事务日志量。

通常的备份策略是组合几种备份类型以形成适度的备份方案，以弥补单独使用一种类型的缺陷。常见的备份类型组合有：

（1）完整备份

每次都对备份目标执行完整备份；备份和恢复操作简单，时空开销最大；适合于数据量不很大且更改不很频繁的情况。

（2）完整备份＋事务日志备份

定期进行数据库完整备份，并在两次完整备份之间按一定的时间间隔创建日志备份，增加事务日志备份的次数，以减少备份时间。此策略适合于不希望经常创建完整备份，但又不允许丢失太多的情况。

（3）完整备份＋事务日志备份＋差异日志备份

创建定期的数据库完整备份，并在两次数据库完整备份之间按一定时间间隔创建差异备份，在完整备份之间安排差异备份可减少数据还原后需要还原的日志备份数，从而缩短还原时间；再在两次差异备份之间创建一些日志备份。此策略的优点是备份和还原的速度比较快，并且当系统出现故障时，丢失的数据也比较少。

14.2.3　备份数据库

服务器上所有备份和还原操作的完整历史记录都存储在 msdb 数据库中。SSMS 使用 msdb 中的备份历史记录来识别所指定的备份媒体上的数据库备份和所有事务日志备份，并创建还原计划。

1. 备份设备

备份或还原操作时使用的磁带机或磁盘驱动器称为"备份设备"。SQL Server 可以将数据库、事务日志或文件和文件组备份到磁盘或磁带设备上。

创建备份时，必须选择要将数据写入的备份设备。常见的备份设备可以分为三种类型：磁盘备份设备、磁带备份设备、物理和逻辑设备。

1）磁盘备份设备

磁盘备份设备就是存储在硬盘或其他磁盘媒体上的文件，与常规操作系统文件一样，引用磁盘备份设备与引用任何其他操作系统文件一样。可以在服务器的本地磁盘上或共享网络资源的远程磁盘上定义磁盘备份设备，磁盘备份设备根据需要可大可小。最大的文件大小相当于磁盘上可用的闲置空间。

说明：建议不要将数据库事务日志备份到数据库所在的同一物理磁盘上的文件中。如果包含数据库的磁盘设备发生故障，由于备份位于同一发生故障的磁盘上，因此无法恢复数据库。

2）磁带备份设备

磁带备份设备的用法与磁盘设备相同，不过磁带设备必须物理连接到运行 SQL Server 实例的计算机上。若要将 SQL Server 数据备份到磁带，那么需要使用磁带备份设备或者 Windows 平台支持的磁带驱动器。

3) 物理和逻辑备份设备

SQL Server 使用物理设备名称或逻辑设备名称来标识备份设备。物理备份设备名称主要用来供操作系统对备份设备进行引用和管理,如 C:\Backups\Acco-unting\Full. bak。逻辑备份设备是物理备份设备的别名,通常比物理备份设备更能简单、有效地描述备份设备的特征。逻辑备份设备名称被永久保存在 SQL Server 的系统表中。备份或还原数据库时,物理备份设备名称和逻辑备份设备名称可以互换使用。

2. 创建备份设备

使用 SSMS 创建备份设备的操作步骤如下:

(1) 在"对象资源管理器"中,单击服务器名称以展开服务器树。展开"服务器对象"节点,然后右击"备份设备"选项。

(2) 从弹出的菜单中选择"新建备份设备"命令,打开"备份设备"对话框。

(3) 在"备份设备"对话框,在"设备名称"文本框中输入逻辑备份文件名,在"目标"→"文件"中,输入相应的物理备份设备名。这里创建一个名称为 bk_music 的备份设备,如图 14-28 所示。

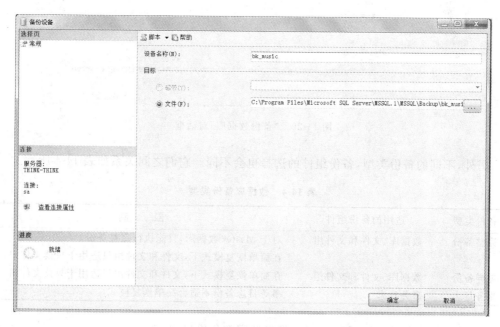

图 14-28　创建备份设备

(4) 单击"确定"按钮,完成备份设备的创建。展开"备份设备"节点,就可以看到刚创建的备份设备。

3. 备份数据库

SQL Server 备份数据库是动态的,即在数据库联机或正在进行时可以执行备份操作。但在数据库备份操作时,不允许进行下列操作:创建或删除数据库文件;在数据库或数据库文件上执行收缩操作时截断文件。

　　使用 SSMS 图形化工具对数据库进行备份的操作步骤如下(以 Music 数据库创建完整备份为例)。

　　(1) 在"对象资源管理器"中,展开"数据库"节点,要备份的数据库,在弹出的命令菜单中选择"任务"→"备份"选项。

　　(2) 出现如图 14-29 所示的"备份数据库"对话框的"常规"选项卡。在此,输入备份的数据库,备份类型(本例选择完整备份)、备份组件、备份集名称以及目标(默认情况下为硬盘上以.bak 为扩展名的文件)。

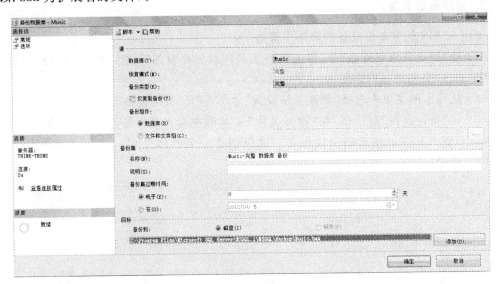

图 14-29　"备份数据库"对话框

　　另外,不同的备份类型,备份组件的选择也会不同。它们之间关系如表 14-4 所示。

表 14-4　数据库备份类型

备份类型	适用的备份组件	限　　制
完整备份	数据库、文件和文件组	对于 Master 数据库,只能执行完整备份 在简单恢复模式下,文件和文件组只适用于只读文件组
差异备份	数据库、文件和文件组	在简单恢复模式下,文件和文件组只适用于只读文件组
事务日志	事务日志	事务日志备份不适合简单恢复模式

　　(3) 单击"确定"按钮,SQL Server 将自动完整备份过程。

　　根据以上的步骤,可以类似创建 Music 数据库的差异备份文件(如图 14-30 所示)和事务日志备份文件(如图 14-31 所示)。

14.2.4　恢复数据库

1. 常规恢复

　　恢复数据库,就是让数据库根据备份的数据回到备份时的状态。当恢复数据库时,SQL Server 会自动将备份文件中的数据全部复制到数据库,并回滚任何未完成的事务,以保证数

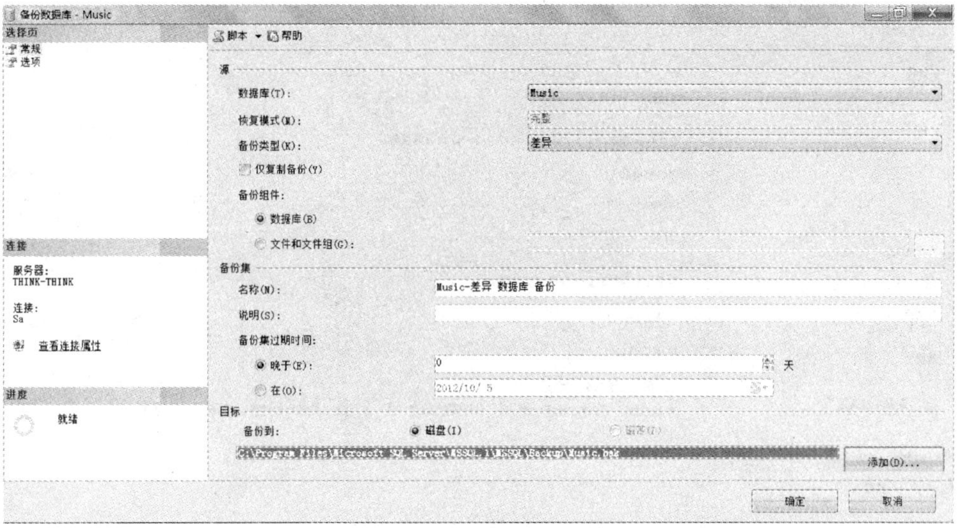

图 14-30　差异备份

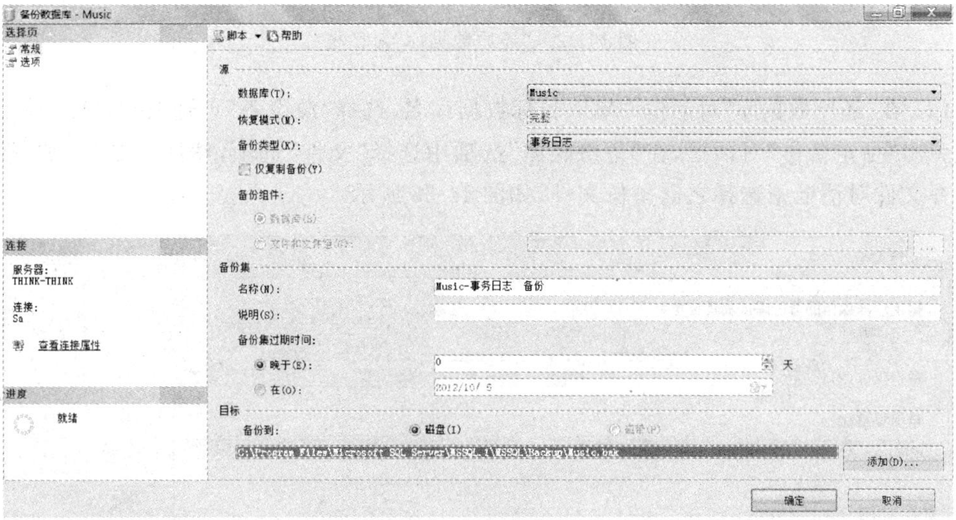

图 14-31　事务日志备份

据库中的数据的完整性。

　　恢复数据前，管理员应当断开准备恢复的数据库和客户端应用程序之间的一切连接，此时，所有用户都不允许访问该数据库，并且执行恢复操作的管理员也必须更改数据库连接到 master 或其他数据库，否则不能启动恢复进程。

　　在执行任何恢复操作前，用户要对事务日志进行备份，这样有助于保证数据的完整性。如果用户在恢复之前不备份事务日志，那么用户将丢失从最近一次数据库备份到数据库脱机之间的数据更新。

　　使用 SSMS 工具恢复数据库的操作步骤如下：

　　(1) 在对象资源管理器中，展开"数据库"节点，右击 Music 数据库，在弹出的快捷菜单中选择"任务"→"还原"→"数据库"命令，打开"还原数据库"对话框，如图 14-32 所示。

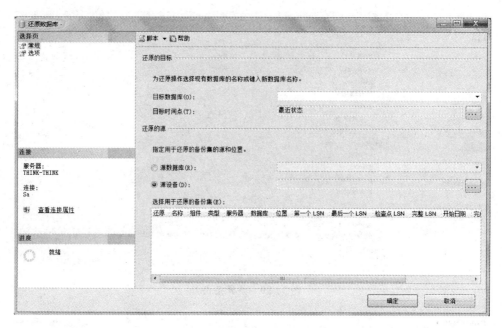

图 14-32　"还原数据库"对话框

（2）在"还原数据库"对话框中输入目标数据库名，选择"源设备"单选按钮，然后单击 ⋯ 按钮弹出"指定备份"对话框，在"备份媒体"选项中选择"文件"选项，然后单击"添加"按钮，从选择文件对话框中选择之前备份文件，如图 14-33 所示。

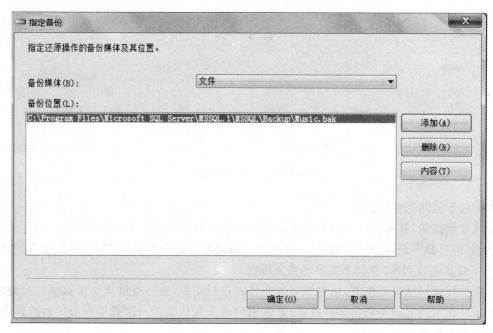

图 14-33　指定备份

（3）选择完成后，单击"确定"按钮返回。在"还原数据库"对话框，就可以看到该备份设备中的所有的数据库备份内容。

本例中有三种备份文件：完整备份、差异备份和日志备份。因此可以有多种的恢复方案。

① 利用完整备份。

② 利用完整备份＋差异备份。

③ 利用完整备份＋日志备份。

④ 利用完整备份＋差异备份＋日志备份。

根据不同的恢复方案来选择需要的备份文件。本例中复选"完整"、"差异"和"日志"三种备份，可这使数据库恢复到最近一次备份的正确状态，如图 14-34 所示。

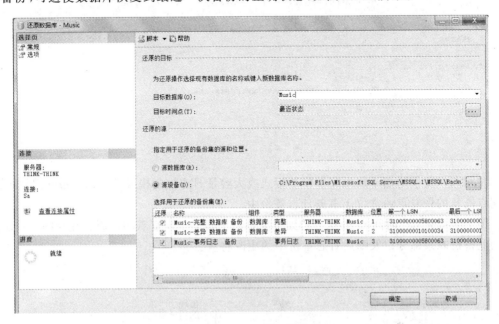

图 14-34 选择备份集

（4）单击"选项页"中的"选项"，在该页面可以设置"还原选项"和"恢复状态"（如图 14-35 所示），如果还需要恢复别的备份文件，需要选择 RESTORE WITH NORECOVERY 选项，恢复完成后，数据库会显示处于正在还原状态，无法进行操作，必须到最后一个备份还原为止。

（5）单击"确定"按钮，完成对数据库的还原操作。还原完成后弹出还原成功消息对话框。

说明：

当执行还原最后一个备份时候，必须选择 RESTORE WITH RECOVERY 选项，否则数据库将一直处于还原状态。

2．时间点恢复

SQL Server 在进行事务日志备份时，不仅给事务日志的每个事务标上了日志号，还给它们都标上了时间。如果某事务错误更改了一些数据，则可能需要将该数据库恢复到紧邻在不正确数据项之前的那个恢复点。为数据库指定恢复点的任何恢复都称为"时间点恢复"。

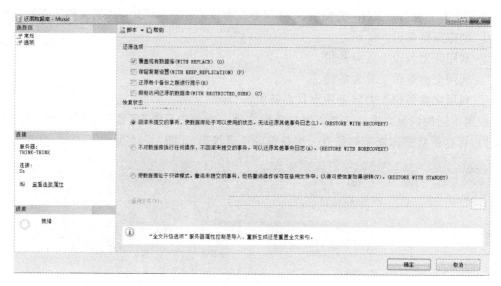

图 14-35　选项窗口

时间点恢复仅适用于使用完整恢复模式或大容量日志恢复模式的 SQL Server 数据库，时间点恢复的恢复点通常位于事务日志备份中。

图 14-36 所示在时间 $t9$ 处执行的到事务日志中间某个恢复点的还原。在时间 $t10$ 处执行的此备份剩余部分以及随后日志备份中的更改将被丢弃。

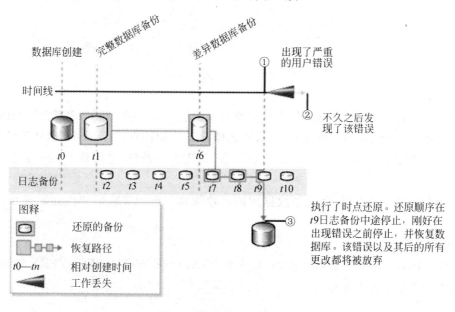

图 14-36　时间点恢复示例

假设数据库在 21:17 分做了完整备份，在 21:24 分做了事务日志备份。如果在 21:20 的时间做了误操作，清除了很多数据，那么可以通过日志备份的时间点恢复，将时间点设置在 21:20，既可以保存在 21:20 之前的数据修改，又可以忽略 21:20 之后的错误操作。该时间点恢复的步骤如下。

（1）在"还原数据库"对话框中，选择完整备份和事务日志备份，如图 14-37 所示。

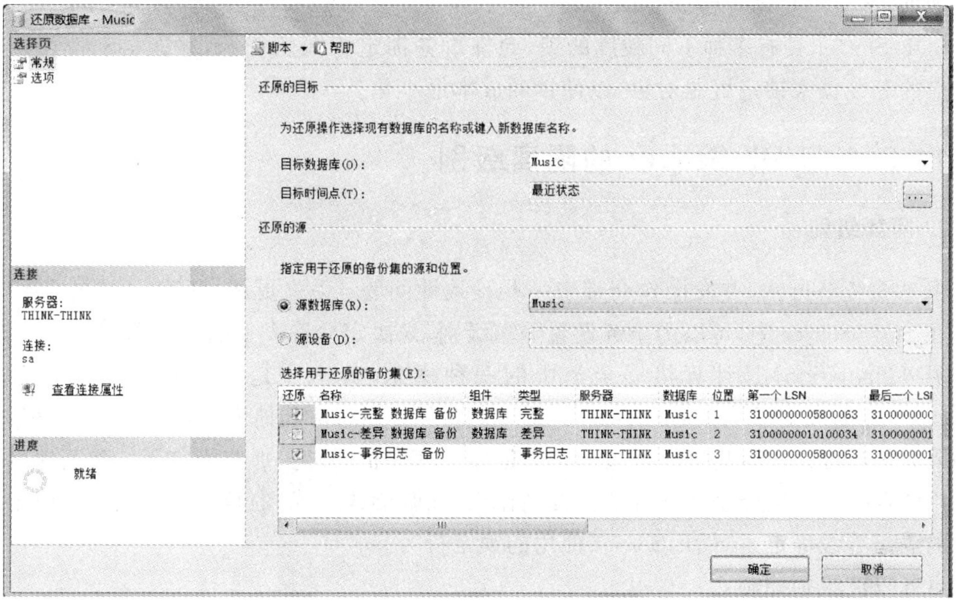

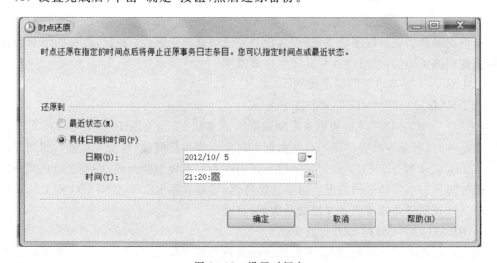

图 14-37 选择备份文件

（2）单击"目标时间点"按钮，打开"时点还原"对话框，启用"具体时间和日期"单选按钮，输入具体时间，如图 14-38 所示。

（3）设置完成后，单击"确定"按钮，然后还原备份。

图 14-38 设置时间点

14.3 SQL Server 的并发机制

事务和锁是并发控制的主要机制，SQL Server 通过支持事务机制来管理多个事务，保证数据的一致性，并使用事务日志保证修改的完整性和可恢复性。

SQL Server 遵从三级封锁协议,从而有效地控制并发操作可能产生的丢失更新、读"脏"数据、不可重复读等错误。

SQL Server 具有多种不同粒度的锁,允许事务锁定不同的资源,并能自动使用与任务相对应的等级锁来锁定资源对象,以使锁的成本最小化。

14.3.1 SQL Server 的隔离级别

1. 隔离级别

由 7.3.2 节可知,并发操作会带来一些一致性问题:丢失更新、脏读、不可重复读和幻读。在 SQL Server 中,可以为事务设置隔离级别,来决定允许以上的哪些问题。

隔离(Isolation)是计算机安全学中的一种概念,其本质是一种封锁机制。在 SQL Server 中,隔离级别(Isolation Level)定义一个事务必须与由其他事务进行的资源或数据更改相隔离的程度。由隔离级别可以指定数据库如何保护(锁定)那些当前正在被其他事务请求使用的数据。隔离级别从允许的并发副作用(如脏读或幻读)的角度进行描述。应用程序要求的隔离等级确定了 SQL Server 使用的锁定行为。

事务隔离级别控制:

(1) 读取数据时是否占用锁以及所请求的锁类型。

(2) 占用读取锁的时间。

(3) 引用其他事务修改的行的读取操作是否:

① 在该行上的排他锁被释放之前阻塞其他事务。

② 检索在启动语句或事务时存在的行的已提交版本。

③ 读取未提交的数据修改。

较低的隔离级别可以增加并发,但代价是降低数据的正确性;相反,较高的隔离级别可以确保数据的正确性,但可能对并发产生负面影响。

SQL Server 支持以下的隔离级别:

1) READ UNCOMMITED(未提交读)

READ UNCOMMITED 级别是限制最低的隔离级别,当 READ UNCOMMITTED 被应用到事务时,事务中的查询将不会在数据库对象上应用任何锁(包括共享锁),相当于使用了 No Lock 提示的 SELECT 语句。所以当使用这个隔离级别的时候,将不会阻止其他的事务读或者写当前事务请求的数据。由于这种特性,导致应用 READ UNCOMMITTED 的事务存在读取其他事务修改但并未提交的数据(脏读)。

2) READ COMMITTED(已提交读)

READ CMMITTED 级别是 SQL Server 的默认事务隔离级别。指定事务不能读取已由其他事务修改但尚未提交的数据,因此可以避免脏读。

READ COMMITTED 有两种实现方式,这取决于 READ_COMMITTED_SNAPSHOT(已提交读快照)数据库选项的设置情况。当 READ_COMMITTED_SNAPSHOT 为 ON 时,数据库引擎将会通过行版本控制为事务中的每一个查询建立一个事务级的数据快照。数据快照包含在执行查询前的所有符合查询条件的数据,使用这种方法将不会对数据库对象应用任何数据库锁。

如果 READ_COMMITTED_SNAPSHOT 为 OFF 时,数据库引擎将在执行查询时,对数据库对象应用共享锁来避免其他事务修改当前事务中正在执行的查询语句所访问的对象。

已提交读在读数据的时候使用共享锁,但在读操作完成后会立即释放这个锁。因此,其他事务可以更改刚被读过的数据,所以使用 READ COMMITTED 级别时有可能出现不可重复读或幻读的情况。

说明:

激活已提交读快照级别的语句"ALTER DATABASE 数据库名 SET READ_COMMITTED_SNAPSHOT ON"。

3) REPEATABLE READ(可重复读)

REPEATABLE READ 在 READ COMMITTED 的基础上,延长了执行查询时对访问的数据应用的共享锁的周期。在每次执行查询时,都要对事务中的每个语句所读取的全部数据都设置了共享锁,并且该共享锁一直保持到事务完成为止。这样可以防止其他事务修改当前事务读取的任何行(避免不可重复读)。但是其他事务可以插入与当前事务所发出语句的搜索条件相匹配的新行。如果当前事务随后重试执行该语句,它会检索新行,从而产生幻读。

4) SNAPSHOT(快照)

SNAPSHOT 隔离级别会为事务中的所有查询语句建立事务级的数据快照,数据快照包含开始事务前的所有已经提交的数据。这种模式同样利用了行版本控制机制。

每个事务对自己复制的数据进行修改,当事务准备更新的时候,检查数据从开始使用以来是否被修改并且决定是否更新数据。

5) SERIALIZABLE(可序列化)

SERIALIZABLE 是最严格的隔离级别,并发最少,事务之间完全隔离,等同于串行。数据被读取或更新的时候,没有事务可以读取、修改或插入数据。

与 REPEATABLE 相比,应用这个隔离级别的事务将会在访问数据上加键范围锁,键范围锁处于与事务中执行的每个语句的搜索条件相匹配的键值范围之内,其他事务将不能在数据库对象上修改或插入任何数据。键范围锁也会被一直占用直到整个事务结束(相当于 SELECT 语句的 HOLDLOCK 查询提示)。因此,使用这个隔离级别可以避免幻象数据。

说明:

键范围锁放置在索引上,指定开始键值和结束键值。此锁将阻止任何要插入、更新或删除任何带有该范围内的键值的行的尝试,因为这些操作会首先获取索引上的锁。例如,可序列化事务可能发出了一个 SELECT 语句,以读取其键值介于'AAA'与'CZZ'之间的所有行。从'AAA'到'CZZ'范围内的键值上的键范围锁可阻止其他事务插入带有该范围内的键值(如'ADG'、'BBD'或'CAL')的行。

表 14-5 所示为每种隔离级别允许的行为。

表 14-5　4 种隔离级别允许的行为

隔离级别	更新丢失	脏读	重复读取	幻读
未提交读取	N	Y	Y	Y
提交读取	N	N	Y	Y
可重复读	N	N	N	Y
快照	N	N	N	N
可序列化	N	N	N	N

2．事务隔离级别的系统开销

由于数据库锁机制和行版本控制都要占用系统资源,并且数据库锁的占用和释放将会影响到并发事务处理的响应速度和数据库死锁,所以在使用事务隔离级别时要考虑不同的应用和各种不同隔离级别的系统开销情况。

1) READ COMMITTED(已提交读)

如果实现 READ COMMITTED 隔离,将会对事务中查询的目标数据库对象加共享锁。如果 READ_COMMITTED_SNAPSHOT 为 ON 时,对系统的主要影响在于数据库引擎需要提供额外的资源来管理数据快照,所有的数据快照将被保存在数据库的 TempDB 中,所以当访问大量数据时,需要考虑 I/O 子系统的吞吐量以及 TempDB 是否有充分的空间来维护数据库实例中所有数据库的行版本请求,以及其他涉及 TempDB 的操作。此外,数据库服务器的处理器系统和快速存储系统也将承受更大的负载。

2) REPEATABLE(可重复读)

在事务执行过程中一直占用数据库对象的锁资源将会导致其他事务在当前事务执行过程中被永久性阻塞。如果当前事务中存在长时间的操作且系统没有超时处理机制,将会严重影响事务处理的响应速度,甚至出现数据库死锁。由于在 REPEATABLE 事务隔离级别下,其他事务可以对当前事务访问的数据库对象执行插入操作,不会影响并发的插入操作(但需要在幻象数据与性能之间进行权衡)。

3) SERIALIZABLE(可序列化)

尽量避免使用的隔离级别,应用该隔离级别的事务将完全阻塞其他需要访问当前事务正在访问的数据库对象的事务。在并发操作数量庞大时,即使事务处理响应速度较快,也会大大降低系统整体响应速度。

3．设置隔离级别

使用 SET TRANSACTION ISOLATION LEVEL 语句设置隔离级别。

语法如下:

```
SET TRANSACTION ISOLATION LEVEL
{READ UNCOMMITTED → READ COMMITTED→REPEATABLE READ
→SNAPSHOT→SERIALIZABLE} [;]
BEGIN TRANSACTION
 ⋮
COMMIT TRANSACTION
```

例如,以下的事务设置隔离级别为 READ COMMITTED。

```
-- 事务设置隔离级别为 READ COMMITTED
SET TRANSACTION ISOLATION LEVEL READ COMMITTED
BEGIN TRANSACTION TR
BEGIN TRY
UPDATE Contact SET EmailAddress = 'jolyn@yahoo.com'
WHERE ContactID = 1070
UPDATE EmployeeAddress SET AddressID = 32533
WHERE EmployeeID = 1
COMMIT TRANSACTION TR
SELECT 'Transaction Executed'
END TRY
BEGIN CATCH
ROLLBACK TRANSACTION TR
SELECT 'Transaction Rollbacked'
END CATCH
```

14.3.2　SQL Server 的锁模式

1. SQL Server 的锁控制

锁是 SQL Server 数据库引擎用来同步多个用户同时对同一个数据块的访问的一种机制。在事务获取数据块读取或修改某一数据块之前,它必须保护自己不受其他事务对同一数据进行修改的影响。事务通过请求锁定数据块来达到此目的。

对于 SQL 的锁,说明如下:

(1) 锁有多种模式,如共享或独占。锁模式定义了事务对数据所拥有的依赖关系级别。如果某个事务已获得特定数据的锁,则其他事务不能获得会与该锁模式发生冲突的锁。如果事务请求的锁模式与已授予同一数据的锁发生冲突,则数据库引擎实例将暂停事务请求直到第一个锁释放。

(2) 当事务修改某个数据块时,它将持有保护所做修改的锁直到事务结束。事务持有(所获取的用来保护读取操作的)锁的时间长度,取决于事务隔离级别设置。一个事务持有的所有锁都在事务完成(无论是提交还是回滚)时释放。

(3) 锁由数据库引擎的一个部件(称为"锁管理器")在内部管理。当数据库引擎实例处理 T-SQL 语句时,数据库引擎查询处理器会决定将要访问哪些资源。查询处理器根据访问类型和事务隔离级别设置来确定保护每一资源所需的锁的类型,然后查询处理器将向锁管理器请求适当的锁。如果与其他事务所持有的锁不会发生冲突,锁管理器将授予该锁。

(4) 一般情况下,SQL Server 能自动提供加锁功能,不需要用户专门设置,这些功能表现在:

① 当用 SELECT 语句访问数据库时,系统能自动用共享锁访问数据;在使用 INSERT、UPDATE 和 DELETE 语句增加、修改和删除数据时,系统会自动给使用数据加排他锁。

② 系统用意向锁使锁之间的冲突最小化。意向锁建立一个锁机制的分层结构,其结构按行级锁层、页级锁层和表级锁层设置。

③ 当系统修改一个页时,会自动加更新锁。更新锁与共享锁兼容,而当修改了某页后,修改锁会上升为排他锁。

④ 当操作涉及参照表或索引时,SQL Server 会自动提供模式锁和修改锁。

因此,SQL Server 能自动使用与任务相对应的等级锁来锁定资源对象,以使锁的成本最小化。所以,用户只需要了解封锁机制的基本原理,使用中不涉及锁的操作。也可以说,SQL Server 的封锁机制对用户是透明的。

2. SQL Server 的锁模式

SQL Server 数据库引擎使用不同的锁模式锁定资源,这些锁模式确定了并发事务访问资源的方式。

(1) 共享锁(Shared Locks):共享锁(S 锁)允许并发事务读取(Select)一个资源。资源上存在共享锁(S 锁)时,任何其他事务都不能修改数据。一旦读取操作一完成,就立即释放资源上的共享锁(S 锁),除非将事务隔离级别设置为可重复读或更高级别,或者在事务生存周期内用锁定提示(Holdlock)保留共享锁。

(2) 排他锁(Exclusice Locks):排他锁(X 锁)可以防止并发事务对资源进行访问。使用排他锁(X 锁)时,任何其他事务都无法修改数据。仅在使用 NOLOCK 提示或未提交读隔离级别时才会进行读取操作。

数据修改语句(如 INSERT、UPDATE 和 DELETE)合并了修改和读取操作,语句在执行所需的修改操作之前首先执行读取操作以获取数据。因此,数据修改语句通常请求共享锁和排他锁。例如,UPDATE 语句可能根据与一个表的连接修改另一个表中的行,在此情况下,除了请求更新行上的排他锁之外,UPDATE 语句还将请求在连接表中读取的行上的共享锁。

(3) 更新锁(Update Locks):用在可更新的资源中,可以防止常见的死锁。因为更新是一个事务,该事务先读取记录,获得资源的 S 锁,完后修改,此操作要求把锁转换为 X 锁,如果两个事务获得了资源上的 S 锁,然后试图同时更新数据,会发生死锁。

一次只有一个事务可以获得资源的更新锁(U 锁)。如果事务修改资源,则更新锁(U 锁)转换为排他锁(X 锁)。当 SQL Server 准备更新数据时,它首先对数据对象作更新锁锁定,这样数据将不能被修改,但可以读取。等到 SQL Server 确定要进行更新数据操作时,它会自动将更新锁换为独占锁。但当对象上有其他锁存在时,无法对其作更新锁锁定。

(4) 意向锁(Intent Locks):意向锁的含义是如果对一个结点加意向锁,则说明该结点的下层结点正在被加锁;对任一结点加锁时,必须先对它的上层结点加意向锁。

例如,对任一元组加锁时,必须先对它所在的关系加意向锁。数据库引擎使用意向锁来保护共享锁(S 锁)或排他锁(X 锁)放置在锁层次结构的底层资源上。

意向锁包括意向共享(IS)、意向排他(IX)以及意向排他共享(SIX)。

(5) 模式锁(Schema Locks):执行表的数据定义语言(DDL)操作(例如添加列或删除表)时使用模式修改锁(Sch-M 锁)。在模式修改锁(Sch-M 锁)起作用的期间,会防止对表的并发访问。这意味着在释放模式修改锁(Sch-M 锁)之前,该锁之外的所有操作都将被阻止。

(6) 批量更新锁(Bulk Update Locks):大容量更新锁(BU 锁)允许多个线程将数据并

发地大容量加载到同一表,同时防止其他不进行大容量加载数据的进程访问该表。

（7）键范围锁：在使用可序列化事务隔离级别时,对于 T-SQL 语句读取的记录集,键范围锁可以隐式保护该记录集中包含的行范围,键范围锁可防止幻读。

表 14-6 所示为 SQL Server 的锁模式及其说明。

表 14-6　SQL Server 的锁模式及说明

锁　模　式	说　　　明
共享(S)	用于不更改或不更新数据的读取操作,如 SELECT 语句
更新(U)	用于可更新的资源中。防止当多个会话在读取、锁定以及随后可能进行的资源更新时发生常见形式的死锁
排他(X)	用于数据修改操作,如 INSERT、UPDATE 或 DELETE。确保不会同时对同一资源进行多重更新
意向	用于建立锁的层次结构。意向锁的类型有意向共享(IS)、意向排他(IX)以及意向排他共享(SIX)
架构	在执行依赖于表架构的操作时使用。架构锁的类型有：架构修改(Sch-M)和架构稳定性(Sch-S)
批量更新(BU)	在向表进行大容量数据复制且指定了 TABLOCK 提示时使用
键范围	当使用可序列化事务隔离级别时保护查询读取的行的范围,确保再次运行查询时其他事务无法插入符合可序列化事务的查询的行

14.3.3　SQL Server 中死锁的处理

在两个或多个任务中,如果每个任务锁定了其他任务试图锁定的资源,此时会造成这些任务永久阻塞,从而出现死锁。

如图 14-39 所示,任务 T1 具有资源 R1 的锁(通过从 R1 指向 T1 的箭头指示),并请求资源 R2 的锁(通过从 T1 指向 R2 的箭头指示)。

任务 T2 具有资源 R2 的锁(通过从 R2 指向 T2 的箭头指示),并请求资源 R1 的锁(通过从 T2 指向 R1 的箭头指示)。

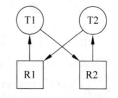

因为这两个任务都需要有资源可用才能继续,而这两个资源又必须等到其中一个任务继续才会释放出来,所以陷入了死锁状态。

图 14-39　死锁状态

本节中主要介绍 SQL Server 如何处理死锁问题。首先从一个死锁的例子入手,做以下操作：

（1）在第一个查询窗口中执行如下代码：

```
SET NOCOUNT ON
SET TRANSACTION ISOLATION LEVEL SERIALIZABLE
WHILE 1 = 1 -- 循环语句
BEGIN
BEGIN TRAN
UPDATE Track SET Circulation = 10 WHERE SongID = 'S0002'
UPDATE Track SET Circulation = 9 WHERE SongID = 'S0001'
COMMIT TRAN
END
```

（2）在第二个查询窗口中执行如下代码：

```
SET TRANSACTION ISOLATION LEVEL SERIALIZABLE
WHILE 1 = 1
BEGIN
BEGIN TRAN
UPDATE Track SET Circulation = 9 WHERE SongID = 'S0001'
UPDATE Track SET Circulation = 10 WHERE SongID = 'S0002'
COMMIT TRAN
END
```

可以发现，在其中一个窗口中，会出现"消息 1205，级别 13，状态 51，第 10 行。事务（进程 ID 53）与另一个进程被死锁在锁资源上，并且已被选作死锁牺牲品。请重新运行该事务。"如图 14-40 所示。

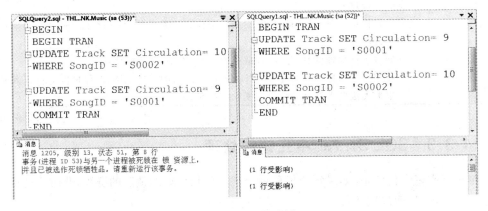

图 14-40 死锁示例

由以上例子可以看出，当出现死锁时，SQL Server 会选择一个事务作为死锁牺牲品。具体来说，SQL Server 对死锁的处理如下：

（1）SQL Server 内部有一个锁监视器（Lock Monitor）线程执行死锁检查，该线程定期搜索数据库引擎实例的所有任务，默认时间间隔为 5 秒。当死锁发生时，死锁检测间隔就会缩短，最短为 100ms。

（2）锁监视器对特定线程启动死锁搜索时，会标识线程正在等待的资源；然后查找特定资源的所有者，并递归地继续执行对那些线程的死锁搜索，直到找到一个构成死锁条件的循环。

（3）检测到死锁后，默认情况下，数据库引擎选择运行回滚开销最小的事务的会话作为死锁牺牲品。此外，用户也可以使用 SET DEADLOCK_PRIORITY 语句指定死锁情况下会话的优先级，可以将其设置为范围（−10～10）间的任一整数值，也可以将优先级设置为 LOW（等于−5）、NORMAL（等于 0）或 HIGH（等于 5）。死锁优先级的默认设置为 NORMAL。如果两个会话的死锁优先级不同，则会选择优先级较低的会话作为死锁牺牲品；如果两个会话的死锁优先级相同，则会选择回滚开销最低的事务的会话作为死锁牺牲品。如果死锁循环中会话的死锁优先级和开销都相同，则会随机选择死锁牺牲品。

（4）死锁牺牲品选定后，数据库引擎返回 1205 错误，回滚死锁牺牲品的事务并释放该事务持有的所有锁，使其他线程的事务可以请求资源并继续运行。

如果 Microsoft SQL Server 数据库引擎实例由于其他事务已拥有资源的冲突锁而无法将锁授予给某个事务，则该事务被阻塞，等待现有锁被释放。默认情况下，没有强制的超时期限。用户还可以为语句定制死锁超时。命令为：

```
SET LOCK_TIMEOUT timeout_period
```

其中，参数 timeout_period 表示等待死锁资源的最大时间，单位为毫秒。默认值为 -1，表示没有超时期限（即无限期等待）。值为 0 时表示根本不等待，一遇到锁就返回消息。

如果某个语句等待的时间超过设置时间，则被阻塞的语句自动取消，并会有错误消息"1222（Lock request time-out period exceeded）"返回给应用程序。但是，SQL Server 不会回滚或取消任何包含语句的事务。因此，应用程序必须具有可以捕获错误消息 1222 的错误处理程序。如果应用程序不能捕获错误，则会在不知道事务中已有个别语句被取消的情况下继续运行，由于事务中后面的语句可能依赖于从未执行过的语句，因此会出现错误。实现捕获错误消息 1222 的错误处理程序后，应用程序可以处理超时情况，并采取补救措施，如自动重新提交被阻塞的语句或回滚整个事务。

14.3.4　SQL Server Profiler 查看死锁

使用 SQL Server Profiler，可以创建记录、重播和显示死锁事件的跟踪以进行分析。Profiler 查看死锁的设置的步骤如下：

（1）在 SQL Server Profiler 的"文件"菜单上，单击"新建跟踪"，再连接 SQL Server 实例。将出现"跟踪属性"对话框，如图 14-41 所示。

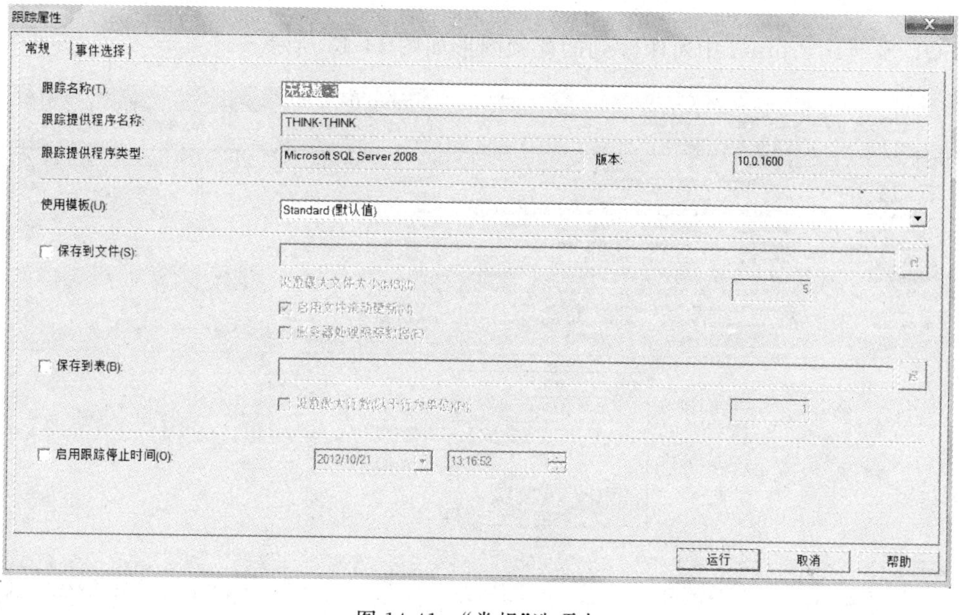

图 14-41　"常规"选项卡

（2）在"常规"选项卡中，可以在"跟踪名称"文本框中，输入跟踪的名称；选中"保存到文件"复选框以将跟踪捕获到文件中；也指定"设置最大文件大小"的值；可以选择"启用文件滚动更新"和"服务器处理跟踪数据"。选中"保存到表"复选框以将跟踪捕获到数据库表中。根据需要，可以单击"设置最大行数"，并指定值。可以选中"启用跟踪停止时间"复选框，再指定停止日期和时间。

（3）在"事件选择"选项卡中。在"事件"数据列中，展开 Locks 事件类别，然后选中 Deadlock Graph 复选框，如图 14-42 所示。如果没有显示 Locks 事件类别，请选中"显示所有事件"复选框以显示该类别。

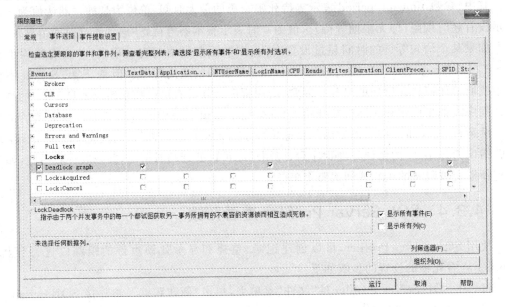

图 14-42　选择 Deadlock Graph

SQL Server Profiler 中所跟踪到的死锁图形如图 14-43 所示。

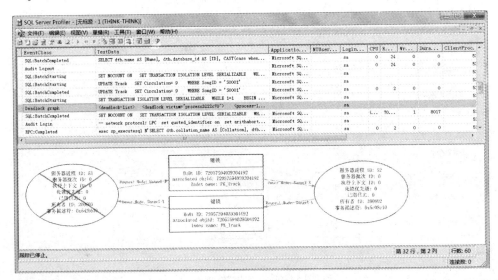

图 14-43　死锁图形

通过这个死锁图,可以更直观地看到死锁产生的主体和资源,死锁的牺牲品进程会被打叉号。并且鼠标移到主体上时,还可以显示造成死锁的语句,如图 14-44 所示。

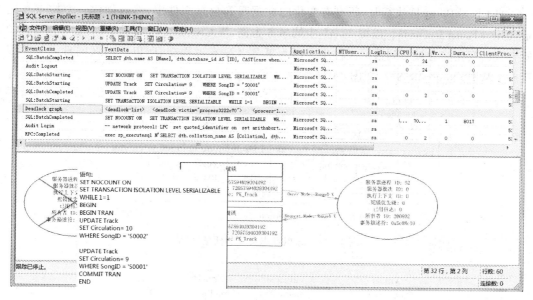

图 14-44 显示死锁语句

14.4 *扩展知识

SQL Server 事务日志与恢复模式

SQL Server 使用了预写式日志(Write-Ahead Logging,WAL),即"先写日志,再写数据"的机制来确保了事务的原子性和持久性。实际上,不只是 SQL Server,基本上主流的关系数据库包括 Oracle、MySQL、DB2 都使用了 WAL 技术。在事务日志中,数据变化被记录在一个连续的日志记录中,且每一个记录都有一个编号,叫做日志序列编号(Log Sequence Number,LSN)。

比如,修改数据的操作,SQL Server 的处理如下:

(1)在 SQL Server 的缓冲区的日志中写入 Begin Tran 记录。

(2)在 SQL Server 的缓冲区的日志页写入要修改的信息。

(3)在 SQL Server 的缓冲区将要修改的数据写入数据页。

(4)在 SQL Server 的缓冲区的日志中写入"Commit"记录。

(5)将缓冲区的日志写入日志文件。

(6)发送确认信息(ACK)到客户端(SMSS,ODBC 等)。

可以看到,事务日志并不是一步步地写入磁盘,而是首先写入缓冲区后,一次性写入日志到磁盘,这样既能在日志写入磁盘时减少 IO,还能保证日志 LSN 的顺序。

在事务日志中,每一个日志记录都被存储在一个虚拟日志文件中。事务日志可以有任意多个虚拟日志文件,数量的多少取决于数据库引擎,而且每个虚拟日志文件的大小也不是固定的,如图 14-45 所示。活动区间(Active Portion)的日志就是包含用户事务的区域,这区间就是完整恢复数据库所需要的。当更多的事务被创建时,活动区间的日志也会随着增长。

当 CheckPoint 被执行时,所有有变化的数据写到数据文件中,然后创建一个检查点记录(CheckPoint Record)。以图 14-45 中的事务为例,当 CheckPoint 被执行时,由事务 1,2,3 所导致的变化将会被写到数据文件中。因为事务 3 没有被提交,所以活动区间日志的范围变成了从 LSN50~LSN52,如图 14-46 所示。

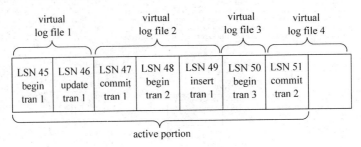

图 14-45　虚拟日志文件和活动区间

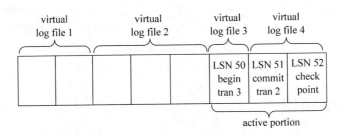

图 14-46　CheckPoint 后的活动区间

如果使用简单恢复模型的话,那么 LSN45~LSN49 之间区域可以被重用,因为那些记录已经不再需要了。如果数据库运行在完整或是批量日志恢复模型下,那么从 LSN45~49 之间的区域将被删除,而且直到事务日志被备份后,这段区域的空间才会被重用。

如果当有新的事务被创建,在简单模式下,日志的起始空间将会被重用。如图 14-47 所示,虚拟文件 1 和 2 作为可重用区域记录新的事务日志 LSN53~LSN55。

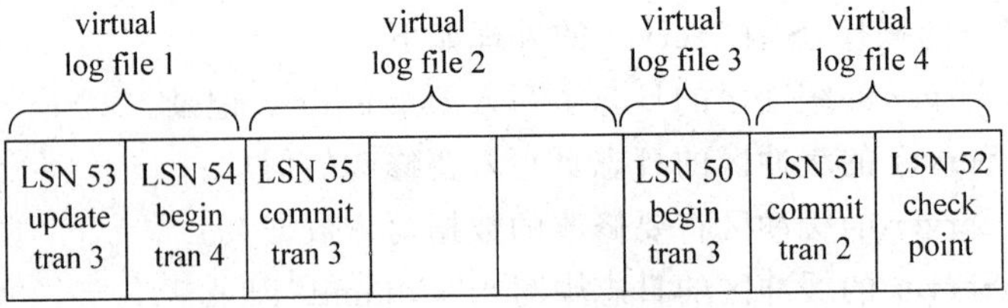

图 14-47　简单模式的日志文件

如果是在完整或是大批量日志恢复模型下,事务日志的空间则会被扩展。如图 14-48 所示,新的日志 LSN53~LSN55 将记录在扩展的虚拟文件 5 中。

由以上的分析,可以看出,日志文件的作用是用于数据库的恢复,它记录用户对数据的各种变更操作。因此,对于变化较多的数据库,日志文件的增长很快,即日志文件的空间需

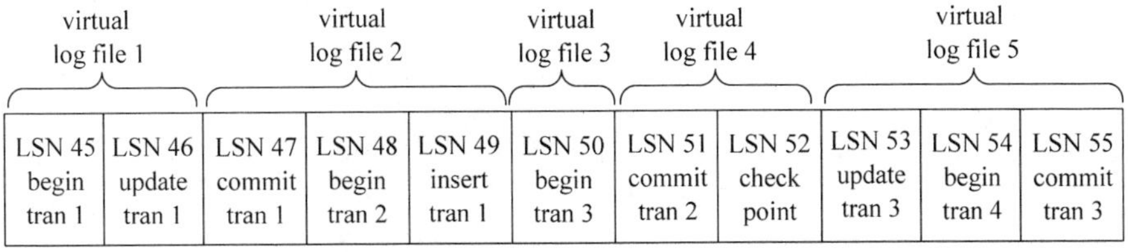

图 14-48 完整模式或大批量日志恢复模型下的日志文件

求较大。因此,用户在权衡空间需求和数据库的恢复要求以后,才能确定数据库的恢复模型。

完全恢复和大容量日志记录的恢复模型下,日志文件的空间只要允许会一直增长下去,直到 DBA 执行备份操作。备份操作将自动截断日志文件中不活动的部分,即已经完成的事务部分。

简单模型下,每发生一次检查点,都会自动截断日志文件中不活动的部分。这样简单模型下的数据库的日志文件就不会暴涨。但由于自动截断日志,对于用户数据库来说是危险的,因为丢失了日志。

习题 14

1. SQL Server 的用户或角色分为二级:一级为服务器级用户或角色;另一级为_____。
2. SQL Server 有两种安全认证模式,即 Windows 安全认证模式和_____。
3. 简述 SQL Server 的安全机制。
4. 什么是 Windows 身份验证?什么是混合身份验证?
5. 一个数据库用户的权限可以通过几种途径获得?
6. 简述常用的备份类型。
7. 简述 SQL Server 的三种恢复模式。
8. 在 SQL Server 中,表级的操作权限有哪些?
9. 登录账号和用户账号的联系、区别是什么?
10. 什么是角色?角色和用户有什么关系?当一个用户被添加到某一角色中后,其权限发生怎样的变化?
11. SQL Server 的权限有哪几种类型?
12. 备份设备有哪些?
13. 完全备份、差异备份、日志备份各有什么特点?以你所知的一台服务器为例,设计一种备份方案。
14. 某企业的数据库每周日晚 12 点进行一次全库备份,每晚 12 点进行一次差异备份,每小时进行一次日志备份,数据库在 2012-8-23 3:30 崩溃,应如何将其恢复使数据库损失最小。
15. SQL Server 如何处理死锁?
16. SQL Server 的隔离级别有几种?
17. SQL Server 有哪几种锁?

第三部分　数据库实施

数据库实施

　　本部分以一个具体的应用系统——学分制财务管理系统为例详细介绍当前数据库应用系统的架构平台和开发技术，重点描述数据库应用系统中客户端程序与后台数据库的交互过程，内容包括.NET框架、ADO.NET核心类库和学分制财务管理系统的设计和实现。在系统实施过程中，分别围绕动态查询、函数、存储过程、触发器、事务和数据安全保障等核心技术描述相应模块的设计和开发。本部分内容能帮助读者深入、灵活地运用数据库相关理论和技术。

第15章
数据库应用程序开发技术

本章重点介绍. NET 环境中的数据库技术——ADO. NET,首先介绍数据应用程序的开发环境——Visual Studio. NET 和可视化编程的基础知识,读者可根据需要阅读和练习本章的可视化编程部分的实例。

本章的学习要点:

- 理解可视化编程;
- ADO. NET 组成;
- ADO. NET 的常用类。

15.1 开发环境简介

1. . NET 框架

对于程序员来说,. NET 是微软公司推出的稳定的软件开发与运行平台。利用. NET 集成编程环境可以简化开发过程,提高开发效率。它是个人或企业进行系统开发时主流的一种开发工具,同时又是面向 XML Web 服务的平台,不同程序语言开发的应用程序都能通过 Internet 进行相互通信和共享数据。

. NET 由 4 部分组成,即. NET 开发平台、. NET 基础服务、. NET 终端设备和. NET 用户体验。. NET 开发平台包括. NET 框架(. NET Framework)、ASP. NET 和 Visual Studio. NET 等。其中,. NET 框架是. NET 开发平台的核心部分,提供了一个建立、配置和运行 Web 服务及应用程序的多语言环境,是. NET 最重要的基础架构。. NET 框架主要包括下面两个部分:

(1) 通用语言运行时(Common Language Runtime,CLR)。它是所有使用. NET 技术的程序的执行环境。CLR 通过将代码翻译成中间语言(Intermediate Language,IL)以允许跨越不同的平台执行代码。

(2) . NET Framework 类库(. NET Framework Base Classes)。它由程序集中包含的命名空间组成。. NET Framework 类库可以用于任何. NET 语言,如 VB. NET、VC++. NET 和 C#. NET。

Visual Studio. NET 是开发. NET 程序的集成开发环境(Integrated Development Environment,IDE)。在. NET 框架的支持下,它可以让程序员很方便地开发多种类型的应用程序,包括:

(1) Windows 应用程序。这种程序运行在客户机上,因为常有一到多个 Form(窗体)元素,所以是最典型的一种应用程序,基于 C/S 模式。

(2) Web 程序。主要是利用 ASP. NET 技术开发的动态网站,用户可以使用 IE 浏览器进行访问,是 B/S 模式的应用程序。

(3) 局域网应用程序。局域网中的分布式计算机之间需要互相通过. NET Remoting (. NET 远程)等技术进行通信。

(4) XML Web Service 应用程序。基于 XML Web Service 技术开发的跨平台、跨系统的分布式系统。

(5) 移动数字设备程序。为手机、PDA、便携式游戏机等开发的应用程序。

本书将重点介绍联合数据库技术的 Windows 应用程序的开发过程。

2. C#简介

C#(读做 C-sharp)编程语言是由微软公司的 Anders Hejlsberg 和 Scott Willamette 领导的开发小组专门为. NET 平台设计的语言、C#是从 C, C++和 Java 发展而来,集中这三种语言最优秀的特点,并加入了它自己的特性,所以 C#可以使程序员很方便地从其他编程语言的开发环境中移植到. NET 上,这也是本书采用 C#来描述数据库应用程序的原因之一。

值得注意的是,C#所开发的程序源代码并不是编译成能够直接在操作系统上执行的二进制本地代码。与 Java 类似,它被编译成为中间代码,然后通过. NET Framework 的虚拟机——CLR 执行。因此虽然最终的程序在表面上仍然与传统意义上的可执行文件都具有. exe 的后缀名。但是实际上,如果计算机上没有安装. NET Framework,那么这些程序将不能够被执行。

C#是事件驱动、完全面向对象的可视化编程语言。限于篇幅,本书不对 C#语法做详细的介绍。读者如果没有面向对象程序编程的经验,请参阅相关的书籍。

15.2　基于. NET 的 Windows 程序开发

15.2.1　可视化编程

可视化程序设计是一种全新的程序设计方法,主要是让程序设计人员利用软件本身所提供的各种控件,像搭积木式地构造应用程序的各种界面。目前几乎所有的主流高级语言都有相应的可视化程序设计的平台,如基于 C++语言的 C++Builder、基于 Java 的 JBuilder、基于 Object Pascal 语言的 Delphi 和基于 C#语言的. NET 开发环境等。

在可视化程序的开发环境中,对于界面的设计,程序设计者只需要选择平台提供的可视化的控件,拖曳到要设计的窗口上,再根据需要为控件设置相关的属性(控件的位置、外观等),就可运行该窗口程序,然后就能看到和设计阶段完全相同的窗口以及窗口中包含的控件,这就是所谓的所见即所得。

窗口也可以称为窗体(Form)是 Windows 桌面应用程序的基本单位,主要用于显示信息和接受用户的输入,它通常是一个矩形的屏幕显示区域,如图 15-1(a)所示。窗体是图形化用户界面(Graphic User Interface,GUI)的顶层容器,但空白窗体通常无法满足用户对界面的交互要求,还需要向窗体中添加功能各异的界面元素,如图 15-1(b)所示的按钮(Button)、文本框(TextBox)和标签(Label),这些界面元素称为控件(Controls)。不同控件有各自不同的用途,它们构成丰富多彩的用户界面,完成多种多样的特殊功能。

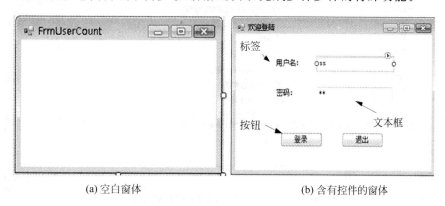

(a) 空白窗体   (b) 含有控件的窗体

图 15-1   窗体

在可视化程序设计中,一个完整的应用程序的框架以及控件的显示和部分控制程序可由系统自动生成,但系统能生成的程序是有局限的,通常是一些标准化的内容,如控件的外观、控件的操作特性和数据来源等。对于控件所表示的数据之间的逻辑关系,必须通过开发人员编写程序来实现。可视化的工具为每一个控件定义了一系列的事件(Event),开发者可以在事件中编写程序片段,这些程序片段在事件发生时被调用。例如,按钮控件都有一个Click 事件,开发者在该事件对应的方法里编写了弹出对话框的代码,那么用户用鼠标单击该按钮控件时就调用该方法弹出一个对话框。

下面联合 Visual Studio.NET 环境介绍上述可视化编程的相关知识。

15.2.2   .NET 下的可视化编程

首先使用 Visual Studio 2008 来创建一个 Windows 应用程序。从桌面上选择"开始"→"程序"→Microsoft Visual Studio 2008 命令,打开 Visual Studio 应用程序。选择"文件"→"新建"→"项目"命令,打开"新建项目"对话框,如图 15-2 所示。

输入项目名称,如图 15-2 中的 xfcwgl 项目。接着,设置项目的存储位置,如图 15-2 中的"c:\jc"。如果要改变存放位置,请单击右边的"浏览"按钮重新设置。最后,单击"确定"按钮,Visual Studio 会显示如图 15-3 所示的界面。

- 位于图 15-3 最上端的是"菜单栏",用户可以通过选择菜单选项执行相关的命令。
- "快捷菜单"将常用的命令以图标的方式表示,用户单击某个图标,就可以执行相应的命令。
- 中间的"工作区"是用户主要操作的地方,所设计的界面、书写的代码都是在"工作区"中显示的。
- 左边的"工具箱"是一个浮动窗口,它是存放控件的地方。
- 右边的"解决方案资源管理器"窗口是对项目中包含的所有文件进行归纳、整理(添加、删除和修改文件)的地方。

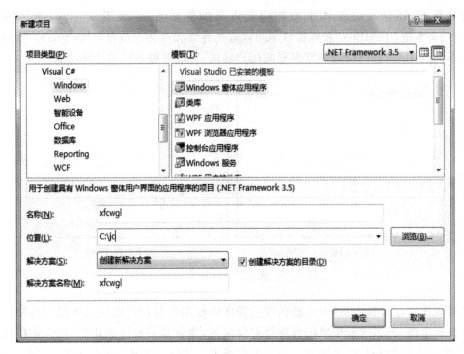

图 15-2　"新建项目"对话框

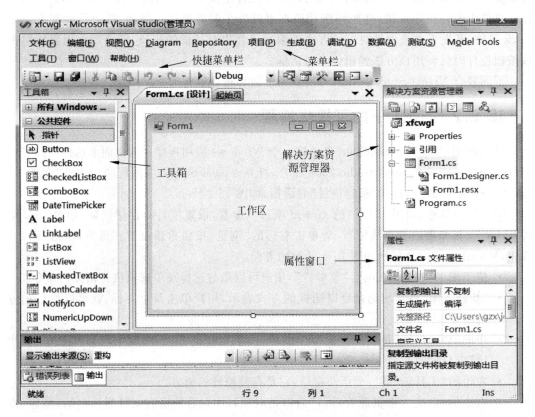

图 15-3　Visual Studio.net 集成开发环境

- 右下方的"属性"窗口用来设置窗体和控件的位置、外观等特性,还可以设置相关的事件。

除此之外,还有"任务列表"窗口和"输出"窗口等,可以方便程序的调试和监视程序的运行过程。

下面针对一些经常被使用的窗口来介绍.NET 中可视化编程的相关知识。

1. "工作区"窗口、窗体和控件

一般新建好的 Windows 应用程序都会在工作区默认创建一个名为 Form1 的窗体,它像一个容器,里面可以放置各种控件。值得注意的是,Windows 窗体应用程序至少必须包括一个 Form 对象。

"工作区"默认处于"设计器"状态。处于设计状态时,用户可以拖曳合适的控件在窗体中进行界面设计。用户可以使用下列方法把"工具箱"面板中的控件添加到窗体中。

(1) 双击"工具箱"面板中的控件,此时将会在窗体的默认位置添加默认大小的控件,用鼠标选中它拖曳到合适位置。

(2) 在"工具箱"面板中选中一个控件,按住鼠标左键不放,把它拖曳到窗体中的合适位置,然后放开鼠标左键。

表 15-1 列出了常用的 Windows 窗体控件。

表 15-1 .NET 常用 Windows 控件

控件名称	说明	控件名称	说明
A Label	标签	⊙ RadioButton	单选按钮
ab Button	按钮	☑ CheckBox	复选框
abl TextBox	文本框	CheckedListBox	复选框列表
ListBox	列表框	ComboBox	组合框
PictureBox	图片框	DateTimePicker	日期控件
Panel	面板	TreeView	树视图

如果要查看和编写窗体和控件对应的代码,用户可以通过选择菜单"视图"→"代码"切换到"代码页",如图 5-4 所示。

2. "解决方案资源管理器"窗口和项目文件

通过图 15-3 右边的"解决方案资源管理器"窗口可以了解整个项目的结构。

图 15-3 显示了一个名为 xfcwgl 的项目,该项目"解决方案资源管理器"窗口中包含以下 4 个部分:

(1) Properties 和"引用"文件夹里分别放置的是项目的属性文件和引用的类库。

(2) Form1. Designer. cs 文件一般存储的是设计阶段用户设置的属性和事件时产生的自动代码。

(3) Form1. cs 文件通常存储的是事件发生时真正要执行的逻辑代码。

(4) Program. cs 是项目的主入口文件。

Program. cs 文件中的初始内容如图 15-5 所示。一般在 Program. cs 文件中使用 Run

方法来启动一个 Windows 应用程序，如图 15-5 的代码"Application. Run(new Form1()); "设置了应用程序启动后显示的第一个窗体是名称为 Form1 的窗体。

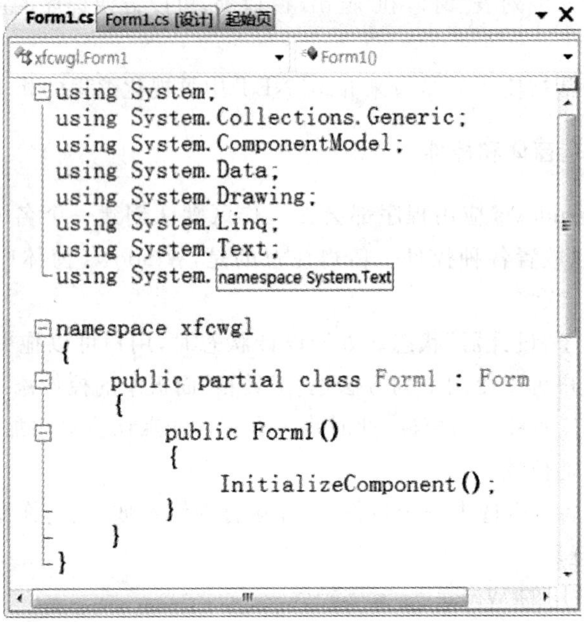

图 15-4　工作区的"代码"视图

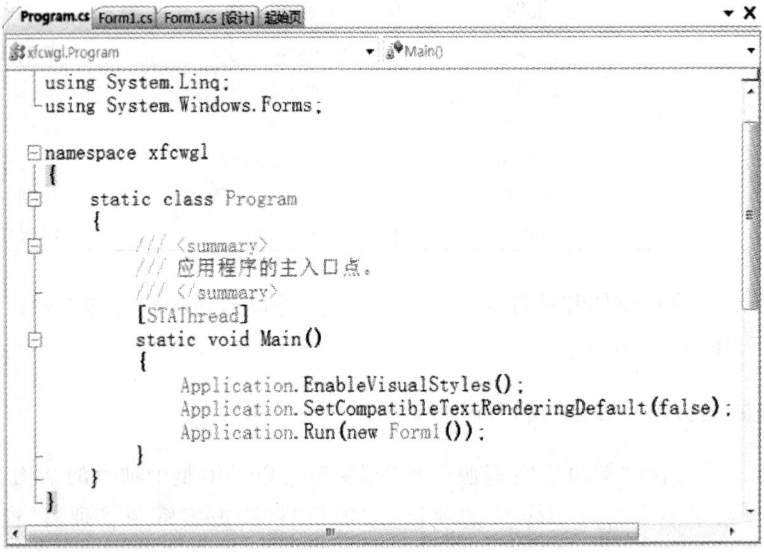

图 15-5　Program. cs 中的内容

3. "属性"窗口、属性和事件

"属性"窗口不但可以设置属性还可以设置事件，单击"属性"窗口的 按钮可以查看和设置对象具有的属性，单击 按钮可以查看和设置对象可以设置的事件。图 15-6 显示了一个名为 btnadd 的按钮在"属性"窗口里切换属性和事件所得的不同视图。

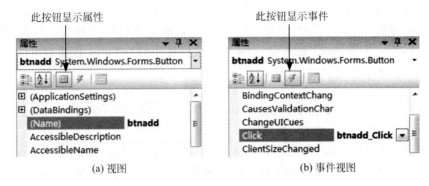

(a) 视图　　　　　　　　　　　　　　　(b) 事件视图

图 15-6　"属性"窗口

注意：

(1) "属性"窗口只有在"工作区"处于"设计器"状态时才能使用。

(2) 使用"属性"窗口时必须先选中要设置的对象，不同的对象具有的属性和事件不同。

1) 属性

窗体和窗体中的每个控件都是对象，通过设置对象的属性可以更改其外观。属性包括属性名和属性值，属性窗口也由 2 列组成：第 1 列是对象具有的属性名称，第 2 列对应属性值。

对象不同，具有的属性也有差异。表 15-2 列出了 Windows 窗体控件常用的公共属性。

表 15-2　.NET 常用 Windows 窗体控件的公共属性

属性名称	说　　明
Name	控件名称，控件的唯一标识
Enable	取值为 true/false，指定控件是否可用
Visible	取值为 true/false，指定控件是否显示
Location	控件的左上角相对于其容器的左上角的坐标
Size	控件的大小
BackColor	控件的背景颜色
Visible	取值为 true/false，指定控件是否可用

2) 事件

Windows 窗体编程是基于事件驱动的。事件是指外界引发的某件事情，有外界的刺激（如鼠标或键盘的操作），也有内部属性或状态的变化。每种控件可以识别不同类型的事件。表 15-3 列出了常用 Windows 窗体控件的公共事件。

表 15-3　.NET 常用 Windows 窗体控件的公共事件

事件名称	说　　明
Click	在单击控件时发生
EnableChanged	在更改控件的启用状态时发生
Enter	在当前控件上按 Enter 键时发生
Move	在移动控件时发生
SizeChanged	当控件上的 Size 属性值更改时发生
LocationChanged	在控件的 Location 属性值更改时发生

为了对事件做出响应，在应用程序中还需要针对该事件添加一个事件处理程序。在 Visual Studio 中使用 C# 编程时，采用"＋＝"运算符添加事件处理程序。例如，假设窗体 Form1 中有一个名为 Button1 的按钮，当需要响应窗体中的 Button1 按钮的单击事件时，使用下面的代码添加事件处理程序：

```
this.Button1.Click + = new System.EventHandler(this.Button1_Click);
```

上述表达式左边的 this.Button1.Click 表明要响应的是 Button1 控件的 Click 事件，右边的 this.Button1_Click 定义了触发该事件后系统将调用的方法，即事件过程的名称。

但上述代码通常不需要程序员手工编写，在 Visual Studio 开发环境中通过以双击窗体中的 Button1 按钮；或在属性窗口添加 Click 事件，系统将在窗体的.Designer.cs 文件中自动生成上述代码。此外，窗体对应的 cs 文件中会自动创建如下的 Click 事件处理程序框架代码。

```
private void Button1_Click(object sender,EventArgs e)
{      //添加用户代码区域              }
```

4..NET 窗口的综合使用

下面通过一个用户登录界面设计的例子来综合介绍上述各窗口的使用。

首先按照前文所述创建好 xfcwgl 项目，然后，依次执行下列操作。

(1) 单击选中图 15-3"工作区"中的窗体 Form1，在"属性"窗口中设置 Name 属性，把它的值由 Form1 修改为 FrmUserLogin；设置 Text 属性，设置值为"欢迎登录"。

在"解决方案资源管理器"窗口选中 Form1.cs 文件，按右键选中"重命名"，把文件名更改为 FrmUserLogin.cs。与此文件相关的 Designer.cs 和 resx 文件会跟着自动重命名。

注意：虽然都是修改名字，但是效果不同。表单名字的修改实际是对表单对应类名字的修改，而表单文件名字的修改只是为了便于用户管理项目中的文件。

(2) 在"工具箱"窗口拖两个标签(Label)控件到 FrmUserLogin 窗体的合适位置，如图 15-7 所示。分别选中这两个标签控件，在"属性"窗口设置各自的 Text 属性值为"用户名："和"密码："。

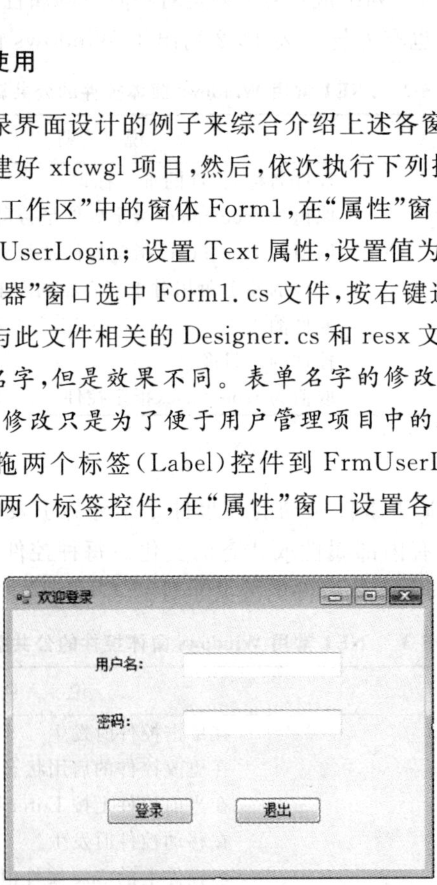

图 15-7　用户登录界面的可视化设计

（3）在"工具箱"窗口拖曳两个文本（TextBox）控件到 FrmUserLogin 窗体。选中第一个文本控件，在"属性"窗口设置它的 Name 属性值为 txtname；选中第二个文本控件，设置 Name 属性值为 txtpwd。

（4）在"工具箱"窗口拖曳两个按钮（Button）控件到 FrmUserLogin 窗体。选中第一个按钮，在"属性"窗口设置它的 Name 属性为 btnlogin，Text 属性为"登录"。设置第二个按钮的 Name 属性为 btnexit，Text 属性为"退出"。选中按钮 btnexit，再单击"属性"窗口上方的闪电图标 查看该按钮具有的所有事件，找到 Click 事件，在第二列空白处双击，把自动生成的事件过程代码区域更改成如下内容：

```
private void btnexit_Click(object sender,EventArgs e)
{              Application.Exit();   }
```

该过程的作用是：当发生单击"退出"按钮事件时，就关闭整个应用程序。按钮 btnlogin 的事件处理代码这里暂时省略，在本书第 18 章中会有详细描述。

（5）打开"解决方案资源管理器"中的 Program.cs 文件，把"Application.Run（new Form1()）;"替换成"Application.Run(new FrmUserLogin ());"（参见步骤(1)）。

注意：Name 属性是控件的唯一标记，该属性发生变化后一定要在程序引用它的地方作相应的修改。

（6）单击"快捷菜单栏"中的绿色按钮 运行该项目，单击"退出"按钮退出正在运行的应用程序。

（7）双击"解决方案资源管理器"中的 FrmUserLogin.Designer.cs，查看系统自动生成的代码。

15.3 .NET 中的数据库技术

15.3.1 ADO.NET 与 .NET 框架

如图 15-8 所示，.NET 支持的各类应用程序都可以通过基于.NET 的编程语言直接无缝地使用 ADO.NET；它也是建立在.NET Framework 之上的一组用于和数据源进行交互的面向对象类库。

通常情况下，与 ADO.NET 交互的数据源是数据库，但它同样也能够是文本文件、Excel 表格或 XML 文件。ADO.NET 提供了对 Microsoft SQL Server 等数据源以及通过 OLE DB 和 XML 公开的数据源的一致访问。数据库应用程序可以使用 ADO.NET 来连接这些数据源，并检索、操作和更新数据。

ADO.NET 是.NET 框架中非常重要的组成部分，但利用 ADO.NET 技术编制的数据库程序必须在.NET 框架支持下才能运行。因此，可以这样描述两者的关系：.NET 框架是 ADO.NET 的运行支撑环境，其内部的类集合中包括了 ADO.NET 的所有类集合。

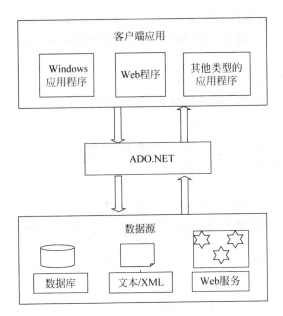

图 15-8   ADO.NET 工作机制

15.3.2   ADO.NET 的组成

ADO.NET 的组成如图 15-9 所示,它主要包括数据提供器和数据集两大部分。

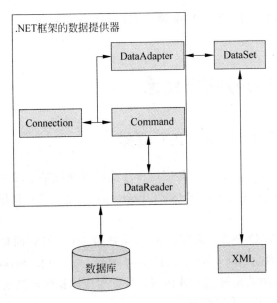

图 15-9   ADO.NET 的组成

数据提供器的功能如下:

(1)连接到数据库。

(2)检索数据。

（3）存储数据集中的数据。

（4）读取检索的数据。

（5）更新数据库。

为实现上述功能，数据提供器提供了 Connection（用于数据库的连接）、Command（用于执行数据库的命令）、DataReader（用于读取数据库）和 DataAdapter（主要用来操作 DataSet）4 个组件。

数据集（DataSet）类似驻扎在内存中的一个小型数据库，是与数据库断开连接、基于缓存记录的集合。

15.3.3　ADO.NET 的常用类

在介绍 ADO.NET 的常用类之前，首先介绍这些类所在的命名空间。

1. 命名空间

.NET 框架的命名空间包括了应用程序可能会用到的动态连接库，提供了多个数据访问操作的类，其中包括以下几个要用到的命名空间：

- System.Data：ADO.NET 的基本类。
- System.Data.SqlClient：SQL Server 7.0 和更高版本数据库设计的类。
- System.Data.OleDb：OLEDB 的数据源和 SQL Server 6.5 及以下版本数据库设计的类。

本书重点介绍与 SQL Server 更兼容的 SqlClient 命名空间中的类。使用命名空间的语句如下：

```
using System.Data;
using System.Data.SqlClient;
```

由 SqlClient 命名空间中的类建立起来的对象具有多种属性和方法，限于篇幅，本书只介绍这些对象中最基本的属性和方法。

2. SqlConnection 类

应用程序与数据库交互，必须首先连接数据库服务器。SqlConnection 类表示一个到 SQL Server 数据库的连接，它位于命名空间 System.Data.SqlClient 中。

使用 SqlConnection 类的第一步是创建 SqlConnection 对象实例，第二步是设置 SqlConnection 对象的连接字符串。

SqlConnection 对象所具有的重要属性和方法如图 15-10 所示。Open 和 Close 方法用于打开和关闭连接。另一个重要属性 ConnectionString 定义了数据库服务器地址、数据库名字、用户名、密码和连接数据库所需要的其他参数。

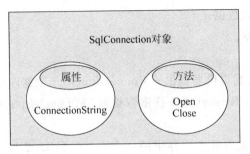

图 15-10　连接对象

其使用方法如下所示：

```
//创建 SqlConnection 类的实例
SqlConnection Con = new SqlConnection();
//设置 Connection 的连接字符串.
Con.ConnectionString = "User ID = 用户名;Password = 密码;Initial Catalog = 数据库名;
Data Source = 数据库服务器 IP 地址;Connect Timeout = 30";
//打开数据库连接对象
Con.Open();
...                                    //其他操作
//关闭数据库连接
Con.Close();
```

3．SqlCommand 类和 SqlParameter 类

与数据库交互的过程意味着必须指明想要执行的操作，这是依靠 SqlCommand 对象执行的。SqlCommand 位于 SqlClient 命名空间，在使用 SqlCommand 类之前必须先创建它的对象实例，然后设置它的属性。

SqlCommand 对象常用的属性和方法如图 15-11 所示。首先需要设置的属性是 SqlConnection，用来指出它与哪个数据源进行连接；成功与数据源建立连接后，就可以用 SqlCommand 对象设置 CommandText 的属性来指定要执行 SQL 语句或存储过程。

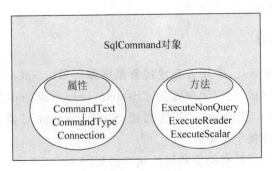

图 15-11　命令对象

设置 CommandText 属性之后，还可以通过 CommandType 属性设置执行命令文本的方式。CommandType 支持三种方式：

(1) Text：设置的是常规的 SQL 语句(SELECT、INSERT、UPDATE 和 DELETE)。

（2）StoredProcedure：设置的是存储过程的名字。

（3）TableDirect：直接用于表格操作形式。

前两种方式往往需要传入参数，SqlCommand 可以使用 SqlParameters 属性来设置命令参数。

SqlParameters 属性本质上是 SqlParameter 类对象的集合。在使用 SqlParameter 类之前必须先创建它的对象实例，在实例化的同时可以指明它的参数名称、类型和长度等。其一般的使用方法如下：

```
//创建 SqlCommand 类的对象实例
SqlCommand Cmd = new SqlCommand (Con);
//设置要执行的 SQL 语句,该语句包含一个参数@ID
Cmd.CommandText = "SELECT * FROM Songs WHERE SongID = @ID";
//设置参数@ID 的类型和长度,并设置参数值
SqlParameter sp = new SqlParameter("@id",SqlDbType.VarChar,10);
sp.Value = "S0001";
//把该参数对象与 Command 对象关联起来
cmd.Parameters.Add(sp);
```

SqlCommand 对象的使用非常灵活，其常用的方法如表 15-4 所示。在使用下述方法之前，必须要保证 SqlCommand 对象的 Connection 属性是打开的，详细的使用参见 18.1 节的"数据库通用访问类"。

表 15-4　命令对象的常用方法

命　　　令	说　　　明
ExecuteNonQuery()	命令返回一个表示命令影响行数的 INT 类型的返回值,适用于执行 INSERT、UPDATE 和 DELETE 命令和存储过程
ExecuteScalar()	返回类型是 Object。如果查询返回行数据,该方法将返回第一行的第一列
ExecuteReader()	返回值是 SqlDataReader 对象,适用于大多数 Select 命令和存储过程

4. SqlDataReader 类

SqlDataReader 对象允许开发人员获得从 SqlCommand 对象的 SELECT 语句得到的结果。SqlDataReader 也位于 SqlClient 命名空间，但值得注意的是，SqlDataReader 对象只能使用 ExecuteReader 方法执行命令来获得，也就是说没有创建 SqlDataReader 类实例的公有构造函数。

SqlDataReader 的使用格式如下：

```
SqlDataReader reader = cmd.ExecuteReader();
```

SqlDataReader 对象使用 Read 方法来读取数据。由于从 SqlDataReader 对象返回的数据都是快速的且只是"向前"的数据流，所以开发人员只能按照一定的顺序从数据流中取出数据，Read 方法往往需要跟一个循环联合使用：

```
While (reader.Read())
{
    // 读取每行数据
    String id = dr.GetString(0);
    int age = dr.GetInt32(1);
    ...
}
reader.Close();
```

注意：数据阅读器(SqlDatareader)在使用时，其底层的 SqlConnection 对象不能用于其他用途。如果需要，可以通过 SqlDataReader.Connection 属性访问底层连接，但唯一能执行的操作是调用连接的 Close 方法关闭它。

5. DataSet 和 SqlDataAdapter 类

DataSet 位于 System.Data 命名空间，需要创建对象实例。DataSet 不仅可以被连接 SQL Server 的对象使用也可以被其他数据提供器(如 XML 和 Oracle 等)使用。DataSet 对象是数据在内存中的表示形式，包括多个 DataTable 对象，每个 DataTable 又包含列和行，就像一个普通数据库中的表。开发人员还能定义这些表之间的关系。

有时，开发人员使用的数据主要是只读的，并且开发人员很少需要将其改变至底层的数据源；同样，还有一些情况要求在内存中缓存数据，以此来减少并不改变的数据被数据库调用的次数。SqlDataAdapter 通过断开模型来帮助开发人员方便地完成对以上情况的处理。

SqlDataAdapter 位于 System.Data.SqlClient 命名空间，需要创建对象实例。SqlDataAdapter 对象需要设置连接属性。当它对数据库进行读取或写入时，会自动打开连接；当填充(Fill)完成时，它会自动关闭连接。SqlDataAdapter 可以包含对数据的 SELECT、INSERT、UPDATE 和 DELETE 操作的 Command 对象引用。

DataSet 和 SqlDataAdapter 的使用如下：

```
//创建 DataSet 对象实例,建立一个空的数据集
DataSet ds = new DataSet();
//创建 SqlDataAdapter 对象,可以在创建时定义连接对象和执行语句
String sqlstr = "SELECT * FROM Songs";
SqlDataAdapter adapter = new SqlDataAdapter(sqlstr,Con);
//填充数据集
adapter.Fill (ds,"Songs");
```

习题 15

1. 简述 ADO.NET 的各组成部分，掌握这些组件的常用属性和方法。

2. 简述 Windows 编程的对象、事件概念，熟练使用 Visual Studio.NET 进行可视化设计。

3. 简述 ADO.NET 的常用类和各个类重要的属性和方法。

第16章
学分制财务管理系统总体设计

16.1 需求分析

学分制财务管理系统是采用学分制教学的高等院校教务系统的子系统,其主要功能是根据学生的缴费和使用学分的状况,显示学生的财务数据(如缴费金额、已使用金额和结余等)。该系统主要提供以下功能模块:

1. 用户管理

本模块由系统管理员使用,包括查询、添加、删除、修改可以使用学分制财务管理系统的用户。

2. 用户登录

当用户登录时,系统根据用户的账号和密码判断其身份的合法性,并进一步判断其拥有的权限菜单,如果是管理员则加载全部系统菜单,否则只能使用除"用户管理"之外的全部菜单。

3. 基础数据管理

(1)学生信息管理。实现学生信息的查询、录入、修改和删除。

(2)资费标准的管理。实现资费标准的录入、修改和删除。资费标准变化了,学生的财务数据也要跟着发生变化。

(3)密码设置。允许用户修改自己的密码。

4. 财务管理

财务管理主要记录学生的缴费状况、根据学生的选修学分情况统计单个学生和整个学校的学费使用情况,它包括以下子模块。

(1)缴费管理。录入学生缴纳的各项费用。学生缴费后才能选课,所以要求学生预交足够的钱。有的学生会一次缴足甚至超出,有的学生要缴多次,所以该模块要允许反复多次录入缴费信息。

(2)选课学分管理。学生选的课程信息中包含学分信息,所以选课记录是学分制财务系统收费的数据基础。系统需要实现"批量导入选课记录"的功能,该功能从其依附的父亲系统——教务管理系统中批量导入符合一定格式的选课记录。

（3）财务查询统计。学分制下的财务管理系统要根据每个学生所修的学分来收费和计算结余。不同的课程对应的学分不同，即使是相同的课程，也会根据专业的不同设置成不同的学分。除此之外，课程类型不同对应的缴费金额也是不同的。比如，"广告设计"作为"专业必修课"是不要收费的，但是作为"专业选修课"就需要按照一个学分100元的价格进行收费。财务查询统计可以查询单个学生的财务数据，包括个人已缴金额、已使用金额和结余。除此之外，财务查询统计模块还能够汇总整个学校的财务数据。

16.2 功能模块设计

根据系统的功能，经过模块化的分析，整个系统的功能模块如图 16-1 所示。

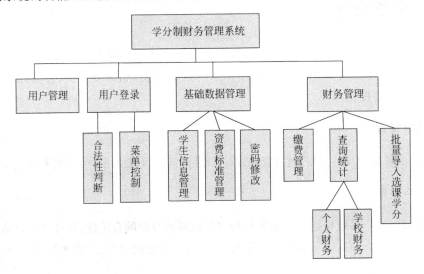

图 16-1　系统功能模块结构图

16.3 开发与运行环境

本程序的开发与运行环境要求如下：
（1）操作系统：Windows XP Professional。
（2）数据库管理系统：Microsoft SQL Server 2005/2008。
（3）开发工具：Microsoft Visual Studio 2005/2008。
（4）运行环境：Windows 2000/XP/Vista/Windows 7。

习题 16

1. 以图书管理为例，设计相应的功能模块。
2. 简述 16.3 节中操作系统、数据库管理系统以及运行环境三者之间的联系。

第17章
学分制财务管理系统数据库设计

17.1　总体设计

根据系统功能模块分析图,可总结出以下数据字典。

(1) 用户信息:用户登录、用户管理时需要用到的数据,数据项包括用户代码、用户名、密码、E-mail 地址、用户角色。

(2) 院系信息:在查询统计模块和学生基本信息管理模块都需要根据院系进行操作,其数据项包括院系代码、院系名称。

(3) 班级信息:在学生基本信息管理模块需要根据班级信息来查询学生,数据项包括班级代码、班级名称、院系代码、班级人数、班主任。

(4) 学生信息:学生基本信息,数据项包括学号、姓名、性别、院系代码、班级代码、入学年份。

(5) 课程信息:批量导入选课学分模块需要显示学生选修了哪些课程,数据项包括课程代码、课程名称、学期总学时、周学时、开课周。

(6) 选课学分:批量导入选课学分和查询统计都需要用到选课学分表,数据项包括学号、课程代码、选课学年、学分、课程类型、成绩、开课学期。

(7) 资费标准:基础数据管理和查询统计都需要用到资费标准表,资费类型可以看作是"选课学分"中的"课程类型"的别名,数据项包括资费(课程)类型代码、资费(课程)类型、费用标准。

(8) 缴费信息:记录学生所缴的每笔金额和日期,数据项包括记录流水号、学号、缴费金额、缴费学年、缴费日期。

(9) 学生财务费用:在查询统计中为了便于查询整个学校的财务数据,所以引入了学生财务费用表,该表的数据可以根据缴费信息表、选课学分表和资费标准表中包含的数据计算得到,数据项包括记录流水号、学号、缴纳总金额、学分花费总金额。

本章描述的数据库应用系统采用 SQL Server 数据库管理系统。请读者在 SQL Server Management Studio(管理控制台)中建立一个名为 cwglDB 的数据库,然后创建如表 17-1~表 17-9 所示的数据表。

表 17-1 用户表（Users）

字段名	类型	字节数	备注	说明
userID	Int	4	主键，自增长	用户代码
userName	Varchar	20		用户名称
passWD	Varchar	32		密码
Email	Varchar	50		E-mail 地址
role	Varchar	5		用户角色

创建用户表（表 17-1）的 SQL 脚本代码如下：

```
CREATE TABLE User(
 userID int IDENTITY(1,1) PRIMARY KEY,
 UserName varchar(50) NOT NULL,
 passWD varchar(32),
 email varchar(50),
     role varchar(5)
)
```

表 17-2 院系表（Department）

字段名	类型	字节数	备注	说明
depID	Int	4	主键，自增长	院系代码
depName	Varchar	50		院系名称

创建院系表（表 17-2）的 SQL 脚本代码如下：

```
CREATE TABLE Department(
 depID int IDENTITY(1,1) PRIMARY KEY,
 depName varchar(50) NOT NULL)
```

表 17-3 班级表（Class）

字段名	类型	字节数	备注	说明
classID	Int	4	主键	班级代码
className	Varchar	50		班级名称
depID	Int	4	外键	院系代码
Counts	Int	4		班级人数
supervisor	Varchar	10		班主任

创建班级表（表 17-3）的 SQL 脚本代码如下：

```
CREATE TABLE Class(
 classID int PRIMARY KEY,
 className varchar(50) NOT NULL,
depID int,
```

```
counts int,
 supervisor varchar(10),
FOREIGN KEY(depID) REFERENCES Department(depID)
)
```

表 17-4 学生信息表（Student）

字段名	类型	字节数	备注	说明
stuID	Char	10	主键	学号
Name	Varchar	10		姓名
gender	Char	2		性别
depID	Int	4	外键	院系代码
classID	Int	4	外键	班级代码
rollYear	Int	4		入学年份

创建学生表（表 17-4）的 SQL 脚本代码如下：

```
CREATE TABLE Student(
 stuID char(10) PRIMARY KEY,
 name varchar(10) NOT NULL,
gender char(2)
depID int,
classID int,
 rollYear int,
FOREIGN KEY(depID) REFERENCES Department(depID),
FOREIGN KEY(classID) REFERENCES Class(classID))
```

表 17-5 课程信息表（Course）

字段名	类型	字节数	备注	说明
courseID	Char	16	主键	课程代码
courseName	Varchar	100		课程名称
termhours	Int	8		学期总学时
weekhours	Int	4		周学时
startweek	Int	10		开课周

创建课程信息表（表 17-5）的 SQL 脚本代码如下：

```
CREATE TABLE Course(
 courseID char(10) PRIMARY KEY,
 courseName varchar(100) NOT NULL,
termhours int,
weekhours int,
startweek int
)
```

表 17-6 选课学分表(CostScore)

字段名	类型	字节数	备注	说　明
stuID	Char	10	联合主键	学号(外键)
courseID	Char	16		课程代码(外键)
Year	Int	4		选课学年
coursetype	Int	4	外键	课程类型
Score	Float	8		学分
Mark	Float	8		成绩
Term	Char	6		开课学期

创建选课学分表(表 17-6)的 SQL 脚本代码如下:

```
CREATE TABLE CostScore(
 stuID char(10) NOT NULL,
 courseID char(16) NOT NULL,
year int NOT NULL,
coursetype int,
score float,
mark float,
term varchar(6),
PRIMARY KEY (stuID,courseID,year),
FOREIGN KEY(stuID) REFERENCES Student(stuID)
FOREIGN KEY(courseID) REFERENCES Course(courseID),
FOREIGN KEY(coursetype) REFERENCES Standard(stdID)
)
```

表 17-7 资费标准表(Standard)

字段名	类型	字节数	备注	说　明
stdID	Int	4	主键	资费(课程)类型代码
Type	Varchar	20		资费(课程)类型
money	Money	8		费用标准

创建资费标准表(表 17-7)的 SQL 脚本代码如下:

```
CREATE TABLE Standard(
 stdID int IDENTITY(1,1) PRIMARY KEY,
 type varchar(20) NOT NULL,
typemoney money NOT NULL
)
```

表 17-8 缴费表(Payment)

字段名	类型	字节数	备注	说　明
ID	Int	4	主键,自增长	记录流水号
stuID	Char	10	外键	学号
paymoney	Money	8		缴费金额
payyear	Int	4		缴费学年
paytime	smalldatetime	4		缴费时间

创建缴费表(表 17-8)的 SQL 脚本代码如下：

```
CREATE TABLE Payment(
  ID int IDENTITY(1,1) PRIMARY KEY,
stuID char(10) NOT NULL,
  paymoney money NOT NULL,
payyear int NOT NULL,
paytime smalldatetime,
FOREIGN KEY(stuID) REFERENCES Student(stuID))
```

表 17-9　学生财务费用表(FinanceRolls)

字段名	类型	字节数	备注	说　　明
stuID	Char	10	主键	学号
paymoney	Money	8		缴纳总金额
usedmony	Money	8		学分总花费

创建学生财务费用表(表 17-9)的 SQL 脚本代码如下：

```
CREATE TABLE FinanceRolls (
  stuID char(10) PRIMARY KEY,
  paymoney money NOT NULL,
usedmoney money NOT NULL,
FOREIGN KEY(stuID) REFERENCES Student(stuID))
```

17.2　完整性设计

　　数据库完整性设计包括实体完整性、参照完整性和用户自定义完整性。实体完整性规则是指主关键字的值不能为空。参照完整性主要描述关系间引用时不能引用不存在的元组。与 17.1 节的数据表相对应的 cwglDB 数据库的关系图如图 17-1 所示。

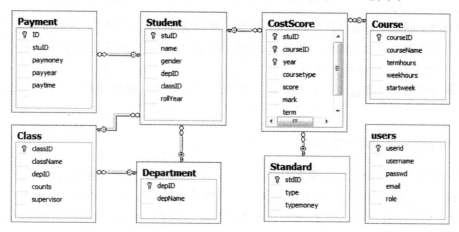

图 17-1　表间完整性约束

用户自定义完整性主要涉及下列表:

1. 选课学分表(表 17-6CostScore)

系统约定:学分字段的值域为[0,12],成绩字段的值域为[0,100]。

```
ALTER TABLE CostScore ADD CONSTRAINT [CK_CostScore] CHECK (score>0 AND score<=12) AND (mark>=0
AND mark<=100)
```

2. 学生表(表 17-4Student)

系统约定:性别字段只能是男或女,并且入学年份不能大于系统当前年份。

```
ALTER TABLE Student ADD CONSTRAINT [CK_Student] CHECK gender IN ('男','女') AND rollYear<=
datepart(year,getdate())))
```

3. 课程表(表 17-5Course)

系统约定:周学时必须小于等于学期总学时。

```
ALTER TABLE Course ADD CONSTRAINT [CK_ Course] CHECK weekhours<=termhours
```

17.3　函数和存储过程设计

在开发数据应用程序时,Transact-SQL 编程语言也是关联应用程序和 SQL Server 数据库的常用编程接口。本节介绍财务模块里使用到的用户自定义函数和存储过程。

17.3.1　函数设计——个人财务

学分制下的学生财务状况的统计是复杂的,可以说是"一人一账"。在财务查询统计中经常要反复查询每个学生的财务状况,包括已缴金额、已使用金额和结余金额。其中,结余金额＝(已缴金额－已使用金额)。

下面分别给出计算这些金额的函数,这些函数将在财务查询统计模块中(18.4 节)中被调用。

1. 个人已缴金额的计算函数

财务系统允许每个学生按照学年多次缴纳学费,所有的缴纳记录都存储在 17.1 节描述的 Payment(表 17-8)中。用来计算个人已缴金额的函数 Payment_Statistic 带两个参数:@stuID 对应于学号;@queryYear 对应于缴费学年。如果@queryYear 为 0,则表示计算一个学生共缴纳的学费金额,否则计算该生在某一学年缴纳的学费金额。

```
-- ==============================================
--<获取某一个学生在某一学年共缴纳了多少学分学费>
-- 输入参数：学号和查询的缴费年份
-- 如果查询年份为 0,则求该生在所有学年的缴费总额
-- ==============================================
CREATE FUNCTION [dbo].[Payment_Statistic]
(    @stuID char(10),@queryYear int)
RETURNS money
AS
BEGIN
 declare @paymoney money
if (@queryYear = 0)
select @paymoney = sum(paymoney) from payment where stuID = @stuID
else
select @paymoney = sum(paymoney) from payment where stuID = @stuID and payyear = @queryYear

  -- Return the result of the function
 RETURN isnull(@paymoney,0)
END
```

2. 个人已使用金额的计算函数

单个学生已使用学分学费的计算需要关联到两张表：资费标准表(表 17-7Standard)和选课学分表(表 17-6CostScore)。为了便于读者理解,图 17-2 给出了资费标准表中的部分数据。

表 - dbo.Standard

stdID	type	typemoney
1	专业必修	0.0000
2	专业选修	100.0000
3	公选课	50.0000

图 17-2　资费标准表

选课学分表中的数据如图 17-3 所示。

表 - dbo.Class　表 - dbo.Student　表 - dbo.Course　表 - dbo.CostScore　摘要

stuID	courseID	year	coursetype	score	mark	term
2005270001	K060000001	2005	1	3	89	2005-1
2005270001	K060000002	2005	2	2	70	2005-1
2005270001	K060000003	2006	3	4	80	2006-1
2005270001	K060000004	2005	2	2	90	2005-2

图 17-3　选课学分表

在计算一个学生已使用的学费金额时,首先要按照 CostScore 表的课程类型(coursetype 列)查询出已使用的学分(score 列)数,再用各类型学分和 Standard 表中的不同单价(typemoney 列)相乘来获得已使用的总金额。以学号为 2005270001 的学生为例,从 CostScore 表可以观察到该生专业必修课(coursetype 列为 1)共使用了 3 个学分,2 门专业选修课

(coursetype 列为 2)共使用了 4(2+2)个学分,1 门公选课(coursetype 列为 3)的对应的学分是 4 分,因此他已使用的学分金额为(3×0+4×100+4×50)=600 元。

函数 Usedmoney_Statistic 用来计算个人已使用金额的,变量@stuID 对应于学号,函数的核心是联合查询 Standard 表和 CostScore 表并使用 SUM 函数进行统计。

```
--===============================================
-- <获取某一个学生共使用了多少学分金额>
-- 输入参数：学号
--===============================================
CREATE FUNCTION Usedmoney_Statistic
(              @stuID char(10)          )
RETURNS money
AS
BEGIN
      -- 所有学年使用的学分金额
      declare @allusedmoney money
      select @allusedmoney = sum(usedmoney) from (
          select isnull(score,0) * typemoney as usedmoney from costscore
          left join Standard on costscore.coursetype = standard.stdid
          where stuID = @stuID
      ) as temptable
       RETURN isnull(@allusedmoney,0)
END
```

17.3.2　存储过程设计

17.3.1 节给出了计算单个学生财务数据的两个函数,但财务管理的查询统计模块经常要统计校内整个学生的已缴和已使用金额,如果每次都调用函数动态计算所有学生的财务数据就会大大降低系统的运行效率。因此系统设计了学生财务费用表(表 17-9 FinanceRolls)用来存储事先计算好的所有学生的财务数据。

注意：FinanceRolls 财务费用表的数据只反映了某个时刻的学生财务状况,当学生选课学分表 CostScore 和资费标准表 Standard 中的数据发生变化时,FinanceRolls 表中的数据需要被更新成最新状态。所以特别设计了下面两个存储过程来动态刷新 FinanceRolls 表中全部或部分的数据。

1. 动态生成学生财务表数据

存储过程一般将常用或很复杂的工作包含的一组 SQL 语句以一定逻辑组合在一起,动态生成学生财务表数据的 proc_generate_FinanceRolls 存储过程主要包括两个 SQL 语句：一个是 DELETE 删除语句；另一个是 INSERT 插入语句。在刷新 FinanceRolls 表中的全部数据时,采用了一个很简单的策略：先删除 FinanceRolls 表中的数据,然后联合 Standard 表和 CostScore 表重新生成数据插入到 FinanceRolls 表中。

代码如下：

```
CREATE PROCEDURE [dbo].[proc_generate_FinanceRolls]
AS
```

```
    BEGIN
          begin transaction
    -- 首先删除财务费用表中的数据
          delete from FinanceRolls

    -- 若发生错误就回撤事务
          IF @@ERROR <> 0 goto errorproc
    -- 重新计算数据插入到财务费用表中
          insert into FinanceRolls
          select tableusedmoney. stuid, sumusedmoney, sumpaymoney
          from
          (
                select stuid, sum(score * typemoney) as sumusedmoney
                from costscore, standard
                where coursetype = stdid
                group by stuid
          ) as tableusedmoney,
          (
                select stuid, sum(paymoney) as sumpaymoney
                from payment
                group by stuid
          ) as tablepaymoney
          where tableusedmoney. stuid = tablepaymoney. stuid
      -- 若发生错误就回撤事务
          IF @@ERROR <> 0 goto errorproc
      -- 提交事务
      commit transaction
      return 1
    -- 回撤事务
    errorproc:
      rollback transaction
      return - 1
    END
```

　　值得注意的是，存储过程 proc_generate_FinanceRolls 中使用了事务机制，即只有当删除和插入两个操作都成功时，对应表中的数据才真正改变，调用过程中若有一个操作失败，那么 FinanceRolls 表内的数据将回退到调用该存储过程之前的状态。

2. 刷新学生财务表数据

　　FinanceRolls 表中的数据除了会在批量导入选课学分记录时发生变化，还跟资费标准表相关。例如，学校把专业选修课的单价由 100 降低到 80，那么选修过专业选修课学生的财务数据也将发生变化，因此要在 FinanceRolls 表中为这些学生更新相应的财务数据。

　　proc_update_FinanceRolls 存储过程能实现上述功能，需要传入的参数是课程类型代码 @stdID，该过程的核心是一个嵌套的 UPDATE 语句，最内层的 SELECT 找到 CostScore 表中所有与课程类型 @stdID 相关的学号，然后外层 SELECT 重新计算这些学生的财务费用并更新 FinanceRolls 表数据。

```
CREATE PROCEDURE [dbo].[proc_update_FinanceRolls]
    @stdID int
AS
BEGIN
update FinanceRolls set usedmoney = sumusedmoney
    from
    (
            select stuid, sum(score * typemoney) as sumusedmoney
            from costscore, standard
            where coursetype = stdid and stuid in (
                    select stuid from costscore where coursetype = @stdid
            )
            group by stuid
    ) as tableusedmoney
    where tableusedmoney.stuid = FinanceRolls.stuid
END
```

习题 17

1. 结合本节的函数与存储过程，简述两者的适用场景。

2. 以图书管理为例，设计相应的表、建立表间完整性约束。

3. 以图书管理为例，设计一些用户自定义的函数和存储过程。

4. 运行存储过程 proc_update_FinanceRolls。试将 Standard 表中 StdID 为 2 的课程资费由 100 降到 80，查看 FinanceRolls 表中的数据变化。

第18章

学分制财务管理系统实现

本章介绍运用 ADO. NET 数据库技术来开发一个 MIS 系统的具体技术细节。因为本书的重点是介绍数据库技术而不是系统开发,所以本章的设计和展开不是围绕功能模块,而是围绕前文所介绍的 SQL Server 数据库的各项技术展开叙述,其内容包括数据访问类、数据库基础操作、数据库安全、存储过程和函数、触发器和事务等多个部分。由于数据访问类在各功能模块都要使用,所以独立出来描述,其余部分会联合应用场景逐一进行描述。

本章的学习要点:

- 数据库通用访问类;
- 理解如何通过用户界面来获取 SQL 语句的动态变化部分。

注意:

如果读者下载了本书配套的数据库文件和项目文件,请参照本章附录进行操作,如果没有配套文件,请务必完成下面两个工作。

① 建立第 17 章所描述的 cwglDB 数据库,包括表、函数和存储过程,并且在表中填入了相应的实验数据。

② 在 Visual Studio 中建立一个名为 xfcwgl 的空项目(参见本书 15.2.2 节)。

18.1 建立数据库通用访问类

本节重点介绍数据库通用访问类——DataAccess。DataAccess 类的实现主要依赖于 ADO. NET 的常用类,请读者结合 15.3.3 节中的内容来学习这部分内容。

1. DataAccess 类的建立

在"解决方案资源管理器"窗口选中 xfcwgl 项目,按右键选择"添加"→"类"命令,在弹出对话框的"名称"中输入 DataAccess,然后单击"添加"按钮。项目将增加一个名为 DataAccess. cs 的文件,如图 18-1 所示。

同时,"工作区"区域就会出现一个名为 DataAccess 的类。但目前这个类还只是一个空白类,需要用户输入下面的类主体代码。

2. DataAccess 类整体框架

DataAccess 类包括两个常用属性 Constr 和 Con,这两个属性分别对应数据库连接字符

图 18-1 "解决资源管理器"中添加 DataAccess 类

串和数据库连接对象。此外,该类还包括一系列的数据读取、操纵的方法。

首先给出 DataAccess 类的整体定义:

```
//引入命名空间
using System;
using System.Data;
using System.Data.SqlClient;
//开始定义类
class DataAccess
{
        //定义连接字符串和连接对象
        private static String _constr =
        "Data Source = localhost;Initial Catalog = cwglDB;Integrated Security = true";
        private static SqlConnection _con = null;
        public static String Constr
        {   //定义存取连接字符串的属性
            get
            {   return _constr;      }
            set
            {   _constr = value;      }
        }
        public static SqlConnection Con
        { //定义获取连接的属性
            get
            { if (_con == null)
                    _con = new SqlConnection(_constr);
                return _con;
            }
        }
    // 下面设计的是 DataAccess 类的方法
    //传入 Select 语句,获得返回数据,属于连接方式
    public static SqlDataReader GetReader(String sqlstr){
        :            //此处内容请参看下面各个方法说明之后在此进行填充
    }
    //传入 Select 语句,获得返回数据集,属于断开方式
    public static DataSet GetDataset(String sqlstr,String name){
        :            //此处内容请参看下面各个方法说明之后在此进行填充
    }
```

```
public static DataSet GetDataset(String sqlstr,String [ ] paramvalues,String name){
    ：//此处内容请看下面各个方法说明之后在此进行填充
}
//传入 DML 语句,进行数据的添加、删除和修改,包括调用无返回数据集的存储过程
public static int ExecuteSql(String sqlstr){
    ：//此处内容请看下面各个方法说明之后在此进行填充
}
public static int ExecuteSql(String sqlstr,String[ ] paramnames,String[ ] paramvalues){
    ：//此处内容请看下面各个方法说明之后在此进行填充
}
//传入一组 DML 语句,执行事务
public static int ExecuteSqltrans(String[ ] sqlstrs){
    ：//此处内容请看下面各个方法说明之后在此进行填充
}
}
```

DataAccess 类中的私有变量_constr,它一般包括服务器地址(Data Source)、数据库名称(Initial Catalog)、用户名(User ID)和密码(Password)4 项内容(参见 15.3.3 节)。为了使项目能在不同用户的计算机上成功运行,这里使用的服务器地址是 localhost(也可以设置为 127.0.0.1),即本机。连接采用的是 Windows 身份,所以没有特别设置 User ID 和 Password,而是使用了 Integrated Security＝true 语句。

下面分别介绍 DataAcees 类中每个方法的具体实现:

1) GetDataSet 方法

GetDataSet 方法通过 ADO. net 中的 SqlDataAdapter 组件去数据库中获取数据存放到系统内存里的数据集中,然后就会自动断开与数据库的连接,能够减轻数据库的负担。该方法需要传入一条具体的 SELECT 语句和一个数据表的名字,分别用变量 sqlstr 和 name 表示,它返回的是一个含有名为 name 的表的数据集。

```
public static DataSet GetDataset(String sqlstr,String name)
{
    try
    {
        SqlDataAdapter da = new SqlDataAdapter(sqlstr,Con);
        DataSet ds = new DataSet();
        da.Fill(ds,name);
        return ds;
    }
    catch (Exception e)
    {
        throw new Exception(e.Message);
        return null;
    }
}
```

2) ExecuteSql 方法

通过方法重载,本书设计了两个 ExecuteSql 方法。第一个 ExecuteSql 方法的传入参数是一条数据操纵 SQL 语句(如 INSERT、UPDATE 或 DELETE 语句),用变量 sqlstr 表示,

该方法返回的是这条 SQL 语句影响的记录条数。

```
public static int ExecuteSql(String sqlstr)
    {
            SqlCommand cmd = new SqlCommand(sqlstr,Con);
            try
            {
                if (Con.State == ConnectionState.Closed)
                    Con.Open();
                int r = cmd.ExecuteNonQuery();
                Con.Close();
                return r;
            }
            catch (Exception e)
            {      //产生操作异常时的处理
                return 0;
            }
    }
```

第二个 ExecuteSql 方法需要传入三个参数：变量 sqlstr 是一条带参数的 SQL 语句；变量 paramnames 是一个字符串数组，用它来传递 sqlstr 中包含的所有参数的名字；变量 paramvalues 传递的是参数列表对应的值。这个方法不仅能调用 SQL 的 DML 语句，还能调用存储过程。

```
public static int ExecuteSql(String sqlstr,String [ ] paramnames,String [ ] paramvalues)
{
    SqlCommand cmd = new SqlCommand(sqlstr,Con);
    for (int i = 0;i < paramnames.Length;i++)
    {
        SqlParameter sp = new SqlParameter(paramnames[i],paramvalues[i]);
        cmd.Parameters.Add(sp);
    }
    try
    {
        if (Con.State == ConnectionState.Closed)
            Con.Open();
        int r = cmd.ExecuteNonQuery();
        return r;
    }
    catch (Exception e)
    {      //产生操作异常时的处理
        throw new Exception(e.Message);
        return 0;
    }
    finally
    {
        cmd.Dispose();
        Con.Close();
    }
}
```

3）GetReader 方法

GetReader 方法通过调用 SqlDataReader 对象来获得返回的数据列表，这种方式适合返回少量数据或实时数据。变量 sqlstr 传入的是一条 SELECT 语句。

```
public static SqlDataReader GetReader(String sqlstr)
{
    SqlCommand cmd = new SqlCommand(sqlstr,Con);
    try
    {
        if (Con.State == ConnectionState.Closed)
                Con.Open();
        SqlDataReader dr = cmd.ExecuteReader(CommandBehavior.CloseConnection);
        return dr;
    }
    catch (OleDbException e)
    {
        return null;
    }
    finally
    {
        cmd.Dispose();
    }
}
```

注意：DataReader 必须工作在连接方式，如果依附的 Connection 断开，它前面获得数据指针也会变空，所以 finally 区域内不能出现 Con.Close()语句。

4）ExecuteSqltrans 方法

ExecuteSqltrans 方法在应用程序端实现事务操作。一组 SQL 语句通过字符串数组变量 sqlstrs 传给该方法，该方法启用事务，确保这一组 SQL 语句要么全做，要么全部不做。

```
public static int ExecuteSqltrans(String[] sqlstrs)
{

    if (Con.State == ConnectionState.Closed)
                Con.Open();
    SqlTransaction ts = Con.BeginTransaction();   //设置事务,要做全做,要不都不做
    SqlCommand cmd = new SqlCommand();
    cmd.Connection = con;
    cmd.Transaction = ts;
    try
    {
        //执行每条 SQL 语句
        for (int i = 0;i < sqlstrs.Length;i++)
        {
            cmd.CommandText = sqlstrs[i];
            cmd.ExecuteNonQuery();
        }
```

```
        ts.Commit();          //全部语句都执行成功,事务提交
        return 1;
    }
    catch (Exception e)
    {
        ts.Rollback();        //中间有语句执行异常,事务回退,所有已执行的操作撤销
        return 0;
    }
    finally
    {
        cmd.Dispose();
        Con.Close();
    }
}
```

18.2 基础 DML 的演练——用户管理

用户管理模块是为系统管理员服务的,系统管理员可以用此模块显示、添加、修改和删除可以使用该系统的用户基本信息。请读者重点关注 SELECT、INSERT、UPDATE 和 DELETE 语句采用界面控件传入的值来形成完整 SQL 语句的过程。

1. 准备工作

创建该模块的步骤如下:

(1) 在"解决方案资源管理器"窗口选中 xfcwgl 项目,按右键选择"添加"→"Windows 表单"命令,在弹出对话框的"名称"中输入 frmUserManage.cs,然后单击"添加"按钮。

(2) 把该窗体的名字命名为 frmUserManage(习惯上,文件名和窗体名称保持一致),Text 属性设置为"用户管理"。

2. 界面设计和说明

在"工具箱"中拖曳相应类型的控件(见表 181 用户管理界面的所用的控件列表)放置到主窗体中。其布局设计可以如图 18-2 所示。

其中,GroupBox 控件也称为分组控件,它像一个收纳箱,可以把界面中的控件按功能分区域;DataGridView 控件也称为网格控件,提供一种强大而灵活的以表格形式显示数据的方式。

图 18-2 中的界面涉及以下几个操作:

(1) 在左边的 dgUsers 控件中显示用户。

(2) 在 groupbox1 分组控件中实现添加用户操作。

(3) 在 groupbox2 分组控件中实现更新或删除用户操作。

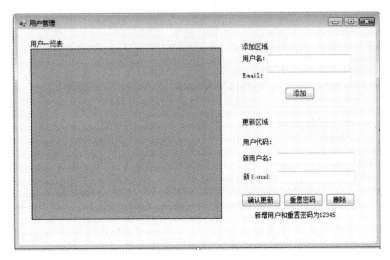

图 18-2　用户管理界面设计

表 18-1　用户管理界面的所用的控件列表

控件名称	控件类型	属 性 设 置
groupBox1	GroupBox	分组控件,Text 属性设置为"添加区域"
label1	Label	Text 属性设置为"用户名："
txtusername	TextBox	Text 属性设置为""
label2	Label	Text 属性设置为"E-mail："
txtmail	TextBox	Text 属性设置为""
btnadd	Button	Text 属性设置为"添加"
groupBox2	GroupBox	分组控件,Text 属性设置为"更新区域"
Label3	Label	Text 属性设置为"用户代码"
lbluserid	Label	Text 属性设置为""
label4	Label	Text 属性设置为"新用户名："
txtusernameedt	TextBox	Text 属性设置为""
label5	Label	Text 属性设置为"新 E-mail："
txtmailedt	TextBox	Text 属性设置为""
btnedt	Button	Text 属性设置为"确认更新"
btnresetpwd	Button	Text 属性设置为"重置密码"
btndel	Button	Text 属性设置为"删除"
label6	Label	Text 属性设置为"用户一览表"
dgUsers	DataGridView	网格控件,默认

3. 功能代码

下面描述该模块各项功能的具体实现过程和相应代码。

1）显示用户——SECLECT 语句

在进行添加、删除和修改操作之后都需要调用显示用户的代码,所以把获取用户数据的代码设计成了一个名为 bindData 的独立过程,以供其他的过程来多次调用。

```
private void bindData()
{
    String sqlstr = "select userid as 用户代码,username as 用户名称,email from users";
    DataSet ds = DataAccess.GetDataset(sqlstr,"users");
    dgUsers.DataSource = ds.Tables["users"];
}
```

在 bindData 过程中：

（1）字符串变量 sqlstr 里包含的是要执行的 SELECT 语句，因为要在 dgUsers 网格控件中显示有意义的中文字段名，所以在 SELECT 语句中设置了列别名。

（2）SELECT 语句查询用户表（表 17-1Users），把该 SELECT 语句传给前文所描述 DataAccess 类的 GetDataSet 方法后，会得到一个含有 users 表的数据集 ds。

（3）把 ds 数据集的 users 表绑定到 dgUsers 控件之后便能显示所有用户的信息。

用户信息在 frmUserManage 窗体出现时就要显示给管理员，所以需要在 frmUserManage 窗体的 Load 事件里添加显示用户数据的代码。

在"工作区"中选中 frmUserManage 表单，然后在"属性"窗口里单击闪电标记 ，找到 Load 事件，双击该事件的第二列空白处，Visual Studio 会自动切换到代码视图并定位到 frmUserManage_Load 过程中。

在 frmUserManage_Load 过程中直接调用 bindData 过程，具体的代码如下所示。

```
private void frmUserManage_Load(object sender,EventArgs e)
{
    bindData();
}
```

2）添加用户——INSERT 语句

管理员在"添加区域"中紧跟"用户名："之后的 txtusername 文本框里输入用户名，在 "email："之后的 txtmail 文本框输入用户的 E-mail 信息之后，单击 btnadd（添加）按钮之后把该用户信息添加到数据库，所以需要为 btnadd 按钮添加一个 Click 事件。

选中 frmUserManage 表单中的 btnadd 按钮，然后在"属性"窗口里单击闪电标记 ，找到 Click 事件，双击该事件的第二列空白处，Visual Studio 会自动切换到代码视图并定位到 btnadd_Click 过程中。

此过程的详细代码如下：

```
private void btnadd_Click(object sender,EventArgs e)
{
        //添加操作
        //开始检查用户输入是否合法
        if (txtusername.Text.Trim().Equals(""))
        {
            MessageBox.Show("添加操作,必须设置用户名称");
```

```
                return;
            }

            //通过检查,真正操作
            //确保插入的新用户名唯一
            String sqlstr = "if (not exists(select * from users where username = @username))
insert into users(username,email,passwd) values(@username,@email,'123456')";

            String[] paranames = new string[2] {"@username","@email"};
            object[] paravalues = new object[2] {txtusername.Text,txtmail.Text};
            int result = DataAccess.ExecuteSql(sqlstr,paranames,paravalues);
            if (result == 0)
             MessageBox.Show("插入失败!");
            else
            {
                //添加成功,重新刷新 datagridview 中的数据
                bindData();
                //界面清空
                txtmail.Text = "";
                txtusername.Text = "";
                MessageBox.Show("插入成功!");
            }
        }
```

上述代码中的 sqlstr 变量包含的 SQL 语句包括两个部分,首先用"if not exists()"语句判断新加入的用户名是否唯一,如果唯一则执行插入语句 INSERT 插入语句,那么 result变量会返回 1；否则,result 变量会返回−1 值。

此外,"insert into users(username,email,passwd) values(@username,@email,'123456')"并不是一个可执行的完整 SQL 语句,除了字段 passwd 对应的值是 123456 之外,其余两个字段 username 和 email 并没有对应具体的值,只有当用户在文本框 txtusername 和文本框txtmail 中输入值时,这两个字段才会得到相应的数据,进而得到一个完整可执行的 SQL 语句。例如,操作者在文本框 txtusername 和 txtmail 中分别输入 zhangsan 和 zs@sina.com时,就可以得到一条这样的 SQL 语句"insert into users(username,email,passwd) values('zhangsan','zs@sina.com','123456')",执行此语句就可以把名为 zhangsan 的用户插入到数据库中。

注意：参看 17.1 节的 users 表,可以发现它有 4 个字段,其中 userid 在此没有赋值,因为 userid 字段是递增字段,由 DBMS 自动填充,应用程序不能显式地给它赋值。

3) 修改用户信息——UPDATE 语句

与添加用户操作不同,更新操作是对已经存在的用户进行信息的修改,更新操作主要是更新用户名、E-mail 和密码信息,用户的代码是不变的,所以在执行修改操作之前首先需要选择一个已知的用户,先获得该用户的具体信息。比如,用户代码、姓名和 E-mail 地址,然后再修改该用户的相关信息。

首先为 dgusers 网格控件设置一个特殊的事件 RowHeaderMouseClick。该事件在用户单击 DataGridView 的一行行头时会被自动触发。

　　选中 frmUserManage 表单中的 dgUsers 控件,设置它的 RowHeaderMouseClick 事件,把管理员在 dgusers 网格控件中选定的一行数据(某个用户)分别赋给"更新区域"中的各个控件。

　　代码如下:

```
private void dgUsers_RowHeaderMouseClick(object sender,DataGridViewCellMouseEventArgs e)
{
    //获取用户代码,它位于 dgusers 控件选中行的第 1 列
    lbluserid.Text = dgUsers.Rows[e.RowIndex].Cells[0].Value.ToString();
    //获取用户姓名,它位于 dgusers 控件选中行的第 2 列
    txtusernameedt.Text = dgUsers.Rows[e.RowIndex].Cells[1].Value.ToString();
    //获取 E-mail 地址,它位于 dgusers 控件选中行的第 3 列
    txtmailedt.Text = dgUsers.Rows[e.RowIndex].Cells[2].Value.ToString();

}
```

　　管理员在"更新区域"中紧跟"新用户名:"之后的 txtusernameedt 文本框里输入修改后的用户名,在"新 email:"之后的 txtmailedt 文本框输入修改后的 E-mail 信息之后,需要单击 btnedt(确认更新)按钮之后才能把该用户的新信息更新到数据库中,所以需要为 btnedt 按钮添加一个 Click 事件。

　　选中 frmUserManage 表单中的 btnedt(确认更新)按钮,设置它的 Click 事件,在 btnedt _Click 过程中添加如下代码:

```
private void btnedt_Click(object sender,EventArgs e)
{
    //更新操作
    //开始检查用户操作是否正确
    if (lbluserid.Text.Trim().Equals(""))
    {
        MessageBox.Show("请先单击左边表格中的行记录的头先选择一条要更新的记录");
        return;
    }
    //修改的数据是否合理
    if (txtusernameedt.Text.Trim().Equals(""))
    {
        MessageBox.Show("更新操作,必须设置用户名");
        return;
    }
    String sqlstr = "update users set username = @name,email = @mail where userid = @id";
    String[] paranames = new string[3] {"@name","@mail","@id"};
    object[] paravalues = new object[3] {txtusernameedt.Text, txtmailedt.Text, Convert.
ToInt32(lbluserid.Text)};
    int result = DataAccess.ExecuteSql(sqlstr,paranames,paravalues);
    if (result == 0)
                MessageBox.Show("更新失败!");
    else
    {
```

```
            //更新成功,重新刷新 datagridview 中的数据
            bindData();
            //界面清空
            lbluserid.Text = "";
            txtmailedt.Text = "";
            txtusernameedt.Text = "";
            MessageBox.Show("更新成功!");
        }
    }
```

选中 frmUserManage 表单中的 btnresetpwd(重置密码)按钮,设置它的 Click 事件,在 btnresetpwd_Click 过程中添加如下代码:

```
private void btnresetpwd_Click(object sender, EventArgs e)
{
        String sqlstr = "update users set passwd = '12345' where userid = " + lbluserid.Text;
        int result = DataAccess.ExecuteSql(sqlstr);
        if (result == 0)
            MessageBox.Show("密码重置失败!");
        else
            MessageBox.Show("密码重置成功!默认密码是 12345");
}
```

4)删除用户——DELETE 语句

删除用户操作针对的是已经存在用户,因此在进行删除时,管理员先要在 dgusers 网格控件中单击某条记录的行头来选择待删除的用户,这个操作会首先调用前文所述的 dgUsers_RowHeaderMouseClick 过程,这个过程会把用户选择的用户代码赋给 lblstID 标签。

详细代码如下:

```
private void btndel_Click(object sender, EventArgs e)
{
    //删除操作
    //开始向用户确认是否真要进行删除操作
    if (MessageBox.Show("确定要删除这个用户吗?","注意", MessageBoxButtons.OKCancel,
MessageBoxIcon.Warning) != DialogResult.OK)
        return;
    //检查用户输入是否合法
    if (lbluserid.Text.Trim().Equals(""))
    {
        MessageBox.Show("删除操作,必须单击左边表格中的行记录的头先选择一条要删除的记录");
        return;
    }
    //真正执行删除操作
    String sqlstr = "delete from users where userid = " + lbluserid.Text;
    int result = DataAccess.ExecuteSql(sqlstr);
    if (result == 0)
```

```
    {
        MessageBox.Show("删除失败!");
    }
    else
    {
        //删除成功,重新刷新 datagridview 中的数据
        bindData();
        //界面清空
        lbluserid.Text = "";
        txtmailedt.Text = "";
        txtusernameedt.Text = "";
        MessageBox.Show("删除成功!");
    }
}
```

注意:删除操作是不可回撤的,所以管理员在单击"删除"按钮之后一定要弹出对话框来确认是否真的进行删除。如果管理员单击了弹出对话框的 OK 按钮则真正执行 DELETE 语句,否则什么都不做。

4. 运行结果

在"解决方案资源管理器"窗口双击打开 Program. cs 文件,把 Application. Run()代码改写成 Application. Run(new frmUserManage()),即设置程序开始启动的界面是用户管理窗体。其运行结果如图 18-3 所示。当 cwglDB 数据库中的 users 表中已经存放多条记录时,左边的 dgUsers 网格控件会显示所有已添加的用户,如果 users 表中还没有记录,那么网格控件中不会显示数据,请读者自行执行添加、更新和删除用户的操作。

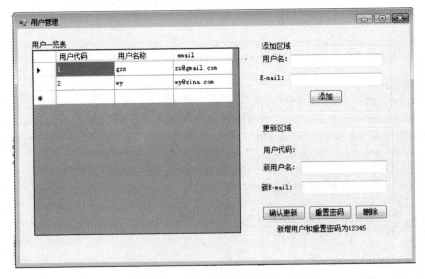

图 18-3　用户管理运行界面

18.3　动态查询条件的演练——查询学生信息

查询学生信息模块根据用户提供的不同查询条件来显示某个或某些学生的基本信息。动态查询的本质就是根据用户设定的查询条件动态形成 SELECT 语句中的 WHERE 子句部分的内容。学生的基本信息界面如图 18-4 所示。查询学生界面的控件如表 18-2 所示。

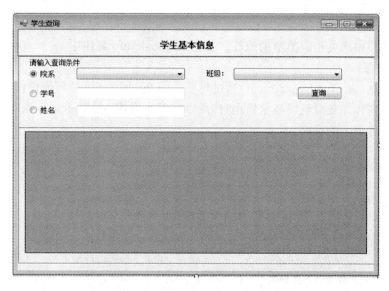

图 18-4　学生基本信息界本设计

表 18-2　查询学生界面的控件

控件名称	控件类型	属性设置
panel1；	Panel	Anchor：Top，Left，Right
label1；	Label	Text 属性设置为"学生基本信息"
panel2；	Panel	Anchor：Top，Left，Right
label3；	Label	Text 属性设置为"请输入查询条件"
rbdep；	RadioButton	Text 属性设置为"院系"
dpldepart；	ComboBox	默认
label4；	Label	Text 属性设置为"班级："
dplclass；	ComboBox	默认
rbstuid；	RadioButton	Text 属性设置为"学号"
rbstuname；	RadioButton	Text 属性设置为"姓名"
txtstuname；	TextBox	Text 属性设置为""
txtstuid；	TextBox	Text 属性设置为""
btnqy；	Button	Text 属性设置为"查询"
panel3；	Panel	Anchor：Top，Left，Right，Bottom
dgqy；	DataGridView	Anchor：Top，Left，Right，Bottom

1．准备工作

创建该模块的步骤如下：

（1）在"解决方案资源管理器"窗口选中 xfcwgl 项目，按右键选择"添加"→"Windows 表单"命令，在弹出对话框的"名称"中输入 frmBasicInfo.cs，然后单击"添加"按钮。

（2）把该窗体的名字命名为 frmBasicInfo，Text 属性设置为"学生查询"。

2．界面设计和说明

在"工具箱"中拖曳相应类型的控件放置到 frmBasicInfo 窗体中。

1）显示院系

院系的信息（表 17-2 Department）通过界面中的 dpldepart 下拉列表控件来显示。因为院系的信息在窗体加载时就要显示给用户，所以需要为窗体 frmBasicInfo 设置 Load 事件并在其过程中添加如下的代码。

```
private void frmBasicInfo_Load(object sender, EventArgs e)
{
    //查询院系
    string sqlstr = "select depid,depname from department";
    DataSet ds = DataAccess.GetDataset(sqlstr,"depart");
    DataTable dt = ds.Tables["depart"];
    dt.Rows.Add("0","请选择");          //额外添加一个"请选择"项
    //绑定院系数据到下拉列表
    dpldepart.DisplayMember = "depname";
    dpldepart.ValueMember = "depid";
    dpldepart.DataSource = dt;
    if (dt.Rows.Count > 0)
    {
        //默认显示最后一项："请选择"项
        dpldepart.SelectedIndex = dpldepart.Items.Count - 1;
    }
}
```

2）动态显示班级

班级是随着院系的变化而变化的，当用户选择了新的院系后，属于该院系的所有班级都应该呈现出来。该操作将用到班级表（表 17-3 Class）。

选中 dpldepart 下拉列表控件，设置它的 SelectionChangeCommitted 事件，该事件会在用户选择了不同的院系时自动触发。在该事件过程中添加如下代码。

```
private void dpldepart_SelectionChangeCommitted(object sender, EventArgs e)
{
    //当用户选择了新的院系,需要用新院系的代码去动态获得它所辖的班级
    string strsql = "";
    if (dpldepart.SelectedValue.ToString().CompareTo("请选择") != 0)
    {
```

```
        strsql = "select classID,rtrim(className) as className from class where depID =
" + dpldepart.SelectedValue + " order by classname";
    }
    else
        strsql = "select classID,rtrim(className) as className from class order by classname";
    DataSet ds = DataAccess.GetDataset(strsql,"class");
    DataTable dt = ds.Tables["class"];
    //dt 中除了存储真正存在的班级,再添加一项"请选择"
    dt.Rows.Add("0","请选择");
    //为下拉列表控件绑定数据
    dplclass.ValueMember = "classID";
    dplclass.DisplayMember = "className";
    dplclass.DataSource = dt;
    dplclass.SelectedIndex = dplclass.Items.Count - 1;    //默认选择最后一项
}
```

3) 根据查询条件动态显示数据

如果用户在界面中选定了不同的查询方式:院系、学号或者是姓名,在单击"查询"按钮后,后台需要根据查询方式和设定的查询条件动态地形成 SELECT 语句后的 WHERE 子句,最终获得符合查询条件的学生记录。该操作涉及学生信息(表 17-4)、班级(表 17-3)和院系(表 17-2)。

```
private void btnqy_Click(object sender,EventArgs e)
{
    string cxtj = "";                      //变量 cxtj 放置查询条件
    if (rbdep.Checked)                     //选择了院系查询方式
    {
        if (dpldepart.SelectedValue.ToString() != "0")
        {
            cxtj = "student.depID = " + dpldepart.SelectedValue;
            //选择了院系并且又选择了班级
            if (dplclass.SelectedValue != null && dplclass.SelectedValue.ToString() != "0")
            cxtj += " and student.classID = '" + dplclass.SelectedValue + "'";
        }
        else
        {
            MessageBox.Show("请选择要查询的选择院系");
            return;
        }
    }
    else if (rbstuid.Checked)              //选择了学号查询方式
    {
        if (txtstuid.Text.Trim() != "")
            cxtj = "student.stuID = '" + txtstuid.Text + "'";
        else
        {
            MessageBox.Show("请输入要查询的学生学号!");
            return;
        }
    }
```

```
        Else                                    //选择了姓名查询方式
        {
            if (txtstuname. Text. Trim() != "")
                cxtj = "student. name like ' % " + txtstuid. Text + " % '";
            else
            {
                MessageBox. Show("请输入要查询的学生姓名(支持模糊查询)!");
                return;
            }
        }
    string sqlstr = "";
    sqlstr = "select stuID 学号,name 姓名," +
        "gender 性别,class. classID 班级代码,className 班级简称," +
        "department. depID 院系代码,depname 院系名称,rollYear 入学年份" +
        "from student left join class on class. classID = student. classID " +
        "left join Department on Department. depID = student. depID ";

    if (cxtj. Trim(). Length != 0)
        sqlstr += "where " + cxtj;                //把查询条件与前面的 SELECT 语句相结合

    DataSet ds = DataAccess. GetDataset(sqlstr,"student");
    if (ds != null)
    {
        DataTable dt = ds. Tables["student"];
        dgqy. DataSource = dt;
        if (dt == null || dt. Rows. Count == 0)
        {
            MessageBox. Show("未查询到记录");
            return;
        }
    }
    else
    {
        MessageBox. Show(this,"数据出错!");
        return;
    }
}
```

4. 运行结果

在"解决方案资源管理器"窗口双击打开 Program. cs 文件,把 Application. Run()代码改写成 Application. Run(new frmBasicInfo()),即设置程序开始启动的界面是查询学生信息窗体。执行这个模块前,请确保院系表、班级表和学生表中已经手工输入了一些数据。程序运行界面如图 18-5 所示。

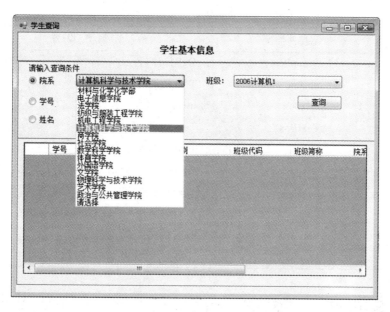

图 18-5 学生基本信息查询运行界面

18.4 调用函数和存储过程——查询统计

财务管理中的"财务查询统计"模块包括个人查询和学校查询两种方式,与18.3 节中的学生基本信息查询不同,该模块涉及的 SQL 语句比较复杂,因此采用函数和存储过程来实现。

1. 准备工作

创建该模块的步骤如下:

(1)在"解决方案资源管理器"窗口选中 xfcwgl 项目,按右键选择"添加"→"Windows 表单"命令,在弹出对话框的"名称"文本框中输入 frmFinanceRolls. cs,然后单击"添加"按钮。

(2)把该窗体的名字命名为 frmFinanceRolls(习惯上,文件名和窗体名称保持一致),Text 属性设置为"财务查询统计"。

(3)打开 SQL Server Management Studio(管理控制台)检查是否在数据库 cwglDB 中建立了 17.3 节中的 proc_generate_FinanceRolls 存储过程,若还没有建立,请参照 8.4.2 节打开"查询编辑器",输入相应代码,单击"执行"按钮来创建该存储过程。同理创建 Usedmoney_Statistic 函数和 Payment_Statistic 函数。

2. 界面设计和说明

在"工具箱"中拖曳相应类型的控件(如表 18-3 所示)放置到主窗体中。其布局设计如图 18-6 所示。

表 18-3　财务查询统计界面所用的控件列表

控件名称	控件类型	属性设置
groupBoxLeft	GroupBox	分组控件,Text 的属性为"学生个人财务查询"
btnstu	Button	Text 的属性为"查询"
liststu	ListBox	Items 的属性设置为""
txtstuid	TextBox	Text 的属性为""
label1	Label	Text 的属性为"学号:"
groupBoxRight	GroupBox	分组控件,Text 的属性为"整个学校财务查询"
label2	Label	Text 的属性为"总计:"
lblshow	Label	Text 的属性为"动态文本显示区域"
btnrefresh	Button	Text 的属性为"刷新数据"
dgschool	DataGridView	网格控件,默认

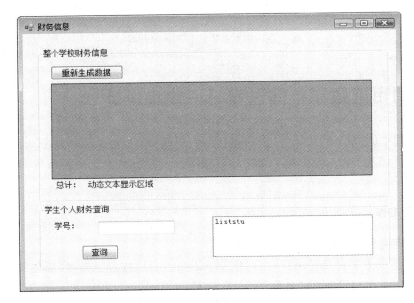

图 18-6　财务查询统计界面设计

此界面主要包括三个部分:

(1)界面加载时,"整个学校财务信息"下面的网格控件显示学校里各个院系的财务数据,并在"总计:"标签后的"动态文本显示区域"显示汇总数据。

(2)单击"重新生成数据"按钮能够根据数据库最新的财务数据统计最新的收支状况,并把新数据重新加载到网格控件中。

(3)在"学生个人财务查询"区域,用户输入单个的学生学号,单击"查询"按钮后,在右边的 liststu 列表框控件里显示该学生的财务收支状况。

其中,学生个人财务查询使用了函数,重新生成数据调用了存储过程。

3. 功能代码

1) 显示单个学生的财务信息——调用函数

为 btnstu 查询按钮设置 Click 事件,并在其事件过程中调用 bindstu 过程。

```
private void btnstu_Click(object sender, EventArgs e)
{
    bindstu();
}
```

过程 bindstu 中的变量 sqlstr 包含的 SELECT 语句与 18.2 节不同,它调用了数据库中用户自定义的函数 payment_statistic 和 usedmoney_statistic(参见 17.3.1 节)。SELECT 语句中使用用户自定义函数的方法与调用系统函数的方法基本类似,但是需要指定用户自定义函数的模式。

```
void bindstu()
{
//在 SELECT 语句中调用函数 dbo.payment_statistic()和 dbo.usedmoney_statistic()
    String sqlstr = @"select name, dbo.payment_statistic(stuid) as 总缴纳, dbo.usedmoney_
statistic(stuid) as 总花费,
    (dbo.payment_statistic(stuid) - dbo.usedmoney_statistic(stuid)) as 总结余
    from student
    where stuid = " + txtstuid.Text.Trim();

    System.Data.SqlClient.SqlDataReader dr = DataAccess.GetReader(sqlstr);
    if (dr!= null && dr.Read())
    {
        liststu.Items.Clear();
        liststu.Items.Add("姓名: " + dr.GetString(0));
        liststu.Items.Add("总缴纳: " + Convert.ToString(dr[1]));
        liststu.Items.Add("总使用: " + Convert.ToString(dr[2]));
        liststu.Items.Add("结余: " + Convert.ToString(dr[3]));
        dr.Close();
    }
    else
        MessageBox.Show("查无此人的信息!");
}
```

2) 显示整个学校的财务信息

学校由院系组成,整个学校的财务信息包括各个分院系的财务数据和最终的汇总数据。所有学生的财务数据已经被事先计算好存储在学生财务费用表 FinanceRolls 中(参见表 17-9)。过程 bindschool 里的 sqlstr 变量包含了要执行的 SELECT 语句,该语句对 FinanceRolls 表中的数据先按照院系分组汇总,然后通过 DataTable 类的 Compute 方法计算整个学校的汇总数据并显示在 dgschool 网格控件下方的 lblshow 标签中。

```
void bindschool()
{
    String sqlstr = @"select depname 学院,paymoney 总缴纳,usedmoney 总花费,(paymoney -
usedmoney) as 总结余 from
    (select student.depid,sum(isnull(paymoney,0)) as paymoney,
    sum(isnull(usedmoney,0)) as usedmoney from financerolls
    right join student on student.stuid = financerolls.stuid
    group by depid) as a,department
    where a.depid = department.depid ";

    DataSet ds = DataAccess.GetDataset(sqlstr,"schoolfee");
    DataTable dt = ds.Tables[0];
    dgschool.DataSource = dt;

    object paysum = dt.Compute("sum(总缴纳)","");
    object usedsum = dt.Compute("sum(总花费)","");
    object balancesum = dt.Compute("sum(总结余)","");

    lblshow.Text = "总缴纳:" + paysum + " 总使用:" + usedsum + " 总结余:" + balancesum;
}
```

整个学校的财务数据在 frmFinanceRolls 表单出现时就要被加载到 dgschool 网格控件中,所以要为 frmFinanceRolls 表单添加 Load 事件并在相应的事件过程中调用上面的 bindschool 方法。

```
private void frmFinanceRolls_Load(object sender,EventArgs e)
{
bindschool();
}
```

3) 重新生成数据——调用存储过程

学生财务费用表 FinanceRolls 中的数据会随着导入新的选课记录发生重大变化,"重新生成数据"按钮允许用户生成和查看最新的统计数据。

选择 btnrefresh 按钮,添加 Click 事件,调用 DataAccess 类中带三个参数的 ExecuteSql 方法(参见 18.1 节),ExecuteSql 方法的第一个参数设置的是要执行的存储过程名字 proc_generate_FinanceRolls,因为该存储过程不需要传入参数,所以 ExecuteSql 方法后面两个参数被设置为 NULL 值。若该存储过程执行成功,则重新调用 bindschool 方法为 dgschool 网格控件加载最新统计数据。

```
private void btnrefresh_Click(object sender,EventArgs e)
{
    int r = DataAccess.ExecuteSql("proc_generate_FinanceRolls",null,null);
    if (r != 0)
    {
        MessageBox.Show("数据生成成功!");
```

```
            bindschool();              //重新加载整个学校的财务统计数据
        }
        else
        MessageBox.Show("数据生成失败!");
    }
```

4. 运行结果

在"解决方案资源管理器"窗口双击打开 Program. cs 文件,把 Application. Run()代码改写成 Application. Run(new frmFinanceRolls()),即设置程序开始启动的界面是财务查询统计窗体。其运行结果如图 18-7 所示。

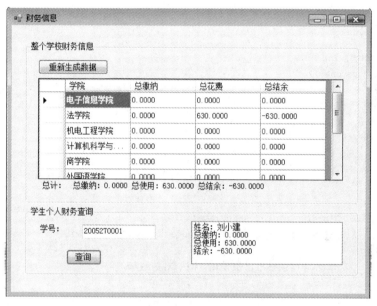

图 18-7　财务查询运行界面设计

18.5　触发器演练——资费标准管理

资费标准表 Standard 发生变化,学生的财务费用表 FinanceRolls 随即也会发生变化,财务管理中的查询统计模块也会相应受到影响,这种联动问题非常适合用触发器来解决。

触发器是个特殊的存储过程,它的执行不是由程序调用,也不是手工启动,而是由事件来触发,如当对一个表进行操作(INSERT、UPDATE 和 DELETE)时就会激活它。这是一个完全自动的过程,触发器一旦被激活就会在数据库服务器中执行相应的操作,因此除了事先需要在服务器端把触发器建立好之外,应用程序并不需要什么特别的设置。

1. 准备工作

创建该模块的步骤如下:

(1) 在"解决方案资源管理器"窗口选中 xfcwgl 项目,按右键选择"添加"→"Windows

表单"命令,在弹出对话框的"名称"文本框中输入 frmCwStandard.cs,然后单击"添加"按钮。

(2) 把该窗体的名字命名为 frmCwStandard(习惯上,文件名和窗体名称保持一致),Text 属性设置为"资费标准管理"。

(3) 打开 SQL Server Management Studio(管理控制台)检查是否在数据库 cwglDB 中建立了 17.3 节中的 proc_update_FinanceRolls 存储过程,若还没有建立,请参照 8.4.2 节打开"查询编辑器",输入相应代码,单击"执行"按钮来创建该存储过程。

(4) SQL Server Management Studio(管理控制台)的"查询编辑器"中,输入以下代码来为资费标准表 Standard 建立触发器。

```
CREATE TRIGGER [trg_ModifyStandard]
ON [dbo].[Standard]
AFTER UPDATE,DELETE
AS
BEGIN
DECLARE @stdID int
IF(UPDATE(typemoney))
BEGIN
    DECLARE @result int
    SELECT @stdID = stdID FROM inserted
    -- 调用存储过程,它用新资费标准去更新学生财务表中的数据
    EXEC @result = proc_update_debtedroll @stdID
END
ELSE
BEGIN
    SELECT @stdID = stdID FROM deleted
    IF EXISTS(select * from costscore where coursetype = @stdID)
    begin
        RAISERROR ('该标准已被使用,无法删除!',16,10)
        rollback
    end
  END
END
```

在 Standard 表(表 17-4)发生更新和删除操作后,trg_ModifyStandard 的触发器就会被触发:如果用户更新的是 Standard 表的 typemoney 字段,那么在更新完成后,它会把发生变化的资费类型代码传给 proc_update_debtedroll 存储过程(参见 17.3.2 节),该存储过程就会去刷新 FinanceRolls 表中的数据。如果用户执行的是删除 Standard 表中的记录,那么该触发器需要检查该资费类型代码是否在选课学分表 Costscore 中被使用,若已被使用则拒绝删除该记录,否则允许删除。

2. 界面设计和说明

在"工具箱"中拖曳相应类型的控件(如表 18-4 所示)放置到主窗体中,其布局设计如图 18-8 所示。

图 18-8 所示的界面涉及以下几个操作。

表 18-4　资费管理界面所用的控件列表

控件名称	控件类型	属 性 设 置
groupbox1	GroupBox	分组控件，Text 的属性为"添加区域"
label1	Label	Text 的属性为"资费类型："
label2	Label	Text 的属性为"费用标准："
txttypename	TextBox	Text 的属性为""
txtmoney	TextBox	Text 的属性为""
btnadd	Button	Text 的属性为"添加"
groupbox2	GroupBox	分组控件，Text 的属性为"更新区域"
label3	Label	Text 的属性为"资费类型代码："
lblstdID	Label	Text 的属性为""
label4	Label	Text 的属性为"资费类型："
label5	Label	Text 的属性为"费用标准："
txttypenameedt	TextBox	Text 的属性为""
txtmoneyedt	TextBox	Text 的属性为""
btnedt	Button	Text 的属性为"确认修改"
btndel	Button	Text 的属性为"删除"
dgStandard	DataGridView	网格控件，默认

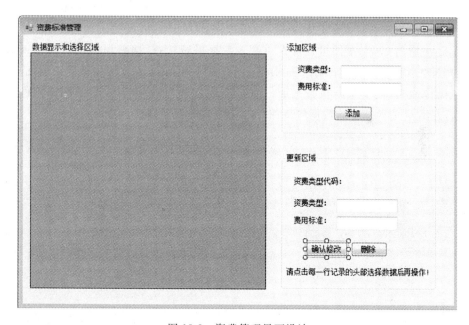

图 18-8　资费管理界面设计

（1）在左边的 dgStandard 网格控件里显示已定义好的资费标准。

（2）在 groupbox1 分组控件里实现添加资费标准。

（3）在 groupbox2 分组控件里实现更新或删除资费标准。

1）显示资费标准

资费标准存储在 Standard 表（表 17-4）中，bindData 过程使用 SELECT 语句把资费标准数据加载到 dgStandard 网格控件中。

```
private void bindData()
{
    String sqlstr = "select stdid as 资费类型代码,type as 资费类型,typemoney as 资费标准
from standard";
    DataSet ds = DataAccess.GetDataset(sqlstr,"stdtable");
    dgStandard.DataSource = ds.Tables["stdtable"];
}
```

因为资费标准数据在 frmCwStandard 窗体显示时加载到 dgStandard 网格控件中,所以要为 frmCwStandard 窗体的 Load 事件添加显示资费标准的 bindData 过程。

```
private void FrmCwStandard_Load(object sender,EventArgs e)
{
    bindData();
}
```

2）添加资费标准

用户在"添加区域"中紧跟的"资费类型："之后的 txttypename 文本中输入资费标准的名称,在"费用标准："之后的 txtmoney 文本框里输入该资费标准对应的价格,然后单击 btnadd 按钮把新的资费标准加入到数据库,所以需要为 btnadd 按钮添加 Click 事件。

btnadd 按钮的 Click 事件过程首先对输入数据进行检查,接着根据用户的输入数据形成完整的 INSERT 语句,最后调用 DataAccess 类的 ExecuteSql 方法执行真正的插入操作。如果插入操作成功,需要重新执行上面的 bindData 过程使得 dgStandard 网格控件加载最新的数据,并清空文本框中的数据等待用户继续输入另一条资费标准。

```
private void btnadd_Click(object sender,EventArgs e)
{
    //开始检查用户输入是否合法
    if (txttypename.Text.Trim().Equals("") || txtmoney.Text.Trim().Equals(""))
    {
        MessageBox.Show("添加操作,必须设置类型名称和对应的费用标准");
        return;
    }
    else
    {
        try
        {
            Convert.ToDecimal(txtmoney.Text);
        }
        catch (Exception ex)
        {
            MessageBox.Show("费用标准必须是数值");
            return;
        }
    }
```

```
//通过检查,真正进行插入数据操作
String sqlstr = "insert into standard(type,money) values(@type,@money)";
String[] paranames = new string[2] {"@type","@money"};
object[] paravalues = new object[2] {txttypename.Text,Convert.ToDecimal(txtmoney.Text)};
int result = DataAccess.ExecuteSql(sqlstr,paranames,paravalues);

if (result == 0)
{
    MessageBox.Show("插入失败!");
}
else
{
    //添加成功,重新刷新datagridview中的数据
    bindData();
    //界面清空
    txtmoney.Text = "";
    txttypename.Text = "";
    MessageBox.Show("插入成功!");
}
}
```

3)修改资费标准

修改资费标准操作是针对已经存在的资费标准进行修改的用户操作时需要两个步骤:

(1)点选 dgStandard 网格控件的一行记录。

(2)在"更新区域"的文本框内输入修改后的信息单击 btnedt(确认修改)按钮。

首先为 dgStandard 网格控件添加 RowHeaderMouseClick 事件,在网格控件的行头被单击时把用户选择的一行数据分别赋给"更新区域"中的各个控件。

```
private void dgStandard_RowHeaderMouseClick(object sender,DataGridViewCellMouseEventArgs e)
{
    //用户点击表格的每一行的头部
    lblstdID.Text = dgStandard.Rows[e.RowIndex].Cells[0].Value.ToString();
    txttypenameedt.Text = dgStandard.Rows[e.RowIndex].Cells[1].Value.ToString();
    txtmoneyedt.Text = dgStandard.Rows[e.RowIndex].Cells[2].Value.ToString();
}
```

选中界面中的 btnedt 按钮控件,为其添加 Click 事件。首先检查是否选择了一行数据进行修改并且输入的修改数据是否正确,然后形成完整的 UPDATE 语句调用 DataAccess 类的 ExecuteSql 方法执行真正的更新操作。

```
private void btnedt_Click(object sender,EventArgs e)
{
    //更新操作
    //开始检查用户操作是否正确
    if (lblstdID.Text.Trim().Equals(""))
    {
```

```
                MessageBox.Show("更新操作,必须单击左边表格中的行记录的头先选择一条要更新的记录");
                return;
            }
            //修改的数据是否合理
            if (txttypenameedt.Text.Trim().Equals("") || txtmoneyedt.Text.Trim().Equals(""))
            {
                MessageBox.Show("更新操作,必须设置类型名称和对应的费用标准");
                return;
            }
            else
            {
                try
                {
                    Convert.ToDecimal(txtmoneyedt.Text);
                }
                catch (Exception ex)
                {
                    MessageBox.Show("费用标准必须是数值!");
                    return;
                }
            }
            String sqlstr = "update standard set type = @type,money = @money where stdid = @stdid";
            String[] paranames = new string[3] {"@type","@money","@stdid"};
            object[] paravalues = new object[3] {txttypenameedt.Text, Convert.ToDecimal(txtmoneyedt
        .Text),Convert.ToInt32(lblstdID.Text)};
            int result = DataAccess.ExecuteSql(sqlstr,paranames,paravalues);
            if (result == 0)
            {
                MessageBox.Show("更新失败!");
            }
            else
            {
                //更新成功,重新刷新 datagridview 中的数据
                bindData();
                //界面清空
                lblstdID.Text = "";
                txtmoneyedt.Text = "";
                txttypenameedt.Text = "";
                MessageBox.Show("更新成功!");
            }
    }
```

4）删除资费标准

删除资费标准也是针对已经存在的资费标准进行的,用户操作时也包括两个步骤:

(1) 点选 dgStandard 网格控件的一行记录。

(2) 检查"更新区域"的文本框以确认是要删除的记录后,单击 btndel(删除)按钮。

与步骤(1)相关的 RowHeaderMouseClick 事件已经在修改操作中定义完毕,这里只要为 btndel 按钮设置 Click 事件。Click 事件调用动态生成的 DELETE 语句实现删除数据的操作,详细代码如下。

```
private void btndel_Click(object sender,EventArgs e)
{
    //删除操作
    if (MessageBox.Show(this,"确定要删除该记录吗?","注意",MessageBoxButtons.OKCancel) !=
DialogResult.OK)
        return;
    //开始检查用户输入是否合法
    if (lblstdID.Text.Trim().Equals(""))
    {
        MessageBox.Show("删除操作,必须单击左边表格中的行记录的头先选择一条要删除的记录");
        return;
    }

    //真正操作
    String sqlstr = "delete from standard where stdid = " + lblstdID.Text;
    int result = DataAccess.ExecuteSql(sqlstr);
    if (result == 0)
    {
        MessageBox.Show("删除失败!");
    }
    else
    {
        //删除成功,重新刷新 datagridview 中的数据
        bindData();
        //界面清空
        lblstdID.Text = "";
        txtmoneyedt.Text = "";
        txttypenameedt.Text = "";
        MessageBox.Show("删除成功!");
    }
}
```

4. 运行结果

在"解决方案资源管理器"窗口双击打开 Program.cs 文件,把 Application.Run()代码改写成 Application.Run(new frmCwStandard()),即设置程序开始启动的界面是资费标准管理窗体。其运行结果如图 18-9 所示。

注意:在资费标准管理的界面程序中并没有显式调用前面定义的 trg_ModifyStandard 触发器,但是程序运行时,用户单击"确认修改"和"删除"按钮来执行 UPDATE 和 DELETE 命令时,SQL SERVER 服务器会自动调用上面的触发器。

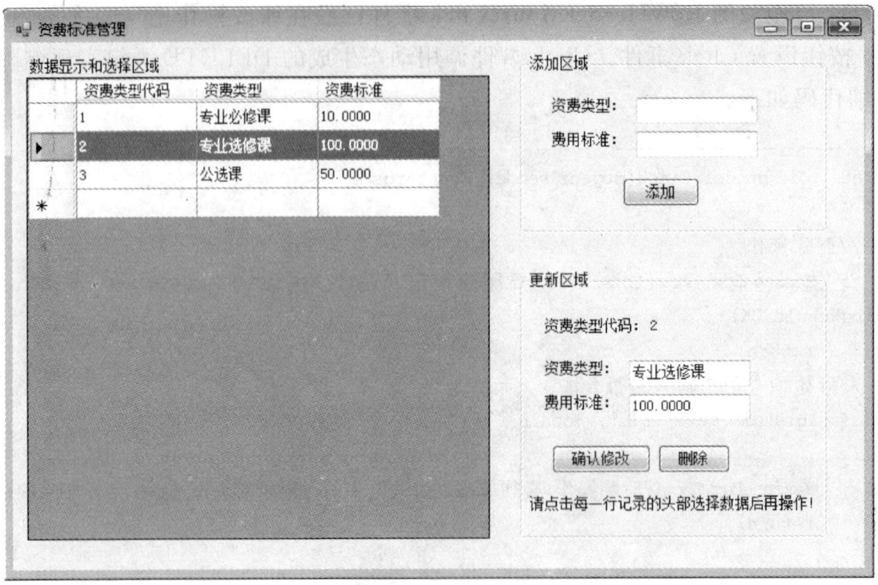

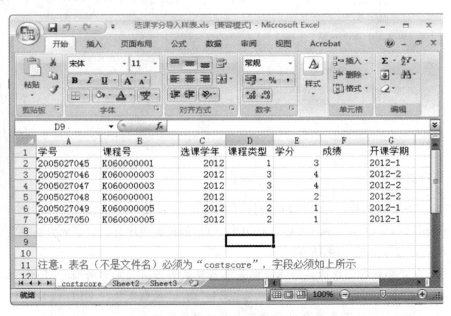

图 18-9　资费管理运行界面

18.6　事务演练——批量导入选课学分模块

事务是数据库的逻辑工作单位,一个事务内的所有语句是一个整体,要么全部执行,要么全部不执行。本节通过"批量导入选课学分"模块来展示一个启用事务的应用场景。

假设需要批量导入的数据来自 Excel 文本,它是从外围的教务管理系统中获取的输出结果,该 Excel 文件的内容格式如图 18-10 所示。

图 18-10　导入的 Excel 文件的格式

当用户提交该 Excel 数据文件后,用户需要系统保证这批数据能够一次性全部导入到 SQL Server 数据库的 CostScore 表中,如果当中发生错误,希望已插入的数据全部删除掉,当用户排除 Excel 文件中的数据故障(如字段名称不对,学分字段里面出现了文本值等)后可以再次提交该 Excel 文件。

1. 准备工作

创建该模块的步骤如下。

(1) 在"解决方案资源管理器"窗口选中 xfcwgl 项目,按右键选择"添加"→"Windows 表单"命令,在弹出对话框的"名称"文本框中输入 frmCostscorebatch. cs,然后单击"添加"按钮。

(2) 把该窗体的名字命名为 frmCostscorebatch(习惯上,文件名和窗体名称保持一致),Text 属性设置为"批量导入选课学分"。

(3) 在 cwxfgl 项目的运行目录(bin/debug/)下建立一个 samplefile 文件夹,在 samplefile 文件夹中再创建一个名为"选课学分导入样表. xls"的 Excel 文件,在该 Excel 工作簿中建立一个名为 costscore 的表格。

2. 界面设计和说明

在"工具箱"中拖曳相应类型的控件(表 18-5 所示为批量导入选课学分的界面控件列表)放置到主窗体中,其布局设计如图 18-12 所示。

表 18-5　批量导入选课学分的界面控件列表

控件名称	控件类型	属 性 设 置
label1	Label	Text 的属性为"选课学分管理(批量导入)"
label2	Label	Text 的属性为"请选择要导入的文件"
label4	Label	Text 的属性为"文件内容"
openFileDialog1	openFileDialog	FileName 属性为"",Filter 属性为"Excel 文件｜＊. xls｜所有文件｜＊. ＊"
txtfilename	TextBox	Text 的属性为""
btnexample	Button	Text 的属性为"查看样本和说明"
btnopen	Button	Text 的属性为"…"
btnimport	Button	Text 的属性为"开始导入"
dgcost	DataGridView	网格控件,默认

界面操作包括三个步骤:

(1) 用户单击 btnexample (查看样本和说明)按钮,系统展示图 18-10 中的 Excel 文件。

(2) 用户单击 btnopen("…")按钮可以选择一个符合条件的 Excel 文件并把该文件中的数据加载到窗体的 dgcost 网格控件中。

(3) 单击 btndr (开始导入)按钮把 dgcost 网格控件里的数据插入到数据库中的 CostScore 表中。批量导入选择学分的界面设计如图 18-11 所示。

3. 功能代码

1) 显示 Excel 样本

为 btnexample 按钮添加 Click 事件,首先获取样本文件默认所在的路径,然后调用. NET

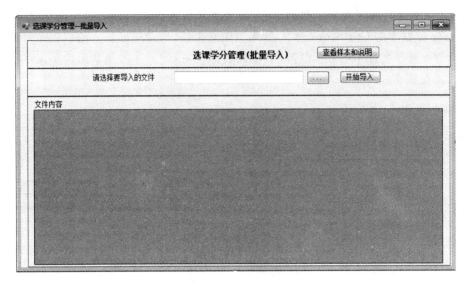

图 18-11　批量导入选课学分的界面设计

的进程类打开该 Excel 样本文件,事件代码如下。

```
private void btnexample_Click(object sender, EventArgs e)
{
    //获得运行系统运行目录
    string path = Application. StartupPath;
    //设置样本文件的存放路径
    if (path. EndsWith("\\"))
        path += "samplefile\\";
    else
        path += "\\samplefile\\";
    path += "选课学分导入样表.xls";
    try
    {
        //通知操作系统调用相关程序(这里是 Excel)打开该文件
        System. Diagnostics. Process. Start(path);
    }
    catch (Exception ex)
    {
        MessageBox. Show(ex. Message);
    }
}
```

2) 在网格控件中显示 Excel 数据

为 btnopen 按钮添加 Click 事件。openFileDialog1 控件会弹出一个打开文件的对话框,当用户选择了要导入数据的 Excel 文件后,openFileDialog1 控件就会返回用户选择的文件路径。

调用 OleDbConnection 类可以建立应用程序与 Excel 文件的通信连接,与 SqlConnection 类似,该连接需要设定一个特定的连接字符串变量 constr,主要包括调用 Excel 的数据提供器

(Provider)和数据库文件(Data Source),其中 Data Source 项设置的是要导入的 Excel 文件的详细路径。建立连接后,可以建立一个 OleDbDataAdapter 对象 da,da 对象与 SqlDataAdapter 对象类似,通过 Fill 方法执行 SELECT 语句后可以把查询结果存储到数据集 ds 中,最后把 ds 中的数据绑定到 dgcost 网格控件中。

注意:

(1) 此处把 Excel 当作一个特殊的数据库来处理,SqlConnection 对象因为只能连接 SQL Server 数据库所以就不能使用它来连接 Excel 文件,这里采用的连接类型是 OleDbConnection。

(2) 使用 OleDbConnection 和 OleDbDataAdapter,必须要引入 System. Data. OleDb 命名空间。

(3) 导入的 Excel 文件中的表的名字为 costscore,但在 SELECT 语句指明这个表时需要写成[costscore $]的形式。

```csharp
private void btnopen_Click(object sender,EventArgs e)
{
//下面导入 excel 文件中的数据到界面中的 DataGridView 控件中.
    if (openFileDialog1.ShowDialog() == DialogResult.OK)
    {
        txtfilename.Text = openFileDialog1.FileName;
        string filename = openFileDialog1.FileName;

        //获得 excel 数据,显示在 datagrid 中
        string constr = " Provider = Microsoft. Jet. OLEDB. 4. 0;Data Source = " + filename + ";
Extended Properties = Excel 8.0";
        OleDbConnection thisconnection = new OleDbConnection(constr);
        try
        {
            thisconnection. Open();
            DataSet ds = null;
            DataTable dt = null;
            OleDbDataAdapter da = null;
            string sqlstr = "";
            sqlstr = "select 学号 as stuID,课程号 as courseID,选课学年 as year,课程类型 as
coursetype,学分 as score,成绩 as mark,开课学期 as term from [costscore $ ]";
            da = new OleDbDataAdapter(sqlstr,thisconnection);
            ds = new DataSet();
            da. Fill(ds,"[costscore $ ]");
            dt = ds. Tables["[costscore $ ]"];

            if (dt. Rows. Count == 0)
            {
                MessageBox. Show(this,"不存在记录!");
                return;
            }
            dgcost. DataSource = dt;
        }
        catch (Exception er)
        {
            MessageBox. Show(er. Message);
        }
```

```
        finally
        {
            thisconnection. Close();
        }
    }
```

3）导入数据

为 btnimport 按钮设置 Click 事件并调用 batchInputData()过程。这个导入过程实际上是执行一批 INSERT 语句的过程。首先定义一个 string 数组变量 sqlstrs,它容纳的 SQL 语句的条数等于 dgcost 控件中所含的记录数。遍历 dgcost 网格控件,取出每一条记录形成一个 INSERT 语句插入到 sqlstrs 数组中。

为了使这一批 SQL 语句要么全部执行,要么出错后全部回退,调用了 DataAccess 类的 ExecuteSqltrans 方法,该方法启用了事务类(参见 18.1 节的 DataAccess 类)。

```
private void btnimport_Click(object sender, EventArgs e)
{
            batchInputData();
    }
public void batchInputData ()
{
int count = dgcost. Rows. Count;
int step = 0;
string[] sqlstrs = new string[count];
//首先形成一组插入数据的 SQL 语句
foreach (DataGridViewRow dg in dgcost. Rows)
    {
            String stuID = dg. Cells[0]. Value. ToString();
            String courseID = dg. Cells[1]. Value. ToString();
            int year = Convert. ToInt32(dg. Cells[2]. Value);
            String coursetype = dg. Cells[3]. Value. ToString();
            Double score = Convert. ToDouble(dg. Cells[4]. Value);
            Double mark = Convert. ToDouble(dg. Cells[5]. Value);
            String term = dg. Cells[6]. Value. ToString();
            sqlstrs[step] = " insert into CostScore(stuID, courseID, year, coursetype,
score, mark, term) values" +
            "('" + stuID + "','" + courseID + "'," + year + ",'" + coursetype + "'," + score + ",
" + score + "','" + term + "')";
            step++;
    }
    //把插入的这组语句传给 18.1 通用类中的 ExecuteSqltrans 方法
    DataAccess. ExecuteSqltrans(sqlstrs);                //执行事务
}
```

4. 运行结果

在“解决方案资源管理器”窗口双击打开 Program. cs 文件,把 Application. Run()代码改写成 Application. Run(new frmCostscorebatch ()),即设置程序开始启动的界面是选课学分管理窗体。其运行结果如图 18-12 所示。

如果用户导入的 Excel 文件的记录存在问题,比如把图 18-12 中的第 2 条记录的学分由 4

图 18-12 批量导入选课学分表

填成了"良好",那么即使第 1 条记录和后面的记录完全正确,这批记录仍然不能导入数据库。

18.7 安全性演练 1——用户登录

本章结合用户登录描述系统安全的重要性,首先介绍登录模块的功能,请读者重点关注如何防止 SQL 注入和加密数据库中的敏感数据。

1. 准备工作

创建该模块的步骤如下。

(1) 在"解决方案资源管理器"窗口选中 xfcwgl 项目,按右键选择"添加"→"Windows 表单"命令,在弹出对话框的"名称"文本框中输入 frmUserLogin.cs,然后单击"添加"按钮。

(2) 把该窗体的名字命名为 frmUserLogin(习惯上,文件名和窗体名称保持一致),Text 属性设置为"欢迎登录"。

2. 界面设计和说明

在"工具箱"中拖动曳应类型的控件(表 18-6 所示为用户管理界面所用的控件列表 18-6)放置到 frmUserLogin 窗体中。其布局设计可以如图 18-13(a)所示。

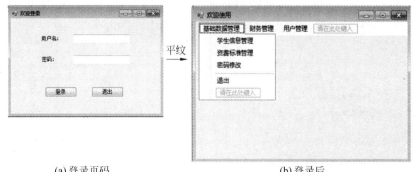

(a)登录页码　　　　　　　　　　　(b)登录后

图 18-13 用户登录和登录成功后的界面设计

用户登录界面主要是进行用户合法性判断,如果用户合法,则为其展示图 18-13(b)所示的系统主界面。为提高系统安全性,在合法性判断中考虑了防止 SQL 注入和隐私数据加密两个部分的内容。

表 18-6　用户登录界面控件列表

控件名称	控件类型	属 性 设 置
label1	Label	Text 属性设置为"用户名:"
txtname	TextBox	Text 属性设置为""
label2	Label	Text 属性设置为"密码:"
txtpwd	TextBox	Text 属性设置为"",PasswordChar 属性设置为" * "
btnlogin	Button	Text 属性设置为"登录"
btnclose	Button	Text 属性设置为"退出"

3. 功能代码

1) 合法性判断和防止 SQL 注入

选中 btnlogin 按钮为其添加 Click 事件,在 Click 事件代码过程中填写如下代码。

```
private void btnlogin_Click(object sender, EventArgs e)
{
    //获取用户名
    string username = txtname.Text.Trim();
    //获取用户密码
    string userpwd = txtpwd.Text.Trim();
    if (username.Length == 0 || userpwd.Length == 0)
    {
        MessageBox.Show("用户名和密码必须输入!");
        return;
    }
    //查询用户信息的 SQL 语句
    string sqlstr = "select * from users where username = '" + username + "' and passwd = '" + userpwd + "'";

    System.Data.SqlClient.SqlDataReader dr = DataAccess.GetReader(sqlstr);

    if (dr.Read())

        MessageBox.Show("welcome!");
        //显示系统主界面的代码……
    }
    else
    {
        MessageBox.Show("login fail!");
        dr.Close();                          //关闭此连接
    }
}
```

　　在这个过程中，SELECT 语句从用户表（表 17-1 Users）中查询数据。用户输入的"用户名"和"密码"被用来构造动态的 SQL 语句，如果该用户名和密码正确，那么 SqlDataReader 对象就会得到返回记录，即标志该用户合法，可以使用系统主界面。

　　在实现登录功能时，程序员需要防范不法用户采用 SQL 注入技术进行的蓄意破坏。SQL 注入技术能让攻击者绕过用户合法认证模块直接在后台数据库中执行命令。

　　首先看 SQL 注入是如何发生的。假设用户在如图 18-14 所示的 txtname 文本框中输入了"admin' or 1＝1－－"，那么上面代码中的 sqlstr 的变量值就变成如下形式：

```
select * from users where userid = 'admin' or 1 = 1 － － ' and passwd = ''
```

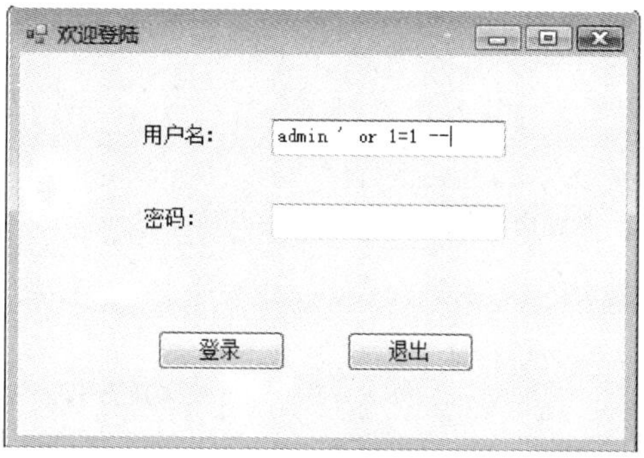

图 18-14　SQL 注入

　　cwglDB 数据库中的 users 表中也许并不存在 admin 这个用户，所以 userid＝'admin' 的条件可能不成立，但是后面的条件"or 1＝1"是成立的，并且紧跟其后的"－－"符号是 SQL Server 的注释符号，所以不管非法用户输入的密码是否正确，后面部分全部屏蔽了，该非法用户就能通过这条特殊的语句非常容易地登录了系统。

　　这只是 SQL 注入的一个简单示例，通过 SQL 注入非法用户还能够进行更大的破坏，所以用户的输入不能百分之百地相信，需要对用户的输入做一些特殊的约束，如不允许用户输入特殊的符号，下面的 cleaninput 函数就能够清除用户输入中的单引号（'）、短横杠（－）。

```
    string cleaninput(string inputstr)
{
    //清洗字符串中的非法字符
    inputstr = inputstr.Replace("\'","");
    inputstr = inputstr.Replace(" -- ","");
    return inputstr;
}
```

　　定义好非法字符清除函数 cleaninput 之后，就可以进一步改造上述用户登录界面中的 btnlogin 的 Click 事件过程，详细代码如下。

```
private void btnlogin_Click(object sender,EventArgs e)
{
```

```
        string username = txtname.Text.Trim();
        string userpwd = txtpwd.Text.Trim();
        if (username.Length == 0 || userpwd.Length == 0)
        {
            MessageBox.Show("用户名和密码必须输入!");
            return;
        }
        //清洗非法字符
        username = cleaninput(username);
        userpwd = cleaninput(userpwd);
      //传入的是清洗过的用户名和密码
            string sqlstr = "select * from users where userid = '" + username + ""' and passwd = '" +
    userpwd + "'";
        SqlDataReader dr = DataAccess.GetReader(sqlstr);
        if (dr.Read ())
        {
                MessageBox.Show("welcome!");
                //显示系统主界面的代码……}
        else
        {
                MessageBox.Show("login fail!");
                dr.Close();                           //关闭此连接
        }
    }
```

程序员在开发 Web 应用程序时尤其要防范 SQL 注入的发生，如果应用程序使用特权过高的账户连接到数据库，产生的危害会很严重。除了使用过滤特殊字符的方法，还可以使用参数化的 SQL 语句和加密敏感数据等。

2）合法性判断和密码加密

为了提高数据库的安全性，可以采用数据加密的方法来保护系统中的敏感数据，如密码和其他隐私数据。数据加密是防止数据库中数据在存储和传输中失密的有效手段。图 18-15 所示为用户表中的密码采用明文和密文的两种状态。最近某知名技术网站爆出了用户信息泄密事件，最为可怕的是它泄露了用户设置的明文密码。假使某个用户喜欢多个账户使用同一个密码，那么这种泄密会对用户产生巨大的威胁。

表 - dbo.users | GONGPERI-PC.new_...t - SQLQuery1.sql

userid	username	passwd	email
1	gzx	12345	zx@gmail.com
2	wy	556677	wy@sina.com

(a) 明文

表 - dbo.users | GONGPERI-PC.cwxfgl - SQLQuery3.sql | 摘要

userid	username	passwd	email
1	gzx	827ccb0eea8a706c4c34a1...	zx@gmail.com
2	wy	91022ad929eaa50da47fb4...	wy@sina.com

(b) 密文

图 18-15　加密和未加密的用户密码

数据加密的基本思想是根据一定的算法将原始数据变换为不可直接识别的格式，从而使得不知道解密算法的人无法获知数据的内容。SQL2005 以上有内置的函数 hashbytes 可以对字符串进行 MD5 或 SHA1 加密，用法：

```
hashbytes('MD5',加密字符串)
```

但是经 hashbytes 函数加密后的密文是 varbinary 类型的，也就是 0x 开头的，它是十六进制形式的二进制数据。通常情况下，系统需要的都是字符串型的数据，所以这里不能用 CAST 或 Convert 函数将 varbinary 转换为 varchar，因为这样会产生乱码。系统内置函数 sys.fn_VarBinToHexStr()可以将 varbinary 可变长度二进制型数据正确转换到十六进制字符串。下列函数 f_MD5 实现了把一个字符串转换成 MD5 密文的过程。

```
Create FUNCTION [dbo].[f_MD5]
( -- 源字符串
    @src varchar(255)
)
RETURNS varchar(255)
AS
BEGIN
    -- 存放 md5 加密串(0x)
    DECLARE @returnmd5 varchar(32)
    -- 加密字符串
    SELECT @returnmd5 = sys.fn_VarBinToHexStr(hashbytes('MD5',@src));
    SELECT @returnmd5 = SUBSTRING(@returnmd5,3,32)      -- 32 位
    -- 返回加密串
    RETURN @returnmd5
END
```

在 SQL Server 的查询编辑器中输入以上代码建立 f_MD5 函数之后，系统登录模块中的查询用户信息的 SQL 语句就要进行相应的变更，由原来的

```
string sqlstr = "select userid,role from users where username = '" + username + "' and passwd = '" + userpwd + "'";
```

改变为

```
string sqlstr = "select userid,role from users where username = '" + username + "' and passwd = dbo.f_MD5('" + userpwd + "',32)";
```

新的 SQL 语句中的 f_MD5 函数能够把用户输入的明文密码转化成密文，再用该密文与数据库中正确的密文进行匹配。具体代码如下。

```
private void btnlogin_Click(object sender,EventArgs e)
{
    string username = txtname.Text.Trim();
```

```
        string userpwd = txtpwd. Text. Trim();
        if (username. Length == 0 || userpwd. Length == 0)
        {
            MessageBox. Show("用户名和密码必须输入!");
            return;
        }
        //清洗非法字符
        username = cleaninput(username);
        userpwd = cleaninput(userpwd);

        //调用了加密函数
        string sqlstr = "select * from users where username = '" + username + "' and passwd = dbo. f_
MD5('" + userpwd + "',32)";

         System. Data. SqlClient. SqlDataReader dr = DataAccess. GetReader ( sqlstr, paramnames,
paramvalues);

        if (dr.Read ())
        {
            MessageBox. Show("welcome!");
            //显示系统主界面的代码……
        }
        else
        {
            MessageBox. Show("login fail!");
            dr.Close();                         //关闭此连接
        }
    }
```

需要注意的是,这里的登录模块假设用户表 users 中的密码已经被加密了,如果 users 表中已经添加了很多用户,并且这些用户密码还未加密,可以在查询编辑器里直接使用如下的 UPDATE 语句进行批量的加密。

```
Update users set passwd = dbo. f_MD5(passwd)
```

注意:在 users 表中的用户密码被加密之后,读者还需要修改 18.2 节中的用户管理模块,把添加和修改用户信息中涉及到密码的部分都更改为套用 f_MD5 函数的形式。

18.8 安全性演练 2——系统集成

在进行过用户合法性检查后,需要为合法的用户展示系统主界面。本系统根据用户角色的不同,对主界面的菜单项进行局部的控制以达到控制用户权限的目的:如果是管理员登录则如图 18-16(a)所示的管理员主界面,否则显示普通用户主界面,这两个界面的主要不同在于是否可以使用"用户管理"菜单项。

(a) 管理员主界面　　　　　　　　　　　(b) 普通用户主界面

图 18-16　受用户权限控制的系统主界面

1. 准备工作

构造用户主界面窗体：

(1) 在"解决方案资源管理器"窗口选中 xfcwgl 项目,按右键选择"添加"→"Windows 表单"命令,在弹出对话框的"名称"文本框中输入 frmMain.cs,然后单击"添加"按钮。

(2) 把该窗体的名字命名为 frmMain(习惯上,文件名和窗体名称保持一致),Text 属性设置为"欢迎使用"。

2. 界面设计和说明

在"工具箱"中拖曳一个 MenuStrip 菜单控件放置到 frmMain 窗体中。通过可视化操作为 MenuStrip 菜单控件添加三个一级菜单项：基础数据管理、财务管理和用户管理。相应布局设计如图 18-13(b)所示。然后,分别为一级菜单项添加如表 18-7 所示的子菜单项。

表 18-7　系统主界面控件列表

控件名称	控件类型	属 性 设 置
mainmenu	MenuStrip	默认
BasicDataMenuItem	ToolStripMenuItem	Text 属性设置为"基础数据管理",一级菜单
studentMenuItem	ToolStripMenuItem	Text 属性设置为"学生信息管理",从属于"基础数据管理"
standardMenuItem	ToolStripMenuItem	Text 属性设置为"资费标准管理",从属于"基础数据管理"
passwdMenuItem	ToolStripMenuItem	Text 属性设置为"密码修改",从属于"基础数据管理"
toolStripMenuItem1	ToolStripMenuItem	Text 属性设置为"-"(短横线),从属于"基础数据管理"
exitMenuItem	ToolStripMenuItem	Text 属性设置为"退出",从属于"基础数据管理"
FinianceMenuItem	ToolStripMenuItem	Text 属性设置为"财务管理",一级菜单
paymentMenuItem	ToolStripMenuItem	Text 属性设置为"缴费管理",从属于"财务管理"
queryMenuItem	ToolStripMenuItem	Text 属性设置为"查询统计",从属于"财务管理"
importMenuItem	ToolStripMenuItem	Text 属性设置为"批量导入选课学分",从属于"财务管理"
UserMenuItem	ToolStripMenuItem	Text 属性设置为"用户管理",Modifiers 属性为 Public。一级菜单

3. 功能代码

1) 系统主界面

当用户单击各个菜单项时需要显示 18.2～18.6 节建立的各个窗体,所以分别选中各个菜单项为其设置 Click 事件和调用相应的窗体类,详细代码如下。

```
private void studentMenuItem_Click(object sender, EventArgs e)
{
    //调用学生信息管理窗体
    frmBasicInfo fbi = new frmBasicInfo();
    fbi.ShowDialog();
}
private void standardMenuItem_Click(object sender, EventArgs e)
{
    //调用资费标准管理窗体
    frmCwStandard fcs = new frmCwStandard();
    fcs.ShowDialog();
}
private void paymentMenuItem_Click(object sender, EventArgs e)
{
    //调用缴费管理窗体
    frmPayment fp = new frmPayment();
    fp.ShowDialog();
}
private void queryMenuItem_Click(object sender, EventArgs e)
{
    //调用查询统计窗体
    frmFinanceRolls ffr = new frmFinanceRolls();
    ffr.ShowDialog();
}
private void importMenuItem_Click(object sender, EventArgs e)
{
    //调用批量导入选课学分窗体
    frmCostScoreBatch fcb = new frmCostScoreBatch();
    fcb.ShowDialog();
}
private void UserMenuItem_Click(object sender, EventArgs e)
{
    //调用用户管理窗体
    frmUserManage fum = new frmUserManage();
    fum.ShowDialog();
}
private void passwdMenuItem_Click(object sender, EventArgs e)
{
    //调用密码修改窗体
    frmMdPwd fmp = new frmMdPwd();
    fmp.ShowDialog();
}
private void exitMenuItem_Click(object sender, EventArgs e)
{
    //退出系统
    Application.Exit();
}
```

2）集成登录和系统主界面

系统主界面在用户成功登录后要按照相应的权限显示出来，权限的控制可以在登录窗体 frmUserLogin 中实现也可以在 frmMain 的 Load 事件中实现，本书描述第一种方法。

打开 frmUserLogin.cs，双击登录界面的 btnlogin 按钮，进一步改造其 Click 事件过程，具体代码如下。

```
private void btnlogin_Click(object sender,EventArgs e)
{
    string username = txtname.Text.Trim();
    string userpwd = txtpwd.Text.Trim();
    if (username.Length == 0 || userpwd.Length == 0)
    {
        MessageBox.Show("用户名和密码必须输入!");
        return;
    }
    //清洗非法字符
    username = cleaninput(username);
    userpwd = cleaninput(userpwd);
string sqlstr = "select userid,role from users where username = '" + username + "' and passwd =
dbo.f_MD5('" + userpwd + "',32)";

    System.Data.SqlClient.SqlDataReader dr = DataAccess.GetReader(sqlstr);

    if (dr.Read())
    {
        string Role = dr[1].ToString();
                                    //获得用户角色,是管理员 admin,还是普通用户 user
        dr.Close();                 //关闭此连接
        this.Hide();                //隐藏登录界面
        //显示系统主界面,并根据用户角色控制可显示的菜单项
        frmMain f = new frmMain();
        if (Role.CompareTo("admin") == 0)
            f.UserMenuItem.Enabled = true;
        else
            f.UserMenuItem.Enabled = false;
        f.Show();

    }
    else
    {
        MessageBox.Show(this,"用户名或密码不正确,请重新输入!");
        dr.Close();
        return;
    }
}
```

在登录模块的用户合法性检查之后，增加了调用 frmMain 窗体的代码，除此之外，还根据返回的 role 字段的值来控制 frmMain 窗体中用户管理菜单项 UserMenuItem 的 Enabled

属性,如果 Enabled 属性为 true,则该菜单项能使用,否则呈现灰色的不可用状态。

　　注意：为了能在登录窗体中可以直接访问到 frmMain 窗体中的 UserMenuItem 菜单项,必须要把 UserMenuItem 菜单项的 Modifiers 属性设置为 Public。

习题 18

　　1. 什么是 SQL 注入? 请查阅资料找出更多的防范 SQL 注入的对应策略。

　　2. SQL Server 2005 的数据加密函数是什么? 请为 Users 表中的 E-mail 字段加密。

　　3. 请执行系统中的"批量导入选课学分"模块,体验"一个出错,全部回撤"的事务特性。

　　4. 本书没有给出系统缴费管理模块的代码,请模仿 18.2 节的内容完成如图 18-17 所示的界面设计和功能代码。

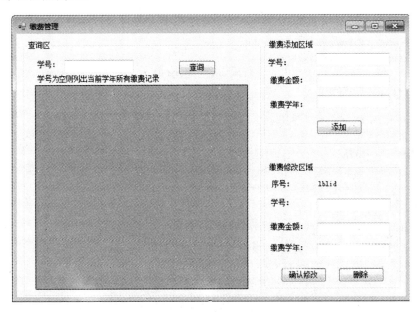

图 18-17　第 4 题用图

附　录

1．文件说明

本书描述的学分制财务管理系统含有配套的数据库文件和程序下载。

解压缩 xfcwglsys.rar 文件后，读者可以得到一个名为 xfcwglsys 的文件夹，xfcwglsys 文件夹包括两个文件夹：

(1) DBfile 文件夹中包含系统依赖的数据库文件 cwxfgl.mdf。

(2) xfcwgl 文件夹对应的是学分制财务管理系统的项目文件夹。

读者下载上述文件后可以按照下面的步骤搭建和使用整个系统。

2．系统使用说明

(1) 安装好 SQL Server 软件，建议使用开发版。

(2) 选择"开始"→"程序"→Microsoft SQL Server 2005/2008→SQL Server Management Studio 命令，选择"Windows 身份验证"下拉列表，单击"确定"按钮。

(3) 附加数据库文件。在如图 A-1 所示的"对象资源管理器"中选中"数据库"，右击，选择"附加"菜单项，单击"附加数据库"对话框中的"添加"按钮，在文件选择对话框中定位到 xfcwglsys 文件夹中的 cwxfgl.mdf 文件，单击"确定"按钮。

(4) 单击"数据库"，会看到一个名为 cwglDB 的数据库，可以展开该数据库的"表"节点，查看系统所需的数据表是否完整。然后可以打开"可编程性"→"存储过程"或"函数"→"标量值函数"，查看系统所需的存储过程和自定义的函数是否完整。

(5) 安装好 Microsoft Visual Studio 开发软件。

(6) 打开 xfcwglsys 文件夹下的 xfcwgl 文件夹，双击 xfcwgl.csproj 文件，就可以打开整个项目文件。注意本项目采用 Visual Studio 2008 开发，如果读者安装是 Visual Studio 2008 以上版本，请先建立一个名为 xfcwgl 的空项目（项目名字不能错，否则需要修改各个窗体文件的命名空间），然后在"解决方案资源管理器"窗口，选中 xfcwgl 项目，右击"添加"→"现有项"，定位到 xfcwglsys 文件夹下的 xfcwgl 文件夹中，选择所有的 cs、designer.cs 和 resx 文件，把它们全部添加到当前项目中。

图 A-1　对象资源管理器

参 考 文 献

[1] 萨师煊,王珊.数据库系统概论.第 3 版.北京:高等教育出版社,2000.
[2] 王珊,萨师煊.数据库系统概论.第 4 版.北京:高等教育出版社,2006.
[3] 施伯乐,丁宝康,汪卫.数据库系统教程.第 3 版.北京:高等教育出版社,2008.
[4] Abraham Silberschatz,Henty F Korth,Sudarshan S.数据库系统概念.第 5 版.杨冬青,马秀丽,唐世渭译.北京:机械工业出版社,2006.
[5] Jeffrey D Ullman,Jennifer Widom.数据库系统基础教程.第 3 版.北京:机械工业出版社,2008.
[6] Peter Rob,Carlos Coronel. Database Systems:Design,Implementation, and Management(Ninth Edition).Published by Cengage Learning,2011.
[7] Ramez Elmasri,Shamkant B Navathe.数据库系统基础.孙瑜译.北京:人民邮电出版社,2008.
[8] 王珊,李盛恩.数据库基础与应用.第 2 版.北京:人民邮电出版社,2009.
[9] 王珊,陈红.数据库系统原理教程.北京:清华大学出版社,2002.
[10] 方睿,韩桂花.数据库原理及应用.北京:机械工业出版社,2010.
[11] 何玉洁.数据库原理与应用教程.第 3 版.北京:机械工业出版社,2011.
[12] 陆琳,刘桂林.数据库技术与应用——SQL Server 2005.长沙:中南大学出版社,2010.
[13] 苗雪兰,刘瑞新,宋歌.数据库系统原理及应用教程.第 3 版.北京:机械工业出版社,2010.
[14] 王林.数据库系统原理与应用技术基础(Oracle).北京:北京希望电子出版社,2003.
[15] 郭江峰,刘芳.SQL Server 2005 数据库技术与应用.北京:人民邮电出版社,2007.
[16] 郝安林,康会光,牛小平.SQL Server 2008 基础教程与实验指导.北京:清华大学出版社,2012.
[17] Kalen Delaney,Paul S Randal,Kimberly L Tripp.深入解析 SQL Server 2008.陈宝国,李光杰,薛赛男译.北京:人民邮电出版社,2010.
[18] 赵松涛.SQL Server 2005 系统管理实录.北京:电子工业出版社,2006.
[19] 王永乐,徐书欣,岳珍梅.SQL Server 2008 数据库管理与应用.北京:清华大学出版社,2011.
[20] 程云志,张帆,崔翔.数据库原理与 SQL Server 2005 应用教程.北京:机械工业出版社,2009.
[21] 启明工作室.网络应用系统开发与实例.北京:人民邮电出版社,2005.
[22] 文东.数据库系统开发基础与项目实训.北京:北京科海电子出版社,2009.
[23] Ying Bai. C#数据库编程实战经典.施宏斌.北京:清华大学出版社,2011.
[24] Karli Watson,Christian Nagel. C#入门经典.齐立波译.北京:清华大学出版社,2006.
[25] Christian Nagel,Bill Evjen,Jay Glynn. C#高级编程.李铭译.北京:清华大学出版社,2010.